이공계열 학생을 위한

미분적분학

CALCULUS

부경대학교 수학교재편찬위원회

CD해답수록

教友社

머리말

미적분학은 자연과학은 물론 공학 분야의 발전에 지대한 역할을 한 아주 유용한 교과목이지만, 고등학교 학생들의 이공계열 기피현상, 교육수요자 중심의 심화 · 선택형 고등학교 교육과정 운영과 더불어 특별전형 교차지원 허용 등의 다양한 대학입학전형제도는 대학에서의 교양수학 교육과정 운영에 많은 어려움을 주고 있다. 더욱이 공학인증제 시행 등에 따른 수학교과에 대한 기초학력 향상의 필요성은 더욱 증대되고 있으므로, 이를 극복하기 위한 노력이 절실히 요청되고 있다.

이 책에서는 절제된 이론의 전개와 연습으로, 고등학교 과정의 수학에 대한 이해가 부족하거나 심화 · 선택과정에서 미적과 적분을 제대로 배우지 못한 학생들도 쉽게 이해하고 활용할 수 있도록 교과내용을 편성하였다. 실수와 무한급수, 함수에 대한 기초적 내용에서부터 여러 가지 함수를 소개하고, 함수의 극한과 연속, 미분법과 적분법 및 그 활용에 대해 다루었다. 또한, 다변수함수와 편미분법 및 중적분과 함께 공업수학 등의 상위 교과목을 수강하는데 도움이 될 수 있도록 벡터해석 영역에 대한 주요 내용도 일부 포함하였다.

이 책의 특징은 다음과 같다.

① 수준별 학습이 가능하도록 예제, 문제 및 종합문제 등 다양한 문제를 수록하였다. 본문 중의 문제는 수업시간에 문제풀이 또는 과제로 활용할 수 있도록 교과내용에 이어 편성하였으며, 종합문제는 기본문제와 심화문제로 구분하였다.

② 학생들이 직접 풀이하는 문제는 정답만, 종합문제는 정답과 함께 간단한 풀이를 CD에 수록하여 학생 스스로 학습이 가능하도록 하였다.

③ 쉬어가는 코너를 두어 수학교과에 대한 흥미를 유발하고 수업시간에 충분히 다루지 못하는 내용에 대해서는 학생 스스로 직접 공부할 수 있도록 배려하였다.

④ 부록에는 자주 사용되는 수표와 교재에서 소개한 각종 공식은 물론, 주요정리를 수록하여 효율적인 학습이 이루어질 수 있도록 하였다.

이 교재는 대학 1학년 과정에서 2학기용 미분적분학 교재로 활용할 수 있도록 편집하였으나, 해당 전공분야에 필요한 교과내용을 중심으로 한학기용 맞춤형 교재로도 적절히 활용할 수 있도록 구성하였다. 15주 단위의 한학기용(3학점) 교양수학 교재로 사용하고자 하는 경우에는, 다음 표에 제시한 34시간의 기본강의를 바탕으로 전공영역별 맞춤강의를 포함하여 편성하면 좋을 것이다.

절	기본강의 시수	절	기본강의 시수
1.2~1.5	3	2.1~2.5	3
3.1~3.4	4	4.1~4.2	1
5.1~5.3	6	6.1~6.4	4
7.1~7.2	2	8.1~8.4	5
9.1~9.3	3	10.1~10.3	3

또한, 이 교재는 교육과학기술부에서 지원하는 『이공계교재개발지원사업』의 연구 결과로 이루어졌다. 교재개발을 위한 한국연구재단의 지원에 깊이 감사드리며, 아울러 출판을 맡아주신 교우사 오판근 사장님을 비롯한 임직원 여러분과 내용 수정과 보완을 위해 수고를 아끼지 않은 연구조원 여러분께 진심어린 감사를 드린다.

2010년 2월

저자 씀

차 례

Chapter 06 정적분 / 219

Chapter 07 정적분의 응용 / 265

Chapter 08 다변수함수와 편미분법 / 317

Chapter 11 벡터해석 / 429

제1장

실수와 무한급수

▶▷▶ 이 장에서는 수학의 기초를 이루는 실수 체계와 성질을 바탕으로 수열의 극한을 소개하고, 무한급수와 수렴판정법, 멱급수의 기본개념과 성질에 대해 살펴본다.

1.1 실수의 체계와 성질

고등학교 과정에서는 수열의 극한 및 함수의 극한에 대한 정의는 엄밀하지 못한 직관에 의존하고 있다. 이러한 결함을 보완한 수열이나 함수의 극한의 정의는 19세기 수학의 가장 큰 업적의 하나로 여겨지는 실수의 엄밀한 정의에 바탕을 두고 있다. 실수를 엄밀히 다루는 방법으로는 유리수의 Cauchy 수열들에 대한 동치류의 개념과 세련된 실수의 십진법 표현으로 생각할 수 있는 Dedekind 절단의 개념 및 완비 순서체라 부르는 공리적인 접근이 있다. 여기서는 공리에 입각한 실수의 체계와 기본적인 성질을 이해하도록 한다.

1) 실수의 공리

자연수(natural number) 집합 $\mathbb{N}$에 덧셈 연산의 역원, 즉 음수를 추가하여 얻은 연산체계로서 정수(integer) 집합 $\mathbb{Z}$를 얻고, $\mathbb{Z}$에 0이 아닌 정수에 대해 곱셈 연산의 역원을 추가하여 얻은 연산체계로서 유리수(rational number) 집합 $\mathbb{Q}$를 얻은 것으로 볼 수 있다. 그러나 집합 $\mathbb{Q}$에 소위 무리수(irrational number)들을 추가하여 실수(real number) 집합 $\mathbb{R}$을 얻는 것은 앞서 설명한 대수체계로서 수를 얻는 것과는 본질적으로 다른 과정이다. 공리에 입각한 실수의 집합 $\mathbb{R}$의 정의는 다음 세 가지 공리로 구성된다.

- 사칙 연산에 관한 대수공리
- 대소 관계에 관한 순서공리
- 연속 관계에 관한 완비공리

사칙연산에 대한 대수공리를 만족하는 수의 연산체계를 체(field)라 하고 순서공리와 대수공리를 만족하는 수의 체계를 순서체(ordered field)라 한다.

2) 완비공리

유리수 집합 $\mathbb{Q}$는 실수 집합 $\mathbb{R}$과 같이 순서체이지만, 앞으로 소개할 완비공리를 만족하지는 않는다. 다시 말해 유리수 집합 $\mathbb{Q}$에 무리수들을 추가하여 완비공리를 만족하도록 한 것이 실수 집합 $\mathbb{R}$이다. 완비공리를 다루는데 필요한 개념들을 먼저 소개한다.

▶ 정 의 **상계와 하계**

S를 공집합이 아닌 실수의 집합이라 하자.

(1) 어떤 실수 a보다 큰 S의 원소가 존재하지 않을 때, 즉

$$\forall x \in S,\ x \le a$$

를 만족하는 실수 a가 존재할 때, S는 위로 유계(bounded above)라 하고, 이러한 실수 a를 S의 상계(upper bound)라 한다. 또한, S의 모든 상계들 가운데 최소인 것을 S의 상한(supremum) 또는 최소상계(least upper bound)라 하고 $\sup(S)$로 표시한다.

(2) 어떤 실수 b보다 작은 S의 원소가 존재하지 않을 때, 즉

$$\forall x \in S,\ b \le x$$

를 만족하는 실수 b가 존재할 때, S는 아래로 유계(bounded below)라 하고,

이러한 실수 b를 S의 하계(lower bound)라 한다. 또한, S의 모든 하계들 가운데 최대인 것을 S의 하한(infimum) 또는 최대하계(greatest lower bound)라 하고 $\inf(S)$로 표시한다.

(3) 집합 S가 위로 유계이고 아래로 유계일 때, 즉

$$\forall x \in S,\ |x| \le M$$

를 만족하는 양수 M이 존재할 때 S는 유계(bounded)라고 한다.

예제 1.1.1 $S = \left\{ \frac{1}{n} \,\middle|\, n \in \mathbb{N} \right\}$이면, $\inf(S) = 0$이고 $\sup(S) = 1$이다. 따라서 S는 유계이다.

문제 1.1.1 다음 집합들에 대한 상한을 구하여라.

(1) $\{x \in \mathbb{Q} \mid x^2 < 2\}$ (2) $\left\{1 - \frac{(-1)^n}{n} \,\middle|\, n \in \mathbb{N}\right\}$ (3) $\left\{ \frac{2^n - 1}{2^n} \,\middle|\, n \in \mathbb{N} \right\}$

실수가 갖는 다음의 성질을 완비공리(The Completeness Axiom)라 한다.

정리 1.1 (실수의 완비성)

실수의 집합 M이 위로 (아래로) 유계이면, M의 상한 (하한)이 존재한다.

완비공리는 모든 실수를 수직선 위에 대응시킬 때, 빠짐없이 연속적으로 대응됨을 의미한다.

3) Archimedes의 원리

Archimedes(287-212 B.C.)는 소진법(Method of Exhaustion) - 오늘날 구분 구적법과 유

사한 넓이 및 부피를 구하는 방법 - 에서 선분의 길이에 관한 다음과 같은 성질을 사용하였다.

길이 x인 선분 AB와 길이 y인 선분 CD에 대해

$y < nx$인 자연수 n이 존재한다.

다시 말해 CD를 충분히 많이 등분하면, 세분된 선분의 길이가 AB의 길이보다 작아지도록 할 수 있다는 것이다. 이러한 성질을 다음과 같은 실수의 일반적인 성질로 표현할 수 있다.

정리 1.2 (Archimedes의 원리)

임의의 실수 x 에 대하여, $n > x$인 자연수 n이 존재한다.

증명 주어진 실수 x에 대해 집합 $A = \{a \in \mathbb{N} \mid a \le x\}$를 생각하자. 만약 $A = \varnothing$이면, 즉 $x < 1$이면 원하는 성질을 갖는 자연수를 $n = 1$로 택하면 된다. 따라서 $A \ne \varnothing$라 가정하자. 집합 A는 위로 유계이므로 상한 b를 갖는다. 상한은 상계들 중 가장 작은 원소이므로 $b-1$은 집합 A의 상계가 될 수 없다. 따라서 $b-1 < y$인 A의 한 원소 y가 존재한다. 여기서 $n = y+1$이라 두면 $b < n$이다. 만약 $n \in A$라면 $b < n$이므로 b가 A의 상계라는 사실에 모순된다. 따라서 n은 집합 A에 속할 수 없으므로, A의 정의로부터 $n > x$이다. ▨

이 성질은 다음 정리와 동치이다.

정리 1.3

임의의 양의 실수 ϵ에 대하여, $\frac{1}{n} < \epsilon$인 자연수 n이 존재한다.

문제 1.1.2 Archimedes의 원리와 정리 1.3은 동치임을 보여라.

예제 1.1.2 (유리수의 조밀성 density of rational numbers)

$x < y$인 두 실수 x, y에 대해 $x < q < y$를 만족하는 유리수 q가 존재함을 보여라.

풀이 i) $x \geq 0$일 때, 양수 $\epsilon = y - x$에 대하여 정리 1.3을 적용하면

$$\frac{1}{n} < y - x$$

인 자연수 n이 존재한다. $A = \left\{ m \in \mathbb{N} \;\middle|\; \frac{m}{n} \geq y \right\}$라 두면 Archimedes의 원리에 의해 $A \neq \varnothing$이다. 따라서 $\mathbb{N}$의 부분집합 A는 최소수 m_0를 갖는다. 원하는 유리수를 $q = \dfrac{m_0 - 1}{n}$로 선택하자. 만약 $q \geq y$면 $m_0 - 1$이 A에 속하므로, m_0가 A의 최소수가 될 수 없다. 따라서 $q < y$이다. 한편, $y \leq \dfrac{m_0}{n}$이므로 $x < y - \dfrac{1}{n} \leq \dfrac{m_0 - 1}{n} = q$이고 따라서 $x < q < y$가 성립한다.

ii) $x < 0$일 때, $0 < y$이면 원하는 유리수를 $q = 0$로 택하면 된다. $y < 0$일 때, $0 < -y < -x$ 이므로, 1)의 결과에 의해 $-y < q < -x$를 만족하는 유리수 q가 존재한다. 따라서 원하는 유리수를 $-q$로 택하면 된다. ◀

문제 1.1.3 실수 a가 임의의 양수 ϵ에 대하여 $|a| < \epsilon$이면 $a = 0$임을 보여라.

1.2 수열의 극한

1) 수열

자연수 집합 $\mathbb{N}$을 정의역으로 하는 함수 α를 수열(sequence)이라 한다. 여기서 $\alpha(n)$을 관례적으로 a_n으로 나타내고 수열 α를 $\{a_n\}$ 또는 $a_1,\ a_2,\ a_3, \ldots,\ a_n, \ldots$과 같이 표시한다. 이때, n번째 항 a_n을 이 수열의 일반항(general term)이라고 한다. 여기서는 모든 항이 실수인 수열만을 다루기로 한다.

▶ 정의

수열 $\{a_n\}$이 $a_1 \le a_2 \le \cdots \le a_n \le \cdots$일 때 증가(increasing)한다고 하고, $a_1 \ge a_2 \ge \cdots \ge a_n \ge \cdots$일 때 감소(decreasing)한다고 한다.

2) 극한의 직관적 정의

수열 $\{a_n\}$에 대하여, a를 일정한 실수라 하자. 자연수 n을 충분히 크게 하면 $|a_n - a|$가 0에 한없이 가까워질 때, 수열 $\{a_n\}$이 a에 수렴한다(converge)고 하고

$$\lim_{n \to \infty} a_n = a \quad \text{또는} \quad a_n \to a$$

로 나타낸다. 이때, 일정한 실수 a를 수열 $\{a_n\}$의 극한(limit)이라 하고, 수열이 어떠한 극한도 가지지 않을 때 발산한다(diverge)고 한다.

수열의 직관적 극한 개념으로도 비교적 단순한 수열에 대해서는 그 수렴과 극한을 어렵지 않게 이해할 수 있다. 예를 들면

$$\lim_{n\to\infty} \frac{n}{1+n} = 1$$

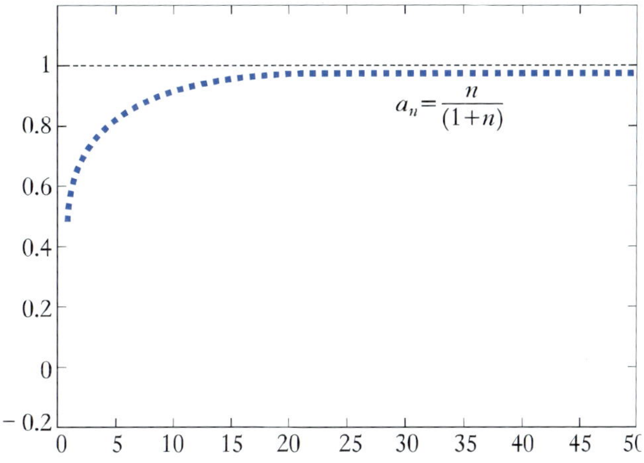

그림 1.1

한편, 다음과 같은 수열의 극한

$$\lim_{n\to\infty}\left(1+\frac{1}{n}\right)^n = e = 2.718281828459045 23536...$$

의 경우, 그림 1.2로부터 수열 $\left\{\left(1+\frac{1}{n}\right)^n\right\}$의 정확한 극한은 모르지만, 그 수렴성은 직관적으로 받아들일 수 있을 것이다.

n	$(1+1/n)^n$
1	2.00000
2	2.25000
5	2.48832
10	2.59374
100	2.70481
1,000	2.71692
10,000	2.71815
100,000	2.71827

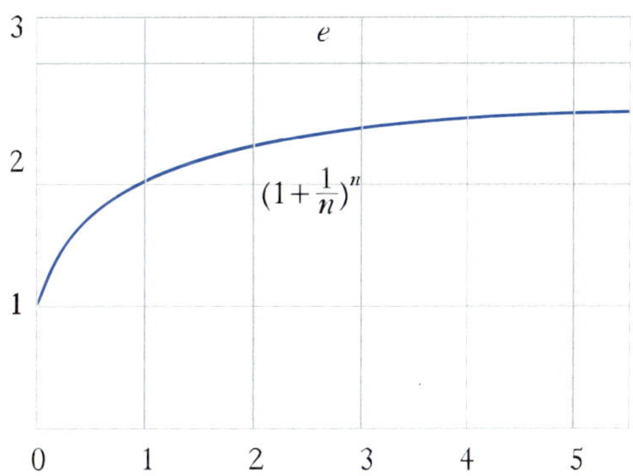

그림 1.2

직관에 의존하여 수열 또는 함수의 극한을 다루는 것은 근원적으로 그 수렴성에 대한 논리적 엄밀함이 결여되어 있다. 예를 들어, 극한 개념에 대한 엄밀한 정의를 갖고 있지 않았던 Euler는 1735년 근삿값 계산을 통하여 다음과 같은 결론에 도달할 수 있었다.

$$\lim_{n\to\infty}\left(\frac{1}{1^2}+\frac{1}{2^2}+\cdots+\frac{1}{n^2}\right)=\frac{\pi^2}{6}$$

그러나 1859년 Riemann에 의해 비로소 엄밀한 증명이 이루어졌다.

3) 극한이란 무엇인가?

이것은 1820년대에 Cauchy가 처음으로 명확한 답을 제시하기까지 많은 수학자들을 고민하게 만든 난해한 질문이다. 수열의 극한 문제에서 처음 접하게 되는 다음 식의 의미에 대해 알아보자.

$$\lim_{n\to\infty}\frac{1}{n}=0$$

흔히 위의 식에 대해 "n이 무한대로 갈 때, $\frac{1}{n}$의 극한이 0이다"라고 말한다. 이때, 등호 "$=$"의 사용에서 유의할 점은 n이 아무리 커지더라도 $\frac{1}{n}$이 0에 가까운 값이 될 뿐 0을 의미하지는 않는다는 것이다. 더욱이 표현 "$n\to\infty$"은 n이 점차 커지는 수들을 의미할 뿐 n이 ∞임을 의미하지는 않는다. 궁극적으로, 위의 수열의 극한이 말하고자 하는 것은 다음과 같다:

n을 충분히 큰 값으로 택하면, $\frac{1}{n}$이 0에 얼마든지 가까운 값이 되게 할 수 있다.

수열의 극한에 대한 엄밀한 정의를 위해, 임의의 양수 ϵ에 의해 정의되는 실수 a가 중심인 구간 $(a-\epsilon,\ a+\epsilon)$, 즉 a의 ϵ-근방(ϵ-neighborhood)을 생각하자. 서로 다른 항으로 이루어진 수열 $\{a_n\}$에 대해서, $(a-\epsilon,\ a+\epsilon)$ 바깥에 분포하는 수열의 항에 대해 주목하자. 일반적으로, ϵ이 작아짐에 따라 이 항의 수는 늘어나서 무한개의 항이 a의 ϵ-근방 바깥에 있을 수 있다. 그러나 a에 수렴하는 수열 $\{a_n\}$의 경우 아무리 작은 ϵ을 택하더라도, a의 ϵ-근방 바깥에 있는 항의 수는 많아야 유한개라는 특징을 관찰할 수 있다. 이것은 a에 수렴하는 수열 $\{a_n\}$에 대해 a_1부터 a_{n_0}까지 유한개의 항을 제외하고 얻은 수열 a_{n_0+1}, a_{n_0+2}, $\cdots$, a_{n_0+k}, $\cdots$ 역시 a에 수렴한다는 것과 같다. 즉, 「n을 충분히 큰 값으로 택하면, a_n과 a의 차이를 얼마든지 작게 할 수 있다.」는 것을 의미한다.

이러한 관찰을 바탕으로, 다음과 같은 수열의 극한에 대한 엄밀한 정의를 얻는다.

▶정의 극한의 정의

수열 $\{a_n\}$에 대하여 a를 한 실수라 하자. 임의의 양의 수 ϵ에 대하여, $n \geq n_0$이면 $|a_n - a| < \epsilon$을 만족하는 자연수 n_0가 존재하면 $\lim_{n \to \infty} a_n = a$으로 나타내고, a를 수열 $\{a_n\}$의 극한(limit)이라 하고 수열 $\{a_n\}$은 a에 수렴한다(converge)고 한다.

예제 1.2.1 $\lim_{n\to\infty} \frac{1}{n} = 0$임을 증명하여라.

풀이 임의의 $\epsilon > 0$에 대하여 n_0을 $\frac{1}{n_0} < \epsilon$인 한 자연수라 하자. Archimedes의 원리로부터 이러한 자연수 n_0는 존재한다. $n \geq n_0$일 때

$$\left|\frac{1}{n} - 0\right| = \frac{1}{n} \leq \frac{1}{n_0} < \epsilon$$

이므로, 정의에 의하여 $\lim_{n\to\infty} \frac{1}{n} = 0$이다. 예를 들어, $\epsilon = 0.1$일 때 대응하는 n_0은 11이상의 자연수이면 되고, $\epsilon = 0.01$일 때 대응하는 n_0는 101이상의 자연수이면 된다. ◀

예제 1.2.2 $\lim_{n\to\infty}\frac{2n^2+1}{n^2+1}=2$임을 증명하여라.

풀이 $\left|\frac{2n^2+1}{n^2+1}-2\right|=\frac{1}{n^2+1}<\frac{1}{n^2}\le\frac{1}{n}$이므로, 임의의 $\epsilon>0$에 대하여 $\frac{1}{n_0}<\epsilon$인 n_0을 택하면, $n\ge n_0$인 모든 자연수 n에 대하여

$$\left|\frac{2n^2+1}{n^2+1}-2\right|<\frac{1}{n}\le\frac{1}{n_0}<\epsilon$$ ◀

다음 정리는 수열의 극한이 존재하면, 그것은 유일하게 결정됨을 보여 준다.

정리 1.4 (극한의 일의성)

수열 $\{a_n\}$이 수렴하면 그 극한은 단 하나이다.

증명 a와 a'를 $\{a_n\}$의 극한이라고 하자. 극한의 정의에 의하여, 임의의 $\epsilon>0$인 ϵ에 대하여 $n\ge n_1$이면 $|a_n-a|<\epsilon$이고, $n\ge n_2$이면 $|a_n-a'|<\epsilon$인 자연수 n_1과 n_2가 각각 존재한다. 따라서 $n\ge n_1$이고 $n\ge n_2$이면

$$\begin{aligned}|a-a'|&=|(a-a_n)+(a_n-a')|\\&\le|a_n-a|+|a_n-a'|<\epsilon+\epsilon=2\epsilon\end{aligned}$$

결과적으로, 임의의 $\epsilon>0$에 대하여 $|a-a'|<2\epsilon$이므로 $a=a'$이다. ▨

정리 1.5

수렴하는 모든 수열은 유계이다.

증명 수열 $\{a_n\}$에서 $\lim_{n\to\infty}a_n=a$라 하자. $n\ge n_0$이면 $|a_n-a|<1$인 자연수

n_0를 선택하면, $n \ge n_0$인 모든 자연수 n에 대하여

$$|a_n| = |(a_n - a) + a| \le |a_n - a| + |a| < 1 + |a|$$

이제, $\{|a_1|, |a_2|, \cdots, |a_{n_0}|, 1+|a|\}$의 최댓값을 M이라 하면, 모든 자연수 n에 대하여 $|a_n| \le M$이다. 따라서 수열 $\{a_n\}$은 유계이다. ▨

다음 정리의 결과는 수열의 극한을 구하는데 많이 이용되는 주요한 성질이다.

정리 1.6 (조임정리 the squeeze theorem)

임의의 자연수 n에 대하여 $a_n \le b_n \le c_n$일 때

$$\lim_{n\to\infty} a_n = \lim_{n\to\infty} c_n = L\text{이면, } \lim_{n\to\infty} b_n = L\text{이다.}$$

증명 $\lim_{n\to\infty} a_n = \lim_{n\to\infty} c_n = L$이므로 임의의 $\epsilon > 0$인 ϵ에 대하여 $n \ge n_1$이면 $|a_n - L| < \epsilon$이고, $n \ge n_2$이면 $|c_n - L| < \epsilon$을 만족하는 n_1과 n_2가 각각 존재한다. 따라서 $n_0 = \max\{n_1, n_2\}$라 두면 $n \ge n_0$일 때

$$L - \epsilon < a_n \le b_n \le c_n < L + \epsilon$$

결과적으로, 임의의 $\epsilon > 0$에 대하여 $n \ge n_0$이면 $|b_n - L| < \epsilon$인 자연수 n_0가 존재한다. 따라서 $\lim_{n\to\infty} b_n = L$이다. ▨

문제 1.2.1 조임정리를 이용하여, $\lim_{n\to\infty} \frac{\sin n}{n} = 0$임을 증명하여라.

수열의 극한에 대한 다음 기본성질은 직관적으로 분명하고, 극한의 엄밀한 정의를 사용하여 증명할 수 있으나 여기서는 생략한다.

정리 1.7

수열 $\{a_n\}$과 $\{b_n\}$이 수렴할 때

(1) $\lim_{n\to\infty}(a_n+b_n)=\lim_{n\to\infty}a_n+\lim_{n\to\infty}b_n$

(2) $\lim_{n\to\infty}a_nb_n=\lim_{n\to\infty}a_n\cdot\lim_{n\to\infty}b_n$

(3) $\lim_{n\to\infty}\dfrac{a_n}{b_n}=\dfrac{\lim_{n\to\infty}a_n}{\lim_{n\to\infty}b_n}\quad(b_n\neq 0,\ \lim_{n\to\infty}b_n\neq 0)$

(4) $a_n\le b_n$이면 $\lim_{n\to\infty}a_n\le\lim_{n\to\infty}b_n$이다.

예제 1.2.3 다음 극한을 구하여라.

(1) $\lim_{n\to\infty}\dfrac{3n-1}{4n+1}$ (2) $\lim_{n\to\infty}\left(\sqrt{n+1}-\sqrt{n}\right)$

풀이 (1) 정리 1.7에 의하여

$$\lim_{n\to\infty}\frac{3n-1}{4n+1}=\lim_{n\to\infty}\frac{3-\frac{1}{n}}{4+\frac{1}{n}}=\frac{3}{4}$$

(2) $\lim_{n\to\infty}\left(\sqrt{n+1}-\sqrt{n}\right)=\lim_{n\to\infty}\dfrac{1}{\sqrt{n+1}+\sqrt{n}}=0$ ◀

문제 1.2.2 다음 수열의 수렴과 발산을 조사하고, 수렴하는 수열에 대해서는 그 극한을 구하여라.

(1) $\left\{\dfrac{n+1}{n}\right\}$ (2) $\left\{\dfrac{n+1}{3n-1}\right\}$ (3) $\left\{\dfrac{1+2+\cdots+n}{n^2}\right\}$

다음은 증가 또는 감소하는 수열의 수렴성을 밝히는데 많이 사용되는 주요한 정리이다.

정리 1.8

(1) 위로 유계이고 증가하는 수열 $\{a_n\}$은 수렴하고

$$\lim_{n\to\infty} a_n = \sup\{a_n \mid n \in \mathbb{N}\}$$

(2) 아래로 유계이고 감소하는 수열 $\{a_n\}$은 수렴하고

$$\lim_{n\to\infty} a_n = \inf\{a_n \mid n \in \mathbb{N}\}$$

증명 (1) 수열 $\{a_n\}$은 위로 유계이므로, $\sup\{a_1, a_2, \dots\} = a$가 존재한다. 임의의 $\epsilon > 0$에 대하여 $a-\epsilon$는 상계가 될 수 없으므로, $a-\epsilon < a_{n_0} \le a$인 자연수 n_0가 존재한다. 또한, 수열 $\{a_n\}$이 증가하므로 $n \ge n_0$이면

$$a-\epsilon < a_{n_0} \le a_n \le \cdots \le a < a+\epsilon$$

따라서 $|a_n - a| < \epsilon$으로부터 $\lim\limits_{n\to\infty} a_n = a$이다.

(2)도 (1)과 유사한 방법으로 증명할 수 있다. ▨

예제 1.2.4 $0 < r < 1$이면, $\lim\limits_{n\to\infty} r^n = 0$임을 보여라.

풀이 $0 < r < 1$이므로 $r^{n+1} < r^n \le r$이다. 따라서 $\{r^n\}$은 유계이고 감소하는 수열이므로, 정리 1.8(2)에 의하여 수렴한다. $\lim\limits_{n\to\infty} r^n = a$라 두면

$$a = \lim_{n\to\infty} r^{n+1} = r \cdot \lim_{n\to\infty} r^n = ra$$

즉, $(1-r)\cdot a = 0$이고 $r \ne 1$이므로, $a = 0$이다. ◀

예제 1.2.5 수열 $\left\{\left(1+\frac{1}{n}\right)^n\right\}$은 수렴함을 보여라.

풀이 수열의 일반항 a_n은

$$a_n = \left(1+\frac{1}{n}\right)^n = 1 + {}_nC_1\left(\frac{1}{n}\right) + {}_nC_2\left(\frac{1}{n}\right)^2 + \cdots + {}_nC_n\left(\frac{1}{n}\right)^n$$

$$= 1 + \frac{n}{1!}\left(\frac{1}{n}\right) + \frac{n(n-1)}{2!}\left(\frac{1}{n}\right)^2 + \cdots + \frac{n(n-1)\cdots 2\cdot 1}{n!}\left(\frac{1}{n}\right)^n$$

$$= 1 + \frac{1}{1!} + \frac{1}{2!}\left(1-\frac{1}{n}\right) + \cdots + \frac{1}{n!}\left(1-\frac{1}{n}\right)\left(1-\frac{2}{n}\right)\cdots\left(1-\frac{n-1}{n}\right)$$

$$< 1 + \frac{1}{1!} + \frac{1}{2!} + \cdots + \frac{1}{n!}$$

이고, $n > 2$일 때 $n! > 2^{n-1}$이므로

$$a_n < 1 + 1 + \frac{1}{2} + \cdots + \frac{1}{2^{n-1}} = 3 - \frac{1}{2^{n-1}} < 3$$

따라서 주어진 수열은 위로 유계이다. 같은 방법으로

$$a_{n+1} = \left(1 + \frac{1}{n+1}\right)^{n+1}$$

$$= 1 + \frac{1}{1!} + \frac{1}{2!}\left(1 - \frac{1}{n+1}\right) + \cdots$$

$$+ \frac{1}{n!}\left(1 - \frac{1}{n+1}\right)\left(1 - \frac{2}{n+1}\right)\cdots\left(1 - \frac{n-1}{n+1}\right)$$

$$+ \frac{1}{(n+1)!}\left(1 - \frac{1}{n+1}\right)\left(1 - \frac{2}{n+1}\right)\cdots\left(1 - \frac{n}{n+1}\right)$$

이므로, $a_n < a_{n+1}$이 되어 $\{a_n\}$은 증가하는 수열이다. 그러므로 정리 1.8(1)에 의하여, 주어진 수열은 수렴한다. ◀

수열 $\left\{\left(1+\frac{1}{n}\right)^n\right\}$의 극한은 2.7182818284590… 인 무리수인데, 이것을 e로 나타낸다. 즉, 다음과 같이 정의한다.

▶ 정의

$$\lim_{n\to\infty}\left(1 + \frac{1}{n}\right)^n = e$$

이 무리수 e 는 Napier 상수(Napier constant)라고 하며 원주율 π 와 함께 수학에서 아주 중요한 역할을 한다. 이것은 1739년 L. Euler(1707~1783)가 처음으로 표기하였다고 전하며 Euler 수(Euler number)라 불리기도 한다.

문제 1.2.3 점화식 $a_1 = \sqrt{6}$, $a_{n+1} = \sqrt{6 + a_n}$ $(n = 1, 2, 3, \ldots)$으로 정의된 수열 $\{a_n\}$은 수렴함을 보이고, $\lim_{n \to \infty} a_n$을 구하여라.

1.3 급수와 기본성질

급수와 그 수렴성에 대한 기본개념의 명확한 이해는 수학의 발달사에 있어서 커다란 전기가 되었다고 할 수 있다. 특히, 응용과학에서 취급하는 주요한 함수들은 멱급수로 정의되고, 또한 함수를 멱급수로 전개하면 원하는 만큼의 정확성을 가지는 근사값을 구할 수 있다는 점에서도 멱급수에 대한 지식은 매우 중요하다.

주어진 수열 $\{a_n\}$에 대해서

$$\sum_{n=1}^{\infty} a_n = a_1 + a_2 + \cdots + a_n + \cdots$$

을 무한급수(infinite series) 또는 간단히 급수(series)라 하고, a_n을 급수 $\sum_{n=1}^{\infty} a_n$의 n번째 항(nth term)이라 한다.

엄밀한 수학의 입장에서 급수나 급수에 포함된 덧셈기호는 단순한 수학적 표현에 불과하고 합을 의미하는 것은 아니다. 사실, 급수의 합의 의미를 생각하기 위하여 다음의 과정이 필요하다. 먼저

$$S_1 = a_1,\ S_2 = a_1 + a_2,\ \ldots,\ S_n = a_1 + a_2 + \cdots + a_n = \sum_{k=1}^{n} a_k$$

라 할 때 S_n을 급수의 제n부분합(nth partial sum)이라 하고, 이것을 일반항으로 하는 수열 $\{S_n\}$을 부분합의 수열이라 부른다. 또한

1) 수열 $\{S_n\}$이 수렴하면, 급수 $\sum_{n=1}^{\infty} a_n$이 수렴한다(converge)고 하고

2) 수열 $\{S_n\}$이 발산하면, 급수 $\sum_{n=1}^{\infty} a_n$도 발산한다(diverge)고 한다.

부분합의 수열 $\{S_n\}$이 일정한 값 S에 수렴할 때, S를 급수의 합(sum)이라 하고 $\sum_{n=1}^{\infty} a_n = S$로 표시한다. 즉, $\sum_{n=1}^{\infty} a_n = \lim_{n\to\infty} \sum_{k=1}^{n} a_k$이다.

예제 1.3.1 급수 $\sum_{n=1}^{\infty} \frac{1}{9n^2+3n-2}$의 수렴 · 발산을 조사하고, 만일 수렴하면 그 합을 구하여라.

풀이 $\frac{1}{9k^2+3k-2} = \frac{1}{(3k-1)(3k+2)} = \frac{1}{3}\left(\frac{1}{3k-1} - \frac{1}{3k+2}\right)$이므로, 제$n$ 부분합은

$$\begin{aligned} S_n &= \frac{1}{3}\sum_{k=1}^{n}\left(\frac{1}{3k-1} - \frac{1}{3k+2}\right) \\ &= \frac{1}{3}\left\{\left(\frac{1}{2}-\frac{1}{5}\right)+\left(\frac{1}{5}-\frac{1}{8}\right)+\cdots+\left(\frac{1}{3n-1}-\frac{1}{3n+2}\right)\right\} \\ &= \frac{1}{3}\left(\frac{1}{2}-\frac{1}{3n+2}\right) \end{aligned}$$

따라서 합은 $\lim_{n\to\infty} S_n = \frac{1}{6}$이다. ◀

문제 1.3.1 급수 $\sum_{n=1}^{\infty} \frac{1}{n(n+1)} = \frac{1}{1\cdot 2}+\frac{1}{2\cdot 3}+\frac{1}{3\cdot 4}+\frac{1}{4\cdot 5}+\cdots$의 수렴 · 발산을 조사하고, 만일 수렴하면 그 합을 구하여라.

예제 1.3.2 급수 $1-1+1-1+1-1+\cdots$은 발산함을 보여라.

풀이 급수의 부분합을 차례로 나타내면

$$\begin{aligned} S_1 &= 1 \\ S_2 &= 1-1=0 \\ S_3 &= 1-1+1=1 \\ S_4 &= 1-1+1-1=0 \\ &\cdots\cdots\cdots \end{aligned}$$

이므로, 부분합의 수열 1, 0, 1, 0, ⋯은 발산한다. 따라서 주어진 급수는 발산한다. ◀

다음은 주요한 몇 가지 급수의 수렴성에 대하여 살펴보자. 먼저, 등비수열의 급수인 등비급수의 수렴성을 다음과 같이 정리할 수 있다.

정리 1.9 (등비급수 geometric series)

$a \neq 0$일 때, $a + ar + ar^2 + \cdots + ar^{n-1} + \cdots$는

(1) $|r| < 1$일 때, 수렴하고 그 합은 $\dfrac{a}{1-r}$이다.

(2) $|r| \geq 1$일 때, 발산한다.

증명 i) $r = 1$일 때, 급수는 $a + a + a + \cdots$이고 제n부분합 $S_n = na$이므로

$$\lim_{n\to\infty} S_n = \lim_{n\to\infty} na = \pm\infty$$

가 되어 발산한다. 여기서, 부호는 a의 부호에 따라 정해진다.

ii) $r = -1$일 때, 급수는 $a - a + a - a + \cdots$이므로 부분합의 수열은 $a, 0, a, 0, \ldots$가 되어 역시 발산한다.

iii) $|r| \neq 1$일 때

$$S_n = a + ar + ar^2 + \cdots + ar^{n-1}$$

이므로

$$rS_n = ar + ar^2 + ar^3 + \cdots + ar^n$$

따라서 $S_n - rS_n = a - ar^n$으로부터

$$S_n = \frac{a - ar^n}{1-r} = a\left(\frac{1}{1-r} - \frac{r^n}{1-r}\right)$$

이다. 여기서 $|r| < 1$이면 $\lim_{n\to\infty} S_n = \dfrac{a}{1-r}$가 되어 주어진 급수는 수렴하고, $r > 1$이면 $\lim_{n\to\infty} S_n = \pm\infty$이고, $r < -1$이면 S_n이 발산하므로, 주어진 급수는 발산한다. ▨

예제 1.3.3 4 m 높이에서 고무공을 떨어뜨리면 떨어진 높이의 반만큼 계속 튀어 오른다고 한다. 끝없이 계속하여 공이 튄다고 가정할 때, 공이 움직인 전체 거리를 구하여라.

풀이 4m 높이에서 공을 떨어뜨릴 때, 공이 튀어 오르는 높이는

$$a_1 = 4 \cdot \frac{1}{2},\ a_2 = 4 \cdot \left(\frac{1}{2}\right)^2, \dots,\ a_n = 4 \cdot \left(\frac{1}{2}\right)^n, \dots$$

이다. 따라서 구하려는 전체 거리는 무한등비급수의 합에서

$$4 + 2\left(4 \cdot \frac{1}{2} + 4 \cdot \frac{1}{2^2} + \cdots + 4 \cdot \frac{1}{2^n} + \cdots\right) = 4 + \frac{4}{1 - \frac{1}{2}} = 12$$ ◀

문제 1.3.2 다음 급수의 수렴 · 발산을 조사하고, 만일 수렴하면 그 합을 구하여라.

(1) $\displaystyle\sum_{n=1}^{\infty} \left(-\frac{3}{4}\right)^{n-1}$　　　(2) $\displaystyle\sum_{n=1}^{\infty} \left(-\frac{3}{2}\right)^{n+1}$

다음에는 수렴하지 않는 주요한 급수에 대하여 살펴보자.

예제 1.3.4 조화급수(harmonic series) $\displaystyle\sum_{n=1}^{\infty} \frac{1}{n} = 1 + \frac{1}{2} + \frac{1}{3} + \cdots$은 발산한다.

풀이

$$1 + \frac{1}{2} > \frac{1}{2}$$

$$\frac{1}{3} + \frac{1}{4} > \frac{2}{4} = \frac{1}{2}$$

$$\frac{1}{5} + \frac{1}{6} + \frac{1}{7} + \frac{1}{8} > \frac{4}{8} = \frac{1}{2}$$

$$\frac{1}{9} + \frac{1}{10} + \cdots + \frac{1}{16} > \frac{8}{16} = \frac{1}{2}$$

$$\cdots\cdots\cdots$$

이므로, $n > 2^k$일 때

$$S_n > S_{2^k} = 1 + \frac{1}{2} + \frac{1}{3} + \cdots + \frac{1}{2^k}$$

$$= \left(1+\frac{1}{2}\right)+\left(\frac{1}{3}+\frac{1}{4}\right)+\cdots$$
$$+\left(\frac{1}{2^{k-1}+1}+\frac{1}{2^{k-1}+2}+\cdots+\frac{1}{2^k}\right)$$
$$> \frac{1}{2}+\frac{1}{2}+\cdots+\frac{1}{2}=\frac{k}{2}$$

가 되어, 주어진 급수는 발산한다. ◀

임의의 실수 p에 대하여, 급수

$$\sum_{n=1}^{\infty}\frac{1}{n^p}=1+\frac{1}{2^p}+\frac{1}{3^p}+\cdots+\frac{1}{n^p}+\cdots$$

을 p-급수(p-series)라고 한다. 조화급수는 $p=1$인 경우의 p-급수로, 수렴하지 않는 급수의 주요한 예이다. $p \le 1$일 때, $\frac{1}{n^p} \ge \frac{1}{n}$이므로 $p=1$인 경우와 마찬가지 방법으로 $n>2^k$일 때

$$S_n > 1+\frac{1}{2^p}+\frac{1}{3^p}+\cdots+\frac{1}{2^{kp}} > \frac{1}{2}+\frac{1}{2}+\cdots+\frac{1}{2}=\frac{k}{2}$$

따라서 $p \le 1$일 때, p-급수는 조화급수와 마찬가지로 발산한다.

다음으로, $p>1$일 때 p-급수는 수렴함을 보이자. 먼저, $p>1$일 때, 다음 급수

$$\sum_{k=0}^{\infty}2^k\frac{1}{2^{kp}}=\sum_{k=1}^{\infty}2^{(1-p)k}$$

는 수렴함을 알고 있다. 즉, 부분합의 수열

$$T_k=1+\frac{1}{2^{p-1}}+\cdots+\frac{1}{2^{(p-1)k}}$$

은 급수의 합 T에 수렴한다. 또한, $n<2^k$일 때

$$S_n \le 1+\left(\frac{1}{2^p}+\frac{1}{3^p}\right)+\cdots+\left(\frac{1}{2^{kp}}+\cdots+\frac{1}{(2^{k+1}-1)^p}\right)$$
$$\le 1+\frac{2}{2^p}+\cdots+2^k\frac{1}{2^{kp}}=T_k<T$$

따라서 부분합의 수열 $\{S_n\}$은 수렴한다. 결과적으로, $p > 1$일 때 p-급수는 수렴한다.

지금까지 살펴본 결과를 정리하면 다음과 같다.

정리 1.10

임의의 양의 수 p에 대하여, p-급수 $\sum_{n=1}^{\infty} \frac{1}{n^p} = 1 + \frac{1}{2^p} + \frac{1}{3^p} + \cdots + \frac{1}{n^p} + \cdots$는

(1) $p > 1$일 때, 수렴한다.

(2) $p \leq 1$일 때, 발산한다.

p-급수 판정법의 증명은 제6장에서 적분을 이용하여 다른 방법으로 증명할 수 있다. 지금까지 정리한 급수의 수렴판정법은 그 급수 자체는 물론 다른 급수의 수렴성을 판정하는데 많이 이용되는 주요한 결과이다.

다음은 수렴하는 급수의 선형성을 나타내는 기본적인 성질이다.

정리 1.11

급수 $\sum_{n=1}^{\infty} a_n$, $\sum_{n=1}^{\infty} b_n$이 수렴하면

(1) $\sum_{n=1}^{\infty} (a_n + b_n) = \sum_{n=1}^{\infty} a_n + \sum_{n=1}^{\infty} b_n$

(2) $\sum_{n=1}^{\infty} c a_n = c \sum_{n=1}^{\infty} a_n$ (c는 상수)

증명 $\sum_{n=1}^{\infty} a_n = A$, $\sum_{n=1}^{\infty} b_n = B$라 하고

$$A_n = a_1 + a_2 + \cdots + a_n, \quad B_n = b_1 + b_2 + \cdots + b_n$$

이라 두면

$$\lim_{n\to\infty} A_n = A, \quad \lim_{n\to\infty} B_n = B$$

(1) 한편

$$\begin{aligned} A_n + B_n &= (a_1 + b_1) + (a_2 + b_2) + \cdots + (a_n + b_n) \\ &= (a_1 + a_2 + \cdots + a_n) + (b_1 + b_2 + \cdots + b_n) \end{aligned}$$

이므로

$$\lim_{n\to\infty} (A_n + B_n) = \lim_{n\to\infty} A_n + \lim_{n\to\infty} B_n = A + B$$

따라서

$$\sum_{n=1}^{\infty} (a_n + b_n) = \sum_{n=1}^{\infty} a_n + \sum_{n=1}^{\infty} b_n$$

(2) $cA_n = c(a_1 + a_2 + \cdots + a_n) = ca_1 + ca_2 + \cdots + ca_n$이므로

$$\lim_{n\to\infty} cA_n = c \lim_{n\to\infty} A_n = cA$$

따라서

$$\sum_{n=1}^{\infty} ca_n = c \sum_{n=1}^{\infty} a_n$$

▨

다음 정리는 급수의 수렴성은 급수의 처음 몇 개의 항과는 아무 관계가 없음을 보여 준다.

정리 1.12

어떤 자연수 N보다 큰 모든 n에 대하여 $a_n = b_n$일 때, 급수 $\sum_{n=1}^{\infty} a_n$이 수렴하면 급수 $\sum_{n=1}^{\infty} b_n$도 수렴한다.

증명 $A_n = \sum_{k=1}^{n} a_k,\ B_n = \sum_{k=1}^{n} b_k,\ D = (b_1 - a_1) + (b_2 - a_2) + \cdots + (b_N - a_N)$

이라 두면, $n > N$일 때 $B_n = D + A_n$이므로, $\lim_{n\to\infty} B_n = D + \lim_{n\to\infty} A_n$이다. ▨

결과적으로, 위 정리는 $\sum_{n=k}^{\infty} a_n$이 수렴하면 $\sum_{n=1}^{\infty} a_n$도 수렴함을 의미한다.

다음은 수렴하는 급수의 필요조건을 나타내는 주요한 정리로, 대우를 이용하여 급수의 발산을 밝히는데 이용된다.

정리 1.13

급수 $\sum_{n=1}^{\infty} a_n$이 수렴하면, $\lim_{n\to\infty} a_n = 0$이다. 즉, $\lim_{n\to\infty} a_n \neq 0$이면, 급수 $\sum_{n=1}^{\infty} a_n$은 발산한다.

증명 S_n을 제n부분합이라 하고 $\lim_{n\to\infty} S_n = S$라 하자. 한편, n번째 항은 $a_n = S_n - S_{n-1}$이므로

$$\lim_{n\to\infty} a_n = \lim_{n\to\infty} (S_n - S_{n-1}) = S - S = 0$$ ▨

조화급수가 수렴하지 않는다는 것은 정리 1.13의 역이 일반적으로 성립하지 않음을 보여 준다.

문제 1.3.3 급수 $\sum_{n=1}^{\infty} \frac{2n+1}{3n}$의 수렴 · 발산을 조사하여라.

1.4 여러 가지 수렴판정법

급수 $\sum_{n=1}^{\infty} a_n$에서 각 항 a_n이 모두 양수일 때, 급수 $\sum_{n=1}^{\infty} a_n$을 양항급수(positive series)라 한다. 이러한 양항급수에 대한 몇 가지 기본적인 수렴판정법을 알아보자.

1) 비교판정법

먼저, 비교판정법에 대하여 알아보자. 비교판정법은 이미 수렴성을 알고 있는 급수와 비교하여 다른 급수의 수렴성을 판정하는 것이다.

정리 1.14 (비교판정법 comparison test)

두 양항급수 $\sum_{n=1}^{\infty} a_n$과 $\sum_{n=1}^{\infty} b_n$에 대하여, $a_n \leq b_n$일 때

(1) $\sum_{n=1}^{\infty} b_n$이 수렴하면, $\sum_{n=1}^{\infty} a_n$도 수렴한다.

(2) $\sum_{n=1}^{\infty} a_n$이 발산하면, $\sum_{n=1}^{\infty} b_n$도 발산한다.

증명 (1) $\sum_{n=1}^{\infty} b_n$이 수렴하면, $\sum_{n=1}^{\infty} b_n = B$(유한 확정값)이다. 이때

$$a_1 + a_2 + \cdots + a_n \leq b_1 + b_2 + \cdots + b_n < \sum_{n=1}^{\infty} b_n = B$$

따라서 급수 $\sum_{n=1}^{\infty} a_n$의 부분합의 수열이 유계인 증가수열이므로 수렴한다.

(2)는 (1)의 대우명제이므로 성립한다. ▨

따름정리 1.15

k가 상수이고, 어떤 자연수 N보다 큰 임의의 자연수 n에 대하여 $0 < a_n \le k\, b_n$ 일 때, 비교판정법의 결과가 성립한다.

예제 1.4.1 급수 $\sum_{n=0}^{\infty} \frac{1}{n!} = 1 + \frac{1}{1!} + \frac{1}{2!} + \frac{1}{3!} + \cdots$의 수렴 · 발산을 비교판정법으로 조사하여라.

풀이 $\frac{1}{n!} = \frac{1}{n(n-1)\cdots 2} \le \frac{1}{2^{n-1}}$이고 $\sum_{n=1}^{\infty} \frac{1}{2^{n-1}} = 2$이므로, 비교판정법에 의하여 급수 $\sum_{n=1}^{\infty} \frac{1}{n!}$은 수렴한다. 따라서 $\sum_{n=0}^{\infty} \frac{1}{n!}$도 수렴하고 $\sum_{n=0}^{\infty} \frac{1}{n!} < 3$이다. ◀

참고 $e = 1 + \frac{1}{1!} + \frac{1}{2!} + \frac{1}{3!} + \cdots$

예제 1.4.2 비교판정법을 사용하여, 급수 $\sum_{n=1}^{\infty} \frac{1}{n(n+2)}$의 수렴 · 발산을 조사하여라.

풀이 $n \ge 1$에 대해서, $\frac{1}{n(n+2)} < \frac{1}{n^2}$이고 $\sum_{n=1}^{\infty} \frac{1}{n^2}$은 $p=2$인 p-급수이므로, 수렴한다. 따라서 급수 $\sum_{n=1}^{\infty} \frac{1}{n(n+2)}$은 수렴한다. ◀

문제 1.4.1 다음 급수의 수렴 · 발산을 조사하여라.

(1) $\sum_{n=1}^{\infty} \frac{n+1}{n(n+2)}$　　(2) $\sum_{n=1}^{\infty} \frac{n+1}{n+2} \cdot \frac{1}{n^2}$

(3) $\sum_{n=1}^{\infty} \frac{1}{2n^2-1}$　　(4) $\sum_{n=1}^{\infty} \frac{1}{\sqrt{2n}}$

다음 정리는 두 급수의 일반항의 비의 극한을 비교하여 수렴성을 판정하는 일종의 비교판정법이다.

정리 1.16 (극한비교판정법 limit comparison test)

두 양항급수 $\sum_{n=1}^{\infty} a_n$과 $\sum_{n=1}^{\infty} b_n$에 대하여

(1) $\lim_{n\to\infty} \frac{a_n}{b_n} = L > 0$일 때, 급수 $\sum_{n=1}^{\infty} a_n$과 $\sum_{n=1}^{\infty} b_n$은 동시에 수렴하거나 발산한다.

(2) $\lim_{n\to\infty} \frac{a_n}{b_n} = 0$일 때, $\sum_{n=1}^{\infty} b_n$이 수렴하면 $\sum_{n=1}^{\infty} a_n$도 수렴한다.

(3) $\lim_{n\to\infty} \frac{a_n}{b_n} = \infty$일 때, $\sum_{n=1}^{\infty} b_n$이 발산하면 $\sum_{n=1}^{\infty} a_n$도 발산한다.

증명 (1) 충분히 큰 임의의 자연수 n에 대하여

$$-\frac{L}{2} < \frac{a_n}{b_n} - L < \frac{L}{2}$$

이므로

$$\left(\frac{L}{2}\right) b_n < a_n < \left(\frac{3L}{2}\right) b_n$$

이다. 따라서 비교판정법에 의해 두 급수 $\sum_{n=1}^{\infty} a_n$, $\sum_{n=1}^{\infty} b_n$는 동시에 수렴 또는 발산한다.

(2), (3)도 같은 방법으로 쉽게 증명할 수 있다. ▨

예제 1.4.3 극한비교판정법을 이용하여, 급수 $\sum_{n=1}^{\infty} \frac{3n-2}{n^3+2n^2}$의 수렴 · 발산을 조사하여라.

풀이 수렴하는 급수 $\sum_{n=1}^{\infty} \frac{3}{n^2}$과 함께 극한비교판정법을 이용하자.

$$\lim_{n\to\infty} \frac{3n-2}{n^3+2n^2} \Big/ \frac{3}{n^2} = \lim_{n\to\infty} \frac{3n^3-2n^2}{3n^3+6n^2} = 1$$

이므로, 급수 $\sum_{n=1}^{\infty} \frac{3n^2-2}{n^3+2n^2}$는 수렴한다. ◀

문제 1.4.2 다음 급수의 수렴 · 발산을 조사하여라.

(1) $\sum_{n=1}^{\infty} \frac{1}{2^n - 1}$ (2) $\sum_{n=1}^{\infty} \frac{1}{\sqrt{n^2 + 19n}}$

2) 비판정법

비판정법은 주어진 급수의 n번째 항과 $(n+1)$번째 항의 비율의 극한에 의하여 그 수렴성을 판정하는 방법으로 구체적으로 다음과 같다.

정리 1.17 (비판정법 ratio test)

$\sum_{n=1}^{\infty} a_n$이 양항급수일 때, $r = \lim_{n \to \infty} \frac{a_{n+1}}{a_n}$이라 하면

(1) $r < 1$일 때, $\sum_{n=1}^{\infty} a_n$은 수렴한다.

(2) $r > 1$일 때, $\sum_{n=1}^{\infty} a_n$은 발산한다.

증명 (1) $\rho = \frac{1}{2}(1+r)$이라 두면, $r < \rho < 1$이다. 한편, $r = \lim_{n \to \infty} \frac{a_{n+1}}{a_n}$이므로 충분히 큰 임의의 자연수 n에 대하여 $\frac{a_{n+1}}{a_n} < \rho$이다. 즉, 어떤 자연수 N에 대하여

$$a_{N+1} < \rho a_N$$

$$a_{N+2} < \rho a_{N+1} < \rho^2 a_N$$

$$\cdots$$

$$a_{N+k} < \rho a_{N+k-1} < \rho^k a_N$$

한편

$$\sum_{n=1}^{\infty} \rho^n a_N = a_N \sum_{n=1}^{\infty} \rho^n = \frac{\rho}{1-\rho} a_N$$

이므로, 비교판정법에 의해 급수 $\sum_{n=1}^{\infty} a_n$은 수렴한다.

(2) $r > 1$일 때, 충분히 큰 임의의 자연수 n에 대하여 $\frac{a_{n+1}}{a_n} > 1$이므로 $\lim_{n\to\infty} a_n \neq 0$이다. 따라서 $\sum_{n=1}^{\infty} a_n$은 발산한다. ▨

주의 두 급수 $\sum_{n=1}^{\infty} \frac{1}{n}$과 $\sum_{n=1}^{\infty} \frac{1}{n^2}$은 모두 $r = 1$이다. 이 경우에는 비판정법으로 수렴, 발산 여부를 알 수 없다. 그러나 앞에서 언급한 것처럼 p-급수판정법에 의하여 $\sum_{n=1}^{\infty} \frac{1}{n}$은 발산하고, $\sum_{n=1}^{\infty} \frac{1}{n^2}$은 수렴함을 알 수 있다.

예제 1.4.4 급수 $\sum_{n=1}^{\infty} \frac{1}{n!}$의 수렴 · 발산을 조사하여라.

풀이 $r = \lim_{n\to\infty} \frac{a_{n+1}}{a_n} = \lim_{n\to\infty} \frac{n!}{(n+1)!} = \lim_{n\to\infty} \frac{1}{n+1} = 0 < 1$이므로, 비판정법에 의해 주어진 급수는 수렴한다. ◀

예제 1.4.5 급수 $\sum_{n=1}^{\infty} \frac{n^n}{n!}$이 발산함을 보여라.

풀이 $r = \lim_{n\to\infty} \frac{a_{n+1}}{a_n} = \lim_{n\to\infty} \frac{(n+1)^{n+1}}{(n+1)!} \cdot \frac{n!}{n^n} = \lim_{n\to\infty} \left(\frac{n+1}{n}\right)^n = e > 1$

이므로, 비판정법에 의해 주어진 급수는 발산한다. ◀

문제 1.4.3 다음 급수의 수렴 · 발산을 조사하여라.

(1) $\sum_{n=1}^{\infty} \frac{10^n}{n!}$ (2) $\sum_{n=1}^{\infty} \frac{(2n)!}{(n!)^2}$ (3) $\sum_{n=1}^{\infty} \frac{n+1}{3^n}$

문제 1.4.4 $0 < p < 1$일 때, 급수 $\sum_{n=1}^{\infty} n\,p^n$은 수렴함을 보여라.

3) 근판정법

마지막으로, 급수의 n번째 항의 n제곱근의 극한을 이용하는 수렴판정법을 다음과 같이 정리한다.

정리 1.18 (근판정법 root test)

양항급수 $\sum_{n=1}^{\infty} a_n$에 대해서 $r = \lim_{n\to\infty} \sqrt[n]{a_n}$이라 하자.

(1) $r < 1$일 때, $\sum_{n=1}^{\infty} a_n$은 수렴한다.

(2) $r > 1$일 때, $\sum_{n=1}^{\infty} a_n$은 발산한다.

증명 (1) $r < 1$일 때, $r < \rho < 1$인 수 ρ가 존재한다. 한편, $r = \lim_{n\to\infty} \sqrt[n]{a_n}$이므로 충분히 큰 임의의 자연수 n에 대하여 $a_n < \rho^n$이다. 즉, 어떤 자연수 N에 대하여 $n \ge N$이면 $a_n < \rho^n$이다. 등비급수 $\sum_{n=1}^{\infty} \rho^n$은 수렴하므로 비교판정법에 의하여 $\sum_{n=1}^{\infty} a_n$도 수렴한다.

(2) $r > 1$일 때, 어떤 자연수 N에 대하여 $n \ge N$이면 $a_n \ge 1$이므로, $\lim_{n\to\infty} a_n \ne 0$이다. 따라서 $\sum_{n=1}^{\infty} a_n$은 발산한다. ▨

예제 1.4.6 급수 $\sum_{n=1}^{\infty} \left(\frac{3n+2}{2n-1}\right)^n$이 발산함을 보여라.

풀이 $r = \lim_{n\to\infty} \sqrt[n]{a_n} = \lim_{n\to\infty} \frac{3n+2}{2n-1} = \frac{3}{2} > 1$이므로, 근판정법에 의해서 급수 $\sum_{n=1}^{\infty} \left(\frac{3n+2}{2n-1}\right)^n$은 발산한다. ◀

문제 1.4.5 다음 급수의 수렴, 발산을 조사하여라.

(1) $\displaystyle\sum_{n=1}^{\infty} \frac{3^n}{n^n}$ (2) $\displaystyle\sum_{n=1}^{\infty} \frac{n^2}{2^n}$ (3) $\displaystyle\sum_{n=1}^{\infty} \left(\frac{n}{100}\right)^n$ (4) $\displaystyle\sum_{n=1}^{\infty} \left(1-\frac{1}{n}\right)^{n^2}$

4) 교대급수판정법

주어진 급수의 인접한 두 항의 부호가 서로 반대일 때, 그 급수를 교대급수(alternating series)라 한다. 교대급수는 어떤 양항급수 $\displaystyle\sum_{n=1}^{\infty} a_n$에 대하여

$$\sum_{n=1}^{\infty} (-1)^{n+1} a_n = a_1 - a_2 + a_3 - \cdots + (-1)^{n+1} a_n + \cdots$$

또는

$$\sum_{n=1}^{\infty} (-1)^n a_n = -a_1 + a_2 - a_3 + \cdots + (-1)^n a_n + \cdots$$

와 같은 형태이다.

다음은 교대급수에 관한 수렴판정법이다.

정리 1.19 (교대급수판정법 alternating series test)

$a_1 \geq a_2 \geq \cdots \geq a_n \geq \cdots \geq 0$이고 $\displaystyle\lim_{n\to\infty} a_n = 0$이면, 교대급수 $\displaystyle\sum_{n=1}^{\infty} (-1)^n a_n$과 $\displaystyle\sum_{n=1}^{\infty} (-1)^{n+1} a_n$은 수렴한다.

증명 $\displaystyle\sum_{n=1}^{\infty} (-1)^{n+1} a_n$에 대해서만 증명하면 충분하다. 먼저

$$\begin{aligned} S_{2n} &= a_1 - a_2 + a_3 - a_4 + \cdots + a_{2n-1} - a_{2n} \\ &= (a_1 - a_2) + (a_3 - a_4) + \cdots + (a_{2n-1} - a_{2n}) \end{aligned}$$

이므로, 수열 $\{S_{2n}\}$은 증가수열이고

$$S_{2n} = a_1 - (a_2 - a_3) - (a_4 - a_5) - \cdots - (a_{2n-2} - a_{2n-1}) - a_{2n} \leq a_1$$

이므로, $\{S_{2n}\}$은 위로 유계인 수열이다. 따라서 $\{S_{2n}\}$은 수렴한다. 또한

$$S_{2n+1} = S_{2n} + a_{2n+1}$$

이므로, $\lim_{n\to\infty} S_{2n} = S$라 하면

$$\lim_{n\to\infty} S_{2n+1} = \lim_{n\to\infty} S_{2n} + \lim_{n\to\infty} a_{2n+1} = S + 0 = S$$

그러므로 $\lim_{n\to\infty} S_n = S$이다. 즉 주어진 급수는 수렴한다. ▨

예제 1.4.7 교대조화급수(alternating harmonic series)

$$\sum_{n=1}^{\infty} (-1)^{n+1}\frac{1}{n} = \frac{1}{1} - \frac{1}{2} + \frac{1}{3} + \cdots + (-1)^{n+1}\frac{1}{n} + \cdots$$

은 수렴한다.

풀이 $1 > \frac{1}{2} > \frac{1}{3} > \cdots > \frac{1}{n} > \cdots$이고 $\lim_{n\to\infty} a_n = \lim_{n\to\infty}\frac{1}{n} = 0$이므로, 교대급수판정법에 의해서 주어진 급수는 수렴한다. ◀

예제 1.4.8 교대급수 $\sum_{n=1}^{\infty}(-1)^{n+1}\frac{n+2}{n(n+1)}$의 수렴 · 발산을 조사하여라.

풀이 $\frac{a_{n+1}}{a_n} = \frac{n+3}{(n+1)(n+2)} \cdot \frac{n(n+1)}{n+2} = \frac{n^2+3n}{n^2+4n+4} < 1$이므로,

$a_n > a_{n+1}$이고

$$\lim_{n\to\infty} a_n = \lim_{n\to\infty}\frac{n+2}{n(n+1)} = \lim_{n\to\infty}\frac{1/n + 2/n^2}{1 + 1/n} = 0$$

이므로, 주어진 급수는 수렴한다. ◀

급수 $\sum_{n=1}^{\infty} a_n$에 대해서 $\sum_{n=1}^{\infty} |a_n|$가 수렴할 때, $\sum_{n=1}^{\infty} a_n$은 절대수렴(absolute convergence)한다고 한다.

예제 1.4.9 급수 $\sum_{n=1}^{\infty} \frac{\sin nx}{n^3}$에서 $\left|\frac{\sin nx}{n^3}\right| \le \frac{1}{n^3}$이므로, 비교판정법에 의해서 주어진 급수는 절대수렴한다.

문제 1.4.6 다음 급수의 절대수렴, 발산을 조사하여라.

(1) $\sum_{n=1}^{\infty} (-1)^{n+1} \frac{n}{1+n^2}$ (2) $\sum_{n=1}^{\infty} \frac{\cos n\pi}{n}$

정리 1.20

절대수렴하는 급수는 수렴한다.

증명 급수 $\sum_{n=1}^{\infty} a_n$이 절대수렴한다고 하자. 급수 $\sum_{n=1}^{\infty} |a_n|$은 수렴하므로

$$\sum_{n=1}^{\infty} |a_n| = S \text{ (일정한 값)}$$

이다. 부분합 $S_n = a_1 + a_2 + \cdots + a_n$에서 양수인 항의 합을 P_n, 음수인 항의 절댓값의 합을 Q_n이라 하면, $S_n = P_n - Q_n$이다. 그런데

$$P_n \le \sum_{k=1}^{n} |a_k| \le S, \quad Q_n \le \sum_{k=1}^{n} |a_k| \le S$$

이므로, 증가수열 $\{P_n\}$, $\{Q_n\}$은 수렴한다. 따라서 $\lim_{n\to\infty} P_n = P$, $\lim_{n\to\infty} Q_n = Q$라 두면

$$\lim_{n\to\infty} S_n = \lim_{n\to\infty} (P_n - Q_n) = P - Q$$

이므로, 급수 $\sum_{n=1}^{\infty} a_n$은 수렴한다. ▨

주의 $\sum_{n=1}^{\infty}(-1)^{n+1}\frac{1}{n}$은 수렴하지만 절대수렴하지 않으므로, 정리 1.20의 역은 성립하지 않는다.

급수 $\sum_{n=1}^{\infty} a_n$은 수렴하나 $\sum_{n=1}^{\infty}|a_n|$은 발산할 때, 급수 $\sum_{n=1}^{\infty} a_n$은 조건수렴(conditional convergence)한다고 한다.

1.5 멱급수

변수를 항으로 갖는 급수에 대해서 생각해 보기로 하자.

만일 $a_0,\ a_1,\ a_2, \ldots$이 상수이고, x가 변수일 때

$$\sum_{n=0}^{\infty} a_n x^n = a_0 + a_1 x + a_2 x^2 + \cdots + a_n x^n + \cdots$$

의 형태의 급수를 x에 대한 멱급수(power series)라 한다. 멱급수는 $x=0$일 때 항상 수렴한다.

다음 정리는 멱급수의 수렴성에 관한 특성을 보여준다.

정리 1.21

c가 0이 아닌 상수일 때

(1) $x=c$에서 멱급수 $\sum_{n=0}^{\infty} a_n x^n$이 수렴하면, $|x|<|c|$인 임의의 x에 대하여 $\sum_{n=0}^{\infty} a_n x^n$은 절대수렴한다.

(2) $x=c$에서 멱급수 $\sum_{n=0}^{\infty} a_n x^n$이 발산하면, $|x|>|c|$인 임의의 x에 대하여 $\sum_{n=0}^{\infty} a_n x^n$은 발산한다.

증명 (1) 멱급수 $\sum_{n=0}^{\infty} a_n x^n$이 $x=c$에서 수렴하므로, $\lim_{n\to\infty} a_n c^n = 0$이다. 따라서 어떤 자연수 N보다 큰 임의의 자연수 n에 대해서 $|a_n c^n| < 1$이고, $|x|<|c|$일 때

$$|a_n x^n| = \left| a_n c^n \cdot \frac{x^n}{c^n} \right| = |a_n c^n| \cdot \left| \frac{x}{c} \right|^n < \left| \frac{x}{c} \right|^n$$

한편, 등비급수인 $\sum_{n=0}^{\infty} \left| \frac{x}{c} \right|^n$ 이 수렴하므로, 비교판정법에 의해 $\sum_{n=0}^{\infty} |a_n x^n|$은 수렴한다. 따라서 $\sum_{n=0}^{\infty} a_n x^n$은 절대수렴한다.

(2) 만약 $|x| > |c|$인 어떤 x에 대해서 $\sum_{n=0}^{\infty} a_n x^n$이 수렴한다고 가정하면, (1)에 의해서 $x = c$에서 수렴해야 하는데 이는 가정에 모순이다. ▨

주어진 멱급수가 수렴하는 모든 x 의 집합을 수렴역(domain of convergence) 또는 수렴구간(interval of convergence)이라고 한다.

정리 1.21의 관점에서 주어진 멱급수가 수렴하는 점 c 가운데 될 수 있으면 가장 큰 값을 구하는 것이 급수의 수렴역을 구하는데 결정적임을 알 수 있다. 사실, 그러한 값은 다음과 같은 성질을 만족하는 양의 수 R이다.

멱급수 $\sum_{n=0}^{\infty} a_n x^n$이 $|x| < R$일 때 수렴하고, $|x| > R$일 때 발산한다.

이러한 R을 주어진 멱급수의 수렴반경(radius of convergence)이라 한다. 모든 x에 대하여 $\sum_{n=0}^{\infty} a_n x^n$이 수렴할 때 수렴반경은 $R = \infty$로 정의하고, $x = 0$에서만 수렴할 때 수렴반경은 $R = 0$로 정의한다.

다음 정리는 급수의 수렴반경을 구하는 공식을 보여준다.

정리 1.22

멱급수 $\sum_{n=0}^{\infty} a_n x^n$에 대하여, $R = \lim_{n\to\infty} \left| \frac{a_n}{a_{n+1}} \right|$이라 하자.

(1) $|x| < R$인 x에 대하여, $\sum_{n=0}^{\infty} a_n x^n$은 절대수렴한다.

(2) $|x| > R$인 x에 대하여, $\sum_{n=0}^{\infty} a_n x^n$은 발산한다.

즉, 멱급수 $\sum_{n=0}^{\infty} a_n x^n$의 수렴반경 R은 $R = \lim_{n\to\infty} \left| \frac{a_n}{a_{n+1}} \right|$이다.

증명 급수 $\sum_{n=0}^{\infty} |a_n x^n|$에 대하여

$$\lim_{n\to\infty} \left| \frac{a_{n+1} x^{n+1}}{a_n x^n} \right| = \frac{|x|}{R}$$

이므로, 비판정법에 의하여

(1) $|x| < R$이면 $\sum_{n=0}^{\infty} |a_n x^n|$가 수렴하므로, 주어진 급수 $\sum_{n=0}^{\infty} a_n x^n$은 절대 수렴한다.

(2) $|x| > R$이면 극한의 정의에 의해 충분히 큰 n에 대하여

$$\left| \frac{a_{n+1} x^{n+1}}{a_n x^n} \right| > 1$$

이므로

$$|a_n x^n| < |a_{n+1} x^{n+1}| < |a_{n+2} x^{n+2}| < \cdots$$

따라서 $\lim_{n\to\infty} a_n x^n \neq 0$이므로, 주어진 급수는 발산한다. ▨

예제 1.5.1 멱급수 $\sum_{n=0}^{\infty} \frac{x^n}{n!}$ 의 수렴반경과 수렴역을 구하여라.

풀이 $R = \lim_{n\to\infty} \left| \frac{a_n}{a_{n+1}} \right| = \lim_{n\to\infty} \left| \frac{(n+1)!}{n!} \right| = \lim_{n\to\infty} (n+1) = \infty$ 이므로 수렴반경은 $R = \infty$ 이고, 모든 실수 x에 대해서 수렴하므로 수렴역은 실수 전체이다. ◀

주의 멱급수 $\sum_{n=0}^{\infty} \frac{x^n}{n!}$ 이 임의의 실수 x에 대하여 수렴하므로, $\lim_{n\to\infty} \frac{x^n}{n!} = 0$ 임을 알 수 있다.

예제 1.5.2 멱급수 $\sum_{n=0}^{\infty} n!\, x^n$ 의 수렴반경과 수렴역을 구하여라.

풀이 $R = \lim_{n\to\infty} \left| \frac{a_n}{a_{n+1}} \right| = \lim_{n\to\infty} \left| \frac{n!}{(n+1)!} \right| = \lim_{n\to\infty} \frac{1}{n+1} = 0$ 이므로 수렴반경은 $R = 0$ 이다. 한편, $x = 0$ 에서만 수렴하므로 수렴역은 $\{0\}$ 이다. ◀

예제 1.5.3 멱급수 $\sum_{n=0}^{\infty} (-1)^n \frac{x^{n+1}}{n+1}$ 의 수렴반경과 수렴역을 구하여라.

풀이 $R = \lim_{n\to\infty} \left| \frac{a_n}{a_{n+1}} \right| = \lim_{n\to\infty} \left| \frac{n+2}{n+1} \right| = 1$ 이므로 수렴반경은 1이다. 따라서 $|x| < 1$ 일 때, 주어진 멱급수는 수렴하고, $|x| > 1$ 일 때 발산한다. 그리고 $x = 1$ 일 때, 주어진 급수가 $1 - \frac{1}{2} + \frac{1}{3} - \frac{1}{4} + \cdots$ 이므로 교대급수판정법에 의해 수렴한다. 또한, $x = -1$ 인 경우는 주어진 급수가 $-1 - \frac{1}{2} - \frac{1}{3} - \cdots$ 이므로, 발산한다. 그러므로 수렴역은 $\{x \mid -1 < x \le 1\}$ 이다. ◀

문제 1.5.1 다음 멱급수의 수렴반경과 수렴역을 구하라.

(1) $\sum_{n=0}^{\infty} \frac{x^n}{n+1}$

(2) $\sum_{n=0}^{\infty} \frac{(-1)^n x^n}{n!}$

(3) $\sum_{n=0}^{\infty} n^n x^n$

(4) $\sum_{n=0}^{\infty} \left(\frac{x-3}{2}\right)^n$

수학을 나타내는 'math'의 의미

수학을 나타내는 영어 단어인 'mathematics'(간단히 'math'라 부른다)의 어원을 살펴보기 위하여, 기하학자인 Michael Schneider의 다음 이야기로 시작하자.

고대 그리스에서 자연과학의 연구와 자기 인식에 몰두한 Pythagoras의 뛰어난 제자들을 '모든 것을 연구하는 사람들'이라는 뜻으로 '마테마테코이(mathematekoi)'라고 불렀다. '마테마(mathema)'는 '일반적인 배움'을 뜻하며, '깨닫다'라는 고대 영어 'mathein'과 '깨우치다'라는 뜻의 고대 독일어 'munthen'의 어원이 되었다. 오늘날 수학을 나타내는 'math'는 세속적인 측량과 양들을 다루는 분야를 가리키는 제한적인 의미로 사용되고 있다. 우리는 의식하지 못하는 사이에 광범위한 통찰력을 폭 좁은 전문 지식으로 바꾸어놓고 만 것이다. 위의 인용에서 보듯이, 마테마의 어원에 따르면 수학의 본질은 우주만물에 대하여 스스로 깨닫고 그 깨달은 것을 다른 사람에게 깨우쳐 주는 행위가 아닌가? 더욱, 그는 수학을 '세속적인 수학'과 '상징수학' 그리고 '신성한 수학'으로 나누어 수학의 본질을 설명하고 있다. 특히, 상징수학 또는 철학적 수학을 설명하면서 역사적으로 자연을 기하학적 문자로 쓰여 진 한 권의 책으로 비유한 갈릴레이가 언급한 다음 글을 인용하고 있다.

철학은 웅장한 책인 우주에 기록된다. 이 책은 우리 시야에 항상 펼쳐져 있지만, 그 언어를 이해하고 그 언어로 쓴 문자를 해석하는 법을 먼저 배우지 않으면 아니 된다. 그것은 수학의 언어로 기록되어 있으며, 그 문자는 삼각형, 원과 그 밖의 기하학적 도형이다. 이것들이 없다면, 인간의 힘으로는 단 하나의 단어도 이해할 수 없으며, 우리는 캄캄한 미로 속에서 방황할 것이다.

이는 수학의 본질을 얼마나 잘 표현하고 있는가? 우주를 이해하는 것이 바로 수학이라고 하지 않은가? 미국의 시인 John Greenleaf Whittier(1807~1892) 역시 '자연은 상징과 기호로 기록되어 있다'라고 말했다. 이처럼 우주의 언어는 우리가 쉽사리 이해할 수 없는 수학적 언어로 쓰여 진 것임에 틀림이 없다. 고대 그리스 수학을 집대성한 Euclid(330~275 B.C.)는 그의 저서 『원론』에서 수학이란 학문의 성격부터 규정하려고 시도하였으며, 그는 '수학은 진리만을 다루는 학문'이라고 믿었다.

Euclid는 원론을 전개하는 과정에서 10개의 공리와 공준(기하학적인 공리를 뜻한다)을 설정하여, 이들을 기반으로 Aristoteles(384~322 B.C.)의 삼단논법을 적용하여 여러 가지 결론들을 유도하였으며 그들을 정리(theorem)라고 하였다. 그러므로 정리 또한 진리일 수밖에 없다. 이것이 바로 그가 택한 수학의 한 가지 전개방법인 것이다.

1장 종합문제

1) 기본 · 연습

1. 다음 집합의 상한과 하한을 구하고, 상계와 하계의 범위를 구하여라.

(1) $S_1 = \left\{ (-1)^n + \dfrac{1}{n} \;\middle|\; n \in \mathbb{N} \right\}$ (2) $S_2 = \left\{ \dfrac{1}{n^2} + \dfrac{1}{m^2} \;\middle|\; n,\, m \in \mathbb{N} \right\}$

2. 다음 수열의 수렴과 발산을 조사하고, 수렴하는 수열에 대해서는 그 극한을 구하여라.

(1) $\left\{ n + \dfrac{1}{2n} \right\}$ (2) $\left\{ \dfrac{n^2+1}{4n^3-1} \right\}$

(3) $\left\{ 1 + \dfrac{1}{2} + \dfrac{1}{2^2} + \cdots + \dfrac{1}{2^n} \right\}$ (4) $\left\{ \left(\dfrac{3n+2}{3n+1} \right)^n \right\}$

3. 연 $r\%$의 이율로 P원을 저금하였다. 이자는 1년에 n번 나누어 복리로 지급한다고 할 때, 원리합계 R_n의 극한 $\lim\limits_{n \to \infty} R_n$을 구하여라.

4. 다음 급수의 수렴, 발산을 조사하고, 만일 수렴하면 그 합을 구하여라.

(1) $\displaystyle\sum_{n=1}^{\infty} \frac{1}{(n+2)(n+3)}$ (2) $\displaystyle\sum_{n=1}^{\infty} (-1)^{n-1} \cdot \frac{7}{6^{n-1}}$ (3) $\displaystyle\sum_{n=1}^{\infty} \left(\frac{3}{n(n+1)} + \frac{1}{2^n} \right)$

5. 비교판정법에 의하여, 다음 급수의 수렴, 발산을 판정하여라.

(1) $\displaystyle\sum_{n=1}^{\infty} \frac{1}{n \cdot 2^n}$ (2) $\displaystyle\sum_{n=1}^{\infty} \frac{1}{(2n)^n}$ (3) $\displaystyle\sum_{n=1}^{\infty} \frac{1}{2n^2-n}$ (4) $\displaystyle\sum_{n=1}^{\infty} \frac{1}{n^2+1}$

6. 비판정법에 의해서 다음 급수의 수렴, 발산을 조사하여라.

(1) $\displaystyle\sum_{n=1}^{\infty} \frac{n!}{10^{2n-1}}$ (2) $\displaystyle\sum_{n=1}^{\infty} \frac{3^n}{n^2}$ (3) $\displaystyle\sum_{n=1}^{\infty} (-1)^n \frac{n^3}{3^n}$

7. 근판정법에 의해서 다음 급수의 수렴, 발산을 조사하여라.

(1) $\sum_{n=1}^{\infty} \frac{n}{5^n}$　　(2) $\sum_{n=1}^{\infty} \frac{2^n}{n^3}$

8. 교대급수판정법을 이용하여, 다음 급수의 수렴, 발산을 조사하여라.

(1) $\sum_{n=1}^{\infty} \frac{(-1)^{n+1}}{2n+1}$　　(2) $\sum_{n=1}^{\infty} (-1)^{n+1} \left(\frac{n}{3}\right)^n$　　(3) $\sum_{n=1}^{\infty} (-1)^{n+1} \frac{n+1}{3n+1}$

(4) $\sum_{n=1}^{\infty} (-1)^n e^{-n}$　　(5) $\sum_{n=1}^{\infty} (-1)^{n+1} \frac{n}{2n-1}$　　(6) $\sum_{n=2}^{\infty} (-1)^{n+1} \frac{1}{\ln n}$

9. 다음 멱급수의 수렴반경과 수렴역을 구하여라.

(1) $\sum_{n=1}^{\infty} \frac{5^n}{n^2} \cdot x^n$　　(2) $\sum_{n=0}^{\infty} \frac{x^n}{1+n^2}$　　(3) $\sum_{n=0}^{\infty} (-1)^n \frac{x^{2n}}{(2n)!}$　　(4) $\sum_{n=0}^{\infty} \frac{x^n}{n(n+1)}$

10. 다음 멱급수의 수렴반경과 수렴역을 구하여라.

(1) $\sum_{n=0}^{\infty} \frac{(x-1)^n}{(n+1)^2}$　　(2) $\sum_{n=0}^{\infty} \frac{n(x+2)^n}{3^{n+1}}$

11. 급수 $\sum_{n=1}^{\infty} \frac{x^n}{3^n}$ 이 수렴하는 x의 범위를 구하고, 또한 수렴하는 범위에서 급수의 합을 구하여라.

2) 심화 · 응용

12. 다음 그림에서와 같이 원들이 이웃하는 원과 정삼각형의 변에 접하면서, 정삼각형의 세 꼭지점을 향하여 끝없이 그려져 있다고 하자. 정삼각형의 변의 길이가 1일 때, 이 원들의 전체 넓이를 구하여라.

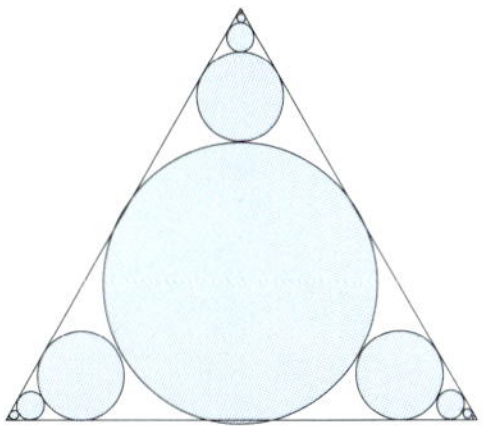

그림 1.3

13. $\lim_{n\to\infty} a_n = a$일 때, 다음을 증명하여라.

(1) $\lim_{n\to\infty} a_{2n} = a$ (2) $\lim_{n\to\infty} |a_n| = |a|$

14. $|a| < 1$일 때, $\lim_{n\to\infty} a^n = 0$임을 보여라.

15. $a > 0$일 때 $\lim_{n\to\infty} a^{\frac{1}{n}} = 1$임을 보여라.

16. $\lim_{n\to\infty} a_n = a$이고 $\lim_{n\to\infty} b_n = b$일 때, $\lim_{n\to\infty} (a_n + b_n) = a + b$임을 증명하여라.

17. 수열 a_n에 대하여 $b_n = \frac{1}{n}(a_1 + a_2 + \cdots + a_n)$을 a_n의 Cesaro 평균(Cesaro mean)이라 한다.

(1) 수열 a_n이 수렴할 때, Cesaro 평균 $b_n = \frac{1}{n}(a_1 + a_2 + \cdots + a_n)$도 수렴하고 $\lim_{n\to\infty} b_n = \lim_{n\to\infty} a_n$임을 보여라.

(2) Cesaro 평균 $b_n = \frac{1}{n}(a_1 + a_2 + \cdots + a_n)$은 수렴하지만 원래의 수열 $\{a_n\}$은 발산하는 예를 구하여라.

18. $\lim_{n\to\infty} \sqrt[n]{|a_n|} = L\ (L \neq 0)$이면, 멱급수 $\sum_{n=0}^{\infty} a_n x^n$의 수렴반경은 $\frac{1}{L}$임을 보여라.

제2장

함수와 극한

▶▷▶ 이 장에서는 함수의 기초개념을 확립하고, 주요한 함수인 지수함수와 로그함수, 삼각함수, 쌍곡선 함수와 그 역함수에 대한 기본적인 성질을 정리한다. 또한, 미분적분학의 근간을 이루는 주요한 개념인 극한 개념의 직관적인 이해를 바탕으로 논리적이고 엄밀한 정의를 소개하고 여러 함수의 극한을 구할 수 있도록 한다. 이와 함께 연속의 개념을 이해하고 연속성을 판정할 수 있도록 한다.

2.1 함수의 기본개념

1) 함수와 그래프

예제 2.1.1 어떤 회사가 폭이 800피트인 마이애미 강가에 발전소를 가지고 있다. 공장으로부터 강 반대편의 강 하류를 따라서 2마일 떨어져 있는 도시까지 새로운 케이블을 설치하고자 한다. 강을 가로지르는 경우 1피트마다 180달러의 비용이 들고, 육지를 따라 설치하는 경우는 1피트마다 100달러의 비용이 든다고 하자. 이때, 공장으로부터 공장의 정반대쪽인 P점에서 x피트 떨어진 Q점까지 케이블을 설치하는데 비용 $C(x)$를 거리 x로 표현하여라.

풀이 $C(x) = 800 \cdot 180 + 100x$ ◀

문제 2.1.1 가로 20cm, 세로 12cm인 직사각형 마분지 네 귀퉁이에서 한 변의 길이가 $x$cm인 정사각형을 각각 오래내고 접어 올려 위 뚜껑이 없는 상자를 만들었다. 이 상자의 부피 $V\text{cm}^3$를 x의 식으로 나타내어라.

예제 2.1.1에서 거리 x가 일정한 범위에서 변화할 때, 일정한 관계에 의하여 비용 $C(x)$가 결정되는 것을 살펴보았다. 이처럼 입력값(input) x에 따라 꼭 한 개씩의 출력값(output) y가 결정되는 대응관계를 일반적으로 다음과 같이 정의할 수 있다.

두 집합 X와 Y에 대하여, X의 임의의 원소에 Y의 원소가 꼭 한 개씩 대응되는 관계를 X에서 Y로의 함수(function)라 하며, 이것을

$$f : X \rightarrow Y \text{ 또는 } X \xrightarrow{f} Y$$

와 같이 나타내고, 때로는 간단히 f로 나타내기도 한다. 이때, 집합 X를 함수 f의 정의역(domain), 집합 Y는 공역(codomain)이라 한다. 정의역 X의 원소 x에 공역 Y의 원소 y가 대응될 때, 이것을 기호로

$$y = f(x) \text{ 또는 } x \xrightarrow{f} y$$

로 나타내고, 이 $f(x)$를 함수 f에 의한 x의 함숫값(image)이라 한다. 이때, 정의역의 임의의 원소를 나타내는 x를 독립변수(independent variable)라 하고 독립변수 x에 대응하는 공역의 원소 y를 종속변수(dependent variable)라 한다. 그리고 함수 f에 의한 함숫값 전체의 집합 $\{f(x) \mid x \in X\}$를 함수 f의 치역(range)이라 하고 $f(X)$로 나타낸다. 따라서 치역은 공역의 부분집합이다.

함수 $f : X \rightarrow Y$의 조건은 다음과 같이 나타낼 수 있다.

(1) X의 임의의 원소 x에 대하여, $f(x) = y$인 Y의 원소 y가 존재한다.

(2) X의 임의의 원소 x_1, x_2에 대하여, $x_1 = x_2$이면 $f(x_1) = f(x_2)$이다.

우리가 주로 취급하는 함수는 정의역과 공역이 모두 실수의 집합이며, 함수 $f : X \rightarrow Y$는 정의역 X의 임의의 원소를 나타내는 x(독립변수)와 그 함숫값 y(종속변수)의 관계식 $y = f(x)$에 의하여 결정된다. 함수의 정의역이 실수전체의 집합이거나 함수를 나타내는 관계식 $y = f(x)$가 정의되는 실수의 집합일 경우, 이것을 자연정의역(natural domain)이라 하여 구체적으로 표시하지 않고 단순히 관계식 $y = f(x)$로 함수를 나타내기도 한다.

문제 2.1.2 다음 각 함수의 자연정의역을 구하여라.

(1) $f(x) = \sqrt{2x+3}$ (2) $g(x) = \dfrac{1}{4x-1}$

(3) $h(x) = \sqrt[3]{x}$ (4) $p(x) = |2x+3|$

문제 2.1.3 이차함수 $f(x) = x^2$, 절댓값 함수 $g(x) = |x|$ 및 Gauss의 함수 $h(x) = [x]$에 대한 치역을 구하여라. 단, $[x]$는 x를 넘지 않는 최대의 정수를 나타낸다.

두 함수 $f: X \to Y$와 $g: X \to Y$에 대하여, 정의역 X의 임의의 원소 x에 대해서 $f(x) = g(x)$일 때, 두 함수는 같다(equal)고 하고 $f = g$로 나타낸다.

▶ 정 의

함수 $f: X \to Y$에 대하여

(1) $f(x_1) = f(x_2)$이면 $x_1 = x_2$일 때, f를 단사함수(injective fuction) 또는 일대일 함수(one-to-one function)라고 한다.

(2) 치역과 공역이 같을 때, 즉 $f(X) = Y$일 때, f를 전사함수(surjective fuction) 또는 Y 위로의 함수(onto function)라고 한다.

(3) 함수 f가 단사이고 전사일 때, f를 전단사함수(bijective fuction) 또는 일대일 대응(one-to-one correspondence)이라고 한다.

함수 $f: X \to Y$에 대하여, 단사함수는

$$x_1 \neq x_2 \text{ 이면 } f(x_1) \neq f(x_2)$$

가 성립함을 뜻한다. 함수의 정의에 의해 $f(X) \subset Y$이므로, f가 전사함수가 되려면 $Y \subset f(X)$, 즉 Y의 임의의 원소 y에 대하여 $f(x) = y$를 만족하는 X의 원소 x가 존재함을 보이면 된다. 전단사함수는 X의 각 원소는 Y의 꼭 하나의 원소에 대응하고 Y의 각 원소도 꼭 하나의 X의 원소에 대응함을 뜻한다.

문제 2.1.4 다음 각 함수 $f:\mathbb{R}\to\mathbb{R}$을 각각 단사, 전사, 전단사함수로 구별하여라.

(1) $f(x)=x^3$ (2) $f(x)=e^x$

(3) $f(x)=\cos x$ (4) $f(x)=5x+3$

함수 $f:X\to Y$에 대하여

$$G(f)=\{(x,f(x))\mid x\in X\}$$

를 함수 f의 그래프(graph)라 한다. f의 그래프는 곱집합

$$X\times Y=\{(x,y)\mid x\in X,\ y\in Y\}$$

의 부분집합이다. 특히, X, Y가 모두 실수의 집합일 때 f의 그래프는 순서쌍 $(x,f(x))$를 좌표평면 위에 나타낸 그림을 의미한다.

2) 합성함수

두 함수 $f:X\to Y$, $g:Y\to Z$에 대하여, X의 f에 의한 임의의 원소 x의 함숫값 $f(x)$는 Y의 원소이고 g에 의한 $f(x)$의 함숫값 $g(f(x))$는 Z의 원소이다. 따라서 X의 임의의 원소 x에 Z의 원소 $g(f(x))$를 대응시켜 X를 정의역, Z를 공역으로 하는 새로운 함수를 정의할 수 있다. 이 함수를 두 함수 f와 g의 합성함수(composite function)라 하고, $g\circ f:X\to Z$로 나타낸다. 즉, 합성함수 $g\circ f:X\to Z$는 관계식

$$(g\circ f)(x)=g(f(x))$$

에 의하여 정의되는 함수이다.

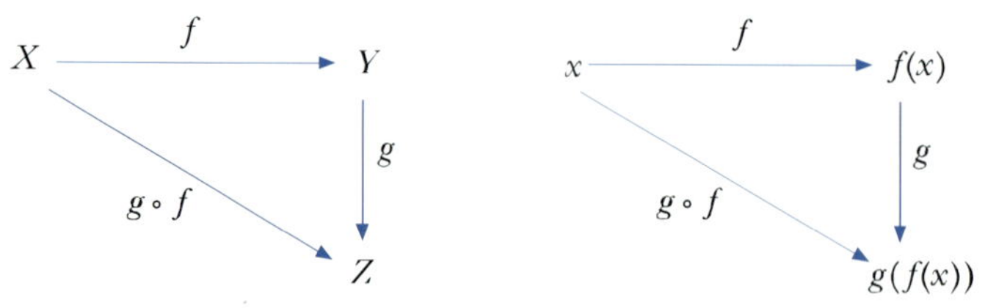

그림 2.1

예제 2.1.2 두 함수 $f(x)=x^2$와 $g(x)=x+1$에서

$$(g \circ f)(x) = g(f(x)) = g(x^2) = x^2+1$$

이고

$$(f \circ g)(x) = f(g(x)) = f(x+1) = (x+1)^2$$

이다. 이 경우

$$g \circ f \neq f \circ g$$

임을 알 수 있다. ◀

문제 2.1.5 두 함수 $f(x)=1-x^2$와 $g(x)= x^3$에 대하여, $g \circ f$와 $f \circ g$를 구하여라.

3) 항등함수

정의역 X에 속하는 임의의 원소 x에 대하여 $I_X(x)=x$로 정의되는 함수 $I_X : X \to X$를 X 위의 항등함수(identity function)라 한다.

항등함수는 정의역과 공역이 같은 전단사함수이며, 정의역 X를 표시할 필요가 없을 때 간단히 I로 나타내기도 한다.

함수 $f : X \to Y$에 대하여 다음 식이 성립한다.

$$f \circ I_X = f, \quad I_Y \circ f = f$$

4) 역함수

함수 $f : X \to Y$가 일대일대응이면, Y의 임의의 원소 y에 대해, $f(x) = y$인 X의 원소 x가 단 하나 존재한다. 그러므로 Y의 임의의 원소 y를 $f(x)=y$를 만족하는 X의 단 하나의 원소 x에 대응시켜 Y를 정의역, X를 공역으로 하는 새로운 함수를 정의할 수 있다. 이 함수를 f의 역함수(inverse function)라 하고, f^{-1}로 나타낸다.

함수 $f : X \to Y$의 역함수가 존재할 조건은 $f : X \to Y$가 전단사함수이고, 다음 성질이 성립한다.

(1) $y = f(x) \iff x = f^{-1}(y)$

(2) $f^{-1} \circ f = I_X, \quad f \circ f^{-1} = I_Y$

$$X \xrightarrow{f} Y \xrightarrow{f^{-1}} X \qquad\qquad Y \xrightarrow{f^{-1}} X \xrightarrow{f} Y$$

$$x \longrightarrow y \longrightarrow x \qquad\qquad y \longrightarrow x \longrightarrow y$$

그림 2.2

전단사함수 $f : X \to Y$의 역함수는

$$g \circ f = I_X, \quad f \circ g = I_Y$$

를 만족하는 유일한 함수 $g : Y \to X$이다.

참고 함수 $y = f(x)$와 그 역함수 $y = f^{-1}(x)$의 그래프는 그림 2.3에서와 같이 $y = x$에 대하여 대칭이다. 즉, 함수 $y = f(x)$ 위의 점 $P(a, b)$에 대하여

$$b = f(a) \iff a = f^{-1}(b)$$

이므로, 점 $Q(b, a)$는 역함수 $y = f^{-1}(x)$ 위의 점이고, $P(a, b)$와 $Q(b, a)$는 직선 $y = x$에 대하여 대칭이다.

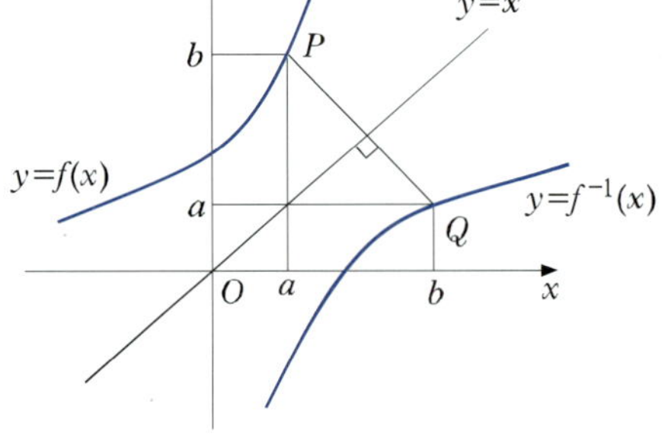

그림 2.3

문제 2.1.6 함수 $f: X \to Y$와 $g: Y \to Z$가 전단사함수이면, $g \circ f: X \to Z$도 전단사함수이고 그 역함수는 $(g \circ f)^{-1} = f^{-1} \circ g^{-1}$임을 보여라.

예제 2.1.3 함수 $y = x^2 \ (x \geq 0)$의 역함수를 구하여라.

풀이 주어진 함수는 구간 $[0, \infty)$에서 구간 $[0, \infty)$로의 전단사함수이므로, 역함수가 존재한다. 구하는 역함수를 $y = f^{-1}(x)$라 두면 $x = f(y)$이고, $f(x) = x^2 \ (x \geq 0)$이므로 $x = y^2 \ (y \geq 0)$이다.
따라서 역함수는 $y = \sqrt{x} \ (x \geq 0)$이다. ◀

문제 2.1.7 다음 각 함수의 역함수를 구하여라.

(1) $f(x) = x^3 + 5$　　　(2) $f(x) = \sqrt{1+x} \quad (x \geq -1)$

▶ **정의**

실수의 한 구간 I에서 정의된 함수 $f(x)$가 구간 I에 속하는 임의의 x_1, x_2에 대하여

(1) $x_1 < x_2$이면 $f(x_1) < f(x_2)$일 때, $f(x)$는 I에서 증가(increasing)한다고 한다.

(2) $x_1 < x_2$이면 $f(x_1) > f(x_2)$일 때, $f(x)$는 I에서 감소(decreasing)한다고 한다.

(3) 함수 $f(x)$가 $x = a$를 중심으로 하는 어떤 구간에서 증가할 때, $f(x)$는 $x = a$에서 증가상태에 있다고 한다.

(4) 함수 $f(x)$가 $x = a$를 중심으로 하는 어떤 구간에서 감소할 때, $f(x)$는 $x = a$에서 감소상태에 있다고 한다.

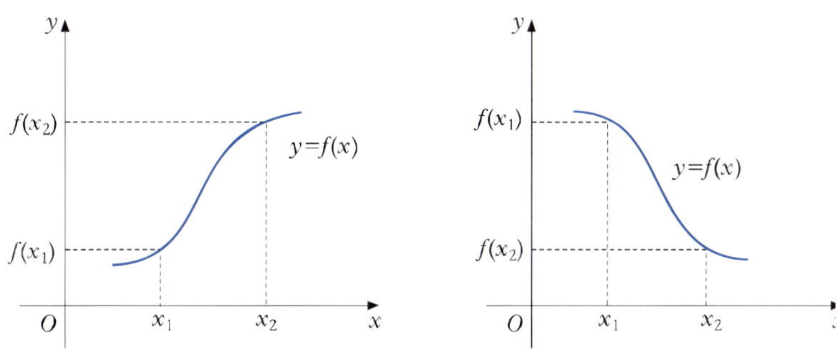

그림 2.4

▶ 정 의

$\alpha, \beta \in [a, b]$일 때, 함수 $f(x)$가

(1) 구간 $[a, b]$의 모든 x에 대해서 $f(x) \leq f(\alpha)$일 때, $f(x)$는 $x = \alpha$에서 최대라고 하며 $f(\alpha)$를 이 구간에서 $f(x)$의 최댓값(maximum)이라 한다.

(2) 구간 $[a, b]$의 모든 x에 대해서 $f(x) \geq f(\beta)$일 때, $f(x)$는 $x = \beta$에서 최소라고 하며 $f(\beta)$를 이 구간에서 $f(x)$의 최솟값(minimum)이라 한다.

▶ 정 의

정의역의 모든 x에 대하여 $f(-x) = f(x)$인 함수 f를 짝함수(even function)라 하고, $f(-x) = -f(x)$인 함수 f를 홀함수(odd function)이라고 한다.

문제 2.1.8 다음 각 함수가 짝함수인지 홀함수인지 판정하여라.

(1) $f(x) = x^3$　　(2) $f(x) = \cos x$

(3) $f(x) = \sin x$　　(4) $f(x) = x + \dfrac{1}{x}$

2.2 여러 가지 함수

1) 지수함수

n이 양의 정수일 때, 어떤 수 a를 n번 곱한 것을 a^n으로 나타내고, a의 n제곱(nth power)이라고 한다. 역으로, n제곱하여 a가 되는 수를 a의 n제곱근(nth root)이라 한다. n이 짝수인 경우, 양수 a의 n제곱근은 실수인 것이 두 개 있는데, 양인 것을 $\sqrt[n]{a}$, 음인 것을 $-\sqrt[n]{a}$로 나타낸다. 그러나 음수 a의 실수인 n제곱근은 존재하지 않는다. n이 홀수인 경우는 a의 부호에 상관없이 실수인 a의 제곱근은 꼭 한 개이고, 이것을 $\sqrt[n]{a}$로 표시한다. 또한, $a > 0$이고, m이 정수, n이 양의 정수일 때, 다음과 같이 정의한다.

(1) $a^0 = 1$, (2) $a^{-n} = \dfrac{1}{a^n}$, (3) $a^{\frac{m}{n}} = \sqrt[n]{a^m}$

위의 정의를 이용하면, 임의의 유리수에 대한 거듭제곱을 얻을 수 있다. 예를 들어

$$2^{\frac{2}{3}} = \sqrt[3]{2^2} = \sqrt[3]{4}, \quad 2^{-\frac{8}{3}} = \frac{1}{2^{8/3}} = \frac{1}{4\sqrt[3]{4}}$$

일반적인 실수 x에 대해서 어떻게 a의 x거듭제곱인 지수 a^x를 정의할 수 있는지 의문을 가질 것이다. 제1장에서 살펴본 실수의 성질을 이용하여 그 답을 알 수 있다. 실수 x에 수렴하는 유리수의 수열 $\{q_n\}$을 생각하자. 즉, $q_n \in \mathbb{Q}$ 이고 $\lim_{n\to\infty} q_n = x$이다. 이 때, 수열 $\{a^{q_n}\}$의 극한은 수열 $\{q_n\}$의 선택에 관계없이 존재하고, 이 극한을 a^x으로 정의한다. 즉

$$a^x = \lim_{n\to\infty} a^{q_n}$$

물론, 이와같이 정의된 실수 x에 대한 지수 a^x에 대해서도 정수나 유리수에 대한 지수법칙이 성립한다.

2) 지수법칙

$a > 0,\ b > 0$이고, $x,\ y$가 실수일 때

(1) $a^x a^y = a^{x+y}$ (2) $\dfrac{a^x}{a^y} = a^{x-y}$ (3) $(a^x)^y = a^{xy}$ (4) $(ab)^x = a^x b^x$

일반적으로 a가 1이 아닌 양의 상수일 때, 임의의 실수 x에 대하여 거듭제곱 a^x가 대응되는 함수

$$y = a^x$$

를 a를 밑(base)으로 하는 x의 지수함수(exponential function)라 한다.

다음은 지수함수 $y = a^x$의 기본성질이다.

(1) 정의역은 실수 전체 집합이고, 치역은 양의 실수 전체의 집합이다.

(2) $a > 1$이면 증가한다.

(3) $0 < a < 1$이면 감소한다.

(4) 그래프는 점 $(0, 1)$과 $(1, a)$를 지나고, x축이 수평점근선이다.

3) 로그함수

$a > 0,\ a \neq 1,\ N > 0$인 실수 $a,\ N$에 대하여 $a^m = N$을 만족하는 수 m을 a를 밑으로 하는 N의 로그(logarithm)라 하고 $\log_a N$으로 나타낸다. 즉

$$a^m = N \iff m = \log_a N$$

여기서, a는 밑(base), N은 $\log_a N$의 진수(anti-logarithm)라 한다.

주의 (1) 로그에서 진수는 항상 양수이어야 한다.
(2) 로그의 밑은 1 이 아닌 양수이어야 한다.

지수법칙으로부터, 로그에 대한 다음의 성질이 성립함을 알 수 있다.

a, b, c가 1이 아닌 양수이고 $x > 0,\ y > 0$일 때

(1) $\log_a 1 = 0$ (2) $\log_a a = 1$ (3) $\log_a b = \dfrac{1}{\log_b a}$

(4) $\log_a b = \dfrac{\log_c b}{\log_c a}$ (5) $\log_a x^n = n \log_a x$ (6) $a^{\log_a x} = x$

(7) $\log_a xy = \log_a x + \log_a y$ (8) $\log_a \dfrac{x}{y} = \log_a x - \log_a y$

$a > 0$, $a \neq 1$일 때, 임의의 양의 실수 x에 대하여 로그 $\log_a x$가 대응되는 함수 $y = \log_a x$를 a를 밑(base)으로 하는 로그함수(logarithmic function)라 한다.

지수함수 $y = a^x$는 실수집합 $\mathbb{R}$을 양의 정의역으로, 실수집합 $\mathbb{R}^+$를 치역으로 하는 함수로, 그 역함수는 $y = \log_a x$이다. 즉, 다음 관계가 성립한다.

$$y = \log_a x \quad \Leftrightarrow \quad x = a^y$$

$a = e$일 때, 그림 2.5에서와 같이 지수함수 그래프와 로그함수 그래프는 직선 $y = x$에 대해 대칭을 이룬다.

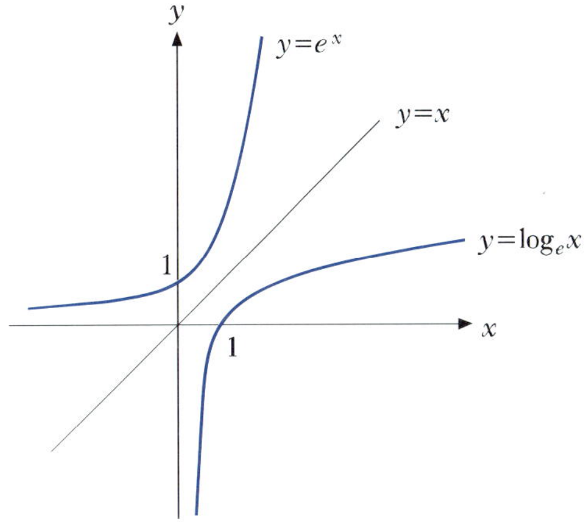

그림 2.5

Napier 상수 e를 밑으로 하는 로그를 자연로그(natural logarithm)라 하고 밑수 e를 생략하는 대신 10을 밑으로 하는 상용로그함수와 구별하기 위해 $\ln x$로 표기한다. 즉

$$\ln x = \log_e x$$

개체 수의 증가 또는 감소와 관련된 자연현상을 설명하는 과정에 지수함수나 로그함수가 사용되는 예를 살펴보자.

예제 2.2.1 어떤 박테리아의 한 세포는 20분마다 2개로 분할된다고 한다. 처음에 100개의 세포가 있었을 경우, 다음 물음에 답하여라.

(1) t시간 후의 세포의 수를 나타내는 식을 구하여라.

(2) 10시간 후 세포의 수를 구하여라.

(3) 세포수가 10,000개가 될 때까지 걸리는 시간을 구하여라.

풀이 (1) 20분$=\frac{1}{3}$시간마다 2개로 나누어지므로, t시간 후의 세포 수는 $100 \cdot 2^{3t}$이다.

(2) 10시간 후의 세포 수는 $100 \cdot 2^{30}$이다.

(3) $100 \cdot 2^{3t} = 10,000$라 두면, $2^{3t} = 100$에서 $3t \cdot \log_{10} 2 = 2$이므로 구하는 시간은

$$t = \frac{2}{3\log_{10}2} \fallingdotseq 2.2 \text{ (시간)}$$ ◀

문제 2.2.1 어느 도시의 인구가 매년 2% 비율로 증가한다고 한다. 2005년의 인구가 307,000명이었다면, 2015년과 2021년의 인구는 얼마가 될 것인가?

예제 2.2.2 기준 시점 $t=0$에서 질량 m_0인 물체가 자연 감소하여 시점 t에서의 질량을 $m(t)$라고 할 때, 다음 식을 만족한다고 한다.

$$m(t) = m_0\, e^{-kt}$$

여기서, k는 그 물체의 자연감소율과 관련된 고유상수이다. 이때, 이 물체의 질량이 반이 되는 기간인 반감기 T를 구하여라.

풀이 반감기 T는 물체의 질량이 반으로 줄어드는 기간이므로

$$m_0 e^{-kT} = \frac{1}{2} m_0$$

따라서 구하는 반감기는 $T = \frac{\ln 2}{k}$이다. ◀

문제 2.2.2 다음 물음에 답하여라.

(1) 탄소의 세 개의 동위원소중의 하나인 C-14는 방사선 물질이며 현재의 양에 비례해서 붕괴한다. 이것의 반감기는 5730년이다. 현재 $10\,g$이 있다면, 2,000년 후에는 얼마나 남을까?

(2) 오래전에 불에 탄 통나무에서 C-14를 조사해 보았더니 살아있는 통나무에 비해 70%의 C-14가 발견되었다. 이 통나무는 언제 불에 탄 것인가? 단, 통나무가 불에 타는 순간부터 붕괴가 시작된다고 가정한다.

문제 2.2.3 지진의 Richter 규모 M은

$$M = 0.67 \log_{10}(0.37E) + 1.46$$

으로 주어진다. 여기서, E는 단위 kw/h인 지진에너지이다. 이때, 규모 7의 지진에너지를 구하여라.

4) 삼각함수

그림 2.6과 같이, 원점 O을 중심으로 하고 반지름 r인 원 위의 점 $P(x, y)$에 대해 반시계 방향으로 측정한 선분 OP와 양의 x축이 이루는 각의 크기를 θ라 하자. 여기서, $0 \le \theta < 2\pi$이다.

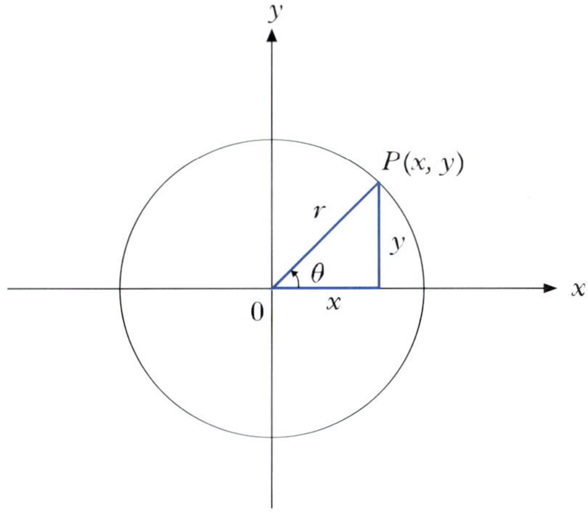

그림 2.6

이때, P의 x 및 y성분을 이용하여 sine과 cosine을 다음과 같이 정의한다.

$$\sin\theta = \frac{y}{r}, \quad \cos\theta = \frac{x}{r}$$

모든 정수 $n \in \mathbb{Z}$에 대해 점 P는 원점을 중심으로 $2n\pi$ 만큼 회전한 뒤 제자리로 돌아오기 때문에

$$\cos(2n\pi + \theta) = \cos\theta, \quad \sin(2n\pi + \theta) = \sin\theta$$

로 정의를 확장하여, sine과 cosine은 실수집합 $\mathbb{R}$을 정의역, 구간 $[-1, 1]$을 치역으로 갖는 주기함수가 된다.

sine과 cosine 외에도 다음과 같이 여러 가지 삼각함수를 정의한다.

$$\tan\theta = \frac{\sin\theta}{\cos\theta}, \quad \cot\theta = \frac{\cos\theta}{\sin\theta}, \quad \csc\theta = \frac{1}{\sin\theta}, \quad \sec\theta = \frac{1}{\cos\theta}$$

문제 2.2.4 다음을 구하여라.

(1) $\tan\frac{\pi}{6}$ (2) $\cot\frac{\pi}{4}$ (3) $\sec\pi$ (4) $\csc\frac{\pi}{2}$

삼각함수에 관한 주요한 공식을 정리하면, 다음과 같다.

기본공식 A

$$\sin^2\theta + \cos^2\theta = 1, \quad 1 + \tan^2\theta = \sec^2\theta, \quad 1 + \cot^2\theta = \csc^2\theta$$

기본공식 B

$$\sin(2n\pi + \theta) = \sin\theta, \quad \cos(2n\pi + \theta) = \cos\theta, \quad \tan(n\pi + \theta) = \tan\theta$$

$$\sin(-\theta) = -\sin\theta, \quad \cos(-\theta) = \cos\theta, \quad \tan(-\theta) = -\tan\theta$$

$$\sin\left(\frac{\pi}{2} - \theta\right) = \cos\theta, \quad \cos\left(\frac{\pi}{2} - \theta\right) = \sin\theta, \quad \tan\left(\frac{\pi}{2} - \theta\right) = \cot\theta$$

$$\sin\left(\frac{\pi}{2} + \theta\right) = \cos\theta, \quad \cos\left(\frac{\pi}{2} + \theta\right) = -\sin\theta, \quad \tan\left(\frac{\pi}{2} + \theta\right) = -\cot\theta$$

$$\sin(\pi-\theta)=\sin\theta,\quad \cos(\pi-\theta)=-\cos\theta,\quad \tan(\pi-\theta)=-\tan\theta$$

$$\sin(\pi+\theta)=-\sin\theta,\quad \cos(\pi+\theta)=-\cos\theta,\quad \tan(\pi+\theta)=\tan\theta$$

덧셈정리

$$\sin(\alpha+\beta)=\sin\alpha\cos\beta+\cos\alpha\sin\beta,\quad \sin(\alpha-\beta)=\sin\alpha\cos\beta-\cos\alpha\sin\beta$$

$$\cos(\alpha+\beta)=\cos\alpha\cos\beta-\sin\alpha\sin\beta,\quad \cos(\alpha-\beta)=\cos\alpha\cos\beta+\sin\alpha\sin\beta$$

$$\tan(\alpha+\beta)=\frac{\tan\alpha+\tan\beta}{1-\tan\alpha\cdot\tan\beta},\quad \tan(\alpha-\beta)=\frac{\tan\alpha-\tan\beta}{1+\tan\alpha\cdot\tan\beta}$$

배각공식

$$\sin 2\alpha=2\sin\alpha\cos\alpha,\ \cos 2\alpha=\cos^2\alpha-\sin^2\alpha,\ \tan 2\alpha=\frac{2\tan\alpha}{1-\tan^2\alpha}$$

반각공식

$$\sin^2\frac{\alpha}{2}=\frac{1-\cos\alpha}{2},\quad \cos^2\frac{\alpha}{2}=\frac{1+\cos\alpha}{2},\quad \tan^2\frac{\alpha}{2}=\frac{1-\cos\alpha}{1+\cos\alpha}$$

합 또는 차를 곱으로 고치는 공식

$$\sin\alpha+\sin\beta=2\sin\frac{\alpha+\beta}{2}\cos\frac{\alpha-\beta}{2}$$

$$\sin\alpha-\sin\beta=2\cos\frac{\alpha+\beta}{2}\sin\frac{\alpha-\beta}{2}$$

$$\cos\alpha+\cos\beta=2\cos\frac{\alpha+\beta}{2}\cos\frac{\alpha-\beta}{2}$$

$$\cos\alpha-\cos\beta=-2\sin\frac{\alpha+\beta}{2}\sin\frac{\alpha-\beta}{2}$$

곱을 합 또는 차로 고치는 공식

$$\sin\alpha\cos\beta=\frac{1}{2}(\sin(\alpha+\beta)+\sin(\alpha-\beta))$$

$$\cos\alpha\sin\beta=\frac{1}{2}(\sin(\alpha+\beta)-\sin(\alpha-\beta))$$

$$\sin\alpha\sin\beta=-\frac{1}{2}(\cos(\alpha+\beta)-\cos(\alpha-\beta))$$

$$\cos\alpha\cos\beta=\frac{1}{2}(\cos(\alpha+\beta)+\cos(\alpha-\beta))$$

5) 역삼각함수

삼각함수는 모두 주기함수이므로, 역함수를 가지지 않는다. 그러나 이들의 정의역을 제한하여 역함수를 갖도록 할 수 있다.

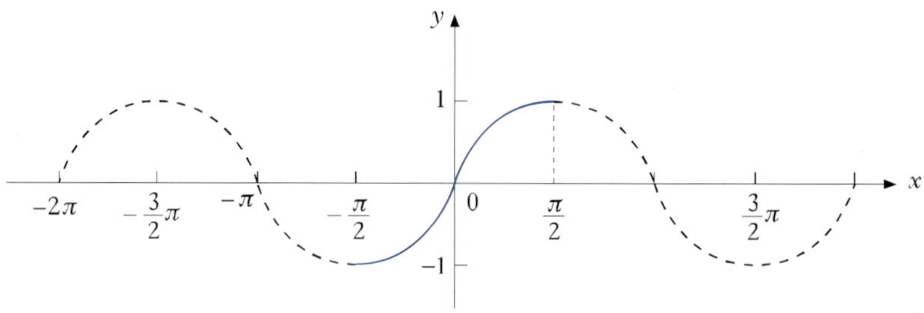

그림 2.7

그림 2.7에서와 같이

$$y = \sin x \quad \left(-\frac{\pi}{2} \le x \le \frac{\pi}{2}\right)$$

는 구간 $[-1, 1]$에서 정의되는 역함수를 가진다. 이 역함수를 역 sine(arcsine)이라 하고 $y = \sin^{-1}x$로 나타내며, 다음 식에 의하여 정의된다.

$$y = \sin^{-1}x \quad (-1 \le x \le 1) \quad \Leftrightarrow \quad x = \sin y \quad \left(-\frac{\pi}{2} \le y \le \frac{\pi}{2}\right)$$

이때, $y = \sin^{-1}x$의 치역 $-\frac{\pi}{2} \le y \le \frac{\pi}{2}$를 주치(principle value)라 한다.

예제 2.2.3 $\sin\frac{\pi}{6} = \frac{1}{2}$이고 $-\frac{\pi}{2} \le y \le \frac{\pi}{2}$이므로, $\sin^{-1}\left(\frac{1}{2}\right) = \frac{\pi}{6}$이다. ◀

함수 $y = \cos x \ (0 \le x \le \pi)$는 구간 $[-1, 1]$에서 정의되는 역함수를 갖는다. 이 역함수를 역 cosine(arccosine)이라 하고 $y = \cos^{-1}x$로 나타내며, 다음과 같이 정의된다.

$$y = \cos^{-1}x \quad (-1 \le x \le 1) \quad \Leftrightarrow \quad x = \cos y \quad (0 \le y \le \pi)$$

여기서, $y = \cos^{-1} x$의 주치는 $0 \le y \le \pi$이다.

다음 그림은 $y = \sin^{-1} x$와 $y = \cos^{-1} x$의 그래프를 나타낸 것이다.

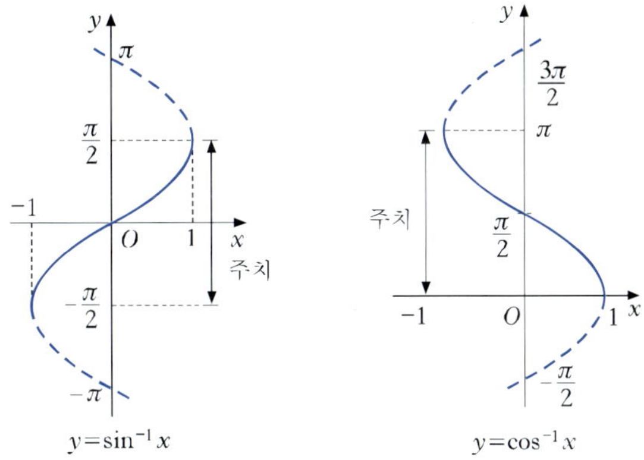

그림 2.8

나머지 삼각함수도 범위를 제한하여, 다음과 같이 역함수를 정의할 수 있다.

$$y = \tan^{-1} x \quad (-\infty < x < \infty) \quad \Leftrightarrow \quad x = \tan y \quad \left(-\frac{\pi}{2} < y < \frac{\pi}{2}\right)$$

$$y = \cot^{-1} x \quad (-\infty < x < \infty) \quad \Leftrightarrow \quad x = \cot y \quad \left(-\frac{\pi}{2} < y < \frac{\pi}{2},\ y \ne 0\right)$$

$$y = \csc^{-1} x \quad (|x| \ge 1) \quad \Leftrightarrow \quad x = \csc y \quad \left(-\frac{\pi}{2} \le y \le \frac{\pi}{2},\ y \ne 0\right)$$

$$y = \sec^{-1} x \quad (|x| \ge 1) \quad \Leftrightarrow \quad x = \sec y \quad \left(0 \le y \le \pi,\ y \ne \frac{\pi}{2}\right)$$

문제 2.2.5 다음을 구하여라.

(1) $\sin^{-1}\left(\frac{1}{\sqrt{2}}\right)$ (2) $\cos^{-1}\left(\frac{1}{2}\right)$ (3) $\tan^{-1}(-1)$

6) 쌍곡선함수와 그 역함수

지수함수, 로그함수, 삼각함수 등과 함께, 초월함수의 하나로 공학 분야에서 많이 사용되는 쌍곡선함수에 대해 알아보자.

쌍곡선함수(hyperbolic function)는 지수함수 e^x과 e^{-x}의 결합으로, 다음과 같이 정의한다.

$$\sinh x = \frac{e^x - e^{-x}}{2}, \qquad \cosh x = \frac{e^x + e^{-x}}{2}$$

$$\tanh x = \frac{e^x - e^{-x}}{e^x + e^{-x}}, \qquad \coth x = \frac{\cosh x}{\sinh x}$$

$$\operatorname{sech} x = \frac{1}{\cosh x}, \qquad \operatorname{csch} x = \frac{1}{\sinh x}$$

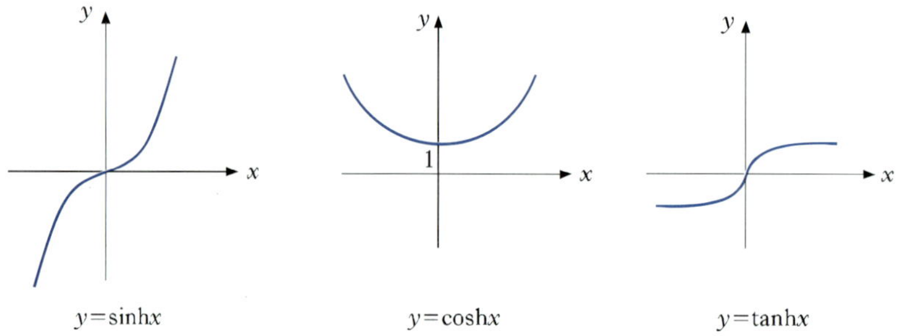

그림 2.9

쌍곡선함수는 삼각함수와 유사한 다음의 관계식을 갖는다.

$$\cosh^2 x - \sinh^2 x = 1, \quad 1 - \tanh^2 x = \operatorname{sech}^2 x, \quad \coth^2 x - 1 = \operatorname{csch}^2 x$$

$$\sinh(x+y) = \sinh x \cosh y + \cosh x \sinh y$$

$$\sinh(x-y) = \sinh x \cosh y - \cosh x \sinh y$$

$$\cosh(x+y) = \cosh x \cosh y + \sinh x \sinh y$$

$$\cosh(x-y) = \cosh x \cosh y - \sinh x \sinh y$$

예제 2.2.4 쌍곡선함수에 대한 다음 관계식이 성립함을 보여라.

(1) $\cosh^2 x - \sinh^2 x = 1$ (2) $1 - \tanh^2 x = \operatorname{sech}^2 x$ (3) $\coth^2 x - 1 = \operatorname{csch}^2 x$

풀이 (1) $\cosh^2 x - \sinh^2 x = \left(\dfrac{e^{x}+e^{-x}}{2}\right)^2 - \left(\dfrac{e^{x}-e^{-x}}{2}\right)^2$

$$= \frac{1}{4}(e^{2x}+2+e^{-2x}) - \frac{1}{4}(e^{2x}-2+e^{-2x}) = 1$$

이므로, $\cosh^2 x - \sinh^2 x = 1$이다. 이 식의 양변을 $\cosh^2 x$로 나누면

$$1-\tanh^2 x = \operatorname{sech}^2 x$$

이고, $\sinh^2 x$로 나누면 $\coth^2 x - 1 = \operatorname{csch}^2 x$를 얻는다. ◀

문제 2.2.6 $\sinh(x+y) = \sinh x \cosh y + \cosh x \sinh y$임을 증명하여라.

이제, 역쌍곡선함수인 $\sinh^{-1}x$, $\cosh^{-1}x$, $\tanh^{-1}x$ 등에 대해서 살펴보자. $y=\sinh x$를 제외한 모든 쌍곡선함수는 실수전체의 집합에서는 전단사함수가 아니므로, 제한된 범위에서만 역쌍곡선함수를 정의할 수 있다. 쌍곡선함수가 지수함수로 정의되었으므로, 역쌍곡선함수는 다음과 같이 로그함수로 표현된다.

$$\sinh^{-1}x = \ln\left(x+\sqrt{x^2+1}\right) \quad (-\infty < x < \infty)$$

$$\cosh^{-1}x = \ln\left(x+\sqrt{x^2-1}\right) \quad (x \ge 1)$$

$$\tanh^{-1}x = \frac{1}{2}\ln\frac{1+x}{1-x} \quad (|x|<1)$$

$$\operatorname{csch}^{-1}x = \ln\left(\frac{1}{x}+\frac{\sqrt{1+x^2}}{|x|}\right) \quad (x \ne 0)$$

$$\operatorname{sech}^{-1}x = \ln\left(\frac{1+\sqrt{1-x^2}}{x}\right) \quad (0 < x \le 1)$$

$$\coth^{-1}x = \frac{1}{2}\ln\frac{x+1}{x-1} \quad (|x|>1)$$

다음 그림은 $y=\sinh^{-1}x$와 $y=\cosh^{-1}x$의 그래프를 나타낸 것이다.

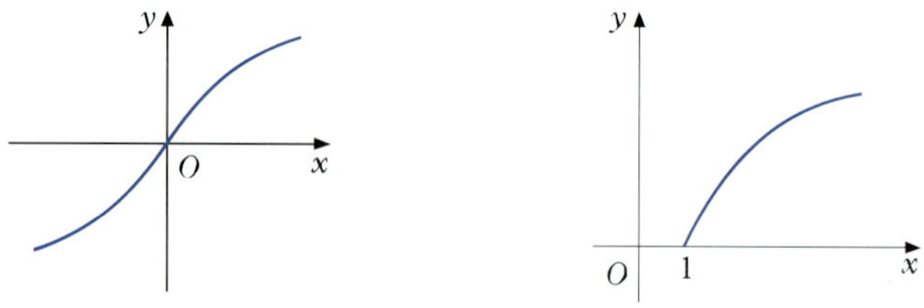

$y=\sinh^{-1}x$ $\qquad$ $y=\cosh^{-1}x$

그림 2.10

예제 2.2.5 $\sinh^{-1}x = \ln\left(x + \sqrt{x^2+1}\right)$임을 보여라.

풀이 $y = \sinh^{-1}x$라 두면, 역함수의 정의에 의하여

$$x = \sinh y = \frac{e^y - e^{-y}}{2}$$

이므로 $(e^y)^2 - 2xe^y - 1 = 0$가 성립한다. 근의 공식에 의해 $e^y = x \pm \sqrt{x^2+1}$ 이고 $e^y > 0$이므로, $e^y = x + \sqrt{x^2+1}$ 이다. 그러므로

$$y = \sinh^{-1}x = \ln\left(x + \sqrt{x^2+1}\right)$$

여기서, 함수가 정의되는 x의 범위는 실수 전체이다. ◀

문제 2.2.7 $\cosh^{-1}x = \ln\left(x + \sqrt{x^2-1}\right)$ $(x \geq 1)$임을 증명하여라.

2.3 매개변수방정식과 극좌표

1) 함수의 음함수표시와 매개변수방정식

보통 함수는 독립변수 x와 종속변수 y에 관한 $y = f(x)$ 형태의 관계식으로 나타내며, 그 그래프는 x축과 y축을 좌표축으로 하는 xy평면에서 하나의 곡선이 된다. 예를 들어, 두 함수 $y = \sqrt{4-x^2}$와 $y = -\sqrt{4-x^2}$는 각각 중심이 원점이고 반지름 2인 원의 위쪽 반과 아래쪽 반을 나타낸다. 이 두 관계식은 하나의 식인 $x^2 + y^2 = 4$로 나타낼 수 있고, 이 식은 두 함수의 그래프를 합친 원을 나타낸다. 일반적으로, $f(x, y) = 0$ 형태의 식은 하나의 함수나 또는 몇 개의 함수의 그래프를 합친 곡선을 나타내는 데, 이러한 식을 이 함수들의 음함수표시(implicit functional representation)라고 한다. 또한, $y = f(x)$나 $f(x, y) = 0$ 꼴의 함수를 나타내는 관계식을 직교방정식(orthogonal equation)이라고 한다.

때로는 함수를

$$x = \phi(t),\ \ y = \phi(t) \quad (\alpha \le t \le \beta)$$

와 같이 x와 y를 한 공통변수 t에 대한 관계식을 써서 나타낼 수 있다. 이것은 x와 y가 t를 매개로하여 곡선을 나타내는 관계임을 나타낸다. 이러한 관계식을 곡선의 매개변수방정식(parametric equation)이라 하고 t를 매개변수(parameter)라 한다. 보통 매개변수방정식에서 매개변수를 소거하여 직교방정식으로 바꿀 수 있다.

예제 2.3.1 $a > 0$일 때 $x = a\cos t,\ y = a\sin t\ (0 \le t \le 2\pi)$의 직교방정식을 구하여라.

풀이 $x^2 + y^2 = (a\cos t)^2 + (a\sin t)^2 = a^2$이므로, 구하는 직교방정식은 $x^2 + y^2 = a^2$이다. ◀

예제 2.3.2 $a > 0,\ b > 0$일 때, 타원 $\dfrac{x^2}{a^2} + \dfrac{y^2}{b^2} = 1$의 매개변수방정식을 구하여라.

풀이 그림 2.11에서 중심각 t에 대응하는 반지름 a인 원의 x좌표는 $x = a\cos t$

이다. 이때, $y = b\sin t$는 중심각 t에 대응하는 반지름 b인 원의 y좌표이다. 그런데

$$\frac{x^2}{a^2} + \frac{y^2}{b^2} = \frac{(a\cos t)^2}{a^2} + \frac{(b\sin t)^2}{b^2} = 1$$

이므로, 점 (x, y)는 타원의 점이다. 따라서 구하는 매개변수방정식은

$$x = a\cos t, \quad y = b\sin t \quad (0 \le t \le 2\pi)$$

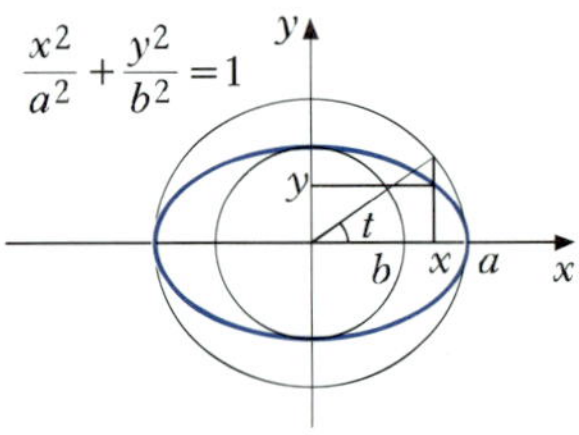

그림 2.11

◀

문제 2.3.1 반지름 a인 원이 일직선 위를 굴러갈 때, 원 둘레의 한 정점이 그리는 곡선, 즉 파선(cycloid)의 매개변수방정식을 구하여라.

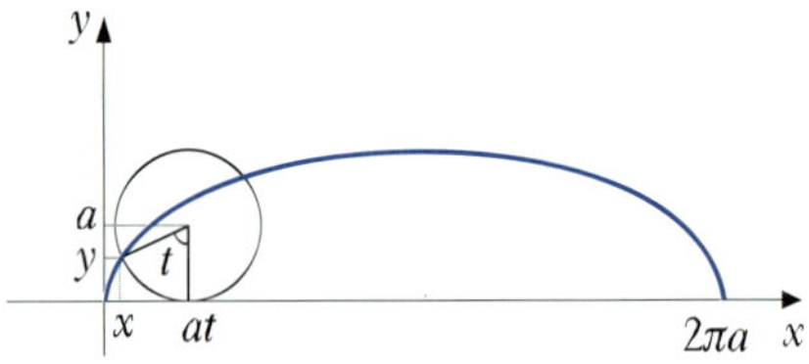

그림 2.12

삼각함수를 이용하여, 원 $x^2 + y^2 = 1$의 매개변수방정식

$$x = a\cos t, \quad y = a\sin t \quad (0 \le t \le 2\pi)$$

를 얻을 수 있듯이 쌍곡선함수를 이용하여 쌍곡선 $x^2 - y^2 = 1$의 매개변수방정식

$$x = \cosh t, \quad y = \sinh t \quad (-\infty < t < \infty)$$

를 얻을 수 있다. 참고로, t는 그림 2.13에 표시된 영역의 넓이의 두 배이다.

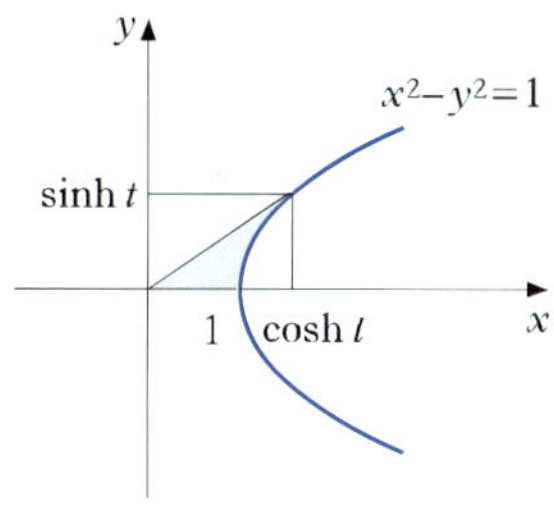

그림 2.13

문제 2.3.2 $a>0$일 때, 성망형(Asteroid) 곡선 $x^{\frac{2}{3}}+y^{\frac{2}{3}}=a^{\frac{2}{3}}$의 매개변수방정식을 구하여라.

2) 극좌표와 극방정식

극좌표와 극좌표를 이용한 곡선의 방정식에 대해서 알아보자.

xy평면에서 점 $P(x,y)$의 위치는 원점 O와 점 P 사이의 거리 r과 선분 OP와 x축이 이루는 각의 크기 θ를 사용하여 표시할 수 있다. 이때, (r,θ)를 점 P의 극좌표(polar coordinate)라 한다.

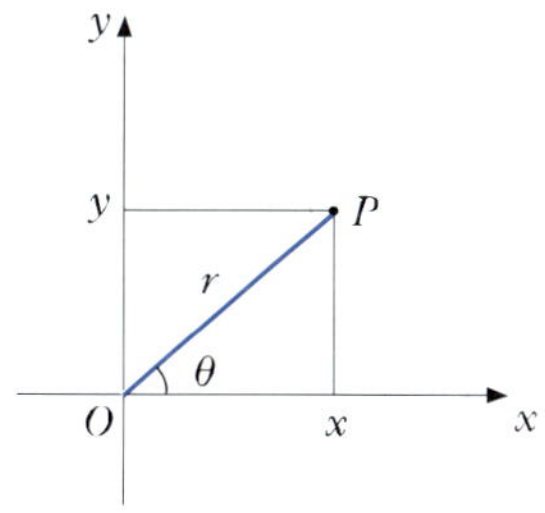

그림 2.14

한 점 P의 극좌표 $(r,\ \theta)$와 직교좌표 $(x,\ y)$ 사이에는 다음 관계가 성립한다.

정리 2.1 (극좌표와 직교좌표와의 관계)

(1) $x=r\cos\theta$ (2) $y=r\sin\theta$ (3) $r^2=x^2+y^2$

극좌표에서 r은 원점에서 한 점까지의 거리를 나타내므로 양의 값이 되지만, 다음 그림과 같이 정의하여 r이 음의 값을 취할 수 있다. 여기서, $P(r,\ \theta)$는 $(r,\ \theta)$를 극좌표로 갖는 점을 나타낸다.

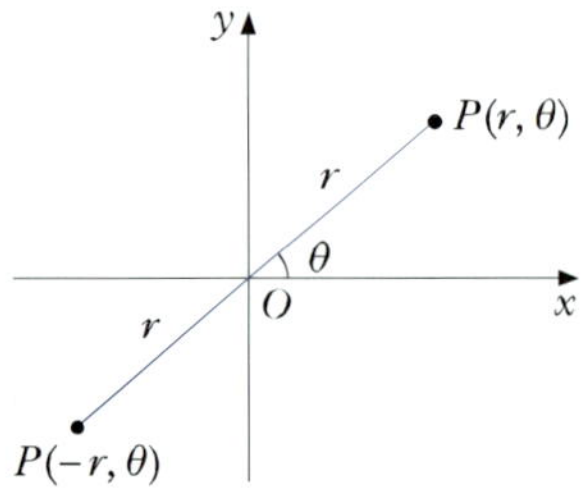

그림 2.15

▶ 정의

$$P(-r,\theta)=P(r,\theta+\pi)$$

이 정의는 극좌표 $(-r,\ \theta)$와 $(r,\ \theta+\pi)$는 평면 위의 같은 점을 나타내는 것을 의미한다.

예제 2.3.3 직교좌표가 $(-1,\ \sqrt{3}\,)$인 점의 극좌표를 구하여라.

풀이 $r^2=(-1)^2+(\sqrt{3}\,)^2=4$에서 $r=2$이고, $\tan\theta=-\sqrt{3}$에서 $\theta=\dfrac{2}{3}\pi$

이다. 따라서 구하는 극좌표는 $\left(2,\ \dfrac{2\pi}{3}\right)$이다. ◀

한 곡선 위의 임의의 점의 극좌표 $(r,\ \theta)$에 대한 r과 θ의 관계식 $r=f(\theta)$는 θ의 범위와 함께 이 곡선을 나타내는 식으로 쓰이며, 이것을 이 곡선의 극방정식(polar equation)이라고 한다. 이때, 주어진 곡선은 $r=f(\theta)$를 만족하는 $(r,\ \theta)$들을 극좌표로 갖는 xy 평면의 점들의 집합으로 극방정식 $r=f(\theta)$의 그래프이다.

곡선의 극방정식은 보통 극좌표와 직교좌표와 관계를 이용하여, 직교방정식으로 바꿀 수 있다.

예제 2.3.4 곡선 $r = a\cos\theta$의 직교방정식을 구하여라.

풀이 $r^2 = ar\cos\theta$이므로 $x^2 + y^2 = ax$이다. 따라서

$$\left(x - \frac{a}{2}\right)^2 + y^2 = \left(\frac{a}{2}\right)^2$$

문제 2.3.3 곡선 $y^2 = 4ax$의 극방정식을 구하여라.

3) 극방정식의 일반형

한 점의 극좌표는 여러 형태로 표시할 수 있다. 예로서, 극좌표

$$\left(2,\ \frac{\pi}{3}\right),\quad \left(2,\ \frac{7\pi}{3}\right),\quad \left(-2,\ \frac{4\pi}{3}\right),\quad \left(-2,\ -\frac{2\pi}{3}\right)$$

는 모두 같은 점을 표시한다. 즉, 이 점은 다음의 형태로 다양하게 표시된다.

$$\left((-1)^n 2,\ \frac{\pi}{3} + n\pi\right), \quad n = 0,\ \pm 1,\ \pm 2,\ \dots$$

따라서 주어진 곡선의 극방정식이 $f(r, \theta) = 0$이면

$$f\left((-1)^n r,\ \theta + n\pi\right) = 0, \qquad n = 0,\ \pm 1,\ \pm 2,\ \dots$$

도 모두 같은 곡선의 극방정식이다. 이를 극방정식의 일반형(general form)이라 한다.

예제 2.3.5 곡선 $r = 4(1 - \cos\theta)$와 원 $r = 4\cos\theta$의 교점을 구하여라.

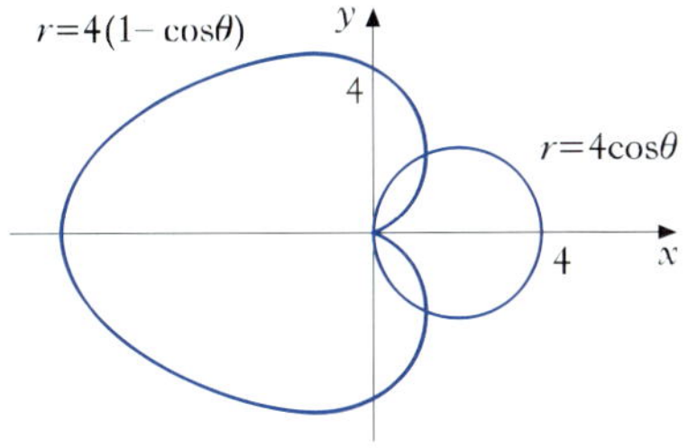

그림 2.16

풀이 주어진 두 곡선의 극방정식의 일반형은 각각

$$(-1)^n r = 4 - 4\cos(\theta + n\pi), \quad (-1)^n r = 4\cos(\theta + n\pi)$$

이므로, 이 식들은 각각 $r = \pm 4 - 4\cos\theta$, $r = 4\cos\theta$와 같다.

i) $r = 0$일 때, 점 $(0,0) = \left(0, \frac{\pi}{2}\right)$는 두 곡선의 교점이다.

ii) $r \neq 0$일 때 $\pm 4 - 4\cos\theta = 4\cos\theta$에서 $\cos\theta = \pm\frac{1}{2}$이므로 $\theta = \frac{\pi}{3}, \frac{5}{3}\pi$

$\frac{2}{3}\pi, \frac{4}{3}\pi$이다.

따라서 교점은 $\left(2, \frac{\pi}{3}\right), \left(2, \frac{5}{3}\pi\right), \left(-2, \frac{2}{3}\pi\right), \left(-2, \frac{4}{3}\pi\right)$이다. 여기서

$$\left(-2, \frac{2}{3}\pi\right) = \left(2, \frac{5}{3}\pi\right), \left(-2, \frac{4}{3}\pi\right) = \left(2, \frac{\pi}{3}\right)$$

이므로, 구하는 모든 교점은 $(0,0)$, $\left(2, \frac{\pi}{3}\right), \left(2, \frac{5}{3}\pi\right)$이다. ◀

예제 2.3.6 곡선 $r = 4\cos 2\theta$와 원 $r = 2$의 교점을 구하여라.

풀이 주어진 두 곡선의 극방정식의 일반형은 각각

$$(-1)^n r = 4\cos(2\theta + 2n\pi), \quad (-1)^n r = 2$$

이다. 이 식들은 각각

$$r = \pm 4\cos 2\theta, \quad r = \pm 2$$

와 같으므로, $\pm 4\cos 2\theta = 2$에서 $\cos 2\theta = \pm\frac{1}{2}$이다. 따라서 교점은 다음과 같다.

$$\left(2, \pm\frac{\pi}{6}\right), \left(2, \pm\frac{\pi}{3}\right), \left(2, \pm\frac{2}{3}\pi\right), \left(2, \pm\frac{5}{6}\pi\right)$$

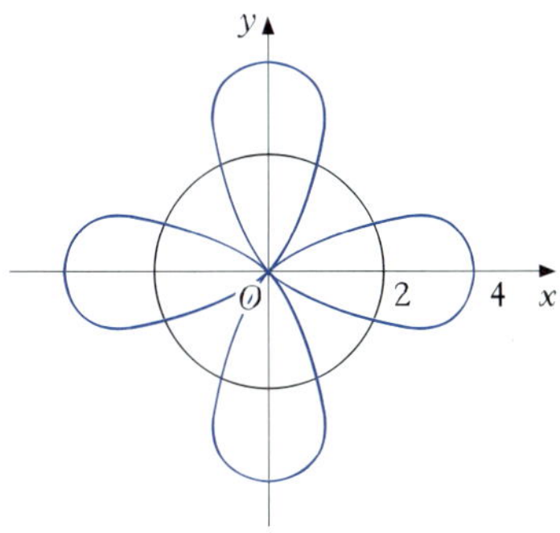

그림 2.17

문제 2.3.4 곡선 $r = 2\sin\theta$와 원 $r = 2\cos\theta$의 교점을 구하여라.

극방정식으로 주어진 곡선의 대칭성에 관한 성질을 정리하면, 다음과 같다.

정리 2.2

(1) $f(-\theta) = f(\theta)$이면, 곡선 $r = f(\theta)$는 x축에 대하여 대칭이다.

(2) $f(\pi-\theta) = f(\theta)$이면, 곡선 $r = f(\theta)$는 y축에 대하여 대칭이다.

(3) $f(\pi+\theta) = f(\theta)$이면, 곡선 $r = f(\theta)$는 원점에 대하여 대칭이다.

다음의 몇 가지 예와 함께 극방정식의 그래프에 대해 알아보자.

예제 2.3.7 심장형(cardioid) 곡선 $r = 4(1-\cos\theta)$의 그래프를 그려라.

풀이 $\cos(-\theta) = \cos\theta$이므로 주어진 곡선은 x축에 대해 대칭이다. θ의 값에 대응하는 r의 값은 다음과 같다.

θ	$0°$	$30°$	$60°$	$90°$	$120°$	$150°$	$180°$
r	0	$4-2\sqrt{3}$	2	4	6	$4-2\sqrt{3}$	8

이 점들을 그래프로 나타내면, 그림 2.18과 같다.

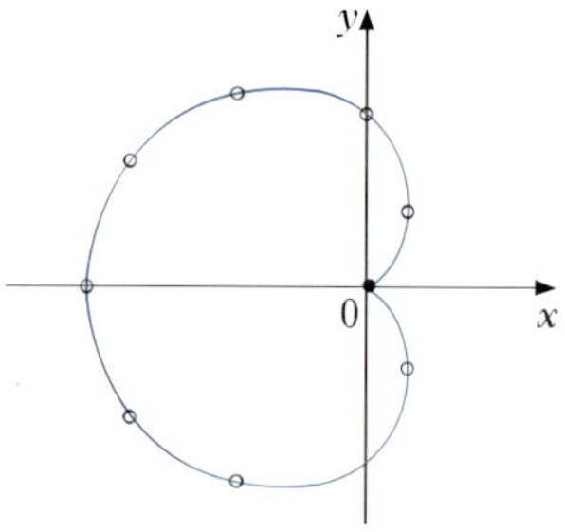

그림 2.18

문제 2.3.5 다음 곡선의 그래프를 그려라.

(1) 4엽장미(four leaves rose) 곡선 $r = 4\cos 2\theta$

(2) 연주형(lemniscate) 곡선 $r^2 = a^2 \cos 2\theta$

2.4 함수의 극한

점 $x=a$의 근방에서 정의된 함수 $f(x)$에 대해서 x가 a에 충분히 가까워질 때 $f(x)$가 일정한 실수 L에 한없이 가까워지면, 이것을

$$x \to a\text{일 때 } f(x) \to L\text{, 또는 } \lim_{x \to a} f(x) = L$$

로 표시하고 $f(x)$는 $x=a$에서 수렴한다(converge)고 하고, L을 $x=a$에서의 $f(x)$의 극한(limit)이라 한다.

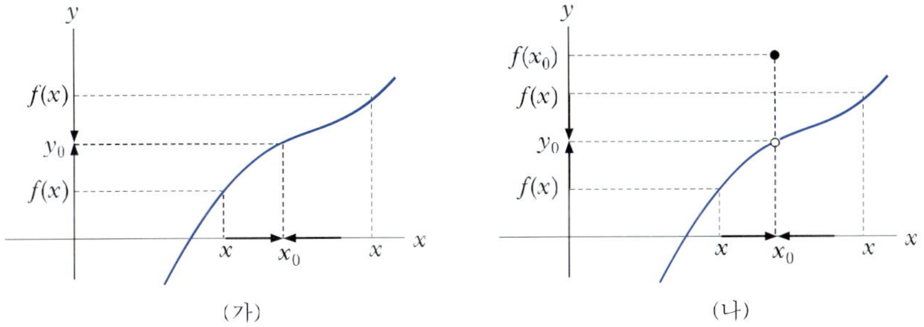

그림 2.19

비교적 단순한 함수에 대해서는 위와 같은 수렴과 극한의 정의를 직관적으로 이해할 수 있다. 그러나 직관에 의존하여 함수의 극한을 다루는 것은 근원적으로 그 수렴에 대한 논리적 엄밀함을 잃게 된다. 논리적으로 보다 엄밀한 함수의 극한 정의를 다루는 방법을 살펴보자.

점 $x=a$의 근방에서 정의된 함수 $f(x)$와 일정한 수 L을 생각하자. 단, $x=a$에서 함숫값 $f(a)$가 반드시 정의될 필요는 없다. $\epsilon>0$인 ϵ에 대하여 열린구간 $(L-\epsilon,\ L+\epsilon)$를 L의 ϵ-근방(neighborhood)라고 하는데, ϵ이 작을수록 이 ϵ-근방의 점이 L에 더 가까이 있음을 의미한다.

변수 x의 a에 대한 가까움을 나타내는 a의 δ-근방 $(a-\delta,\ a+\delta)$와 함숫값 $f(x)$의 L에 대한 가까움을 나타내는 L의 ϵ-근방 $(L-\epsilon,\ L+\epsilon)$ 사이의 대응관계를 사용하여

「x가 a에 충분히 가까워 질 때, 항상 $f(x)$가 L에 한없이 가까워진다.」

는 의미를 갖도록 함수의 극한 개념을 표현하려고 한다. 즉, $f(x)$의 L에 대한 가까움의

정도를 나타내는 L의 ϵ-근방 $(L-\epsilon,\ L+\epsilon)$의 선택에 의존하여 x의 a에 대한 가까움을 나타내는 a의 δ-근방 $(a-\delta,\ a+\delta)$을 선택하도록 한다. 이러한 목적으로 고안된 것이 함수의 극한의 $\epsilon-\delta$ 정의이다.

▶ 정 의

점 $x=a$의 근방에서 정의된 함수 $f(x)$와 일정한 수 L에 대하여, 임의의 양의 수 ϵ에 대해 $0<|x-a|<\delta$이면 $|f(x)-L|<\epsilon$을 만족하는 양의 수 δ가 존재할 때, $f(x)$는 $x=a$에서 L에 **수렴한다**(converge)고 하고 L을 $x=a$에서 $f(x)$의 **극한**(limit)이라 한다. 이것을 $\lim_{x\to a} f(x)=L$로 나타낸다.

예제 2.4.1 $\lim_{x\to 4}\sqrt{x}=2$임을 보여라.

풀이 임의로 주어진 $\epsilon>0$에 대해

$$0<|x-4|<\delta \Rightarrow |\sqrt{x}-2|<\epsilon$$

을 만족하는 δ를 구하면 된다. $x>0$일 때, 다음 부등식이 성립한다.

$$|\sqrt{x}-2|<|\sqrt{x}+2||\sqrt{x}-2|=|x-4|$$

여기서, 구간 $(4-\delta,\ 4+\delta)$의 점이 모두 양수이어야 하므로 $\delta<4$이다. 따라서 $\delta=\min\{\epsilon,\ 4\}$로 택하면 $0<|x-4|<\delta$을 만족하는 모든 x에 대해 $|\sqrt{x}-2|<\epsilon$이다.

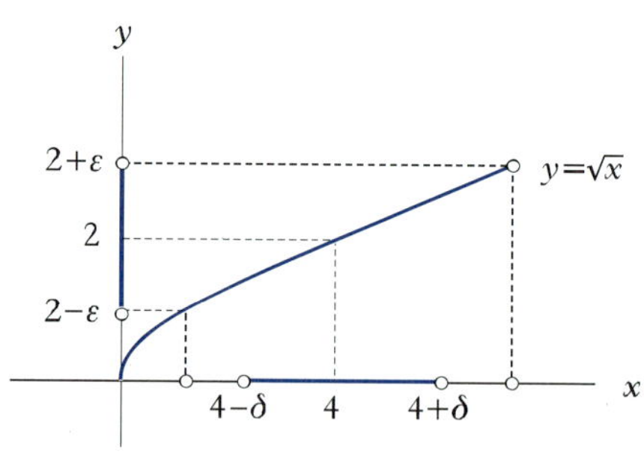

그림 2.20

◀

$\epsilon-\delta$ 논법에 의해 함수의 극한을 밝히는 과정은 증명에 필요한 $|x-a|$와 $|f(x)-L|$ 사이의 적절한 부등식을 찾는 대수적 작업을 수반한다. 함수 $f(x)$에 따라 이 작업은 결코 쉽게 이루어지지 않기 때문에, 초보자들이 $\epsilon-\delta$ 논법의 사용에 어려움을 느끼는 한 이유가 된다. 사실, $\epsilon-\delta$ 논법은 오랜 역사를 거쳐 확립된 매우 정교하고 논리적인 기법으로 한꺼번에 그 의미를 잘 이해하고 자유롭게 구사하기는 어려울 것이다. 다만, 앞으로 관련 전공과목에서 단계적으로 그 개념을 확립해 갈 수 있도록 하여야할 것이다.

1) 함수 극한에 대한 기본 정리

함수의 극한에 대하여, 다음 성질이 성립한다. 이 성질은 직관적으로 분명하지만, 극한의 $\epsilon-\delta$ 논법을 사용한 엄밀한 증명이 필요하다. 다만, 여기서는 간단한 경우의 증명 하나만 소개하고 나머지는 생략한다.

정리 2.3

두 함수 $f(x)$, $g(x)$가 $x=a$에서 수렴할 때

(1) $\lim\limits_{x\to a}(f(x)+g(x))=\lim\limits_{x\to a}f(x)+\lim\limits_{x\to a}g(x)$

(2) $\lim\limits_{x\to a}cf(x)=c\cdot\lim\limits_{x\to a}f(x)$ (단, c는 상수)

(3) $\lim\limits_{x\to a}f(x)g(x)=\lim\limits_{x\to a}f(x)\cdot\lim\limits_{x\to a}g(x)$

(4) $\lim\limits_{x\to a}g(x)\neq 0$이면 $\lim\limits_{x\to a}\dfrac{f(x)}{g(x)}=\dfrac{\lim\limits_{x\to a}f(x)}{\lim\limits_{x\to a}g(x)}$이다.

증명 (1) 먼저, $\lim\limits_{x\to a}f(x)=L$, $\lim\limits_{x\to a}g(x)=M$이라고 두자. 임의의 주어진 $\epsilon>0$에 대해서, $0<|x-a|<\delta_1$이면 $|f(x)-L|<\dfrac{\epsilon}{2}$이고, $0<|x-a|<\delta_2$ 이면 $|g(x)-M|<\dfrac{\epsilon}{2}$인 양의 수 δ_1과 δ_2가 존재한다. 이때, $\delta=\min\{\delta_1,\delta_2\}$라 두면, $0<|x-a|<\delta$일 때

$$|(f(x)+g(x))-(L+M)| \le |f(x)-L|+|g(x)-M| < \frac{\epsilon}{2}+\frac{\epsilon}{2}=\epsilon$$

이므로, $\lim_{x\to a}(f(x)+g(x)) = L+M = \lim_{x\to a} f(x)+\lim_{x\to a} g(x)$임을 의미한다.

(2), (3), (4)의 증명은 생략한다. ▨

예제 2.4.2 $\lim_{x\to 1}\frac{1-\sqrt{x}}{1-x}$를 구하여라.

풀이 $$\lim_{x\to 1}\frac{1-\sqrt{x}}{1-x} = \lim_{x\to 1}\frac{1-x}{(1-x)(1+\sqrt{x})} = \lim_{x\to 1}\frac{1}{1+\sqrt{x}}$$
$$= \frac{1}{1+\lim_{x\to 1}\sqrt{x}} = \frac{1}{2}$$ ◀

문제 2.4.1 다음 극한을 구하여라.

(1) $\lim_{x\to 0}\frac{\sqrt{1+2x}-\sqrt{1+3x}}{x+2x^2}$ (2) $\lim_{x\to 0}\frac{1}{x}\left(\frac{1}{\sqrt{x+1}}-1\right)$

다음 정리도 함수의 극한을 구하는데 자주 사용되는 주요한 성질이다.

정리 2.4 (조임정리 the squeeze theorem)

$x=a$의 근방에서 항상 $f(x) \le h(x) \le g(x)$일 때

$$\lim_{x\to a} f(x) = \lim_{x\to a} g(x) = L \text{ 이면 } \lim_{x\to a} h(x) = L$$

이 정리는 임의의 $\epsilon > 0$에 대하여, $|f(x)-L| < \epsilon$이고 $|g(x)-L| < \epsilon$이면

$$-\epsilon < f(x)-L \le h(x)-L \le g(x)-L < \epsilon$$

즉, $|h(x)-L| < \epsilon$이므로 $\epsilon-\delta$ 논법을 사용하여 엄밀하게 증명할 수 있으나 자세한 것은 생략한다.

정리 2.5

$$\lim_{x \to 0} \frac{\sin x}{x} = 1$$

증명 중심각이 x $\left(0 < x < \frac{\pi}{2}\right)$이고 반지름이 r인 부채꼴 OAB에서 A에서의 접선이 OB의 연장과 만나는 점을 C라 하고, 이들의 넓이를 비교하면

$$\triangle OAB < \triangledown OAB < \triangle OAC$$

이므로

$$\frac{1}{2}r^2 \sin x < \frac{1}{2}r^2 x < \frac{1}{2}r^2 \tan x$$

따라서 $\sin x < x < \tan x$이고, 각 항을 $\sin x$로 나누면

$$1 < \frac{x}{\sin x} < \frac{1}{\cos x}$$

을 얻는다. 여기서 $0 < x < \frac{\pi}{2}$이면

$$1 > \frac{\sin x}{x} > \cos x$$

가 성립한다. 또한, $x < 0$인 경우에도

$$1 > \frac{\sin(-x)}{-x} > \cos(-x)$$

로부터

$$1 > \frac{\sin x}{x} > \cos x$$

따라서 부등식은 주어진 모든 x에 대해서 성립한다. 조임정리에 의해

$$\lim_{x \to 0} \frac{\sin x}{x} = 1$$

▨

문제 2.4.2 다음 극한을 구하여라.

(1) $\lim_{\theta \to 0} \frac{1-\cos\theta}{\theta}$ (2) $\lim_{x \to 0} x \sin\frac{1}{x}$

다음에 소개할 합성함수의 극한에 관한 정리는 두 함수의 합성함수의 극한 계산에 유용하게 사용되는 성질로 직관적으로 당연하게 생각되지만, $\epsilon-\delta$ 논법에 의한 엄밀한 증명이 필요하다. 여기서는 극한의 직관적인 이해를 바탕으로 간단히 증명하도록 한다,

정리 2.6 (합성함수의 극한)

함수 $f(x)$에 대하여 $\lim_{x \to a} f(x) = b$일 때, 함수 $g(y)$가 $y=b$에서 수렴하면

$$\lim_{x \to a} g(f(x)) = \lim_{y \to b} g(y)$$

증명 $\lim_{y \to b} g(y) = c$라 하면, $y \to b$일 때 $g(y) \to c$이다. 또한, $\lim_{x \to a} f(x) = b$이므로 $x \to a$일 때 $f(x) \to b$이다. 결과적으로, $y = f(x)$라 두면

$$x \to a\text{일 때 } g(f(x)) \to c$$

이므로

$$\lim_{x \to a} g(f(x)) = c = \lim_{x \to b} g(y)$$

▨

2) 함수의 극한 개념의 확장

극한의 개념을 확장하여 다음과 같이 좌극한과 우극한을 정의할 수 있다. $\epsilon-\delta$ 논법에 의한 형식적인 정의보다 직관적인 간편한 정의만 하도록 한다.

$\lim_{x \to a-} f(x) = L$은 x가 a보다 작은 값에서 a에 충분히 가까워질 때 $f(x)$가 L에 한

없이 가까워지는 것을 의미하고, $\lim_{x\to a+} f(x)=L$는 x가 a보다 큰 값에서 a에 충분히 가까워질 때 $f(x)$가 L에 한없이 가까워지는 것을 의미한다. 이 경우도 극한의 기본성질에 해당하는 기본성질이 대부분 성립하는 것을 알 수 있다.

예제 2.4.3 Gauss의 함수 $[x]$에 대하여, $\lim_{x\to 3^-}(x-[x])$를 구하여라.

풀이 $\lim_{x\to 3^-}(x-[x])=\lim_{x\to 3^-}x-\lim_{x\to 3^-}[x]=3-2=1$ ◀

문제 2.4.3 $\lim_{x\to 0^+}\frac{x-\sqrt{x}}{\sqrt{x}}$를 구하여라.

무한에서의 함수의 극한도 다음과 같이 정의할 수 있다.

$\lim_{x\to\infty} f(x)=L$이나 $\lim_{x\to-\infty} f(x)=L$은 각각 x가 충분히 커지거나 충분히 작아질 때 $f(x)$가 L에 한없이 가까워지는 것을 의미한다. 이때, 직선 $y=L$을 함수 $f(x)$의 그래프의 수평점근선(horizontal asymptotes)이라 한다.

문제 2.4.4 다음 극한을 구하여라.

(1) $\lim_{x\to\infty} x\sin\frac{1}{x}$ (2) $\lim_{x\to\infty}\left(x-\sqrt{x^2+1}\right)$

지금까지 극한은 일정한 실수 값으로 한정하였으나, 개념을 확장하여 무한극한(infinite limit)을 다음과 같이 정의한다.

$\lim_{x\to a+} f(x)=+\infty$는 x가 a보다 큰 값에서 a에 충분히 가까워질 때 $f(x)$가 무한히 커지는 것을 의미하고, $\lim_{x\to a+} f(x)=-\infty$는 x가 a보다 큰 값에서 a에 충분히 가까워질 때 $f(x)$가 무한히 작아지는 것을 의미한다. 또한, $\lim_{x\to a-} f(x)=+\infty$는 x가

a보다 작은 값에서 a에 충분히 가까워질 때 $f(x)$가 무한히 커지는 것을 의미하고, $\lim_{x \to a-} f(x) = -\infty$는 x가 a보다 작은 값에서 a에 충분히 가까워질 때 $f(x)$가 무한히 작아지는 것을 의미한다.

예제 2.4.4 $\lim_{x \to 1+} \frac{1}{x-1} = +\infty$이다. ◀

2.5 연속함수

해가 뜨기 전 새벽부터 시작하여 해가 지는 저녁까지 시간의 변화에 따른 온도를 나타내는 함수 $T(t)$를 생각하자. 새벽의 어느 시점 t_m과 정오 t_n에서 측정된 온도는 많은 차를 보일 것이다. 그러나 t_m 및 t_n 언저리에서 측정된 온도는 $T(t_m)$ 및 $T(t_n)$와 별로 온도 차이를 보이지 않을 것이다. 즉, Δt가 충분히 작은 값이면 $T(t_m+\Delta t) \approx T(t_m)$이고 $T(t_n+\Delta t) \approx T(t_n)$이다. 이와 같이 급격한 변화를 보이지 않는 자연 현상을 설명하는 수학적 도구가 연속 개념이다. 이 절에서는 함수의 극한 개념을 이용하여 연속함수의 개념과 성질을 소개한다.

1) 연속함수의 정의

▶ 정의

점 $x=a$를 포함하는 구간에서 정의된 함수 $f(x)$에 대하여

$$\lim_{x\to a} f(x) = f(a)$$

일 때, $f(x)$는 $x=a$에서 연속(continuous)이라고 한다.

이 정의는 구체적으로 다음 세 가지를 의미한다.

(1) $\lim_{x\to a} f(x)$가 존재한다.

(2) $f(a)$가 존재한다.

(3) $\lim_{x\to a} f(x) = f(a)$

따라서 위의 세 가지 조건 가운데 어느 하나라도 성립하지 않으면, $f(x)$는 $x=a$에서 불연속이다.

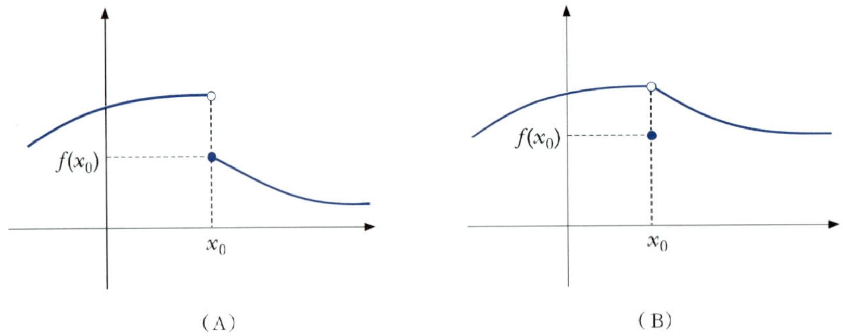

그림 2.21

함수 $f(x)$가 어떤 구간의 모든 점에서 연속이면 $f(x)$는 그 구간에서 연속이라 하고, 실수전체 집합에서 정의된 함수가 모든 실수에서 연속일 때 연속함수(continuous function)라고 한다. 또한, $f(x)$가 $x=a$에서 연속이 아닐 때, $x=a$에서 불연속(discontinuous)이라 한다.

예제 2.5.1 0이 아닌 실수 x에 대해 $f(x)=\dfrac{\sin x}{x}$로 정의된 함수 $f(x)$가 $x=0$에서 연속이 되도록 $f(0)$를 정하여라.

풀이 $\lim_{x\to 0} f(x) = \lim_{x\to 0}\dfrac{\sin x}{x} = 1$이므로, $f(0)=1$로 정의하여야 한다. ◀

함수 극한의 $\epsilon-\delta$ 논법에 의한 정의로부터, $\epsilon-\delta$ 논법에 의한 연속의 정의는 다음과 같이 할 수 있다.

▶ 정의

임의의 양의 수 ϵ에 대하여, $|x-a|<\delta$이면 $|f(x)-f(a)|<\epsilon$인 양의 수 δ가 존재 할 때, 함수 $f(x)$는 $x=a$에서 연속(continuous)이라고 한다.

예제 2.5.2 한 점에서의 연속에 대한 $\epsilon-\delta$ 논법에 의한 정의를 이용하여, 함수

$$f(x)=\begin{cases} x\sin\dfrac{1}{x}, & x\neq 0 \\ 0, & x=0 \end{cases}$$

가 $x=0$에서 연속임을 보여라.

풀이 $x\neq 0$일 때, $|f(x)-0|=\left|x\sin\dfrac{1}{x}\right|\leq |x|$이고 $f(x)=0$이므로,

$|f(x)-0|\leq |x|$이다. 즉, 어느 경우에나 $|f(x)-0|\leq |x|$가 성립한다.

따라서 주어진 임의의 양수 ϵ에 대해 $\delta=\epsilon$으로 택하면

$$|x-0|<\delta \text{일 때} \quad |f(x)-0|\leq |x|<\delta=\epsilon$$

결과적으로, $f(x)$는 $x=0$에서 연속이다. ◀

그림 2.22는 예제 2.5.2에서의 함수의 연속을 직관적으로 보여준다.

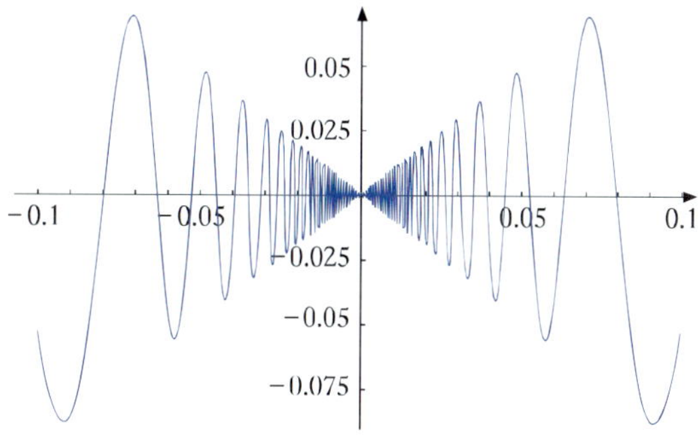

그림 2.22

2) 연속함수의 기본성질

함수의 극한에 관한 기본성질을 이용하여, 다음의 함수의 연속에 관한 기본성질을 얻을 수 있다.

정리 2.7

함수 $f(x)$, $g(x)$가 $x=a$에서 연속이면

(1) $f(x)+g(x)$도 $x=a$에서 연속이다.

(2) $f(x)g(x)$도 $x=a$에서 연속이다.

(3) $g(a)\neq 0$일 때, $\dfrac{f(x)}{g(x)}$도 $x=a$에서 연속이다.

증명 가정에서 $\lim\limits_{x\to a} f(x)=f(a)$, $\lim\limits_{x\to a} g(x)=g(a)$이므로, 정리 2.3에 의해

(1) $\lim\limits_{x\to a}(f(x)+g(x))=\lim\limits_{x\to a} f(x)+\lim\limits_{x\to a} g(x)=f(a)+g(a)$

(2) $\lim\limits_{x\to a} f(x)g(x)=\lim\limits_{x\to a} f(x)\cdot\lim\limits_{x\to a} g(x)=f(a)g(a)$

(3) $\lim\limits_{x\to a}\dfrac{f(x)}{g(x)}=\dfrac{\lim\limits_{x\to a} f(x)}{\lim\limits_{x\to a} g(x)}=\dfrac{f(a)}{g(a)}\quad (g(a)\neq 0)$ ▨

정리 2.8 (합성함수의 연속성)

함수 $f(x)$가 $x=a$에서 연속이고 함수 $g(y)$가 $y=f(a)$에서 연속이면, $g(f(x))$도 $x=a$에서 연속이다.

증명 먼저, $b=f(a)$라 두자. 함수 $f(x)$가 $x=a$에서 연속이므로

$$\lim_{x\to a} f(x)=f(a)=b$$

이다. 또한, $g(y)$가 $y=b$에서 연속이므로

$$\lim_{x\to b} g(y)=g(b)=g\left(\lim_{x\to a} f(x)\right)$$

결과적으로

$$\lim_{x \to a} g(f(x)) = \lim_{x \to b} g(y) = g\left(\lim_{x \to a} f(x)\right)$$

따라서 $g(f(x))$는 $x = a$에서 연속이다. ▨

예제 2.5.3 $\lim_{x\to 3} f(x) = 3, \lim_{x\to 3} g(x) = -2$일 때, $\lim_{x\to 3} \sqrt{f(x)^2 - 8g(x)}$를 구하여라.

풀이

$$\begin{aligned}\lim_{x\to 3} \sqrt{f(x)^2 - 8g(x)} &= \sqrt{\lim_{x\to 3}\left(f(x)^2 - 8g(x)\right)} \\ &= \sqrt{\left(\lim_{x\to 3} f(x)\right)^2 - 8\lim_{x\to 3} g(x)} \\ &= \sqrt{9+16} = 5\end{aligned}$$ ◀

3) 주요함수의 극한과 연속성

예제 2.5.4 $f(x) = \sin x$는 전 구간에서 연속임을 증명하여라.

풀이 임의의 실수 a에 대해

$$\lim_{x \to a} \sin x = \sin a$$

임을 보이면 된다. $\sin x - \sin a = 2\sin\frac{x-a}{2}\cos\frac{x+a}{2}$ 이므로

$$\begin{aligned}|\sin x - \sin a| &= 2\left|\sin\frac{x-a}{2}\cos\frac{x+a}{2}\right| \\ &\le 2\left|\sin\frac{x-a}{2}\right| \le 2\left|\frac{x-a}{2}\right| = |x-a|\end{aligned}$$

따라서

$$-(x-a) \le \sin x - \sin a \le (x-a)$$

이고, 조임정리에 의하여 $\lim_{x \to a} \sin x = \sin a$이다. ◀

예제 2.5.5 $\cos x$가 연속함수임을 보여라.

풀이 $\cos x = \sin\left(x+\frac{\pi}{2}\right)$이고, $\sin y$와 $y = x+\frac{\pi}{2}$는 모두 연속함수이므로, 정리2.8에 의해 $\cos x$도 연속함수이다. ◀

지수함수의 정의로부터 $a>0,\ a\neq 1$일 때, 지수함수 $y=a^x$는 연속임을 알 수 있으며 그 역함수 $y=\log_a x$도 연속함수이다. 또한, $\alpha>0$일 때 함수 $y=x^\alpha$도 연속함수이다. 자세한 증명은 생략한다.

문제 2.5.1 어떤 환경에서 소문은 식 $p(t) = \dfrac{1}{1+ae^{-kt}}$에 따라 퍼져나간다고 하자. 여기서, $p(t)$는 시간 t에서 소문을 알고 있는 인구의 비율이고 a, k는 양의 상수이다. 이때, $\lim\limits_{t\to\infty} p(t)$를 구하여라.

다음의 두 정리는 연속함수가 갖는 중요한 정리들이다.

정리 2.9 (중간값의 정리 the intermediate value theorem)

함수 $f(x)$가 구간 $[a,b]$에서 연속일 때, $f(a)$와 $f(b)$사이의 임의의 값 d에 대해 $f(c)=d$인 c가 구간 $[a,b]$에 존재한다.

문제 2.5.2 방정식 $\sin x = \dfrac{1}{\sqrt{2x+3}}$은 0과 1사이에서 적어도 1개의 실근을 가짐을 보여라.

정리 2.10 (최대 · 최솟값의 정리 the maximum-minimum value theorem)

함수 $f(x)$가 구간 $[a,b]$에서 연속일 때, $f(x)$는 구간 $[a,b]$에서 최댓값과 최솟값을 갖는다.

문제 2.5.3 함수 $f(x)$가 구간 $[-1,1]$에서 연속일 때, $\lim\limits_{x\to 0}\dfrac{xf(x)}{1+x^2}=0$임을 보여라.

극한 개념에 대한 역사

극한 개념은 미적분학의 근간을 이루는 개념이지만 그 뜻을 제대로 이해하는데 다소 난해한 특성을 지니고 있다. 사실, 수학자들은 그 개념을 명확히 정의하지 않은 채, 수세기 동안 극한에 대해 언급해 왔을 정도로 어려운 개념이다. 고대 그리스에서도 극한에 대해 어렴풋이 인식하고 있었다. 예를 들어, Archimedes(BC 287~212)는 반지름이 1인 원에 내접하는 정다각형의 둘레의 길이를 이용하여 2π의 근삿값을 구하였다. 중세와 문예 부흥기의 수학자들은 다양한 형태의 극한을 이용하여 넓이를 계산하였다. 17세기에 들어서 미적분학의 창시자 Newton(1642~1727), Leibniz(1646~1716)가 직관에 의존한 극한 개념을 소개하고 매우 복잡한 극한을 구하기도 하였지만, 이들 역시 엄밀한 극한 개념을 제시하지는 못하였다. 1754년도에 들어서 비로소 프랑스 수학자이자 물리학자인 달랑베르(1717~1783)가 미적분학의 논리적 바탕이 극한 개념에 있음을 주장하였으며, 프랑스 수학자인 Cauchy(1789-1857)가 오늘날 우리가 다루고 있는 것과 유사한 형태의 미적분학을 제시하였다. 그러나 1821년 Cours d'Analyse에 발표한 그의 논문에 사용한 극한 정의 역시 여전히 변수가 고정된 값에 가까이 간다는 직관적 표현에 의존하고 있었다.

「변수가 갖는 일련의 값들이 주어진 고정된 값에 한없이 가까이 가서 그 차를 임의로 작게 만들 수 있을 때, 후자의 값을 나머지 값들의 극한이라고 한다.」

오늘날의 시각에서 보면 이 정의는 불완전하다. 그럼에도 불구하고 코시의 극한 정의는 1860년대 독일 수학자 Weierstrass(1815~1897)가 제시한 완전한 정의를 향한 큰 행보임에 틀림없다. 현재 우리가 사용하는 엄밀한 극한의 정의는 바로 Weierstrass의 작품이다.

2장 종합문제

1) 기본 · 연습

1. "임의의 숫자를 선택한 다음 5를 더하여라. 다시 그 수를 2배한 다음에 6을 빼고, 2로 나누어라. 그리고 10을 빼라. 너의 답을 나에게 말하면 나는 네가 처음에 선택한 숫자를 말할 수 있다"라는 게임을 생각해 보아라. 이때, 처음에 생각한 수는 어떻게 구할 수 있는가?

2. 다음 각 함수의 자연 정의역을 구하여라.

(1) $f(t)=\sqrt{2t+3}$ (2) $g(x)=\dfrac{1}{4x-1}$

(3) $h(y)=\sqrt{y^2-9}$ (4) $k(z)=|2z+3|$

3. $f(x)=2x^2-1$에 대하여, $\dfrac{f(a+h)-f(a)}{h}$를 구하여라.

4. 다음의 그래프 중에서 함수 $y=f(x)$의 그래프를 나타내는 것을 고르고, 함수의 그래프가 아닌 것은 그 이유를 간략히 설명하여라.

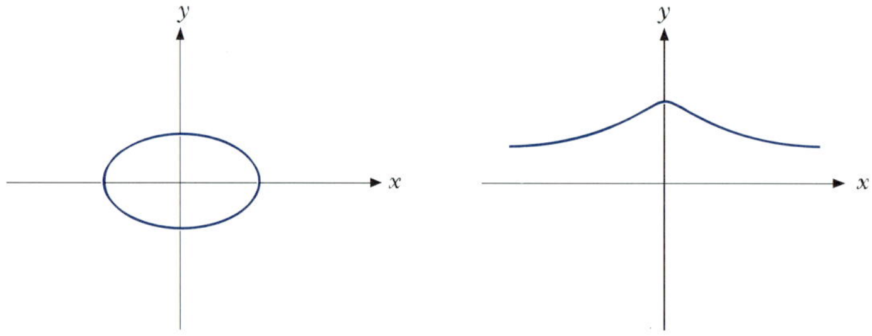

(a) (b)

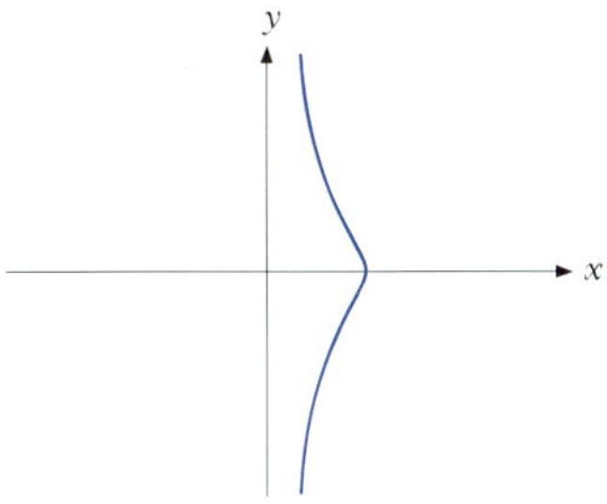

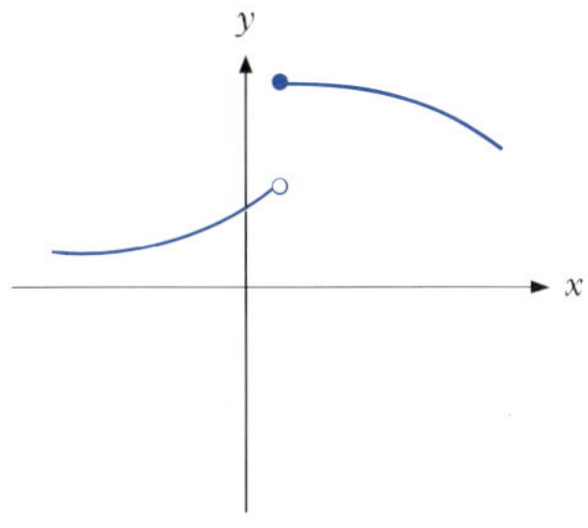

그림 2.23

5. 두 함수 $f(x) = \sqrt{x} + \dfrac{1}{\sqrt{x}}$, $g(x) = \sqrt{x} - \dfrac{2}{\sqrt{x}}$ 에 대해서, 다음을 구하여라.

(1) $6f(x) + 3g(x)$ (2) $f(x)g(x)$ (3) $\dfrac{f(x)}{g(x)}$

6. $f(x) = \dfrac{x}{1+x}$ 일 때, $f(x) + f(-x) = 2f(-x^2)$ 임을 보여라.

7. 다음 각 함수의 역함수를 구하여라.

(1) $f(x) = 3x - 9$ (2) $f(x) = \dfrac{x-2}{x-3} \quad (x \neq 3)$

8. 다음 함수 중에서 짝함수와 홀함수를 모두 찾아라.

(1) $a(x) = 3x^2 + 2x - 1$ (2) $b(x) = \dfrac{x^3}{8}$ (3) $c(x) = \dfrac{x}{x^2 - 1}$

(4) $d(x) = \sqrt{x^2 + 4}$ (5) $e(x) = |2x|$ (6) $f(x) = -|x+3|$

9. 실수 전체 집합 $\mathbb{R}$을 정의역으로 하는 짝함수 $f(x)$와 홀함수 $g(x)$에 대하여, 다음의 함수들은 짝함수인가 홀함수인가?

(1) $f(x)g(x)$ (2) $f(x)f(x)$ (3) $\dfrac{f(x)}{g(x)}$

10. 다음의 값을 구하여라.

(1) $\tan\dfrac{\pi}{6}$ (2) $\sec\pi$ (3) $\sec\dfrac{3\pi}{4}$

(4) $\csc\dfrac{\pi}{2}$ (5) $\cot\dfrac{\pi}{4}$ (6) $\tan\left(-\dfrac{\pi}{4}\right)$

11. 다음 등식을 증명하여라.

(1) $(\sec x - 1)(\sec x + 1) = \tan^2 x$　　(2) $\cos x(\tan x + \cot x) = \csc x$

(3) $\dfrac{\sin\theta}{\csc\theta} + \dfrac{\cos\theta}{\sec\theta} = 1$　　(4) $\dfrac{1}{\sin\theta\cos\theta} - \dfrac{\cos\theta}{\sin\theta} = \tan\theta$

12. 두 예각 α와 β에 대해 $\sin\alpha = \dfrac{1}{2}$, $\cos\beta = \dfrac{3}{5}$일 때, $\sin(\alpha+\beta) + \cos(\alpha-\beta)$를 구하여라.

13. $\alpha + \beta = \dfrac{\pi}{4}$일 때, $(1+\tan\alpha)(1+\tan\beta)$를 구하여라.

14. $x + \dfrac{1}{x} = 2\sin\theta$일 때, $x^3 + \dfrac{1}{x^3}$을 θ에 관하여 간단히 하여라.

15. $\cos^{-1}\left(\sin\dfrac{7\pi}{6}\right)$의 값을 구하여라.

16. 다음의 극좌표를 직교좌표로 바꾸어라.

(1) $(3, \pi)$　　(2) $\left(\sqrt{2}, -\dfrac{3}{4}\pi\right)$　　(3) $\left(-4, \dfrac{2}{3}\pi\right)$　　(4) $\left(-1, -\dfrac{7}{6}\pi\right)$

17. 다음 직교좌표를 극좌표로 바꾸어라. 단, $r \geq 0$이고 $0 \leq \theta < 2\pi$이다.

(1) $(1, -1)$　　(2) $(-\sqrt{3}, 1)$　　(3) $(2, 2)$　　(4) $(0, -2)$

18. 다음 직교방정식을 극방정식으로 바꾸어라.

(1) $x^2 + y^2 = a^2$　　(2) $y = x$

(3) $y^3 = ax^2$　　(4) $2xy = a^2$

(5) $x^2 + y^2 - 4x = 0$　　(6) $(x^2+y^2)^2 = 4(x^2 - y^2)$

19. 다음 극방정식을 직교방정식으로 바꾸어라.

(1) $r = a\sec\theta$　　(2) $r = \tan\theta\sec\theta$　　(3) $r^3 = a^3\csc\theta$　　(4) $r = \theta$

20. 다음 곡선을 직교방정식으로 나타내어라.

(1) $x = 3 - t,\ y = t^2 - 2$　　(2) $x = \tan\theta,\ y = \tan 2\theta$

(3) $x = e^v + e^{-v},\ y = e^v - e^{-v}$

21. 다음 두 곡선의 교점을 구하여라.

(1) $r = \sin\theta$, $r = -\cos\theta$　　　(2) $r = \cos\theta$, $r = \cos 3\theta$

22. 함수 $f(x) = 3\tan^{-1}(2x)$에 대한 수평점근선을 구하여라.

23. 함수 $\mathrm{sgn}(x) = \begin{cases} +1, & x > 0 \\ 0, & x = 0 \\ -1, & x < 0 \end{cases}$ 에 대해서, $\lim_{x \to 0} \mathrm{sgn}(x)$가 존재하지 않음을 보여라.

24. 상수 c에 대하여, $\lim_{x \to a} c = c$임을 보여라.

25. 함수 $f(x) = \begin{cases} (1-a)x, & x \geq 3 \\ a^2x^2 - 3, & x < 3 \end{cases}$ 가 $x = 3$에서 연속이 되도록 a의 값을 정하여라.

26. 자연수 n에 대하여, $\lim_{x \to 1} \frac{x^n - 1}{x^2 - 1}$을 구하여라.

27. $\lim_{x \to 0} \frac{1 - \cos x}{x \sin x}$ 를 구하여라.

28. 함수 $f(x) = x - [x]$ 일 때, $\lim_{x \to 1} f(x)$가 존재하지 않음을 보여라.

29. 방정식 $e^x = -x$는 구간 $[-1, 0]$에서 적어도 하나의 실근을 가짐을 보여라.

2) 심화 · 응용

30. 함수 $f : X \to Y$에 대하여, 다음을 증명하여라.

(1) $f : X \to Y$가 전사함수일 필요충분조건은 $f \circ g = I_Y$인 함수 $g : Y \to X$가 존재하는 것이다.

(2) $f : X \to Y$가 단사함수일 필요충분조건은 $g \circ f = I_X$인 함수 $g : Y \to X$가 존재하는 것이다.

31. 연주형 곡선 $r^2 = a^2\cos 2\theta$의 직교방정식을 구라여라.

32. 한 렌터카 회사에서 자동차 대여료로 1일 기본비용 2만원과 1 km 운행 당 300원을 요구한다고 한다.

(1) 하루에 x km를 운행하였을 때, 대여료 $E(x)$를 구하여라.

(2) 자동차를 하루 동안 사용하였을 때, 4만4천원으로 운행할 수 있는 거리를 구하여라.

(3) 부산에서 서울까지 430 km를 하루 만에 운행한다고 할 때, 지불해야 하는 대여료를 구하여라.

33. Bach(1685~1750)이래로 연주되어 온 건반악기의 음계를 조율할 때, 악기의 음표 C, C^+, D, D^+, E, F, F^+, G, G^+, A, A^+, B, C^*의 주파수들은 기하수열을 형성하며 C^*의 주파수는 C 주파수의 2배이다. 이 수열의 공비를 구하여라. 또한, A의 주파수가 440일 때, C^*의 주파수를 구하여라.

34. 잡음은 전화기를 발명한 Bell(1847-1922)에게 경의를 표하기 위해 데시벨이라는 단위로 측정된다. 만약, 압력의 변화가 인치당 P파운드이고 잡음이 L데시벨이면 $L = 20\log_{10}(1213P)$가 성립한다. $L = 115$일 때, P를 구하여라.

35. 고층빌딩 외벽 승강기 안에 호출기를 달고 있는 사람이 있다. 호출기는 멀리 떨어진 송신탑으로부터 직접 신호를 받으며 지상으로부터 반사 신호를 받는다고 한다. 상황을 아주 단순화시켜 호출기가 받는 신호가 다음 식으로 주어진다고 가정한다.

$$E(h) \approx 1 + 0.25[\cos(2\pi h) + i\sin(2\pi h)]$$

여기서, h는 지상으로부터 호출기(승강기)까지의 높이(m)이다.

(1) 호출기가 받는 신호음의 세기는 승강기가 상승함에 따라 최댓값과 최솟값 사이에서 진동함을 보여라.

(2) 바로 이웃하는 두 최솟값 사이의 거리를 구하여라.

(3) 어떤 최솟값으로부터 바로 이웃하는 최댓값 사이의 거리를 구하여라.

(4) 승강기의 높이와 관계없이 호출기가 신호를 받기 위해서는 그 강도를 얼마로 하여야 하는가?

36. 한국인 메이저 리그 추신수 선수가 소속된 cleveland indians는 Jacob 필드를 홈구장으로 사용하고 있다. 홈플레이트로부터 외야 펜스까지의 거리는 최소 325 feet(홈플레이트로부터 외야 좌우 양단 펜스까지의 길이)에서 최대 410 feet (홈플레이트 P로부터 정중앙 외야 펜스 하단 C까지의 최단길이) 사이에서 변한다. 추신수 선수가 Jacob 필드 밖으로 장외 홈런을 쳐내기 위해 필요한 최소 거리를 계산하기 위해 홈플레이트로부터 Jacob 필드 가장 높은 곳까지의 거리 및 외야 펜스 아래로부터 야구장 시설물 가장 높은 점까지의 거리를 측정하려고 한다.

(1) 구장 시설물에서 가장 높은 위치 H의 지상에 대한 수선의 발을 F라 할 때세 점 P, C, F는 동일 직선상에 놓여 있고 측량기로 측정한 각의 크기는 $\angle HPC = 10°$와 $\angle HCF = 32.5°$이었다. PH 및 HF의 길이를 각각 구하여라.

(2) 문제 (1)의 계산의 일반화를 위해 홈플레이트로부터 외야 펜스하단의 임의의 점 C^*에 의해 정해지는 구장 시설물에서 가장 높은 위치 H^*와 이 지점의 지상에 대한 수선의 발 F^*에 대해 $|PC^*| = l$, $\alpha = \angle H^*PC^*$, $\beta = \angle H^*C^*F^*$라 할 때, 다음 식이 성립함을 보여라.

$$|PH^*| = l \cdot \frac{\sin\beta}{\sin(\beta-\alpha)},\quad |H^*F^*| = l \cdot \frac{\sin\alpha\sin\beta}{\sin(\beta-\alpha)}$$

37. 다음 등식을 증명하여라.

(1) $\sin 3\theta = 3\sin\theta - 4\sin^3\theta$ (2) $\cos 3\theta = 4\cos^3\theta - 3\cos\theta$

38. 다음 관계식을 증명하여라.

(1) $\cosh x + \sinh x = e^x$ (2) $\cosh x - \sinh x = e^{-x}$

(3) $\cosh(x \pm y) = \cosh x\cosh y \pm \sinh x\sinh y$

(4) $\tanh(x \pm y) = \dfrac{\tanh x \pm \tanh y}{1 \pm \tanh x\tanh y}$

39. 다음 관계식을 증명하여라.

(1) $\tanh^{-1}x = \dfrac{1}{2}\ln\dfrac{1+x}{1-x}$ $(|x| < 1)$

(2) $\coth^{-1}x = \dfrac{1}{2}\ln\dfrac{x+1}{x-1}$ $(|x| > 1)$

(3) $\operatorname{sech}^{-1}x = \ln\left(\dfrac{1+\sqrt{1-x^2}}{x}\right)$ $(0 < x \le 1)$

40. $\lim_{x \to a} f(x) = b$일 때, $\lim_{x \to a} |f(x)| = |b|$ 임을 보여라.

41. 두 함수 $f(x)$, $g(x)$의 최대함수 $\max\{f(x), g(x)$는 다음 식으로 주어진다.

$$\max\{f(x), g(x)\} = \frac{1}{2}[f(x) + g(x) + |f(x) - g(x)|]$$

이를 이용하여, $\lim_{x \to a} f(x) = \lim_{x \to a} g(x) = b$일 때 $\lim_{x \to a} \max\{f(x), g(x)\}$를 구하여라.

42. 다음 물음에 답하여라.

(1) $\lim_{x \to a} f(x) = L$일 때, $\lim_{x \to -a} f(-x) = L$임을 보여라.

(2) 홀함수 $f(x)$가 $x = 0$에서 연속이면, $f(0) = 0$임을 보여라.

43. 다음 항등식을 증명하여라.

$$(\cosh x \pm \sinh x)^n = \cosh(nx) \pm \sinh(nx)$$

44. $\tan^{-1}\left(\frac{1}{2}\right) + \tan^{-1}\left(-\frac{1}{3}\right)$을 간단히 하여라.

45. 두 함수 $f, g : [0,1] \to \mathbb{R}$ 가 구간 $[0,1]$에서 연속이고 $f(0) < g(0)$, $f(1) > g(1)$이라 하자. 이때, $f(x) = g(x)$를 만족하는 $x \in (0, 1)$가 존재함을 증명하여라.

46. 실수 전체 집합 $\mathbb{R}$에서 $\mathbb{R}$으로의 연속함수 $f(x)$가 다음 식을 만족할 때, $f(0)$의 값을 구하여라.

(1) $(e^x - 1)f(x) = x$　　　　(2) $(a^x - 1)f(x) = \sin x$ $(a > 1)$

47. (1) 함수 $f(x) = \begin{cases} 1, & x \in \mathbb{Q} \\ 0, & x \notin \mathbb{Q} \end{cases}$ 가 임의의 점 $x \in \mathbb{R}$ 에서 연속이 아님을 보여라.

(2) 함수 $f(x) = \begin{cases} x^2 \cos\left(\frac{1}{x}\right), & x \neq 0 \\ 0, & x = 0 \end{cases}$ 는 $x = 0$에서 연속임을 보여라.

제3장

도함수와 미분법

▶▷▶ 도함수의 정의와 기본성질을 소개하고, 다항함수, 삼각함수, 지수함수와 로그함수, 쌍곡선함수 등의 여러 가지 기본적인 함수의 도함수를 정의와 기본성질을 이용하여 구할 수 있도록 한다. 그리고 합성함수 미분법, 역함수미분법, 매개변수표시 함수의 미분법 등의 주요한 미분법을 다루고 고계도함수를 소개한다.

3.1 미분계수와 도함수의 기본개념

접선의 기울기와 속도는 미분계수나 도함수의 구체적인 의미를 실제로 잘 보여주는 가장 전형적인 예이다. 사실, Leibniz(1646~1716)는 접선의 기울기라는 기하적인 관점에서, Newton(1642~1727)은 물체의 운동을 기술하기 위해 속도라는 물리적인 관점에서 각각 독립적으로 미분법을 생각하였다. 접선과 속도의 개념은 서로 구별되는 개념으로 전혀 연관이 없는 것처럼 보이지만, 미분계수라는 동일한 수학적 개념의 양면에 해당한다고 볼 수 있다. 실제로, 운동하는 물체의 속도는 접선 방향으로 향하고 있다는 사실에서 속도와 접선을 동일한 개념의 표현으로 볼 수 있을 것이다. 이러한 관점에서 속도와 접선의 기울기는 미분계수 그 자체이며, 미분계수나 도함수의 의미를 보다 구체적으로 파악할 수 있도록 하는 중요한 소재이다.

1) 속도와 가속도

직선 위를 움직이는 한 점 P가 있다. 시각 t에서 점 P의 위치를 $x = x(t)$라 하면, 시각 t에서 시작하여 h시간 동안 움직인 P의 평균속도 v는 다음과 같다.

$$v = \frac{x(t+h) - x(t)}{h}$$

한편, 시각 t에서 점 P의 (순간)속도를 $v = v(t)$라 하면, $v(t)$는 $h \to 0$일 때 평균속도 v의 극한과 같음을 알 수 있다. 따라서

$$v(t) = \lim_{h \to 0} \frac{x(t+h) - x(t)}{h}$$

이다. 또한, 시각 t에서 점 P의 가속도 $a = a(t)$는 다음과 같다.

$$a(t) = \lim_{h \to 0} \frac{v(t+h) - v(t)}{h}$$

예제 3.1.1 Galileo는 지상에서 약 49미터 높이에 있는 기울어진 Pisa의 탑의 꼭대기에서 두개의 쇠공을 떨어뜨렸다. 만약 공기저항을 무시한다면, 쇠공이 떨어지기 시작한 2초 후에는 얼마나 빠른 속도로 떨어지는지 결정하여라.

풀이 쇠공이 속도 0에서 떨어지기 시작했기 때문에 $v_0 = 0$이고, 지상으로부터 49 m의 높이에서 공이 떨어졌기 때문에 $h_0 = 49$이다. 지구중력가속도 g에 대하여, t초 후의 쇠공의 높이는 $\frac{1}{2}gt^2 + h_0$이고, $g = 9.8(\mathrm{m/sec^2})$라 할 때

$$h(t) = -4.9t^2 + 49$$

따라서 $t_0 = 2$일 때, 속도는

$$\begin{aligned} v(2) &= \lim_{t \to 2} \frac{h(t) - h(2)}{t-2} \\ &= \lim_{t \to 2} \frac{(-4.9t^2 + 49) - (-4.9(2^2) + 49)}{t-2} \\ &= \lim_{t \to 2} \frac{-4.9(t^2 - 2^2)}{t-2} \\ &= \lim_{t \to 2} -4.9(t+2) = -19.6 \end{aligned}$$

이므로, 2초 후에 쇠공은 19.6 m/sec로 떨어진다. ◀

문제 3.1.1 지상 450 m 높이에서 공을 떨어뜨린다고 가정한다.

(1) 5초 후의 공의 속도는 얼마인가?

(2) 공이 땅에 떨어지는 순간에 얼마나 빨리 움직이고 있었는가?

2) 접선의 기울기

예제 3.1.2 다음은 4월 어느 날, 어떤 도시에서 자정부터 매시간 기온을 측정하여 나타낸 표이다. 표에서 x는 자정부터 측정한 시간을, T는 온도(℃)를 나타낸다.

x	0	1	2	3	4	5	6	7	8	9	10	11	12	13	14	15	16	17	18	19	20	21	22	23	24
T	6.5	6.1	5.6	4.9	4.2	4.0	4.0	4.8	6.1	8.3	10.0	12.1	14.3	16.0	17.5	18.2	18.8	17.6	16.0	14.1	11.5	10.2	9.0	7.9	7.9

(1) 다음 각 시간대에서 시간에 관한 온도의 평균변화율을 구하여라.

(a) 정오부터 오후 3시까지

(b) 정오부터 오후 2시까지

(c) 정오부터 오후 1시까지

(2) 정오에서의 순간변화율을 추정하여라.

풀이 (1) (a) 정오부터 오후 3시까지의 평균변화율은

$$\frac{\Delta T}{\Delta x} = \frac{T(15) - T(12)}{15 - 12} = \frac{3.9}{3} = 1.3\,(℃/\mathrm{h})$$

(b) 정오부터 오후 2시까지의 평균변화율은

$$\frac{\Delta T}{\Delta x} = \frac{T(14) - T(12)}{14 - 12} = \frac{17.5 - 14.3}{2} = 1.6\,(℃/\mathrm{h})$$

(c) 정오부터 오후 1시까지는

$$\frac{\Delta T}{\Delta x} = \frac{T(13) - T(12)}{13 - 12} = \frac{16.0 - 14.3}{1} = 1.7\,(℃/\mathrm{h})$$

(2) 그림 3.1은 주어진 자료를 근거로 온도함수의 그래프를 근사곡선으로 나타낸 것이다. $x = 12$에서 P에 접하는 접선을 그리고, 삼각형 ABC의 양변의 길이를 측정한 후, 접선의 기울기를 추정하면 $\frac{|BC|}{|AC|} = \frac{10.3}{5.5} \fallingdotseq 1.9$이다. 따라서 정오에 온도의 순간변화율은 약 1.9(℃/h)이다.

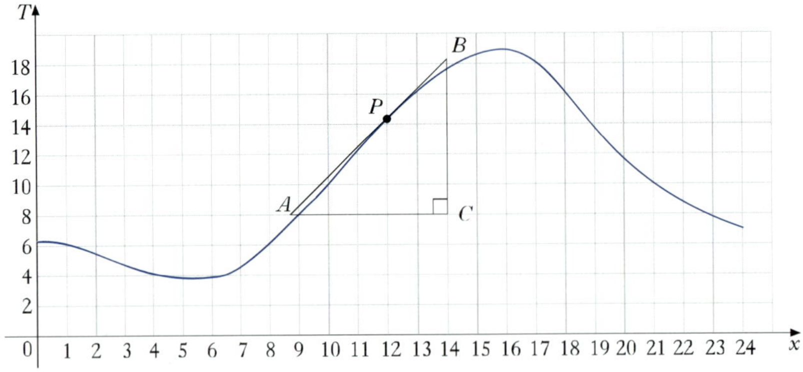

그림 3.1

다음으로, 매끄러운 곡선 $y=f(x)$의 한 점 $P(a, f(a))$에 그은 접선의 기울기를 생각해보자.

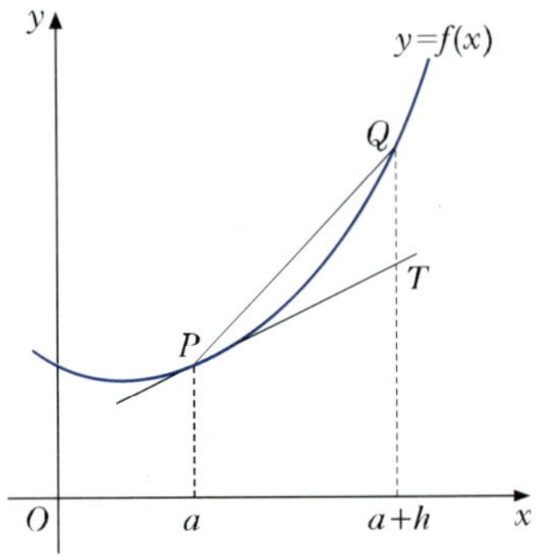

그림 3.2

그림 3.2에서와 같이, $x=a+h$에서 곡선 $y=f(x)$의 점을 Q라 하자. 점 P와 Q를 잇는 직선의 기울기는

$$\frac{f(a+h)-f(a)}{h}$$

이다. 한편, 점 Q가 P에 한없이 접근하면, 즉 $h \to 0$이면, P와 Q를 잇는 직선은 곡선 $y=f(x)$의 점 P에서 접선 PT에 한없이 접근한다. 따라서 극한

$$\lim_{h \to 0} \frac{f(a+h)-f(a)}{h}$$

이 존재할 때, 이 극한은 구하는 접선의 기울기임을 알 수 있다.

3) 미분계수

$x=a$를 포함하는 어떤 구간에서 정의된 함수 $y=f(x)$를 생각하자. 그 구간에서 x의 값이 a에서 $a+h$로 변할 때, y의 값은 $f(a)$에서 $f(a+h)$로 변한다. 이때, h를 x의 증분(increment), $f(a+h)-f(a)$를 y의 증분이라 하고 각각 $\Delta x, \Delta y$로 표시한다. 즉, $\Delta y = f(a+h)-f(a)$이다. 또한

$$\frac{\Delta y}{\Delta x} = \frac{f(a+h)-f(a)}{h}$$

를 $[a, a+h]$에서 $y=f(x)$의 평균변화율(average rate of change)이라 한다. 이 평균변화율의 극한

$$\lim_{\Delta x \to 0} \frac{\Delta y}{\Delta x} = \lim_{h \to 0} \frac{f(a+h)-f(a)}{h}$$

가 존재할 때, 이 값을 $x=a$에서 $y=f(x)$의 미분계수(differential coefficient)라하고, $f'(a)$로 표시한다. 즉

$$f'(a) = \lim_{h \to 0} \frac{f(a+h)-f(a)}{h}$$

이때, 함수 $f(x)$는 $x=a$에서 미분가능(differentiable)이라고 한다.

예제 3.1.3 $x=a$에서 함수 $f(x)=x^3$의 미분계수를 구하여라.

풀이
$$\begin{aligned} f'(a) &= \lim_{h \to 0} \frac{f(a+h)-f(a)}{h} = \lim_{h \to 0} \frac{(a+h)^3 - a^3}{h} \\ &= \lim_{h \to 0} (3a^2 + 3ah + h^2) = 3a^2 \end{aligned}$$
◀

함수 $y=f(x)$가 $x=a$에서 미분가능일 때, 미분계수는 다음 식으로 나타낼 수도 있다.

$$f'(a) = \lim_{x \to a} \frac{f(x)-f(a)}{x-a}$$

또한

$$\lim_{h \to 0+} \frac{f(a+h)-f(a)}{h}, \quad \lim_{h \to 0-} \frac{f(a+h)-f(a)}{h}$$

가 존재할 때, 이들을 각각 $x = a$에서의 우미분계수(right differential coefficient), 좌미분계수(left differential coefficient)라고 한다.

함수 $y = f(x)$가 $x = a$에서 미분가능일 필요충분조건은 $x = a$에서의 우미분계수와 좌미분계수가 존재하고 서로 같다는 것임을 극한의 정의로부터 쉽게 알 수 있다.

문제 3.1.2 함수 $f(x)$가 $f(1) = 1$, $f'(1) = 2$일 때, $\lim_{x \to 1} \frac{f(x)^2 - 1}{x^2 - 1}$을 구하여라.

문제 3.1.3 곡선 $y = f(x)$의 점 $(a, f(a))$에서의 접선의 방정식을 $y = g(x)$라 할 때, 다음을 구하여라.

$$\lim_{x \to a} \frac{f(x) - g(x)}{x - a}$$

예제 3.1.4 함수 $f(x) = |x|$는 $x = 0$에서 미분가능이 아님을 보여라.

풀이 $x = 0$에서 $f(x) = |x|$의 좌미분계수와 우미분계수는 각각

$$\lim_{h \to 0+} \frac{|0+h| - |0|}{h} = \lim_{h \to 0+} \frac{h}{h} = 1$$

$$\lim_{h \to 0-} \frac{|0+h| - |0|}{h} = \lim_{h \to 0-} \frac{-h}{h} = -1$$

이므로, $f'(0)$는 존재하지 않는다. 따라서 함수 $f(x)$는 $x = 0$에서 미분가능이 아니다.

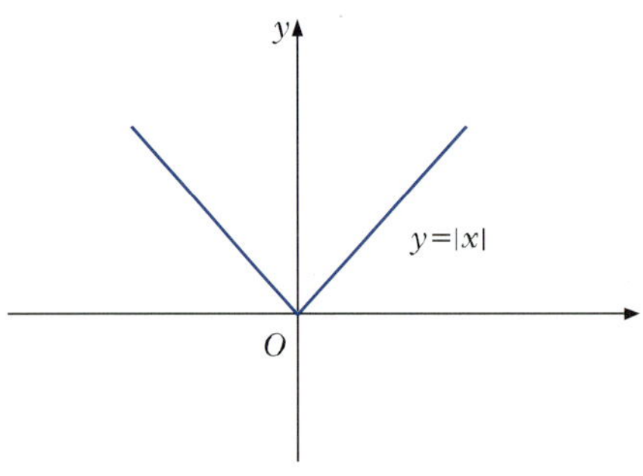

그림 3.3 ◀

문제 3.1.4 다음 함수 $f(x)$에 대하여, $x=0$에서의 미분가능성을 조사하여라.

$$f(x)=\begin{cases} x\sin\dfrac{1}{x}, & x\neq 0 \\ 0, & x=0 \end{cases}$$

4) 도함수

어떤 구간 내의 각 점에서 $f(x)$가 미분가능일 때, $f(x)$는 그 구간에서 미분가능이라고 한다. 이때, 구간의 임의의 점 a에 미분계수 $f'(a)$가 대응되는 함수를 $y=f(x)$의 도함수(derivative)라 하고

$$f'(x),\quad y',\quad \frac{dy}{dx},\quad \frac{d}{dx}f(x),\quad Df(x)$$

등으로 표시한다. 도함수의 정의역은 미분가능인 점들의 전체집합이다. 함수의 도함수를 구하는 것을 미분한다(differentiate)고 한다.

함수 $y=f(x)$의 도함수는 다음과 같이 여러 가지 식으로 나타낼 수 있다.

$$\begin{aligned} f'(x) &= \lim_{\Delta x\to 0}\frac{\Delta y}{\Delta x} = \lim_{\Delta x\to 0}\frac{f(x+\Delta x)-f(x)}{\Delta x} \\ &= \lim_{h\to 0}\frac{f(x+h)-f(x)}{h} \\ &= \lim_{t\to x}\frac{f(t)-f(x)}{t-x} \end{aligned}$$

예제 3.1.5 $(\sqrt{x})'=\dfrac{1}{2\sqrt{x}}\ (x>0)$임을 보여라.

풀이 $(\sqrt{x})'=\displaystyle\lim_{h\to 0}\frac{\sqrt{x+h}-\sqrt{x}}{h}=\lim_{h\to 0}\frac{(x+h)-x}{h(\sqrt{x+h}+\sqrt{x})}$

$$=\lim_{h\to 0}\frac{1}{\sqrt{x+h}+\sqrt{x}}=\frac{1}{2\sqrt{x}}$$

여기서, 도함수가 정의되는 범위는 $x>0$이다. ◀

문제 3.1.5 $f(x)=\dfrac{1}{x}$ 의 도함수를 구하여라.

5) 기본함수의 도함수

앞으로 여러 가지 함수들의 도함수를 구하는데 많이 이용되는 기본적인 함수의 도함수에 대하여 알아보자.

정리 3.1

(1) $c'=0$ (c는 상수)　　(2) $x'=1$

증명 (1) $c'=\lim\limits_{h\to 0}\dfrac{c-c}{h}=0$

(2) $x'=\lim\limits_{h\to 0}\dfrac{x+h-x}{h}=\lim\limits_{h\to 0}\dfrac{h}{h}=1$

삼각함수 $\sin x$와 $\cos x$의 도함수는 $\lim\limits_{x\to 0}\dfrac{\sin x}{x}=1$를 이용하여, 다음과 같이 구할 수 있다.

정리 3.2

(1) $(\sin x)'=\cos x$　　(2) $(\cos x)'=-\sin x$

증명 (1) 정리 2.5에 의하여, $\lim\limits_{h\to 0}\left(\dfrac{2}{h}\sin\dfrac{h}{2}\right)=1$이므로

$$(\sin x)'=\lim_{h\to 0}\frac{\sin(x+h)-\sin x}{h}=\lim_{h\to 0}\frac{2\cos\left(x+\frac{h}{2}\right)\sin\frac{h}{2}}{h}$$

$$=\lim_{h\to 0}\cos\left(x+\frac{h}{2}\right)\cdot\lim_{h\to 0}\left(\frac{2}{h}\sin\frac{h}{2}\right)$$

$$=\cos x$$

$$(2)\ (\cos x)' = \lim_{h\to 0}\frac{\cos(x+h)-\cos x}{h} = -\lim_{h\to 0}\sin\left(x+\frac{h}{2}\right)\cdot\frac{2}{h}\sin\frac{h}{2}$$
$$= -\sin x$$

다음의 두 보조정리는 로그함수 $\ln x$와 지수함수 e^x의 도함수를 구하는데 필요한 극한에 관한 주요한 결과이다.

보조정리 3.3

$$\lim_{x\to 0}(1+x)^{\frac{1}{x}} = e$$

증명 i) 먼저

$$\lim_{x\to\infty}\left(1+\frac{1}{x}\right)^x = e$$

임을 보이자. $x>0$인 임의의 x에 대하여, $n \le x < n+1$을 만족하는 양의 정수 n을 택하면 $\frac{1}{n+1} < \frac{1}{x} \le \frac{1}{n}$이므로

$$1+\frac{1}{n+1} < 1+\frac{1}{x} \le 1+\frac{1}{n}$$

따라서

$$\left(1+\frac{1}{n+1}\right)^n < \left(1+\frac{1}{x}\right)^x < \left(1+\frac{1}{n}\right)^{n+1}$$

이다. 여기서

$$\lim_{n\to\infty}\left(1+\frac{1}{n+1}\right)^n = \lim_{n\to\infty}\left(1+\frac{1}{n+1}\right)^{n+1}\left(1+\frac{1}{n+1}\right)^{-1} = e$$

이고

$$\lim_{n\to\infty}\left(1+\frac{1}{n}\right)^{n+1}=\lim_{n\to\infty}\left(1+\frac{1}{n}\right)^{n}\left(1+\frac{1}{n}\right)=e$$

이므로, 조임정리에 의해

$$\lim_{x\to\infty}\left(1+\frac{1}{x}\right)^{x}=e$$

ii) $x<0$일 때, $x=-z$로 치환하자. z는 $z>0$이고, $x\to-\infty$이면 $z\to\infty$이므로, (i)에 의하여

$$\lim_{x\to-\infty}\left(1+\frac{1}{x}\right)^{x}=\lim_{z\to\infty}\left(1-\frac{1}{z}\right)^{-z}=\lim_{z\to\infty}\left(\frac{z}{z-1}\right)^{z}$$

$$=\lim_{z\to\infty}\left(1+\frac{1}{z-1}\right)^{z-1}\left(1+\frac{1}{z-1}\right)=e$$

iii) i)과 ii)에 의하여, 다음이 성립한다.

$$\lim_{x\to\pm\infty}\left(1+\frac{1}{x}\right)^{x}=e$$

따라서 $y=\dfrac{1}{x}$라 두면, $x\to0$일 때 $y\to\pm\infty$이므로

$$\lim_{x\to0}(1+x)^{\frac{1}{x}}=\lim_{y\to\pm\infty}\left(1+\frac{1}{y}\right)^{y}=e$$ ▨

보조정리 3.4

$$\lim_{x\to0}\frac{e^{x}-1}{x}=1$$

증명 $e^x - 1 = z$라 두면, $e^x = 1 + z$가 되어 $x = \ln(1+z)$이다. 따라서

$$\lim_{x \to 0} \frac{e^x - 1}{x} = \lim_{z \to 0} \frac{z}{\ln(1+z)} = \frac{1}{\lim\limits_{z \to 0} \ln(1+z)^{\frac{1}{z}}}$$

이고, 로그함수는 연속이므로 보조정리 3.3으로부터

$$\lim_{z \to 0} \ln(1+z)^{\frac{1}{z}} = \ln\left(\lim_{z \to 0} (1+z)^{\frac{1}{z}}\right) = 1$$

따라서 $\lim\limits_{x \to 0} \dfrac{e^x - 1}{x} = 1$이다. ▨

로그함수 $\ln x$와 지수함수 e^x의 도함수는 앞에서 살펴본 두 보조정리를 이용하여, 다음과 같이 구할 수 있다.

정리 3.5

(1) $(\ln x)' = \dfrac{1}{x}$　　　(2) $(e^x)' = e^x$

증명 (1) $y = \ln x$라 두면

$$\Delta y = \ln(x + \Delta x) - \ln x = \ln \frac{x + \Delta x}{x} = \ln\left(1 + \frac{\Delta x}{x}\right)$$

여기서 $z = \dfrac{\Delta x}{x}$라 두면

$$\frac{\Delta y}{\Delta x} = \frac{1}{xz} \ln(1+z) = \frac{1}{x} \ln(1+z)^{\frac{1}{z}}$$

$\Delta x \to 0$일 때 $z \to 0$이고, $\ln x$는 연속함수이므로 보조정리 3.3을 이용하면

$$(\ln x)' = \lim_{\Delta x \to 0} \frac{\Delta y}{\Delta x} = \frac{1}{x} \lim_{z \to 0} \ln (1+z)^{\frac{1}{z}}$$

$$= \frac{1}{x} \ln \left(\lim_{z \to 0} (1+z)^{\frac{1}{z}} \right) = \frac{1}{x}$$

(2) 보조정리 3.4를 이용하여

$$(e^x)' = \lim_{\Delta x \to 0} \frac{e^{x+\Delta x} - e^x}{\Delta x} = \lim_{\Delta x \to 0} \frac{e^x (e^{\Delta x} - 1)}{\Delta x}$$

$$= e^x \lim_{\Delta x \to 0} \frac{e^{\Delta x} - 1}{\Delta x} = e^x$$

▨

6) 미분계수와 도함수의 의미

앞에서 생각한 접선의 기울기와 속도 및 가속도에 대한 결과를 미분계수와 도함수를 사용하여 정리하면 다음과 같다.

정리 3.6 (미분계수와 접선의 기울기)

함수 $f(x)$가 $x=a$에서 미분가능일 때, 곡선 $y=f(x)$ 위의 점 $(a, f(a))$에서 접선의 기울기는 $x=a$에서 $f(x)$의 미분계수 $f'(a)$이다.

정리 3.7 (직선 위의 운동)

직선 위를 운동하는 점 P의 시각 t에서 속도를 $v=v(t)$, 가속도를 $a=a(t)$라 하면

$$v = \frac{dx}{dt}, \quad a = \frac{dv}{dt}$$

예제 3.1.6 곡선 $y=x^2$ 위의 점 $(1,1)$에서 접선의 방정식을 구하여라.

풀이 $f(x)=x^2$라 두면

$$f'(1)=\lim_{x\to1}\frac{f(x)-f(1)}{x-1}=\lim_{x\to1}\frac{x^2-1^2}{x-1}=\lim_{x\to1}(x+1)=2$$

이므로, 접선의 기울기는 2이다. 따라서 구하는 접선의 방정식은 $y-1=2(x-1)$, 즉 $y=2x-1$이다. ◀

문제 3.1.6 다음 각 곡선의 주어진 점에서의 접선의 방정식을 구하여라.

(1) $y=\dfrac{1}{x}$, 점 $\left(\dfrac{1}{2}, 2\right)$ (2) $y=\sin x$, 점 $(\pi, 0)$

문제 3.1.7 어떤 물체가 낙하하기 시작하여 t초 후에 낙하한 거리를 xm라고 하면 $x=4.9t^2$인 관계가 있다고 한다. 낙하하기 시작하여 2초 후의 물체의 낙하 속도와 가속도를 구하여라.

7) 미분과 근삿값

함수 $y=f(x)$가 미분가능이면

$$\lim_{\Delta x\to0}\frac{\Delta y}{\Delta x}=\lim_{\Delta x\to0}\frac{f(x+\Delta x)-f(x)}{\Delta x}=f'(x)$$

이므로, 극한의 개념으로부터 위의 식은 다음과 같이 나타낼 수 있다.

$$\Delta y=f(x+\Delta x)-f(x)=f'(x)\Delta x+\epsilon\Delta x$$

여기서, $\lim_{\Delta x\to0}\epsilon=0$이고, 이것을 다음과 같이 나타낸다.

$$\Delta y\approx f'(x)\Delta x$$

이것은 $\Delta x\to0$일 때, $f'(x)\Delta x$를 Δy의 근삿값으로 취할 수 있음을 의미한다. 이때, Δy의 근삿값 $f'(x)\Delta x$를 $f(x)$의 미분(differential)이라고 하고 dy 또는 $df(x)$로 나타낸다. 즉

$$dy = f'(x)\Delta x$$

이다. 그런데 $f(x)=x$일 때에는 $f'(x)=1$이므로, $dx = 1\,\Delta x = \Delta x$이다. 따라서 미분은 다음과 같이 나타낼 수 있다.

$$dy = f'(x)\,dx$$

다음으로, dy의 기하학적 의미를 살펴보자. $x=a$, $x=a+\Delta x$에 대응하는 곡선 $y=f(x)$의 점을 각각 P, Q라 하고 $x=a+\Delta x$에 대응하는 접선 위의 점을 T라 하면, 다음 그림에서와 같이 $\Delta y = |RQ|$, $dy = |RT|$이고, Δy와 dy의 차는 $\epsilon\,\Delta x$이다.

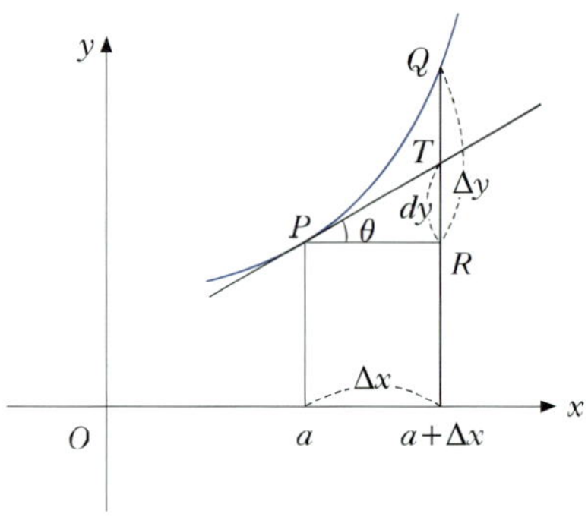

그림 3.4

문제 3.1.8 다음 함수의 미분 dy를 구하여라.

(1) $y=x^3$　　(2) $y=\sqrt{x}$　　(3) $y=\sin x$　　(4) $y=\ln x$

예제 3.1.7 $\sin 60°10'$의 근삿값을 미분을 이용하여 구하여라.

풀이 $f(x)=\sin x$라 두면 $f'(x)=\cos x$이므로

$$\sin(x+\Delta x) \approx \sin x + \cos x\,\Delta x$$

이다. 따라서 $x=60°$, $\Delta x = 10' = \dfrac{\pi}{1080}$라 두면

$$\sin\left(\frac{\pi}{3}+\frac{\pi}{1080}\right) \fallingdotseq \sin\frac{\pi}{3}+\cos\frac{\pi}{3}\cdot\frac{\pi}{1080} = \frac{\sqrt{3}}{2}+\frac{1}{2}\cdot\frac{\pi}{1080} \fallingdotseq 0.8675$$ ◀

문제 3.1.9 비눗방울의 반지름이 3 cm 에서 3.025 cm가 되었을 때, 커진 비눗방울의 겉넓이의 근삿값을 구하여라.

3.2 도함수의 기본성질

함수의 미분가능성과 연속성과의 관계를 알아보자.

정리 3.8

함수 $f(x)$가 구간 I에서 미분가능이면, $f(x)$는 구간 I에서 연속이다.

증명 $f(x)$가 $x=a$에서 미분가능이므로

$$\lim_{x \to a} \frac{f(x)-f(a)}{x-a}$$

가 존재한다. 따라서

$$\begin{aligned} \lim_{x \to a} (f(x)-f(a)) &= \lim_{x \to a} \frac{f(x)-f(a)}{x-a}(x-a) \\ &= \lim_{x \to a} \frac{f(x)-f(a)}{x-a} \cdot \lim_{x \to a}(x-a) \\ &= f'(a) \cdot 0 = 0 \end{aligned}$$

이므로, $\lim_{x \to a} f(x) = f(a)$이다. 즉, $f(x)$는 $x=a$에서 연속이다. ▨

이 정리의 역은 일반적으로 성립하지 않는다. 즉, 함수 $f(x)$가 어떤 점에서 연속이라고 하더라도, 그 점에서 미분가능이라고 할 수는 없다. 예를 들면, 예제 3.1.4에서 $f(x)=|x|$는 $x=0$에서 연속이지만 미분가능이 아님을 보여준다.

다음 정리는 미분가능인 함수의 미분법에 대한 선형성과 함께, 곱과 몫에 대한 도함수를 구하는 기본공식을 나타낸다.

정리 3.9

두 함수 $f(x)$와 $g(x)$가 미분가능일 때

(1) $(cf(x))' = cf'(x)$ (c는 상수)

(2) $\big(f(x)+g(x)\big)' = f'(x)+g'(x)$

(3) $\big(f(x)g(x)\big)' = f'(x)g(x)+f(x)g'(x)$

(4) $\left(\dfrac{f(x)}{g(x)}\right)' = \dfrac{f'(x)g(x)-f(x)g'(x)}{\big(g(x)\big)^2}$ $(g(x)\neq 0)$

증명 (1) $$(cf(x))' = \lim_{h\to 0}\frac{cf(x+h)-cf(x)}{h} = c\lim_{h\to 0}\frac{f(x+h)-f(x)}{h} = cf'(x)$$

(2) $$\big(f(x)+g(x)\big)' = \lim_{h\to 0}\frac{\big(f(x+h)+g(x+h)\big)-\big(f(x)+g(x)\big)}{h} = \lim_{h\to 0}\left(\frac{f(x+h)-f(x)}{h}+\frac{g(x+h)-g(x)}{h}\right) = f'(x)+g'(x)$$

(3) $$\big(f(x)g(x)\big)' = \lim_{h\to 0}\frac{f(x+h)g(x+h)-f(x)g(x)}{h} = \lim_{h\to 0}\left(\frac{f(x+h)-f(x)}{h}\cdot g(x+h)+\frac{g(x+h)-g(x)}{h}\cdot f(x)\right) = f'(x)g(x)+f(x)g'(x)$$

(4) $\dfrac{f(x)}{g(x)} = h(x)$라 두면 $f(x) = h(x)g(x)$이므로, (3)의 결과를 적용하여

$$f'(x) = h'(x)g(x)+h(x)g'(x) = h'(x)g(x)+\frac{f(x)}{g(x)}g'(x)$$

따라서

$$h'(x) = \frac{f'(x)g(x)-f(x)g'(x)}{\big(g(x)\big)^2}$$

▨

예제 3.2.1 임의의 정수 n에 대하여, $(x^n)' = nx^{n-1}$임을 보여라.

풀이 i) $n \ge 0$일 때 수학적 귀납법을 적용하여 증명하자.

먼저, $n=0$와 $n=1$인 경우는 정리 3.1로부터 성립한다. $n=k$일 때 성립함을 가정하면, $n=k+1$일 때

$$(x^{k+1})' = (x^k x)' = (x^k)' x + x^k x' = kx^{k-1}x + x^k = (k+1)x^k$$

이므로, 성립한다. 따라서 모든 자연수 n에 대하여 성립한다.

ii) $n<0$일 때, $n=-m$이라 두면 $x^n = x^{-m} = \dfrac{1}{x^m}$이고 $m>0$이므로, i)의 결과와 정리 3.9 (3)에 의하여 다음이 성립한다.

$$(x^n)' = \frac{0-mx^{m-1}}{(x^m)^2} = -mx^{-m-1} = nx^{n-1}$$

결과적으로, 모든 정수 n에 대하여 성립한다. ◀

예제 3.2.2 다음 함수의 도함수를 구하여라.

(1) $y = x^3\sqrt{x}$　　　(2) $y = \dfrac{x^2-4}{x^2+4}$

(3) $y = x\ln x - x$　　　(4) $y = e^x \ln x$

풀이 (1) $y' = 3x^2\sqrt{x} + x^3\dfrac{1}{2\sqrt{x}} = \dfrac{6x^3+x^3}{2\sqrt{x}} = \dfrac{7}{2}x^2\sqrt{x}$

(2) $y' = \dfrac{(x^2-4)'(x^2+4)-(x^2-4)(x^2+4)'}{(x^2+4)^2} = \dfrac{16x}{(x^2+4)^2}$

(3) $y' = \ln x + x\dfrac{1}{x} - 1 = \ln x$

(4) $y' = e^x \ln x + e^x\dfrac{1}{x} = e^x\left(\ln x + \dfrac{1}{x}\right)$ ◀

문제 3.2.1 다음 함수의 도함수를 구하여라.

(1) $y = (x^2+1)(2x^4-2x+7)$　　　(2) $y = \dfrac{2x}{x^2+1}$　　　(3) $y = \dfrac{x}{\ln x}$

예제 3.2.3 지면에서 $20\,\mathrm{m/sec}$의 속도로 야구공을 똑바로 위로 던질 때, t초 후의 공의 높이를 $x\,\mathrm{m}$라 하면 $x = 20t - 5t^2$인 관계가 있다고 한다. 다음 물음에 답하여라.

(1) 공을 던져 올린 지 1초 후의 공의 속도와 가속도를 각각 구하여라.

(2) 공이 최고 높이에 도달할 때까지 걸린 시간과 그 때의 높이를 구하여라.

풀이 $x = 20t - 5t^2$에서 $v = \dfrac{dx}{dt} = 20 - 10t,\ \ a = \dfrac{dv}{dt} = -10$이다.

(1) $t = 1$일 때, 속도는 $v = 10\,(\mathrm{m/sec})$이고, 가속도는 $a = -10\ (\mathrm{m/sec^2})$이다.

(2) 공이 최고 높이에 도달했을 때의 속도는 0이므로

$$v = 20 - 10t = 0$$

에서 $t = 2$이고, 높이는

$$x = 20 \cdot 2 - 5 \cdot 2^2 = 20$$

이다. 따라서 2초 후에 최고높이 $20\,\mathrm{m}$에 도달한다. ◀

문제 3.2.2 수직 벽에 기대어 있는 $5\,\mathrm{m}$짜리 사다리가 아래로 미끄러지고 있다. 사다리와 벽이 이루는 각이 $\theta = \dfrac{\pi}{3}$일 때, 사다리의 아래 끝에서 벽까지의 거리가 x인 각 θ에 대한 순간변화율을 구하여라.

가장 기본적인 삼각함수인 $\sin x,\ \cos x$의 도함수는 정의를 사용하여 구하였다. 나머지 삼각함수를 다음 정리에서와 같이 정리 3.9를 이용하여 구할 수 있다.

정리 3.10 (삼각함수의 도함수)

(1) $(\tan x)' = \sec^2 x$ (2) $(\cot x)' = -\csc^2 x$

(3) $(\sec x)' = \sec x\,\tan x$ (4) $(\csc x)' = -\csc x\,\cot x$

증명 (1) $(\tan x)' = \left(\dfrac{\sin x}{\cos x}\right)' = \dfrac{(\sin x)'\cos x - \sin x\,(\cos x)'}{\cos^2 x}$

$$= \frac{\cos^2 x + \sin^2 x}{\cos^2 x} = \frac{1}{\cos^2 x} = \sec^2 x$$

$$(2)\ (\cot x)' = \left(\frac{\cos x}{\sin x}\right)' = \frac{-\sin x \sin x - \cos x \cos x}{\sin^2 x}$$

$$= -\frac{1}{\sin^2 x} = -\csc^2 x$$

$$(3)\ (\sec x)' = \left(\frac{1}{\cos x}\right)' = \frac{-(\cos x)'}{\cos^2 x} = \frac{\sin x}{\cos^2 x} = \sec x \tan x$$

$$(4)\ (\csc x)' = \left(\frac{1}{\sin x}\right)' = -\frac{(\sin x)'}{\sin^2 x} = -\frac{\cos x}{\sin^2 x} = -\csc x \cot x$$

▨

예제 3.2.4 다음 함수의 도함수를 구하여라.

(1) $y = x\sin x + x\cos x$ (2) $y = \dfrac{e^x \cos x}{1+\sin x}$

풀이 (1) $y' = \left(x(\sin x + \cos x)\right)' = 1 \cdot (\sin x + \cos x) + x(\cos x - \sin x)$

$$= (1-x)\sin x + (1+x)\cos x$$

$$(2)\ y' = \frac{\left(e^x \cos x + e^x(-\sin x)\right)(1+\sin x) - e^x \cos x \cos x}{(1+\sin x)^2}$$

$$= \frac{e^x(\cos x - 1)(1+\sin x)}{(1+\sin x)^2} = \frac{e^x(\cos x - 1)}{1+\sin x}$$

◀

문제 3.2.3 다음 함수의 도함수를 구하여라.

(1) $y = \dfrac{\sin x}{1-\cos x}$ (2) $y = \dfrac{\sec x}{1+\tan x}$

3.3 여러 가지 미분법

1) 합성함수의 미분법

다음의 합성함수의 미분법은 도함수를 이미 알고 있는 함수들의 합성함수의 도함수를 구하는데 적용할 수 있을 뿐 아니라, 역함수의 미분법, 음함수표시 함수의 미분법 등에 다양하게 이용된다.

정리 3.11

$y=f(u)$, $u=g(x)$가 미분가능이면, $y=f(g(x))$도 미분가능이고

$$\frac{dy}{dx}=\frac{dy}{du}\frac{du}{dx}=f'(g(x))\cdot g'(x)$$

증명 정리 3.8에 의하여 미분가능인 함수 $u=g(x)$는 연속이므로, $\Delta x\to 0$일 때 $\Delta u\to 0$이다. 한편, $\Delta u\neq 0$일 때 $\epsilon=\frac{\Delta y}{\Delta u}-\frac{dy}{du}$, $\Delta u=0$일 때 $\epsilon=0$라 두면, $\Delta x\to 0$일 때 $\Delta u\to 0$이므로 $\lim_{\Delta x\to 0}\epsilon=0$이다. 또한

$$\Delta y=\frac{dy}{du}\Delta u+\epsilon\Delta u,\text{ 즉 }\frac{\Delta y}{\Delta x}=\frac{dy}{du}\frac{\Delta u}{\Delta x}+\epsilon\frac{\Delta u}{\Delta x}$$

이므로, 다음이 성립한다.

$$\begin{aligned}\frac{dy}{dx}&=\frac{dy}{du}\left(\lim_{\Delta x\to 0}\frac{\Delta u}{\Delta x}\right)+\left(\lim_{\Delta x\to 0}\epsilon\right)\left(\lim_{\Delta x\to 0}\frac{\Delta u}{\Delta x}\right)\\&=\frac{dy}{du}\frac{du}{dx}+0\frac{du}{dx}\\&=\frac{dy}{du}\frac{du}{dx}=f'(g(x))\cdot g'(x)\end{aligned}$$ ▨

$y=f(v)$, $v=g(u)$, $u=h(x)$인 경우도 정리 3.11과 같이 하면, 다음을 얻는다.

$$\frac{dy}{dx}=\frac{dy}{dv}\frac{dv}{du}\frac{du}{dx}=f'(v)\cdot g'(u)\cdot h'(x)$$

따라서 n개의 함수를 합성하여 얻어지는 함수에 대해서도, 이와 같은 방법을 적용하여 도함수를 구할 수 있다.

예제 3.3.1 다음 함수의 도함수를 구하여라.

(1) $y=(x+1)^{15}$ (2) $y=x+\sqrt{1+x^2}$

(3) $y=\cos(x^2+1)$ (4) $y=e^x\ln(\sin x)$

풀이 (1) $u=x+1$라 두면 $y=u^{15}$이므로

$$\frac{dy}{dx}=\frac{dy}{du}\frac{du}{dx}=15u^{14}(x+1)'=15(x+1)^{14}$$

(2) $y'=1+\left(\sqrt{1+x^2}\right)'=1+\dfrac{(1+x^2)'}{2\sqrt{1+x^2}}=1+\dfrac{x}{\sqrt{1+x^2}}$

(3) $y'=-\sin(x^2+1)\cdot(x^2+1)'=-2x\sin(x^2+1)$

(4) $y'=e^x\ln(\sin x)+e^x\dfrac{(\sin x)'}{\sin x}=e^x(\ln(\sin x)+\cot x)$ ◀

문제 3.3.1 다음 함수의 도함수를 구하여라.

(1) $y=\dfrac{1}{x^2+x+1}$ (2) $y=\dfrac{x}{x+\sqrt{x^2-a^2}}$

(3) $y=e^{\sin x}$ (4) $y=\ln\left(x^3\sqrt{\dfrac{x-1}{x+1}}\right)$

예제 3.3.2 Cepheus 변광성은 별의 밝기가 교대로 증감하는 별이다. 이 중에서 Delta Cephei 별은 최대 밝기 사이의 시구간이 5.4일, 평균 밝기는 4.0이고, 밝기에 대한 변화량은 ±0.35라고 한다. 이 자료에 근거한 Delta Cephei의 밝기는 시간 t(일)에 대하여 함수

$$B(t)=4.0+0.35\sin(2\pi t/5.4)$$

로 계산된다. t일 후의 밝기의 변화율을 구하여라.

풀이 $B'(t)=0.35\cdot\dfrac{2\pi}{5.4}\cdot\cos\left(\dfrac{2\pi t}{5.4}\right)=\dfrac{7}{54}\pi\cos\left(\dfrac{2\pi t}{5.4}\right)$ ◀

문제 3.3.2 100,000리터의 물을 담을 수 있는 원기둥 모양의 물통이 있다. 이 물통에 가득한 물을 바닥까지 완전히 방수시키는데 한 시간이 걸리는 경우, Torricelli의 법칙에 따르면 t분 후에 물통에 남아있는 물의 부피 V는

$$V(t) = 100000\left(1 - \frac{t}{60}\right)^2, \ \ 0 \le t \le 60$$

으로 주어진다. 20분 후에 물이 물통에서 흘러나오는 물의 양의 변화율을 구하여라.

합성함수의 미분법을 이용하여 r이 유리수일 때, x^r의 도함수를 다음과 같이 구할 수 있으며, 정수일 때의 결과와 일치하는 것을 알 수 있다

예제 3.3.3 임의의 유리수 r에 대하여, $(x^r)' = rx^{r-1}(x > 0)$이다.

풀이 $r = \frac{q}{p}$ (p는 양의 정수, q는 정수)라 두면, $y = x^r = x^{\frac{q}{p}}$이다. 따라서 $y^p = x^q$의 양변을 x에 관해서 미분하면

$$p y^{p-1} y' = q x^{q-1}$$

이므로

$$y' = \frac{q}{p}\frac{x^{q-1}}{y^{p-1}} = \frac{q}{p}\frac{x^{q-1}}{\left(x^{\frac{q}{p}}\right)^{p-1}} = \frac{q}{p}x^{\frac{q}{p}-1} = rx^{r-1}$$

◀

예제 3.3.4 물탱크가 밑면의 반지름이 2m, 높이가 4m인 원뿔의 거꾸로 된 모양을 하고 있다. 물이 탱크 안으로 분당 2m^3의 속도로 채워진다면, 물의 깊이가 3m가 되는 순간에 물의 높이가 증가하는 비율을 구하여라.

풀이 원뿔과 물의 수면을 다음 그림과 같이 그리고, V, r, h를 각각 물의 부피, 수면의 반지름, 시각 t(분)에서의 물의 높이라고 하자.

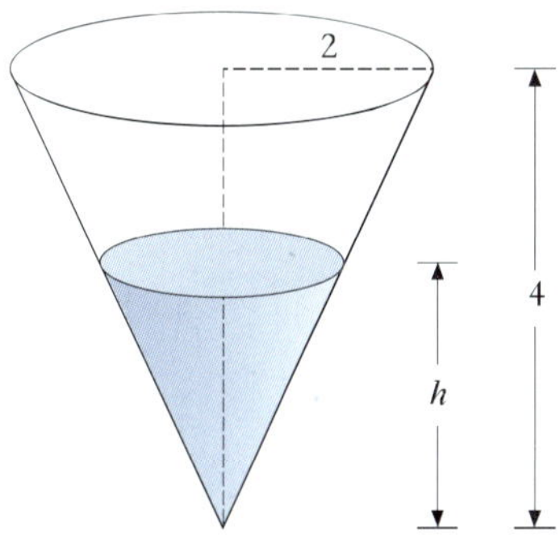

그림 3.5

여기서, $dV/dt = 2(\mathrm{m}^3/\mathrm{min})$임을 알고, $h = 3\mathrm{m}$일 때 dh/dt의 값을 구하려고 한다. 한편, $\frac{r}{h} = \frac{2}{4}$에서 $r = \frac{h}{2}$이므로, 물의 부피 V는

$$V = \frac{1}{3}\pi r^2 h = \frac{1}{3}\pi\left(\frac{h}{2}\right)^2 h = \frac{\pi}{12}h^3$$

이다. 이를 t에 관해 미분하면

$$\frac{dV}{dt} = \frac{\pi}{4}h^2\frac{dh}{dt}, \quad \text{즉} \quad \frac{dh}{dt} = \frac{4}{\pi h^2}\frac{dV}{dt}$$

이고, $h = 3$과 $\frac{dV}{dt} = 2$를 이 식에 대입하여 $\frac{dh}{dt} = \frac{8}{9\pi}$을 얻는다. ◀

다음은 $\ln x$와 e^x의 도함수를 이용하여, 일반적인 지수함수와 로그함수의 도함수를 다음과 같이 얻을 수 있다.

정리 3.12 (지수함수와 로그함수의 도함수)

$a > 0,\ a \neq 1$일 때

(1) $(\log_a|x|)' = \dfrac{1}{x\ln a}$ (2) $(a^x)' = a^x \ln a$

증명 (1) 먼저 $x>0$일 때, $(\ln x)'=\dfrac{1}{x}$임을 알고 있다. $x<0$일 때, 합성함수의 미분법을 이용하면

$$(\ln|x|)'=[\ln(-x)]'=(-1)\frac{1}{-x}=\frac{1}{x}$$

따라서 $x\neq 0$일 때, $(\ln|x|)'=\dfrac{1}{x}$이다. 또한, $\log_a|x|=\dfrac{\ln|x|}{\ln a}$이므로

$$(\log_a|x|)'=\frac{1}{x\ln a}$$

(2) $a^x=e^{x\ln a}$이므로, $(a^x)'=e^{x\ln a}\ln a=a^x\ln a$이다. ▨

쌍곡선함수에 대하여, 다음이 성립한다.

정리 3.13 (쌍곡선함수의 도함수)

(1) $(\sinh x)'=\cosh x$

(2) $(\cosh x)'=\sinh x$

(3) $(\tanh x)'=\operatorname{sech}^2 x$

(4) $(\coth x)'=-\operatorname{csch}^2 x$

(5) $(\operatorname{sech} x)'=-\operatorname{sech} x\tanh x$

(6) $(\operatorname{csch} x)'=-\operatorname{csch} x\coth x$

증명 (1) $(\sinh x)'=\left(\dfrac{e^x-e^{-x}}{2}\right)'=\dfrac{e^x+e^{-x}}{2}=\cosh x$

(3) $(\tanh x)'=\left(\dfrac{\sinh x}{\cosh x}\right)'=\dfrac{\cosh^2 x-\sinh^2 x}{\cosh^2 x}=\dfrac{1}{\cosh^2 x}=\operatorname{sech}^2 x$

(5) $(\operatorname{sech} x)'=\left(\dfrac{1}{\cosh x}\right)'=-\dfrac{\sinh x}{\cosh^2 x}$

$$=-\frac{1}{\cosh x}\frac{\sinh x}{\cosh x}=-\operatorname{sech} x\tanh x$$ ▨

문제 3.3.3 정리 3.13의 (2), (4), (6)을 증명하여라.

예제 3.3.5 다음 함수의 도함수를 구하여라.

(1) $y = \cosh(3x^2+5)$　　　(2) $y = e^x \sinh x$

풀이 (1) $y' = \sinh(3x^2+5) \cdot (3x^2+5)' = 6x\sinh(3x^2+5)$

(2) $y' = e^x \sinh x + e^x \cosh x = e^x(\sinh x + \cosh x)$

$$= e^x\left(\frac{e^x - e^{-x}}{2} + \frac{e^x + e^{-x}}{2}\right) = e^{2x}$$ ◀

문제 3.3.4 다음 함수의 도함수를 구하여라.

(1) $y = \sinh^2 x$　　　(2) $y = \operatorname{sech}^3(3x)$

(3) $y = \ln(\sinh 2x)$　　　(4) $y = \sinh(\tan x)$

2) 역함수의 미분법

$x = g(y)$ 꼴로 표현된 함수 y의 x에 관한 도함수 $\dfrac{dy}{dx}$를 구할 때, $x = g(y)$를 변형하여 $y = f(x)$의 형태로 바꾸어 $\dfrac{dy}{dx}$를 구할 수 있으나, 계산이 복잡하고 까다로운 경우는 다음과 같이 역함수의 미분법을 적용하여 편리하게 구할 수 있다.

정리 3.14 (역함수의 미분법)

$y = f(x)$가 구간 $[a, b]$에서 미분가능일 때, $x = f^{-1}(y)$의 도함수는

$$\frac{dx}{dy} = \frac{1}{\dfrac{dy}{dx}}$$

증명 $x = f^{-1}(y)$의 양변을 x에 관해서 미분하면, 합성함수 미분법에 의하여

$$1 = \frac{d}{dy}(f^{-1}(y))\ \frac{dy}{dx} = \frac{dx}{dy}\ \frac{dy}{dx}$$

따라서 $\dfrac{dx}{dy} = \dfrac{1}{\dfrac{dy}{dx}}$이 성립한다. ▨

예제 3.3.6 $x = \sqrt{y^3 + y + 1}$ 일 때, $\dfrac{dy}{dx}$ 를 구하여라.

풀이 양변을 y로 미분하면, $\dfrac{dx}{dy} = \dfrac{3y^2 + 1}{2\sqrt{y^3 + y + 1}}$ 이므로

$$\frac{dy}{dx} = \frac{1}{\dfrac{dx}{dy}} = \frac{2\sqrt{y^3 + y + 1}}{3y^2 + 1}$$ ◀

문제 3.3.5 역함수의 미분법을 이용하여, 정리 3.12의 (1)로부터 정리 3.12의 (2)를 유도하여라.

역함수의 미분법을 이용하여, 역삼각함수의 도함수를 다음과 같이 얻을 수 있다.

정리 3.15 (역삼각함수의 도함수)

(1) $(\sin^{-1} x)' = \dfrac{1}{\sqrt{1 - x^2}} \qquad (|x| < 1)$

(2) $(\cos^{-1} x)' = -\dfrac{1}{\sqrt{1 - x^2}} \qquad (|x| < 1)$

(3) $(\tan^{-1} x)' = \dfrac{1}{1 + x^2} \qquad (-\infty < x < \infty)$

(4) $(\cot^{-1} x)' = -\dfrac{1}{1 + x^2} \qquad (-\infty < x < \infty)$

(5) $(\sec^{-1} x)' = \dfrac{1}{|x|\sqrt{x^2 - 1}} \qquad (|x| > 1)$

(6) $(\operatorname{cosec}^{-1} x)' = -\dfrac{1}{|x|\sqrt{x^2 - 1}} \qquad (|x| > 1)$

증명 (1) $y = \sin^{-1} x$라 두면, $x = \sin y$이므로

$$\frac{dy}{dx} = \frac{1}{\dfrac{dx}{dy}} = \frac{1}{\cos y}$$

한편, $-\frac{\pi}{2} < y < \frac{\pi}{2}$ 이므로 $\cos y > 0$ 이고 $\cos y = \sqrt{1-\sin^2 y} = \sqrt{1-x^2}$ 이다. 따라서

$$\frac{dy}{dx} = \frac{1}{\sqrt{1-x^2}} \quad (|x| < 1)$$

(2) $y = \cos^{-1} x$ 라 두면, $x = \cos y$ 이므로

$$\frac{dy}{dx} = \frac{1}{\frac{dx}{dy}} = -\frac{1}{\sin y}$$

이다. 한편, $0 < y < \pi$ 이므로 $\sin y > 0$ 이고, $\sin y = \sqrt{1-\cos^2 y} = \sqrt{1-x^2}$ 이다. 따라서

$$\frac{dy}{dx} = -\frac{1}{\sqrt{1-x^2}} \quad (|x| < 1)$$

(3) $y = \tan^{-1} x$ 이라 두면, $x = \tan y$ 이므로

$$\frac{dy}{dx} = \frac{1}{\sec^2 y}$$

또한, $\sec^2 y = \frac{1}{\cos^2 y} = \frac{\sin^2 y + \cos^2 y}{\cos^2 y} = 1 + \tan^2 y = 1 + x^2$ 이므로

$$\frac{dy}{dx} = \frac{1}{1+x^2}$$

▨

문제 3.3.6 정리 3.15의 (4), (5), (6)을 증명하여라.

예제 3.3.7 다음 함수의 도함수를 구하여라.

(1) $y = \sin^{-1}\sqrt{\sin x}$ (2) $y = \cos^{-1}\left(\frac{x^2-1}{x^2+1}\right)$

풀이 (1) $y' = \dfrac{1}{\sqrt{1-\sin x}}\dfrac{(\sin x)'}{2\sqrt{\sin x}} = \dfrac{\cos x}{2\sqrt{\sin x - \sin^2 x}}$

(2) $y' = -\dfrac{1}{\sqrt{1-\left(\dfrac{x^2-1}{x^2+1}\right)^2}}\dfrac{2x(x^2+1)-(x^2-1)2x}{(x^2+1)^2} = \dfrac{-2}{x^2+1}$ ◀

문제 3.3.7 다음 함수의 도함수를 구하여라.

(1) $y = x\tan^{-1}\dfrac{x}{2}$ (2) $y = \cot^{-1}\sqrt{x^2-2x}$

예제 3.3.8 어떤 영화관에서, 정면에 있는 15피트 높이의 스크린의 밑바닥 모서리는 눈높이보다 5피트 위에 있다. 다음 그림에서의 각 θ를 가능한 크게 하려면 스크린으로부터 얼마나 떨어져 앉아야 하는가?

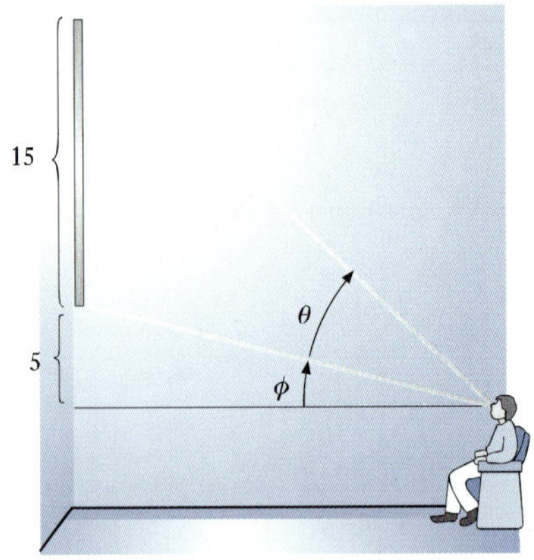

그림 3.6

풀이 눈에서 스크린까지의 거리를 x(피트)라 하고, x의 함수인 θ의 최댓값을 구하자. 그림에서 주어진 각 ϕ에 대하여

$$\tan(\theta(x)+\phi(x)) = \frac{20}{x},\ \ \tan\phi(x) = \frac{5}{x}$$

이므로, $x > 0$에 대하여

$$\theta(x) = (\theta(x)+\phi(x)) - \phi(x) = \tan^{-1}\left(\frac{20}{x}\right) - \tan^{-1}\left(\frac{5}{x}\right)$$

따라서 연쇄법칙에 의해

$$\theta'(x) = \frac{-20/x^2}{1+(20/x)^2} - \frac{-5/x^2}{1+(5/x)^2} = -\frac{15(x^2-100)}{(x^2+400)(x^2+25)}$$

한편, $x=10$일 때 $\theta'(x)=0$이고, $0<x<10$일 때 $\theta'(x)>0$이고, $x>10$일 때 $\theta'(x)<0$이므로, θ는 $x=10$에서 최댓값을 얻는다. 그러므로 스크린에서 10피트 떨어져 앉았을 때, 스크린에 대한 시야가 가장 크다. ◀

정리 3.16 (역쌍곡선함수의 도함수)

(1) $(\sinh^{-1}x)' = \dfrac{1}{\sqrt{x^2+1}} \qquad (-\infty < x < \infty)$

(2) $(\cosh^{-1}x)' = \dfrac{1}{\sqrt{x^2-1}} \qquad (x>1)$

(3) $(\tanh^{-1}x)' = \dfrac{1}{1-x^2} \qquad (|x|<1)$

(4) $(\coth^{-1}x)' = \dfrac{1}{1-x^2} \qquad (|x|>1)$

(5) $(\mathrm{sech}^{-1}x)' = -\dfrac{1}{x\sqrt{1-x^2}} \qquad (0<x<1)$

(6) $(\mathrm{csch}^{-1}x)' = -\dfrac{1}{|x|\sqrt{1+x^2}} \qquad (|x| \neq 0)$

증명 (1) $y=\sinh^{-1}x$라 두면, $x=\sinh y$이므로

$$\frac{dx}{dy} = (\sinh y)' = \cosh y$$

한편, $\cosh y>0$이고 $\cosh^2 y - \sinh^2 y = 1$이므로

$$\frac{dx}{dy} = \cosh y = \sqrt{1+\sinh^2 y} = \sqrt{1+x^2}$$

따라서 역함수의 미분법에 의하여

$$\frac{dy}{dx} = \frac{1}{\sqrt{x^2+1}}$$

(3) $\tanh^{-1}x = \frac{1}{2}\ln\left(\frac{1+x}{1-x}\right)$임을 이용하여 증명하자. $u = \frac{1+x}{1-x}$라 두면

$$(\tanh^{-1}x)' = \frac{1}{2}\frac{u'}{u} = \frac{1}{2}\frac{1-x+1+x}{(1-x)^2}\frac{1-x}{1+x} = \frac{1}{1-x^2}$$

여기서, $-1 < x < 1$이다.

(5) $y = \operatorname{sech}^{-1}x$라 두면 $x = \operatorname{sech} y \ (0 < x \le 1)$이므로

$$\frac{dx}{dy} = (\operatorname{sech} y)' = -\operatorname{sech} y \tanh y$$

한편, $0 < \operatorname{sech} y \le 1$이고 $1 - \tanh^2 y = \operatorname{sech}^2 y$이므로

$$\frac{dx}{dy} = -\operatorname{sech} y \tanh y = -x\sqrt{1-x^2}$$

따라서 역함수의 미분법에 의하여

$$\frac{dy}{dx} = -\frac{1}{x\sqrt{1-x^2}} \quad (0 < x < 1)$$

▨

문제 3.3.8 정리 3.16의 (2), (4), (6)을 증명하여라.

예제 3.3.9 다음 함수의 도함수를 구하여라.

(1) $y = \cosh^{-1}(x^2)$　　(2) $y = \tanh^{-1}(\sin x)$

풀이 (1) $y' = \frac{1}{\sqrt{(x^2)^2-1}}(2x) = \frac{2x}{\sqrt{x^4-1}}$

(2) $y' = \frac{1}{1-\sin^2 x}\cos x = \frac{1}{\cos x} = \sec x$ ◀

문제 3.3.9 다음 함수의 도함수를 구하여라.

(1) $y = \sinh^{-1}(\tan x)$ (2) $y = \coth^{-1}(\sin x)$

3) 매개변수표시 함수의 미분법

지금까지의 미분법은 주로 $y = f(x)$ 형태의 함수에 관한 것이었다. 그러나 함수는 때로는 $y = f(x)$꼴이 아니라 $x = f(t)$, $y = g(t)$와 같이 표시될 수 있으므로, 다음과 같은 매개변수표시 함수의 미분법을 알아보자.

정리 3.17 (매개변수표시 함수의 미분법)

$x = f(t)$, $y = g(t)$가 각각 미분가능이고, $f'(t) \neq 0$이면

$$\frac{dy}{dx} = \frac{\frac{dy}{dt}}{\frac{dx}{dt}} = \frac{g'(t)}{f'(t)}$$

증명 합성함수의 미분법과 역함수의 미분법을 적용하여 다음을 얻는다.

$$\frac{dy}{dx} = \frac{dy}{dt}\frac{dt}{dx} = \frac{\frac{dy}{dt}}{\frac{dx}{dt}} = \frac{g'(t)}{f'(t)}$$ ▨

예제 3.3.10 다음 매개변수표시 함수의 도함수 $\frac{dy}{dx}$를 구하여라.

(1) $x = 3t - 1,\ y = 3 - 3t^3$ (2) $x = \cos\theta + \theta\sin\theta,\ y = \sin\theta - \theta\cos\theta$

풀이 (1) $\frac{dx}{dt} = 3,\ \frac{dy}{dt} = -9t^2$이므로, $\frac{dy}{dx} = \frac{-9t^2}{3} = -3t^2$이다.

(2) $$\frac{dx}{d\theta} = -\sin\theta + \sin\theta + \theta\cos\theta = \theta\cos\theta,$$

$$\frac{dy}{d\theta} = \cos\theta - \cos\theta + \theta\sin\theta = \theta\sin\theta$$

이므로, $\frac{dy}{dx} = \frac{\sin\theta}{\cos\theta} = \tan\theta$이다. ◀

예제 3.3.11 전등이 지면에서 20피트 높이에 있는 가로등을 향하여, 초당 5피트의 비율로 John이 걸어가고 있다고 하자. John의 키가 6피트일 때, John의 그림자 길이의 변화율을 구하여라.

풀이 다음 그림에서와 같이 시간 t에서 John과 가로등 기둥사이의 거리를 x피트, John의 그림자 길이를 y피트라고 할 때, 닮은 삼각형을 이용하면

$$\frac{x+y}{20}=\frac{y}{6},\ \text{즉}\ y=\frac{3}{7}x$$

를 얻는다. 이를 t에 대하여 미분하면

$$\frac{dy}{dt}=\frac{3}{7}\frac{dx}{dt}$$

이고, John이 가로등을 향하여 매초 5피트의 비율로 걸어가므로 $\frac{dx}{dt}=-5$이다.

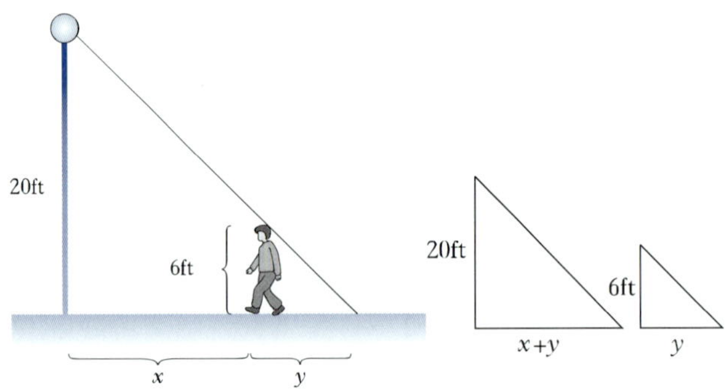

그림 3.7

따라서

$$\frac{dy}{dt}=-\frac{15}{7}$$

이므로, John의 그림자는 매초 $\frac{15}{7}$피트의 비율로 줄어든다. ◀

문제 3.3.10 다음 매개변수표시 함수의 도함수 $\frac{dy}{dx}$를 구하여라.

(1) $x = \sqrt{t}, \quad y = t + \frac{1}{t}$ (2) $x = e^t \cos t, \quad y = e^t \sin t$

문제 3.3.11 곡선 $x = \theta - \sin\theta, \quad y = 1 - \cos\theta$의 $\theta = \frac{\pi}{2}$에 대한 점에서의 접선의 방정식을 구하여라

4) 음함수표시 함수의 미분법

음함수표시 $f(x, y) = 0$에서, y를 x의 함수로 보고 $f(x, y) = 0$의 양변을 x에 관하여 미분한 다음, 정리하여 도함수 $\frac{dy}{dx}$를 구할 수 있다.

예제 3.3.12 다음 음함수표시 함수의 도함수 $\frac{dy}{dx}$를 구하여라.

(1) $x^{\frac{1}{2}} + y^{\frac{1}{2}} = a^{\frac{1}{2}}$ (2) $\sin xy + \cos xy = x$

풀이 (1) $\frac{1}{2\sqrt{x}} + \frac{1}{2\sqrt{y}}\frac{dy}{dx} = 0$이므로, $\frac{dy}{dx} = -\sqrt{\frac{y}{x}}$이다.

(2) $(\cos xy)\left(y + x\frac{dy}{dx}\right) - (\sin xy)\left(y + x\frac{dy}{dx}\right) = 1$이므로

$$\frac{dy}{dx} = \frac{1}{x(\cos xy - \sin xy)} - \frac{y}{x}$$ ◀

문제 3.3.12 다음 음함수표시 함수의 도함수 $\frac{dy}{dx}$를 구하여라.

(1) $x^2 + y^2 = 2xy$ (2) $xy = (x - y)^2$

(3) $\sin x + \sin y = xy$ (4) $\sin^{-1}(xy) + y = 0$

예제 3.3.13 $x^2 + y^2 + z^2 = a^2, \ x + y + z = b$일 때, $\frac{dy}{dx}, \ \frac{dz}{dx}$를 구하여라.

풀이 $f(x,\ y,\ z) = x^2 + y^2 + z^2 - a^2,\ g(x,\ y,\ z) = x + y + z - b$라 두고, $y,\ z$를 x의 함수로 보고 각각 x에 관하여 미분하면 다음 연립방정식을 얻는다.

$$\begin{cases} 2x + 2y\dfrac{dy}{dx} + 2z\dfrac{dz}{dx} = 0 \\ 1 + \dfrac{dy}{dx} + \dfrac{dz}{dx} = 0 \end{cases}$$

이 연립방정식을 풀면, $y \neq z$일 때

$$\frac{dy}{dx} = \frac{z-x}{y-z},\quad \frac{dz}{dx} = \frac{x-y}{y-z}$$ ◀

문제 3.3.13 $\dfrac{x^2}{a^2} + \dfrac{y^2}{b^2} + \dfrac{z^2}{c^2} = 1,\ lx + my + nz = p$일 때, $\dfrac{dy}{dx},\ \dfrac{dz}{dx}$를 구하여라.

5) 로그미분법

주어진 함수의 도함수를 직접 구하는 것보다 먼저 그 함수의 로그를 취하여 도함수를 구하는 것이 편리한 경우가 있는데 이와 같은 방법을 로그미분법이라 한다. 로그미분법은 특히, 여러 가지 복잡한 형태의 함수에 대한 도함수를 구하는데 유용하게 적용할 수 있다.

다음의 정리는 앞에서 다룬 정수와 유리수에 대한 결과의 확장으로 로그미분법을 적용하여 얻을 수 있다.

정리 3.18

임의의 실수 α에 대하여, $(x^{\alpha})' = \alpha\, x^{\alpha - 1}\ (x > 0)$이다.

증명 $y = x^{\alpha}\ (x > 0)$라 두고 양변에 자연로그를 취하면, $\ln y = \alpha \ln x$이다. 양변을 x에 관하여 미분하면

$$\frac{1}{y}\frac{dy}{dx} = \frac{\alpha}{x}$$

따라서

$$\frac{dy}{dx} = x^{\alpha} \cdot \frac{\alpha}{x} = \alpha x^{\alpha - 1}$$

▨

예제 3.3.14 함수 $y = x^x$의 도함수를 구하여라.

풀이 $y = x^x$의 양변에 자연로그를 취하면 $\ln y = x \ln x$이고, 양변을 x로 미분하면

$$\frac{1}{y}\frac{dy}{dx} = \ln x + x\frac{1}{x} = 1 + \ln x$$

이므로

$$\frac{dy}{dx} = x^x(1 + \ln x)$$

◀

문제 3.3.14 함수 $y = \dfrac{x\sqrt{2x+1}}{\sqrt[3]{3x+1}}$의 도함수를 구하여라.

3.4 고계도함수

함수 $y=f(x)$의 도함수 $f'(x)$가 미분가능일 때, 즉

$$\lim_{h\to 0}\frac{f'(x+h)-f'(x)}{h}$$

가 존재할 때, 이것을 $y=f(x)$의 제2계 도함수(second order derivative)라 부르고 $f''(x)$ 또는 y''으로 나타낸다. 마찬가지로 $f''(x)$의 도함수를 $f(x)$의 제3계 도함수(third order derivative)라고 부르고 $f'''(x)$로 나타낸다. 이와 같이하여 $f(x)$의 제n계 도함수를 정의할 수 있고 이것을 $f^{(n)}(x)$ $(n\geq 4)$로 나타낸다. 즉

$$f^{(n)}(x)=\lim_{h\to 0}\frac{f^{(n-1)}(x+h)-f^{(n-1)}(x)}{h}$$

이다. 한 점 a에서의 $f^{(n)}(x)$의 값 $f^{(n)}(a)$를 a에서의 $f(x)$의 제n계 미분계수(nth order derivative)라고 한다. $y=f(x)$의 제n계 도함수를

$$y^{(n)},\quad f^{(n)}(x),\quad \frac{d^ny}{dx^n},\quad \frac{d^n}{dx^n}(f(x))$$

등으로 나타내고, $n\geq 2$인 제n계 도함수를 $f(x)$의 고계도함수(higher order derivative)라 한다.

예제 3.4.1 다음 함수의 제2계 도함수를 구하여라.

(1) $y=e^x\sin x$　　　　(2) $x^2+y^2=1$

풀이 (1) $y'=e^x\sin x+e^x\cos x=e^x(\sin x+\cos x)$이므로

$$y''=e^x(\sin x+\cos x)+e^x(\cos x-\sin x)=2e^x\cos x$$

(2) 양변을 x에 관해서 미분하면 $2x+2yy'=0$이다. 따라서 $y'=-\dfrac{x}{y}$이다.

$x+yy'=0$을 다시 x에 관해서 미분하면 $1+(y')^2+yy''=0$이다. 그러므로

$$y''=-\frac{1+(y')^2}{y}=-\frac{1+\left(-\frac{x}{y}\right)^2}{y}=-\frac{x^2+y^2}{y^3}=-\frac{1}{y^3}$$ ◀

문제 3.4.1 다음 함수의 제2계 도함수를 구하여라.

(1) $y = x^5 + 3x^4 + 2x^3$ (2) $y = \sinh^{-1}(x^2)$

예제 3.4.2 다음 함수의 제n계 도함수를 구하여라.

(1) $y = \sin x$ (2) $y = \ln x$ (3) $y = x^\alpha \quad (\alpha > n)$

풀이 (1) $y' = \cos x = \sin\left(x + \dfrac{\pi}{2}\right)$, $y'' = \sin\left(x + \dfrac{2\pi}{2}\right)$, ...이므로

$$y^{(n)} = \sin\left(x + \frac{n\pi}{2}\right)$$

(2) $y' = \dfrac{1}{x}$, $y'' = -\dfrac{1}{x^2}$, $y''' = \dfrac{2}{x^3}$, ...이므로

$$y^{(n)} = (-1)^{n-1}\frac{(n-1)!}{x^n}$$

(3) $y' = \alpha x^{\alpha-1}$, $y'' = \alpha(\alpha-1)x^{\alpha-2}$, $y''' = \alpha(\alpha-1)(\alpha-2)x^{\alpha-3}$, ...이므로

$$y^{(n)} = \alpha(\alpha-1)(\alpha-2)\cdots(\alpha-n+1)x^{\alpha-n}$$ ◀

문제 3.4.2 다음 함수의 제n계 도함수를 구하여라.

(1) $y = e^{ax}$ (2) $y = \cos ax$

(3) $y = a^x$ (4) $y = \dfrac{1}{a^2 - x^2}$

정리 3.19 (Leibniz의 정리)

$f(x)$, $g(x)$가 n번 계속 미분가능일 때, 다음이 성립한다.

$$\begin{aligned}(f(x)\,g(x))^{(n)} = {} & f^{(n)}(x)\,g(x) + {}_nC_1\, f^{(n-1)}(x)\,g'(x) \\ & + {}_nC_2\, f^{(n-2)}(x)\,g''(x) + \cdots + {}_nC_r\, f^{(n-r)}(x)\,g^{(r)}(x) \\ & + \cdots + f(x)\,g^{(n)}(x)\end{aligned}$$

증명 수학적 귀납법을 이용하여 증명하자.

i) $n=1$일 때

$$(f(x)g(x))' = f'(x)g(x) + f(x)g'(x)$$

가 되어 성립한다.

ii) $n=k$일 때

$$\begin{aligned}(f(x)g(x))^{(k)} &= f^{(k)}(x)\,g(x) + {}_kC_1\,f^{(k-1)}(x)\,g'(x) + \cdots \\ &\quad + {}_kC_r\,f^{(k-r)}(x)\,g^{(r)}(x) + \cdots + f(x)g^{(k)}(x)\end{aligned}$$

가 성립한다고 가정하자.

iii) $n=k+1$일 때, 위 식의 양변을 다시 미분하면

$$\begin{aligned}(f(x)\,g(x))^{(k+1)} &= \left(f^{(k+1)}(x)\,g(x) + f^{(k)}(x)\,g'(x)\right) + \cdots \\ &\quad + {}_kC_r\left(f^{(k-r+1)}(x)\,g^{(r)}(x) + f^{(k-r)}(x)\,g^{(r+1)}(x)\right) + \cdots \\ &\quad + \left(f'(x)g^{(k)}(x) + f(x)g^{(k+1)}(x)\right) \\ &= f^{(k+1)}(x)g(x) + \left({}_kC_0 + {}_kC_1\right)f^{(k)}(x)g'(x) + \cdots \\ &\quad + \left({}_kC_{r-1} + {}_kC_r\right)f^{(k-r+1)}(x)g^{(r)}(x) + \cdots + f(x)g^{(k+1)}(x)\end{aligned}$$

그런데 ${}_kC_{r-1} + {}_kC_r = {}_{k+1}C_r$이므로

$$\begin{aligned}(f(x)g(x))^{(k+1)} &= f^{(k+1)}(x)\,g(x) + {}_{k+1}C_1\,f^{(k)}(x)\,g'(x) + \cdots \\ &\quad + {}_{k+1}C_r\,f^{(k-r+1)}(x)\,g^{(r)}(x) + \cdots + f(x)\,g^{(k+1)}(x)\end{aligned}$$

따라서 정리가 성립한다. ▨

예제 3.4.3 $y = x^2 e^{kx}$의 제n계 도함수를 구하여라.

풀이 $f(x) = x^2$, $g(x) = e^{kx}$라 하면

$$f'(x) = 2x,\ f''(x) = 2,\ f'''(x) = f^{(4)}(x) = \cdots = f^{(n)}(x) = 0$$

$$g'(x) = ke^{kx},\ g''(x) = k^2 e^{kx},\ \dots,\ g^{(n)}(x) = k^n e^{kx}$$

이므로

$$y^{(n)} = 0+0+\cdots+0+\frac{n(n-1)}{2}\cdot 2k^{n-2}e^{kx} + n\cdot 2x\, k^{n-1}e^{kx} + x^2 k^n e^{kx}$$

$$= k^{n-2}e^{kx}\left(n(n-1)+2nkx+k^2x^2\right)$$ ◀

문제 3.4.3 $y=\sin(n\sin^{-1}x)$일 때, $(1-x^2)y''-xy'+n^2y=0$임을 증명하여라.

프랙탈 곡선(fractal curve)

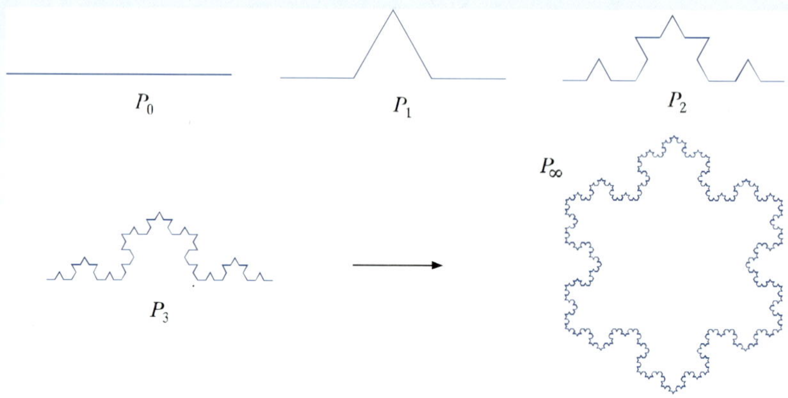

위의 그림은 프랙탈 기하(fractal geometry)의 개념을 이용하여 컴퓨터로 구현한 눈송이의 모습이다. 길이 1인 선분 P_0를 삼등분한 뒤 중앙 부분을 한 변의 길이 $\frac{1}{3}$인 정삼각형의 두 변으로 바꾸어 곡선 P_1을 얻는다. 곡선 P_1을 이루는 네 선분에 대해 P_0에서 P_1을 얻는 작업을 적용하여 곡선 P_2를 얻는다. 이를 무한히 반복하면 Koch의 곡선(Koch curve)이라 알려진 곡선 P_∞을 얻고, 한 변의 길이가 1인 정삼각형의 세 변을 Koch의 곡선으로 바꾸어 눈송이를 얻는다. Koch의 곡선의 특징은 다음과 같다.

(1) Koch의 곡선을 만드는 단계의 P_k에서 k가 커짐에 따라 미분불가능인 점들이 점점 늘어나 최종적으로 P_∞는 연속이지만, 모든 점에서 미분불가능인 그래프가 된다.

(2) 곡선 P_k의 길이가 $L_k = \left(\frac{4}{3}\right)^k$이므로, Koch의 곡선 P_∞의 길이 L_∞는

$$L_\infty = \lim_{k \to \infty} L_k = \lim_{k \to \infty} \left(\frac{4}{3}\right)^k = \infty$$

따라서 눈송이는 유한한 넓이를 갖는 영역이 무한한 길이를 갖는 경계곡선에 의해 닫힐 수 있음을 보여주는 예이다.

3장 종합문제

1) 기본 · 연습

1. 도함수의 정의를 이용하여, 함수 $f(x)=13x-6$의 미분계수 $f'(4)$를 구하여라.

2. 도함수의 정의를 이용하여, 다음 함수의 도함수를 구하여라.

(1) $f(x)=x^3+7x$　　(2) $f(x)=\dfrac{2}{x+3}$

3. 다음 극한의 형태는 어떤 함수의 어느 점에서의 미분계수를 의미하는가?

(1) $\displaystyle\lim_{x\to 2}\frac{x^2-4}{x-2}$　　(2) $\displaystyle\lim_{x\to a}\frac{\frac{2}{x}-\frac{2}{a}}{x-a}$　　(3) $\displaystyle\lim_{h\to 0}\frac{\tan\left(\frac{\pi}{4}+h\right)-\tan\frac{\pi}{4}}{h}$

4. $x=0$에서 함수 $f(x)=|x^2-1|$의 연속성과 미분가능성을 조사하여라.

5. 함수 $f(x)=\begin{cases} mx+b, & x<2 \\ x^2, & x\geq 2\end{cases}$가 모든 점에서 미분가능이 되도록, 상수 m과 b의 값을 결정하여라.

6. 어떤 물체가 직선을 따라 움직이는데, t초 후의 위치는 $s=t^2+1$ (m)이다.

(1) 구간 $2\leq t\leq 3$에서의 평균속도는 얼마인가?

(2) $t=2$에서의 순간속도를 구하여라.

7. t초 후 어떤 물체의 위치가 $s(t)=t^3-6t^2+9t$ (m)로 주어진다고 한다.

(1) 시각 t에서의 속도를 구하여라.

(2) 2초 후의 속도는 얼마인가? 또한, 4초 후의 속도는 얼마인가?

(3) 물체가 멈출 때는 언제인가?

(4) 물체가 양의 방향으로 움직인 시간을 구하여라.

(5) 처음 5초 동안에 물체가 움직인 거리를 구하여라.

8. 절벽의 꼭대기에서 똑바로 아래쪽으로, 초기속도 v_0 (feet/sec)로 물체를 던지면, 이 물체는 t초 동안 $s(t) = v_0 t - 16t^2$ (feet)로 떨어진다. 이 물체가 3초 후 초속 140피트의 속도로 바다에 떨어지면, 그 절벽의 높이는 얼마인가?

9. 시간에 대한 속도의 변화율을 가속도라고 한다. 어떤 입자의 시간 t에서의 속도가 $v(t) = 2t^2$이라고 하자. $t = 1$일 때의 순간가속도를 구하여라.

10. 두 입자 P_1과 P_2가 좌표 직선에서 움직이고 있다. t초 후의 위치가 각각

$$s_1(t) = 3t^3 - 13t^2 + 18t + 5 \text{와 } s_2(t) = -t^3 + 9t^2 - 12t$$

일 때, 두 입자의 속도가 같을 때는 언제인가?

11. 시각 t에서 위치가 $s(t) = \frac{1}{2}t^4 - 5t^3 + 12t^2$인 움직이는 물체가 있다. 이 물체의 가속도가 0일 때, 그 속도를 구하여라.

12. 공 모양의 둥근 풍선이 부풀려지고 있다. 반지름이 다음과 같이 주어졌을 때, 각 반지름에 대한 겉넓이의 증가율을 구하여라.

(1) 20cm (2) 40cm (3) 60cm

이때, 어떤 결론을 내릴 수 있는가?

13. 하루에 8대에서 30대 사이의 냉각기를 생산하는 공장에서 x대의 냉각기 생산에 필요한 생산비용 $c(x)$와 판매수입 $r(x)$는 다음과 같다고 한다.

$$c(x) = x^3 - 6x^2 + 15x \text{(천원)}, \quad r(x) = x^3 - 3x^2 + 12x \text{(천원)}$$

이때, 이 공장에서 1일 10대의 냉각기를 생산한다고 할 때, 1대의 냉각기를 더 생산하여 판매하는 경우 추가되는 생산비용과 판매수입은 얼마인가? 도함수를 이용하여 답하여라.

14. 구면풍선의 반지름이 분당 $\frac{1}{2}$cm로 줄어든다고 가정하자. 반지름이 4cm일 때, 부피는 얼마나 빨리 줄어드는가?

15. 곡선 $y = x^3 - 3x$ 위의 점 $(-2, -2)$에서 접선의 기울기와 법선의 기울기를 구하여라.

16. $y = x^3 - x^2$의 그래프에서 접선이 수평이 되는 점들을 모두 구하여라.

17. $y = \frac{27}{x^3}$의 그래프에서 접선이 직선 $y = x$와 직교하는 점들을 모두 구하여라.

18. 다음 함수의 미분 dy를 구하여라.

(1) $y = \frac{1}{x}$　　(2) $y = ax^3 + bx^2 + cx + d$

19. 미분을 사용하여 $x = 2.998$일 때, $x^4 - 7x^3 + 2x^2 - 17x + 8$의 근삿값을 구하여라.

20. 미분을 이용하여, $\sqrt{4.6}$과 $\sqrt{8.2}$의 근삿값을 구하여라.

21. 다음 함수의 도함수를 구하여라.

(1) $y = \sin x + \cos x$　　(2) $y = x^2 \cos x$

(3) $y = \sin x \cos x$　　(4) $y = \frac{\sin x + \cos x}{\cos x}$

22. 다음 함수의 도함수를 구하여라.

(1) $y = \cos^3(x^2 + 1)$　　(2) $y = \sec^3 x$

(3) $y = e^{\tan x}$　　(4) $y = \ln(\sec x + \tan x)$

(5) $y = \ln(\sinh 2x)$　　(6) $y = \sqrt{x^2+1} + \ln\left(x + \sqrt{x^2+1}\right)$

23. 다음 함수의 도함수를 구하여라.

(1) $y = \sec^{-1} x^2$　　(2) $y = \cos^{-1} e^x$

(3) $y = (\tan^{-1} x)^3$　　(4) $y = \cot^{-1} \sqrt{x^2 - 2x}$

(5) $y = a \sin^{-1} \sqrt{\frac{x}{a}} + \sqrt{ax - x^2}$　$(a > 0)$

24. 다음 매개변수표시 함수의 도함수를 구하여라.

(1) $x = 3u^2 - 1,\ y = \dfrac{1}{1-u}$　　(2) $x = \sqrt{t+3},\ y = 2t^2$

25. $f(0) = 0,\ f'(0) = 2$일 때, $x = 0$에서의 $f(f(x))$의 미분계수를 구하여라.

26. $f(x) + x^2\{f(x)\}^3 = 10,\ f(1) = 2$일 때, $f'(1)$을 구하여라.

27. $f(x) = x^5 + 2x^3 + 4x$이고 $g(x) = f^{-1}(x)$라 하자. 이때, $g(7)$과 $g'(7)$을 구하여라.

28. 여러 가지 힘의 영향으로 직선 위를 움직이는 어떤 입자의 속도가 $v(t) = ce^{-kt}$로 나타났다고 하자. 여기서, c와 k는 양의 상수이다. 이때, 다음 물음에 답하여라.

(1) 가속도는 속도에 비례함을 보여라.

(2) c가 갖는 의미는 무엇인가?

(3) 입자의 속도가 초기속도의 반이 되는 것은 언제인가?

29. 점 $\left(\dfrac{\pi}{2}, 0\right)$에서 $y = 3\sin 2x$에 접하는 접선의 방정식을 구하여라.

30. $f(x) = x - \sin x$일 때, $y = f(x)$의 그래프에서 접선이 수평이 되는 점과 기울기가 2가 되는 점을 모두 구하여라.

31. 곡선 $y = \sqrt{2}\sin x$와 $y = \sqrt{2}\cos x$는 구간 $0 < x < \dfrac{\pi}{2}$의 어떤 점에서 서로 직교함을 보여라.

32. 다음 음함수표시 함수의 도함수 $\dfrac{dy}{dx}$를 구하여라.

(1) $9x^2 + 4y^2 = 36$　　(2) $xy = 1$

(3) $4x^2y - 3y = x^3 - 1$　　(4) $(x+2y)^3 = x$

(5) $\cos(xy^2) = y^2 + x$　　(6) $\tan^{-1}(x + y\sqrt{x-y}) = 2$

33. 다음 음함수표시 함수에 대하여, 주어진 점에서 접하는 접선의 방정식을 구하여라.

(1) $x^3y + y^3x = 30;\ (1, 3)$　(2) $\sin(xy) = y;\ \left(\dfrac{\pi}{2}, 1\right)$　(3) $\sqrt{y} + xy^2 = 5;\ (4, 1)$

34. 다음 함수의 제3계 도함수를 구하여라.

(1) $y = x^3 + 3x^2 + 6x$ (2) $y = (3x+5)^3$

(3) $y = \sin(7x)$ (4) $y = \cos(x^3)$

35. n이 자연수일 때, $y = x^n$의 제n계도 함수는 $n!$임을 보여라.

36. 함수 $y = A\sin x + B\cos x$가 $y'' + y' - 2y = \sin x$를 만족하는 상수 A, B를 구하여라.

37. 함수 $f(x) = x^3 + 3x^2 - 45x - 6$에 대하여 $f'(x)$가 0이 되는 점에서 $f''(x)$의 값을 구하여라.

38. $g(t) = at^2 + bt - c$이고 $g(1) = 5$, $g'(1) = 3$, $g''(1) = -4$일 때, a, b, c를 구하여라.

39. $y - xe^y = 0$일 때, $\dfrac{d^2y}{dx^2}$를 구하여라.

2) 심화 · 응용

40. 함수 $f(x)$에서 $f'(a) = 3$일 때, $\lim\limits_{h \to 0} \dfrac{f(a+3h) - f(a-2h)}{h}$를 구하여라.

41. 다음 그림과 같이 주어진 두 개의 고속도로를 잇는 연결도로를 계획하도록 요청받았다. 양 끝점 -1과 0에서 미분가능인 최소 차수의 다항함수를 구하고, 양 끝점에서 두 번 미분가능인 다항함수는 최소 몇 차이어야 하는가?

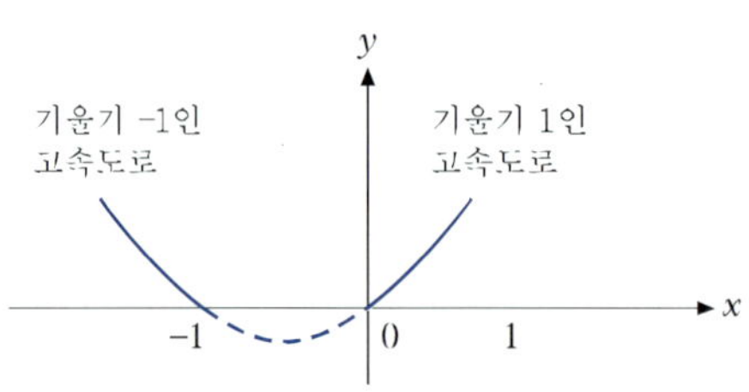

그림 3.8

42. 함수 $f(x)=\begin{cases} x\tan^{-1}\left(\dfrac{1}{x}\right), & x\neq 0 \\ 0, & x=0 \end{cases}$ 는 $x=0$ 에서 연속이지만, $x=0$ 에서 미분불가능임을 보여라.

43. 음함수표시 함수의 미분법을 이용하여, 타원 $\dfrac{x^2}{a^2}+\dfrac{y^2}{b^2}=1$ 위의 점 (x_0, y_0) 에서의 접선의 방정식이 $\dfrac{x_0x}{a^2}+\dfrac{y_0y}{b^2}=1$ 임을 보여라.

44. $\sqrt{x}+\sqrt{y}=\sqrt{c}$ 의 접선의 방정식의 x절편과 y절편의 합은 c임을 보여라.

45. 모든 실수에 대하여 연속인 함수 $f(x)$가 $(x-2)f(x)=1-e^{2x-4}$를 만족할 때, $f(2)$의 값을 구하여라.

46. 함수 $f(x)$와 $g(x)$, $h(x)$가 미분가능일 때, 다음을 증명하여라.

$$\{f(x)g(x)h(x)\}'=f'(x)g(x)h(x)+f(x)g'(x)h(x)+f(x)g(x)h'(x)$$

47. 함수 $f(x)$가 임의의 양수 a, b에 대하여 $f(ab)=f(a)+f(b)$이고 $f'(1)=6$일 때, $f'(3)$의 값을 구하여라.

48. $y=\cfrac{x}{1+\cfrac{x}{1+\cfrac{x}{1+\cdots}}}$ 일 때, $\dfrac{dy}{dx}=\dfrac{1}{1+2y}$ 임을 증명하여라.

49. $f(x)=\sin^{-1}x$ 일 때, $f^{(2m)}(0)=0$, $f^{(2m+1)}(0)=1^2\cdot 3^2\cdots(2m-1)^2$을 증명하여라.

50. $g(x)$는 두 번 미분가능인 함수이고 $f(x)=xg(x^2)$일 때, $f''(x)$를 g, g', g''를 사용하여 나타내어라.

51. 분침의 길이가 8cm, 시침의 길이가 6cm인 시계가 있다. 이 시계가 3시를 가리키는 순간의 두 바늘이 이루는 각은 $-\frac{11}{6}\pi/h$의 속도로 작아지고 있다. 이때, 두 바늘 끝이 접근하는 속도를 구하여라.

52. 어느 제조업체에서는 폭이 일정한 직물을 생산하고 있는데, 직물 xm의 생산비는 $c=f(x)$천원이라 한다.
(1) 도함수 $f'(x)$의 의미는 무엇인가?
(2) 구체적으로 $f'(1,000)=12$는 무엇을 의미하는가?
(3) $f'(50)$과 $f'(500)$은 어느 것이 큰가? $f'(5,000)$에 대해서는 어떤가?

53. 길이 10피트의 사다리가 수직인 벽면에 비스듬하게 세워져 있다. 사다리의 밑은 벽면으로부터 초당 1피트의 비율로 미끄러지고 있다고 하자. 이때, 사다리의 밑이 벽에서 6피트 떨어질 때, 사다리의 위쪽 끝은 얼마나 빨리 벽면 아래로 미끄러지겠는가?

54. 다음 그림과 같이 교차점 C를 향하여 자동차 A는 시속 50마일의 속도로 서쪽으로 달리고, 자동차 B는 시속 60마일의 속도로 북쪽으로 달리고 있다고 하자. 교차점에서 A는 0.3마일, B는 0.4마일의 거리에 있게 되었을 때, 자동차가 서로에게 접근해가는 속도는 얼마인가?

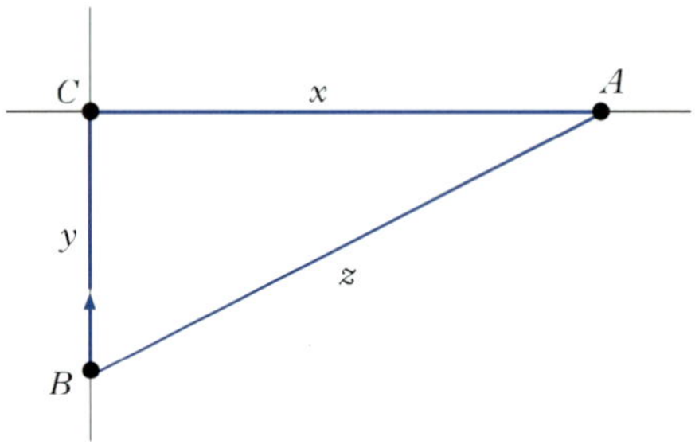

그림 3.9

55. 육상경기에서 한 선수가 결승점을 향해 달리고 있고, 중계용 카메라가 선수가 뛰는 방향과 수직으로 결승점에서 30m 떨어진 위치에서 이 선수가 결승점으로부터 40m 떨어진 지점을 통과할 때, 이 선수를 비추는 카메라가 $-\frac{3}{25}$(rad/sec)의 속도로 회전하고 있다면, 이 선수의 속력을 구하여라.

제4장

미분의 응용

▶▷▶ 평균값의 정리와 그 활용, 함수의 전개, 함수의 극대 · 극소와 오목 · 볼록, 부정형의 극한, 곡률 등 도함수의 주요한 응용을 다룬다.

4.1 평균값의 정리

평균값의 정리의 기하학적인 의미는 매끄러운(미분가능인) 곡선의 두 점을 잇는 선분에 나란한 곡선의 접선을 그을 수 있다는 것으로 요약된다. 평균값의 정리는 기하학적으로는 이해하기 쉬운 내용이지만, 해석학적으로는 미분법의 여러 정리 중 가장 유용하고 기본적인 정리로 미분법의 활용으로는 물론 그 자체로 미분법의 중요한 부분을 차지한다고 할 수 있다.

미분계수의 부호와 연속함수에 대한 최대 최솟값의 정리를 이용하여 평균값의 정리의 특별한 경우인 Rolle의 정리를 먼저 증명하고, 이를 일반화하여 평균값의 정리를 증명할 수 있다.

1) 평균값의 정리

그림 4.1에서 보는 것처럼, 미분가능인 함수 $f(x)$에 대하여 두 점 $A(a, f(a))$와 $B(b, f(b))$를 지나는 직선을 평행이동하면 $x=a$와 $x=b$ 사이에서 곡선 $y=f(x)$의 한 점 $C(c, f(c))$와 접하게 됨을 알 수 있다. 이 점 C에서의 접선의 기울기 $f'(c)$는 A

와 B를 지나는 직선의 기울기와 같으므로, 다음이 성립한다.

$$f'(c) = \frac{f(b) - f(a)}{b - a}, \quad a < c < b$$

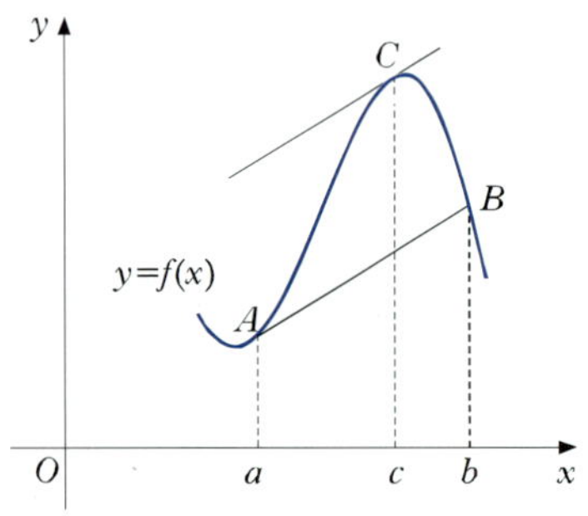

그림 4.1

미분가능인 함수의 이와 같은 성질을 정리하여, 다음 평균값의 정리(mean value theorem)를 얻는다.

정리 4.1 (평균값의 정리, mean value theorem)

함수 $f(x)$가 구간 $[a, b]$에서 연속이고 구간 (a, b)에서 미분가능이면

$$f'(c) = \frac{f(b) - f(a)}{b - a}$$

인 c가 구간 (a, b)에 존재한다.

예제 4.1.1 $f(x) = e^x$에 대하여, 구간 $[0, 1]$에서 평균값의 정리를 설명하여라.

풀이 $f(x) = e^x$는 $[0, 1]$에서 연속이고 $(0, 1)$에서 미분가능이다. 그리고 $f'(x) = e^x$이므로 $f(x) = e^x$에 대하여 평균값의 정리는

$$e^c = \frac{e^1 - e^0}{1 - 0}, \text{즉 } e^c = e - 1$$

인 c가 구간 $(0, 1)$에 존재함을 의미한다. 사실, $c = \ln(e-1)$임을 알 수 있다.◀

문제 4.1.1 $f(x) = \sin x$에 대하여, 구간 $[0, 2\pi]$에서 평균값의 정리를 설명하여라.

예제 4.1.2 Peter는 11시에 고속도로 19번 톨게이트를 지나서 12시 12분에 78마일 떨어진 12번 톨게이트를 통과하였다가, 제한속도인 시속 55마일을 위반하였다고 하여 교통경찰에게 적발되었다. Peter는 실제로 속도위반을 한 것일까?

풀이 11시 이후 t시간 동안 Peter가 운행한 거리를 미분가능인 함수 $f(t)$로 나타내었다면, 1시간 12분은 1.2시간이므로 구간 $[0, 1.2]$에서 평균변화율은

$$\frac{f(1.2)-f(0)}{1.2-0} = \frac{78-0}{1.2-0} = 65$$

이다. 따라서 평균값의 정리에 의해 $f'(c) = 65$인 c가 구간 $(0, 1.2)$에서 존재한다. 즉, c시간 후의 순간속도가 시속 65마일이므로, Peter는 속도위반을 하였다. ◀

문제 4.1.2 수은 온도계를 냉동기에서 꺼내어 끓는 물에 넣으면, 온도가 -19℃부터 100℃까지 올라가는데 14초가 걸린다고 한다. 이 과정에서 온도가 초속 8.5℃의 속도로 올라가는 시각이 존재함을 밝혀라.

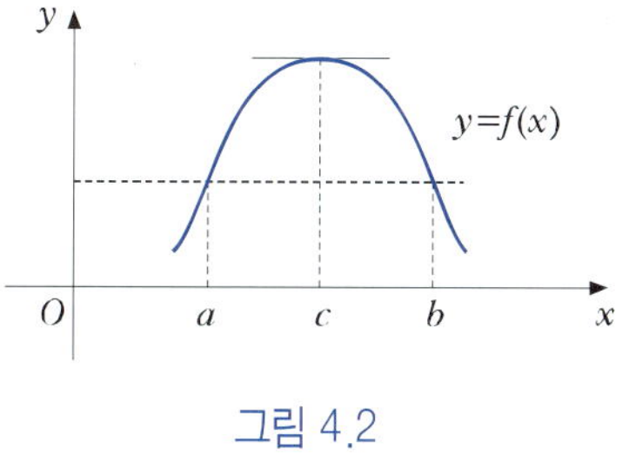

그림 4.2

그림 4.2에서 보는 것처럼, 특히 $f(a) = f(b)$일 때, 평균값의 정리는 $f'(c) = 0$, $a < c < b$인 c가 존재함을 의미한다. 이는 Rolle의 정리(Rolle's theorem)라고 하는 평균값의 정리의 특별한 경우로 평균값의 정리처럼 직관적으로 분명하지만, Rolle의 정리의 증명을 이용하여 평균값의 정리의 엄밀한 증명을 할 수 있으므로 그 논리적인 증명과 함께 다음과 같이 정리한다.

정리 4.2 (Rolle의 정리)

함수 $f(x)$가 구간 $[a, b]$에서 연속이고 구간 (a, b)에서 미분가능일 때, $f(a) = f(b)$이면

$$f'(c) = 0$$

인 c가 구간 (a, b)에 존재한다.

증명 구간 (a, b)의 임의의 점 x_0에서 $f'(x_0) \neq 0$라고 하자. 이때, $a < x < b,\ x \neq x_0$인 임의의 x에 대하여

$$f'(x_0) = \frac{f(x) - f(x_0)}{x - x_0} + \epsilon$$

이라 두면, $\lim_{x \to x_0} \epsilon = 0$이므로 x가 x_0와 충분히 가까워지면 $f'(x_0)$와 $\dfrac{f(x) - f(x_0)}{x - x_0}$는 같은 부호를 갖는다. 이것은 $f(x_0)$가 최댓값이나 최솟값이 될 수 없음을 의미한다. 그런데, 함수 $f(x)$는 구간 $[a, b]$에 연속이므로, $[a, b]$에서 최댓값과 최솟값을 가져야 한다. 따라서 $x = a$ 또는 $x = b$에서 최댓값과 최솟값을 가져야 한다. 한편, $f(a) = f(b)$이므로 $f(x)$는 상수함수이어야 한다. 이는, (a, b)의 임의의 점 x_0에서 $f'(x_0) \neq 0$라는 가정에 모순이다. ▨

예제 4.1.3 Rolle의 정리를 이용하여, 평균값의 정리를 증명하여라.

풀이 $\dfrac{f(b) - f(a)}{b - a} = k$라 두면

$$y = k(x - a) + f(a)$$

는 곡선 $y = f(x)$ 위의 두 점 $A(a, f(a))$, $B(b, f(b))$를 지나는 직선을 나타낸다. Rolle의 정리를 사용하기 위하여

$$g(x) = f(x) - k(x - a) - f(a)$$

라 두면, 함수 $g(x)$는 구간 $[a, b]$에서 연속이고 구간 (a, b)에서 미분가능이며

$$g'(x) = f'(x) - k$$

이다. 또한, $g(a) = g(b) = 0$이므로, Rolle의 정리에 의하여 $g'(c) = 0$가 되는 점

c가 구간 (a, b)에 존재한다. 즉

$$f'(c) = \frac{f(b) - f(a)}{b - a}$$

인 점 c가 구간 (a, b)에 존재한다. ◀

평균값의 정리에서 $\dfrac{c-a}{b-a} = \theta$라 두면, $0 < \theta < 1$이고 평균값의 정리에서의 관계식은 다음과 같이 나타낼 수 있다.

$$f(b) = f(a) + (b-a)f'(a + \theta(b-a))$$

이 식에서 $b - a = h$라 두면

$$f(a+h) = f(a) + hf'(a + \theta h)$$

또한, $a = 0$, $h = x$이면 다음과 같이 나타낼 수 있다.

$$f(x) = f(0) + xf'(\theta x)$$

문제 4.1.3 $f(x) = |x|$는 $f'(c) = 0$인 점 c가 구간 $(-1, 1)$에 존재하지 않음을 밝혀라.

다음은 평균값의 정리의 확장인 Cauchy의 정리(Cauchy's theorem)에 대하여 알아보자.

정리 4.3 (Cauchy의 정리)

함수 $f(x)$와 $g(x)$가 구간 $[a, b]$에서 연속이고 구간 (a, b)에서 미분가능일 때, 구간 (a, b)에서 $g'(x) \neq 0$이면

$$\frac{f'(c)}{g'(c)} = \frac{f(b) - f(a)}{g(b) - g(a)}$$

인 c가 구간 (a, b)에 존재한다.

증명 $g(a)=g(b)$이면, Rolle의 정리에 의하여 $g'(c)=0\ (a<c<b)$인 c가 존재한다. 따라서 구간 (a,b)에서 $g'(x)\neq 0$이면 $g(a)\neq g(b)$이다.

$$F(x)=f(b)-f(x)-\frac{f(b)-f(a)}{g(b)-g(a)}(g(b)-g(x))$$

라 두면, $F(x)$는 구간 $[a,b]$에서 연속이고 구간 (a,b)에서 미분가능이다. 또한, $F(a)=F(b)=0$이므로, Rolle의 정리에 의하여

$$F'(c) = -f'(c)+\frac{f(b)-f(a)}{g(b)-g(a)}g'(c)=0$$

인 c가 구간 (a,b)에서 존재한다. $g(a)\neq g(b)$이므로 다음을 얻는다.

$$\frac{f'(c)}{g'(c)}=\frac{f(b)-f(a)}{g(b)-g(a)}$$ ▨

Cauchy의 정리에서 $g(x)=x$라 두면 평균값의 정리가 되므로, Cauchy의 정리는 평균값의 정리의 확장이다.

2) 평균값의 정리의 활용

다음에는 평균값의 정리가 어떻게 활용되는가 알아보자.

예제 4.1.4 함수 $f(x)$가 구간 I에서 미분가능이고 그 미분계수가 항상 0이면, $f(x)$는 I에서 상수함수임을 보여라.

풀이 $x_1, x_2\in I,\ x_1<x_2$라 하면, 평균값의 정리에 의해서

$$f(x_2)=f(x_1)+(x_2-x_1)f'(c),\ \ x_1<c<x_2$$

인 c가 있다. 가정에서 $f'(c)=0$이므로 $f(x_2)=f(x_1)$이고, 따라서 $f(x)$는 I에서 상수함수이다. ◀

문제 4.1.4 함수 $f(x)$, $g(x)$가 구간 I에서 미분가능이고 $f'(x)=g'(x)$이면, 구간 I에서 $f(x)=g(x)+c$인 상수 c가 존재함을 보여라.

예제 4.1.5 평균값의 정리를 이용하여, 다음 부등식을 증명하여라.

$$|\sin x - \sin y| \le |x - y|$$

풀이 $f(x) = \sin x$라 두면 $f'(x) = \cos x$이며, $f(x) = \sin x$는 연속이고 미분 가능이다. $x \ne y$일 때, 평균값의 정리를 적용하면

$$f'(c) = \frac{f(x) - f(y)}{x - y}$$

인 c가 존재한다. 즉

$$\cos c = \frac{\sin x - \sin y}{x - y}$$

따라서

$$\frac{|\sin x - \sin y|}{|x - y|} = |\cos c| \le 1$$

이므로, 부등식이 성립한다. ◀

문제 4.1.5 평균값의 정리를 이용하여, $x > 0$일 때 다음 부등식이 성립함을 보여라.

(1) $\dfrac{1}{x+1} < \ln(x+1) - \ln x < \dfrac{1}{x}$ (2) $0 < \ln\dfrac{e^x - 1}{x} < x$

문제 4.1.6 평균값의 정리를 이용하여, $\lim_{x \to \infty} (\sqrt{x+2} - \sqrt{x}) = 0$임을 증명하여라.

4.2 함수의 전개

1) Taylor 다항식

$x=a$를 포함하는 한 구간에서 함수 $f(x)$가 적어도 n번 계속 미분가능일 때, $x=a$를 중심으로 하는 충분히 작은 구간에서 $f(x)$와 가장 가까운 n차 다항식을 구하는 문제를 생각하자.

먼저, 모든 $k=0,\ 1,\ \ldots,\ n$에 대하여 $x=a$에서 제k계 미분계수가 $f^{(k)}(a)$인 n차 다항식 $p_n(x)$을 생각하자. 이러한 $p_n(x)$를 결정하기 위하여

$$p_n(x) = a_0 + a_1(x-a) + a_2(x-a)^2 + \cdots + a_n(x-a)^n$$

이라고 두자. 모든 $k=0,\ 1,\ \ldots,\ n$에 대하여, $p_n^{(k)}(a) = f^{(k)}(a)$이므로

$$a_k = \frac{f^{(k)}(a)}{k!}$$

결과적으로

$$p_n(x) = f(a) + \frac{f'(a)}{1!}(x-a) + \frac{f''(a)}{2!}(x-a)^2 + \cdots + \frac{f^{(n)}(a)}{n!}(x-a)^n$$

임을 알 수 있다.

특히, $n=1$일 때 $p_1(x) = f(a) + \dfrac{f'(a)}{1!}(x-a)$이고 $y = f(a) + \dfrac{f'(a)}{1!}(x-a)$는 곡선 $y=f(x)$의 $x=a$에서 접선의 방정식을 나타내므로, $p_1(x)$는 $x=a$에서 곡선 $y=f(x)$에 접하는 1차 다항식을 의미한다. 마찬가지로 $n=2$인 경우

$$p_2(x) = f(a) + \frac{f'(a)}{1!}(x-a) + \frac{f''(a)}{2!}(x-a)^2$$

는 $x=a$에서 곡선 $y=f(x)$에 접하는 2차 다항식이다. 일반적으로 $p_n(x)$는 $x=a$에서 곡선 $y=f(x)$에 접하는 n차 다항식으로, $x=a$를 중심으로 하는 충분히 작은 구간에서 $f(x)$와 가장 가까운 n차 다항식을 의미한다.

다항식 $p_n(x)$를 $x=a$에서 $f(x)$의 n차 Taylor 다항식(Taylor's polynomial)이라 부른다. 특히, $f(x)$가 n차 이하의 다항식일 때 $x=a$에서 $f(x)$의 n차 Taylor 다항식은 $f(x)$ 자신과 같음을 알 수 있다.

예제 4.2.1 Taylor 다항식을 이용하여, x^3+3x^2+2x+1을 $x-1$의 다항식으로 나타내어라.

풀이 $f(x)=x^3+3x^2+2x+1$이라 두면, $f(x)$는 3차 다항식이므로 $x=1$에서 $f(x)$의 3차 Taylor 다항식은 $f(x)$이다. 따라서

$$f(x)=f(1)+\frac{f'(1)}{1!}(x-1)+\frac{f''(1)}{2!}(x-1)^2+\frac{f'''(1)}{3!}(x-1)^3$$

이다. 한편, $f(1)=7,\ f'(1)=11,\ f''(1)=12,\ f'''(1)=6$이므로

$$f(x)=7+11(x-1)+\frac{12}{2!}(x-1)^2+\frac{6}{3!}(x-1)^3$$

$$=(x-1)^3+6(x-1)^2+11(x-1)+7$$ ◀

문제 4.2.1 Taylor 다항식을 이용하여, 다음 식이 항등식이 되도록 계수 A, B_1, B_2, B_3를 구하여라.

$$\frac{3x-7}{(x+3)(x+1)^3}=\frac{A}{x+3}+\frac{B_1}{x+1}+\frac{B_2}{(x+1)^2}+\frac{B_3}{(x+1)^3}$$

힌트 $\left(\frac{3x-7}{x+3}-\frac{A}{x+3}\right)(x+1)^3=B_3+B_2(x+1)+B_1(x+1)^2$임을 이용

예제 4.2.2 $x=1$에서 $f(x)=e^x$의 n차 Taylor 다항식을 구하여라.

풀이 $f^{(n)}(x)=e^x$이므로 $f(1)=f'(1)=f''(1)=\cdots=f^{(n)}(1)=e$이다. 따라서 구하는 n차 Taylor 다항식 $p_n(x)$는 다음과 같다.

$$p_n(x)=e\left\{1+(x-1)+\frac{1}{2!}(x-1)^2+\cdots+\frac{1}{(n-1)!}(x-1)^{n-1}\right\}$$ ◀

문제 4.2.2 $x=0$에서 $f(x)=\cos x$의 $2n$차 Taylor 다항식을 구하여라.

2) Taylor 전개

$x=a$를 포함하는 구간에서 함수 $f(x)$가 적어도 n번 계속 미분가능일 때, $x=a$를 중심으로 하는 충분히 작은 구간에서 $f(x)$와 가장 가까운 n차 다항식은 $p_n(x)$임을 알았다. Taylor 다항식 $p_n(x)$를 이용하여, 평균값의 정리의 일반화를 살펴보자.

구간 $[x,a]$ 또는 $[a,x]$에서 평균값의 정리는 $f(x)=f(a)+f'(c)(x-a)$를 만족하는 c가 x와 a 사이에 존재함을 보여준다. 여기서, $f(a)=p_0(x)$이므로 이것은 $f(x)$와 $p_0(x)$의 차이가 $f'(c)(x-a)$인 c가 a와 x 사이에 존재한다는 것을 의미한다. 보다 일반적으로, $f(x)$와 $p_{n-1}(x)$의 차이를 생각하여 평균값의 정리의 일반화를 생각해 보자. 이 결과는 $f(x)$와 $p_{n-1}(x)$의 차이가 $\dfrac{f^{(n)}(c)}{n!}(x-a)^n$인 c가 x와 a사이에 존재한다는 것이다. 이것을 구체적으로 살펴보기 위하여, 변수 x를 상수 b로 바꾸어 생각하자. 이때, $b>a$라고 가정하자. $b<a$인 경우도 같은 방법을 적용할 수 있으므로, 이 가정은 일반성을 잃지 않는다. 이제, 결과를 증명하기 위하여

$$f(b)=p_{n-1}(b)+\frac{f^{(n)}(c)}{n!}(b-a)^n$$

인 c가 a와 b 사이에 존재함을 보이면 된다.

먼저, $f(b)=p_{n-1}(b)+M(b-a)^n$인 상수 M은 다음과 같다.

$$M=\frac{f(b)-p_{n-1}(b)}{(b-a)^n}$$

함수 $F(x)$를

$$F(x)=f(x)-p_{n-1}(x)-M(x-a)^n \quad (a\le x\le b)$$

라 정의하면, $F(a)=0$이고 $F(b)=0$이다.

이제, $M = \dfrac{f^{(n)}(c)}{n!}$ 임을 보이기 위하여, 다음 사실을 관찰한다.

「임의의 $k = 0,\ 1,\ \dots,\ n-1$에 대하여, $p_{n-1}^{(k)}(a) = f^{(k)}(a),\ F^{(k)}(a) = 0$」

이 사실과 함께, $k = 0,\ 1,\ \dots,\ n-1$까지 $F^{(k)}(x)$에 차례로 Rolle의 정리를 적용하여 $F^{(n)}(c) = 0$인 c가 a와 b 사이에 존재함을 알 수 있다. 또한, $F(x)$의 정의로부터 $F^{(n)}(x) = f^{(n)}(x) - n!M$이므로, $M = \dfrac{f^{(n)}(c)}{n!}$ 임을 알 수 있다.

결과적으로, $x = a$를 포함하는 구간에서 함수 $f(x)$가 적어도 n번 계속 미분가능일 때, $f(x) = p_{n-1}(x) + \dfrac{f^{(n)}(c)}{n!}(x-a)^n$인 c가 a와 x 사이에 존재함을 살펴보았다.

여기서 $\theta = \dfrac{c-a}{x-a}$라 두면, $0 < \theta < 1$이므로 관계식은

$$f(x) = p_{n-1}(x) + \frac{f^{(n)}(a+\theta(x-a))}{n!}(x-a)^n$$

와 같이 나타낼 수 있다.

지금까지 살펴본 결과를 정리하면, 다음과 같다.

정리 4.4 (Taylor의 정리)

$x = a$를 포함하는 구간에서 함수 $f(x)$가 n번 계속 미분가능이면, 이 구간의 임의의 점 x에 대하여

$$f(x) = f(a) + \frac{f'(a)}{1!}(x-a) + \frac{f''(a)}{2!}(x-a)^2 + \cdots$$

$$+ \frac{f^{(n-1)}(a)}{(n-1)!}(x-a)^{n-1} + R_n$$

여기서, $R_n = \dfrac{f^{(n)}(a+\theta(x-a))}{n!}(x-a)^n \quad (0 < \theta < 1)$이다.

정리 4.4의 결과 식을 $f(x)$의 $x=a$에서 Taylor 전개(Taylor's expansion)라 부르고, R_n을 Lagrange 나머지항(Lagrange's remainder term)이라고 한다. 특히, $a=0$라 두면

$$f(x)=f(0)+\frac{f'(0)}{1!}x+\frac{f''(0)}{2!}x^2+\cdots$$
$$+\frac{f^{(n-1)}(0)}{(n-1)!}x^{n-1}+\frac{f^{(n)}(\theta x)}{n!}x^n \quad (0<\theta<1)$$

이 된다. 이것을 $f(x)$의 Maclaurin 전개(Maclaurin's expansion)라 한다.

예제 4.2.3 $x=1$에서 $f(x)=e^x$의 Taylor 전개를 구하라.

풀이 $f^{(n)}(x)=e^x$이므로 $f(1)=f'(1)=f''(1)=\cdots=e$이다. 따라서

$$f(x)=e\left(1+(x-1)+\frac{1}{2!}(x-1)^2+\cdots+\frac{1}{(n-1)!}(x-1)^{n-1}\right)+R_n$$

여기서, $R_n=\dfrac{e^{1+\theta(x-1)}}{n!}(x-1)^n \quad (0<\theta<1)$이다. ◀

3) 급수전개

$f(x)$가 한 점 $x=a$를 포함하는 어떤 구간에서 무한히 계속 미분가능이라고 하고, 임의의 n에 대하여 $x=a$에서의 $f(x)$의 n차 Taylor 다항식을 $p_n(x)$라 하자. 이때, 급수 $\lim_{n\to\infty} p_n(x)$를 $x=a$에서 $f(x)$의 Taylor 급수(Taylor's series)라고 한다. Taylor 급수 $\lim_{n\to\infty} p_n(x)$가 수렴하더라도 $f(x)$와 항상 일치하는 것은 아니다. Taylor의 정리로부터 $f(x)=\lim_{n\to\infty} p_n(x)$일 필요충분조건은 Lagrange 나머지항 R_n이 0에 수렴하는 것임을 바로 알 수 있다. 이것을 정리하면 다음과 같다.

정리 4.5 (Taylor 급수전개)

함수 $f(x)$가 $x=a$를 포함하는 구간 I에서 무한히 계속 미분가능일 때, $\lim_{n\to\infty} R_n = 0$이면, 임의의 $x \in I$에 대하여 다음이 성립한다.

$$f(x) = f(a) + \frac{f'(a)}{1!}(x-a) + \frac{f''(a)}{2!}(x-a)^2 + \cdots + \frac{f^{(n)}(a)}{n!}(x-a)^n + \cdots$$

정리 4.5의 결과 식을 $x=a$에서 함수 $f(x)$의 Taylor 급수전개(Taylor's series expansion)라 한다. 특히, $a=0$일 때 $\lim_{n\to\infty} \frac{f^{(n)}(\theta x)}{n!} x^n = 0$이면

$$f(x) = f(0) + \frac{f'(0)}{1!}x + \frac{f''(0)}{2!}x^2 + \cdots + \frac{f^{(n)}(0)}{n!}x^n + \cdots$$

이것을 $f(x)$의 Maclaurin 급수전개(Maclaurin's series expansion)라 부른다.

예제 4.2.4 $f(x) = e^x$의 Maclaurin 급수전개를 구하여라.

풀이 모든 n에 대해서 $f^{(n)}(x) = e^x$이므로, $f(x) = e^x$는 계속 미분가능이고

$$R_n = \frac{f^{(n)}(\theta x)}{n!}x^n = \frac{e^{\theta x}}{n!}x^n \quad (0 < \theta < 1)$$

또한, $0 \le |R_n| \le \left|\frac{x^n}{n!}\right| e^{|x|}$이고 $\lim_{n\to\infty}\frac{x^n}{n!} = 0$이므로, $\lim_{n\to\infty} R_n = \lim_{n\to\infty}\frac{x^n}{n!}e^{\theta x} = 0$

이다. 따라서

$$f(x) = f(0) + \frac{f'(0)}{1!}x + \frac{f''(0)}{2!}x^2 + \cdots + \frac{f^{(n)}(0)}{n!}x^n + \cdots$$

즉, $-\infty < x < \infty$에 대하여

$$e^x = 1 + \frac{x}{1!} + \frac{x^2}{2!} + \cdots + \frac{x^n}{n!} + \cdots$$

◀

문제 4.2.3 다음 함수의 Maclaurin 급수전개를 구하여라.

(1) $f(x) = a^x$ (2) $f(x) = \cosh x$

예제 4.2.5 $f(x) = \sin x$ 의 Maclaurin 급수전개를 구하여라.

풀이 모든 n에 대해 $f^{(n)}(x) = \sin\left(x + \frac{n\pi}{2}\right)$이므로, $f(x) = \sin x$는 계속 미분가능이고

$$R_n = \frac{f^{(n)}(\theta x)}{n!} x^n = \frac{x^n}{n!} \sin\left(\theta x + \frac{n\pi}{2}\right) \to 0$$

이므로, $f(x) = \sin x$ 의 Maclaurin 급수전개는

$$f(x) = f(0) + \frac{f'(0)}{1!} x + \frac{f''(0)}{2!} x^2 + \cdots + \frac{f^{(n)}(0)}{n!} x^n + \cdots$$

한편

$$f(0) = 0, \qquad f'(0) = 1, \qquad f''(0) = 0,$$

$$f'''(0) = -1, \ldots, \ f^{(2n)}(0) = 0, \ f^{(2n+1)}(0) = (-1)^n, \ldots$$

로부터

$$\begin{aligned} \sin x &= x - \frac{x^3}{3!} + \frac{x^5}{5!} - \frac{x^7}{7!} + \cdots + (-1)^n \frac{x^{2n+1}}{(2n+1)!} + \cdots \\ &= \sum_{n=0}^{\infty} \frac{(-1)^n}{(2n+1)!} x^{2n+1} \quad (-\infty < x < \infty) \end{aligned}$$

◀

문제 4.2.4 $f(x) = \cos x$ 의 Maclaurin 급수전개를 구하여라.

예제 4.2.6 $x = \frac{\pi}{4}$ 에서 $\sin x$ 의 Taylor 급수전개를 구하여라.

풀이 $f(x) = \sin\left(x + \frac{\pi}{4}\right)$라 두면, $f^{(n)}(x) = \sin\left(x + \frac{\pi}{4} + \frac{n\pi}{2}\right)$이므로

$$f(0) = f'(0) = \frac{\sqrt{2}}{2}, \quad f''(0) = f'''(0) = -\frac{\sqrt{2}}{2}, \quad \cdots$$

또한

$$R_n = \frac{f^{(n)}(\theta x)}{n!} x^n = \frac{x^n}{n!} \cdot \sin\left(\theta x + \frac{\pi}{4} + \frac{n\pi}{2}\right) \to 0$$

이므로

$$\begin{aligned} \sin\left(x + \frac{\pi}{4}\right) &= f(0) + f'(0)x + \frac{f''(0)}{2!}x^2 + \cdots + \frac{f^{(n)}(0)}{n!}x^n + \cdots \\ &= \frac{\sqrt{2}}{2}\left(1 + x - \frac{1}{2!}x^2 - \frac{1}{3!}x^3 + \cdots\right) \end{aligned}$$

따라서

$$\sin x = \frac{\sqrt{2}}{2}\left(1 + \left(x - \frac{\pi}{4}\right) - \frac{1}{2!}\left(x - \frac{\pi}{4}\right)^2 - \frac{1}{3!}\left(x - \frac{\pi}{4}\right)^3 + \cdots\right)$$ ◀

멱급수전개 가능한 함수의 도함수도 멱급수전개가 가능하다. 다음 정리와 같이, 급수의 항별 미분을 이용하여 도함수의 멱급수 전개를 얻을 수 있다. 여기서는 그 증명을 생략하고, 정리의 결과를 적용하여 함수의 급수 전개를 구하는 문제만 다루기로 한다.

정리 4.6 (멱급수의 도함수)

$f(x) = \sum_{n=0}^{\infty} a_n x^n$의 수렴반경이 R일 때

$$f'(x) = \sum_{n=0}^{\infty} n a_n x^{n-1} \quad (-R < x < R)$$

정리 4.6에서 함수 $f(x)$의 멱급수전개의 수렴반경과 $f'(x)$의 멱급수전개의 수렴반경이 같음을 알 수 있다. 또한, $f(x) = \sum_{n=0}^{\infty} a_n x^n (-R < x < R)$일 때 급수 $\sum_{n=0}^{\infty} a_n x^n$는

$f(x)$의 Taylor 급수전개와 일치하는 것을 알 수 있다. 즉, $a_n = \dfrac{f^{(n)}(0)}{n!}$이다.

예제 4.2.7 $\sin x = x - \dfrac{x^3}{3!} + \dfrac{x^5}{5!} - \dfrac{x^7}{7!} + \cdots \ (-\infty < x < \infty)$에서

$$\cos x = (\sin x)' = 1 - \frac{x^2}{2!} + \frac{x^4}{4!} - \frac{x^6}{6!} + \cdots \ (-\infty < x < \infty)$$ ◀

문제 4.2.5 $\dfrac{1}{1-x}$의 Maclaurin 급수전개를 이용하여, $\dfrac{1}{(1-x)^2}$의 Maclaurin 급수전개를 구하여라.

문제 4.2.6 급수 $\displaystyle\sum_{n=1}^{\infty} \frac{n}{2^n}$의 합을 구하여라.

예제 4.2.8 $\sqrt{e}$와 가장 가까운 소수 둘째자리의 수를 구하여라.

풀이 $e^x = \dfrac{1}{0!} + \dfrac{x}{1!} + \dfrac{x^2}{2!} + \cdots + \dfrac{x^n}{n!} + \cdots = \displaystyle\sum_{n=0}^{\infty} \frac{x^n}{n!}$이므로, $\sqrt{e} = e^{\frac{1}{2}}$의 처음 4개 항의 합은

$$1 + \frac{1}{2} + \frac{1}{2!}\left(\frac{1}{2}\right)^2 + \frac{1}{3!}\left(\frac{1}{2}\right)^3 = 1 + \frac{1}{2} + \frac{1}{8} + \frac{1}{48} \fallingdotseq 1.64583$$

이고, 구간 $\left[0, \dfrac{1}{2}\right]$에 속하는 어떤 수 c에 대해 $\dfrac{e^c}{4!}\left(\dfrac{1}{2}\right)^4 = \dfrac{e^c}{384}$이다. 또한, $1 < e^c \le \sqrt{e} < 2$이므로, 오차는 양수이고 $\dfrac{2}{384} \fallingdotseq 0.0052$보다 작은 수가 된다. 그러므로 소수 둘째 자리까지 계산하면 $\sqrt{e} \fallingdotseq 1.65$이다. ◀

4.3 함수의 그래프

1) 함수의 증가 · 감소

미분가능인 함수의 증가 · 감소와 도함수의 관계에 대하여 알아보자.

평균값의 정리를 이용하여, 다음을 증명할 수 있다.

정리 4.7

함수 $f(x)$가 구간 I에서 미분가능일 때

(1) I에서 항상 $f'(x) > 0$이면, $f(x)$는 I에서 증가한다.

(2) I에서 항상 $f'(x) < 0$이면, $f(x)$는 I에서 감소한다.

증명 $x_1 < x_2$인 임의의 두 점 x_1, x_2를 구간 I에서 택하면, 평균값의 정리에 의하여

$$f(x_2) - f(x_1) = f'(c)(x_2 - x_1) \quad (x_1 < c < x_2)$$

인 c가 존재한다. 따라서 $f'(x) > 0$이면 $f'(c) > 0$이므로, $f(x_1) < f(x_2)$가 되어 $f(x)$는 I에서 증가한다. 마찬가지로, $f'(x) < 0$이면 $f(x_1) > f(x_2)$이므로 $f(x)$는 I에서 감소한다. ▨

예제 4.3.1 $f(x) = \frac{1}{3}x^3 - 3x^2 + 8x$의 증가 · 감소를 조사하여라.

풀이 $f'(x) = x^2 - 6x + 8 = (x-2)(x-4)$이므로, 다음을 알 수 있다.

$x < 2$	$2 < x < 4$	$x > 4$
$f'(x) > 0$	$f'(x) < 0$	$f'(x) > 0$
증가	감소	증가

따라서 $f(x)$는 $x < 2$와 $x > 4$에서 증가하고, $2 < x < 4$에서 감소한다. ◀

문제 4.3.1 $x > 0$일 때, $x > \sin x$임을 증명하여라.

함수 $f(x)$가 $x = a$에서 미분가능일 때, 미분계수의 정의에 의하여

$$f'(a) = \lim_{\Delta x \to 0} \frac{f(a+\Delta x) - f(a)}{\Delta x}$$

이므로, $f'(a)$가 0이 아닌 경우에 Δx의 절댓값이 충분히 작으면

$$f'(a) \text{ 와 } \frac{f(a+\Delta x) - f(a)}{\Delta x}$$

의 부호가 같다. 따라서 $f'(a) > 0$일 때

$$\frac{f(a+\Delta x) - f(a)}{\Delta x} > 0$$

이므로

$$\Delta x > 0 \text{이면 } f(a+\Delta x) > f(a)$$

$$\Delta x < 0 \text{이면 } f(a+\Delta x) < f(a)$$

이다. 이것은 $f'(a) > 0$이면, $f(x)$가 $x = a$에서 증가상태임을 나타낸다. 마찬가지로 $f'(a) < 0$이면, $f(x)$가 $x = a$에서 감소상태임을 알 수 있다.

이를 정리하면 다음과 같다.

정리 4.8

함수 $f(x)$가 $x = a$에서 미분가능일 때

(1) $f'(a) > 0$이면, $f(x)$는 $x = a$에서 증가상태이고

(2) $f'(a) < 0$이면, $f(x)$는 $x = a$에서 감소상태이다.

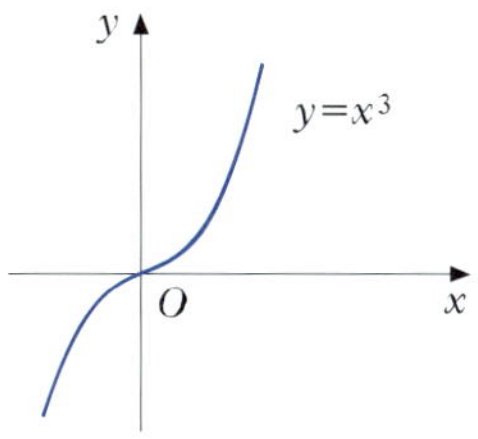

그림 4.3

그림 4.3에서 보는 바와 같이, $f(x)=x^3$는 $x=0$에서 증가상태이나 $f'(x)=3x^2$이므로 $f'(0)=0$이다. 이는 정리 4.8의 역이 성립하지 않음을 보여준다. 마찬가지로, $f(x)=-x^3$도 정리 4.8의 역에 대한 반례이다.

2) 함수의 극대 · 극소

함수 $f(x)$에 대하여, $f(a)$가 $x=a$를 중심으로 하는 어떤 구간에서 최댓값일 때, 즉 어떤 양수 δ에 대하여

$$0<|x-a|<\delta \text{ 이면 } f(x)<f(a)$$

일 때, $f(x)$는 $x=a$에서 극대(local maximum)라 하고, $f(a)$를 $f(x)$의 극댓값(local maximum value)이라 한다.

또한, $f(a)$가 $x=a$를 중심으로 하는 어떤 구간에서 최솟값일 때, 즉 어떤 양수 δ에 대하여

$$0<|x-a|<\delta \text{ 이면 } f(x)>f(a)$$

일 때 $f(x)$는 $x=a$에서 극소(local minimum)라 하고, $f(a)$를 $f(x)$의 극솟값(local minimum value)이라 한다.

극댓값과 극솟값을 극값(extreme value), 극대점과 극소점을 극점(extreme point)이라 한다. 이와 같이 극값은 a의 근방에서의 국소적으로 함수의 값을 비교하여 결정되므로, 전체 구간에서는 극댓값이 극솟값보다 작아질 수도 있다.

연속함수 $f(x)$가 $x=a$의 좌우에서 증가상태에서 감소상태로 바뀌면 $f(x)$는 $x=a$에서 극대가 되고, 반대로 $x=a$의 좌우에서 감소상태에서 증가상태로 바뀌면 $f(x)$는 $x=a$에서 극소가 된다.

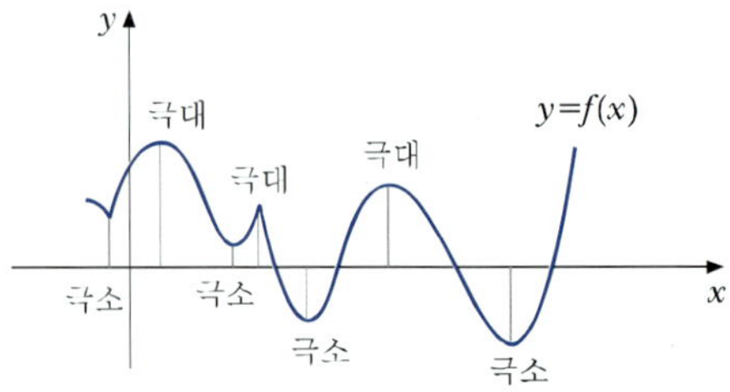

그림 4.4

정리 4.8로부터 다음과 같이 미분가능 함수가 극값을 가질 필요조건을 얻는다.

정리 4.9

함수 $f(x)$가 $x=a$에서 미분가능일 때, $f(x)$가 $x=a$에서 극대 또는 극소이면 $f'(a)=0$이다.

증명 $f'(a)>0$이면 $f(x)$는 a를 포함하는 어떤 구간에서 단조증가이고, 또 $f'(a)<0$이면 $f(x)$는 a를 포함하는 어떤 구간에서 단조감소이다. 어느 경우이든 $x=a$에서 $f(x)$는 극값을 갖지 못한다. 그러므로 $f'(a)=0$이어야 한다. ▨

예제 4.3.2 타원 $\dfrac{x^2}{a^2}+\dfrac{y^2}{b^2}=1$에 내접하는 직사각형 중에서 그 넓이가 최대인 것을 구하여라.

풀이 내접하는 직사각형의 제1사분면에 있는 꼭짓점을 (x, y)라 하면, 직사각형의 넓이 S는 $S=4xy$이다. 그런데 (x, y)는 주어진 타원의 점이므로, $y=\dfrac{b}{a}\sqrt{a^2-x^2}$이고 $S(x)=\dfrac{4b}{a}x\sqrt{a^2-x^2}$이다. 따라서

$$S'(x)=\frac{4b}{a}\left(\sqrt{a^2-x^2}-x\frac{x}{\sqrt{a^2-x^2}}\right)=\frac{4b}{a}\frac{a^2-2x^2}{\sqrt{a^2-x^2}}$$

이다. $S'(x)=0$를 만족하는 x의 값은 $x=\dfrac{a}{\sqrt{2}}$ 또는 $x=a$인데, $0<x<a$ 이므로 $x=\dfrac{a}{\sqrt{2}}$이다. 또한, 충분히 작은 양의 수 h에 대하여 $S'\left(\dfrac{a}{\sqrt{2}}-h\right)>0$ 이고 $S'\left(\dfrac{a}{\sqrt{2}}+h\right)<0$이므로 $x=\dfrac{a}{\sqrt{2}}$, $y=\dfrac{b}{\sqrt{2}}$일 때 넓이가 극대인 동시에 최대이고, 그 최대넓이는 $S\left(\dfrac{a}{\sqrt{2}}\right)=2ab$이다. ◀

문제 4.3.2 폭이 32 cm인 함석의 양쪽을 수직으로 세워서 물받이 홈통을 만들려고 한다. 받아낼 수 있는 물의 양을 최대로 하기 위해서는 높이를 얼마로 해야 하는가?

문제 4.3.3 개울에 이웃한 땅이 있다. 개울에 접한 쪽을 제외한 세 변에 전체 길이가 2,000 m인 울타리를 둘러서 직사각형 모양의 초원을 조성하고자 한다. 이때, 직사각형의 넓이를 최대로 하려면 가로, 세로를 각각 몇 m로 하면 되는가?

연속인 제2계 도함수를 갖는 함수 $f(x)$의 극대 · 극소에 대한 판정법을 알아보자.

정리 4.10

함수 $f(x)$가 점 $x=a$의 근방에서 연속인 제2계 도함수를 갖고 $f'(a)=0$일 때

(1) $f''(a)>0$이면, $f(x)$는 $x=a$에서 극소이다.

(2) $f''(a)<0$이면, $f(x)$는 $x=a$에서 극대이다.

또한, $f(x)$가 점 $x=a$의 근방에서 연속인 제3계 도함수를 갖고 $f'(a)=0$일 때

(3) $f''(a)=0,\ f'''(a)\neq 0$이면, $f(x)$는 $x=a$에서 극값을 갖지 않는다.

일반적으로, 함수 $f(x)$가 점 $x=a$의 근방에서 연속인 제 $2n$계 도함수를 갖고

(1) $f'(a)=\cdots=f^{(2n-1)}(a)=0,\ f^{(2n)}(a)>0$이면 $f(x)$는 $x=a$에서 극소이다.

(2) $f'(a)=\cdots=f^{(2n-1)}(a)=0,\ f^{(2n)}(a)<0$이면 $f(x)$는 $x=a$에서 극대

이다.

또한, $f(x)$가 점 $x=a$의 근방에서 연속인 제 $(2n+1)$계 도함수를 가질 때

(3) $f'(a)=\cdots=f^{(2n)}(a)=0$이고 $f^{(2n+1)}(a)\neq 0$이면 $f(x)$는 $x=a$에서 극값을 갖지 않는다.

증명 $f'(a)=0$이므로, $f(x)$의 Taylor 전개를 구하면

$$f(x)-f(a)=\frac{f''(a+\theta(x-a))}{2!}(x-a)^2,\ (0<\theta<1)$$

$f''(a)>0$일 때, 어떤 양수 δ에 대하여 $0<|x-a|<\delta$이면 $f''(x)>0$이다. 따라서 $f''(a+\theta(x-a))>0$이므로, $f(x)>f(a)$이고 따라서 $f(x)$는 $x=a$에서 극소이다. $f''(a)<0$일 때도 같은 방법으로 증명된다. ▨

예제 4.3.3 $f(x)=e^x+e^{-x}$의 극값을 구하여라.

풀이 $f(x)=e^x+e^{-x}$, $f'(x)=e^x-e^{-x}$, $f''(x)=e^x+e^{-x}$이다. $f'(x)=e^x-e^{-x}=0$인 x의 값은 $e^{2x}=1$에서 $x=0$이다. 또 $f''(0)=2>0$이므로, $x=0$에서 극소이고 극솟값은 $f(0)=2$이다. 극댓값은 갖지 않는다. ◀

문제 4.3.4 $f(x)=x^3-9x^2+24x-7$의 극값을 구하여라.

함수 $f(x)$가 닫힌구간 $[a,b]$에서 연속일 때, 이 구간에서 $f(x)$의 최댓값과 최솟값이 항상 존재한다. 이 경우 미분불가능인 점과 구간의 양쪽 끝점에서의 함숫값과 미분가능인 점에서의 극댓값과 극솟값을 함께 비교하여 최댓값과 최솟값을 구할 수 있다.

예제 4.3.4 구간 $[-2,2]$에서 $f(x)=|x|e^x$의 최댓값과 최솟값을 구하여라.

풀이 i) $x\geq 0$일 때, $f(x)=x\cdot e^x$이고 $f'(x)=(1+x)e^x>0$이다. 따라서 $f(x)$는 증가함수이다.

ii) $x<0$일 때, $f(x)=-xe^x$이고 $f'(x)=-(1+x)e^x$에서 $x=-1$일 때만 $f'(x)=0$이고, $f''(x)=-(2+x)e^x$이므로 $f''(-1)=-\frac{1}{e}<0$이다. 그러므로 $f(x)$는 $x=-1$에서 극댓값 $\frac{1}{e}$을 갖는다. 또한, 미분불가능인 점인 $x=0$에서 $f(0)=0$이고 구간의 끝점에서 함숫값이 각각 $f(2)=2e^2$, $f(-2)=2e^2$이므로, $f(x)$의 최댓값은 $f(2)=2\cdot e^2$이고 최솟값은 $f(0)=0$이다. ◀

문제 4.3.5 구간 $[1,3]$에서 $f(x)=2x^3-9x^2+12x-2$의 최댓값과 최솟값을 구하여라.

예제 4.3.5 $f(x)=\cosh x+\cos x$의 극값을 구하여라.

풀이 $f'(x)=\sinh x-\sin x$이고 $y=\sinh x$와 $y=\sin x$는 $x=0$에서 공통 접선을 가지므로 $f'(x)=0$인 x의 값은 $x=0$ 뿐이다. 또한

$$f''(x)=\cosh x-\cos x,\quad f''(0)=0,$$

$$f'''(x)=\sinh x+\sin x,\quad f'''(0)=0,$$

$$f^{(4)}(x)=\cosh x+\cos x,\quad f^{(4)}(0)=2>0$$

이므로, $f(x)$는 $x=0$에서 극소이고 극솟값은 $f(0)=2$이다. ◀

3) 곡선의 오목 · 볼록

곡선의 구부러진 모양에 대하여 살펴보자.

연속인 곡선 $y=f(x)$에 대하여

(1) 구간 I에서 곡선 위의 임의의 두 점 P와 Q를 잇는 선분이 곡선보다 위쪽에 있을 때, 함수 $f(x)$는 구간 I에서 아래로 볼록(downward convex) 또는 위로 오목(upward concave)이라 한다.

(2) 구간 I에서 곡선 위의 임의의 두 점 P와 Q를 잇는 선분이 곡선보다 아래쪽에 있을 때, 함수 $f(x)$는 구간 I에서 위로 볼록(upward convex) 또는 아래로 오목(downward concave)이라고 한다.

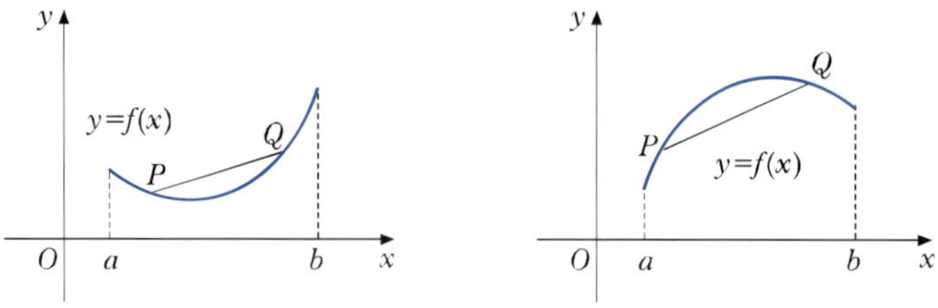

그림 4.5

또한, 함수 $f(x)$가 $x=a$를 중심으로 오목 · 볼록의 상태가 바뀔 때 점 $(a, f(a))$를 곡선 $y=f(x)$의 변곡점(inflection point)이라고 한다.

다음 정리는 연속인 제2계 도함수를 갖는 함수 $f(x)$의 오목 · 볼록에 대한 필요조건을 보여준다.

정리 4.11

함수 $f(x)$가 점 $x=a$의 근방에서 연속인 제2계 도함수를 가질 때

(1) 함수 $f(x)$가 구간 I에서 아래로 볼록이면, 그 구간에서는 항상 $f''(x) \geq 0$이다.

(2) 함수 $f(x)$가 구간 I에서 위로 볼록이면, 그 구간에서는 항상 $f''(x) \leq 0$이다.

증명 구간 I의 x_1, x, x_2 $(x_1 < x < x_2)$에 대응하는 곡선 위의 세 점을 각각 P, R, Q라 하면, P와 Q를 잇는 직선의 방정식은

$$y=f(x_1)+\frac{f(x_1)-f(x_2)}{x_1-x_2}(x-x_1)$$

또는

$$y=f(x_2)+\frac{f(x_1)-f(x_2)}{x_1-x_2}(x-x_2)$$

로 나타낼 수 있다. 함수 $f(x)$가 구간 I에서 아래로 볼록일 때

$$f(x) \leq f(x_1)+\frac{f(x_1)-f(x_2)}{x_1-x_2}(x-x_1)$$

이고

$$f(x) \leq f(x_2) + \frac{f(x_1)-f(x_2)}{x_1-x_2}(x-x_2)$$

따라서

$$\frac{f(x_1)-f(x)}{x_1-x} \leq \frac{f(x_1)-f(x_2)}{x_1-x_2} \leq \frac{f(x)-f(x_2)}{x-x_2}$$

이므로

$$f'(x_1) = \lim_{x \to x_1} \frac{f(x_1)-f(x)}{x_1-x} \leq \frac{f(x_1)-f(x_2)}{x_1-x_2}$$

$$\leq \lim_{x \to x_2} \frac{f(x)-f(x_2)}{x-x_2} = f'(x_2)$$

즉, $f'(x_1) \leq f'(x_2)$이므로 도함수 $f'(x)$는 구간 I의 어떤 점에서도 감소상태가 아니고 결과적으로 $f''(x) \geq 0$이다.

함수 $f(x)$가 구간 I에서 위로 볼록일 때도 같은 방법으로 증명된다. ▨

함수 $f(x)$가 미분가능일 때, 곡선의 오목 · 볼록에 관한 다음 사실을 쉽게 관찰할 수 있다.

보조정리 4.12

함수 $f(x)$가 구간 I에서 미분가능일 때 곡선 $y=f(x)$ 위의 한 점 P에서 접선이 P의 근방에서 곡선 아래쪽에 있으면 아래로 볼록이고, 접선이 곡선 위쪽에 있으면 위로 볼록이다.

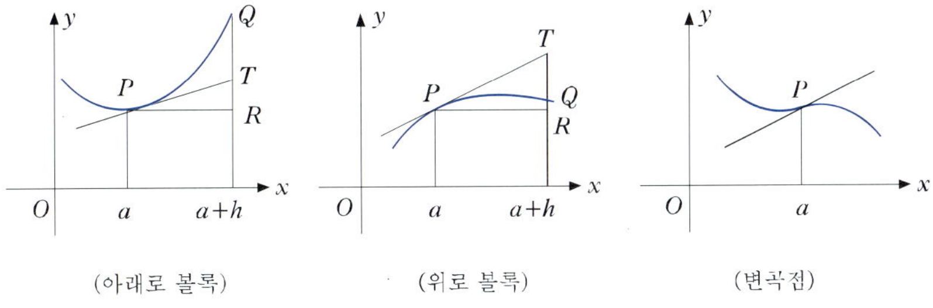

그림 4.6

보조정리 4.12의 결과를 이용하여, 다음과 같은 오목 · 볼록의 판정법을 얻는다.

정리 4.13

함수 $f(x)$가 점 $x=a$의 근방에서 연속인 제2계 도함수를 가질 때

(1) $f''(a)>0$이면 $f(x)$는 a를 포함하는 어떤 구간에서 아래로 볼록이다.

(2) $f''(a)<0$이면 $f(x)$는 a를 포함하는 어떤 구간에서 위로 볼록이다.

일반적으로, 함수 $f(x)$가 점 $x=a$의 근방에서 연속인 제 $2n$계 도함수를 가질 때

(1) $f''(a)=f'''(a)=\cdots=f^{(2n-1)}(a)=0,\ f^{(2n)}(a)>0$이면 $f(x)$는 a를 포함하는 어떤 구간에서 아래로 볼록이다.

(2) $f''(a)=f'''(a)=\cdots=f^{(2n-1)}(a)=0,\ f^{(2n)}(a)<0$이면 $f(x)$는 a를 포함하는 어떤 구간에서 위로 볼록이다.

증명 (1) $f''(x)$가 연속이므로 $f''(a)>0$일 때, a를 품고 있는 어떤 구간 I에서 $f''(a)>0$이다. 구간 I에 속하는 임의의 x에 대하여

$$f(x)=f(a)+f'(a)(x-a)+\frac{f''(c)}{2!}(x-a)^2$$

여기서, c는 a와 x 사이의 점이므로 I에 속한다. 즉, $x\neq 0$일 때

$$\frac{f''(c)}{2!}(x-a)^2>0$$

이다. 따라서 $x\neq 0$일 때 $f(x)>f(a)+f'(a)(x-a)$이다. 이것은 구간 I에서 곡선이 접선보다 위쪽에 있음을 의미한다. 즉, $f(x)$는 구간 I에서 아래로 볼록이다.

(2)의 경우도 같은 방법으로 증명된다. ▨

예제 4.3.6 $f(x)=e^{-x^2}$의 오목 · 볼록을 조사하고, 변곡점이 있으면 구하여라.

풀이 $f'(x) = -2xe^{-x^2}$, $f''(x) = -2e^{-x^2} + 4x^2e^{-x^2} = (4x^2-2)e^{-x^2}$이므로, $f''(x)=0$인 x의 값은 $x = \frac{1}{\sqrt{2}}$, $-\frac{1}{\sqrt{2}}$이다. 또한, $x < -\frac{1}{\sqrt{2}}$ 또는 $x > \frac{1}{\sqrt{2}}$일 때 $f''(x) > 0$이므로 아래로 볼록이고, $-\frac{1}{\sqrt{2}} < x < \frac{1}{\sqrt{2}}$일 때 $f''(x) < 0$이므로 위로 볼록이다. 또한, $x = -\frac{1}{\sqrt{2}}$와 $x = \frac{1}{\sqrt{2}}$를 중심으로 오목・볼록의 상태가 바뀌므로, 변곡점 $\left(-\frac{1}{\sqrt{2}}, \frac{1}{\sqrt{e}}\right)$과 $\left(\frac{1}{\sqrt{2}}, \frac{1}{\sqrt{e}}\right)$을 갖는다. ◀

문제 4.3.6 $f(x) = x^3 - 3x^2$의 오목 · 볼록을 조사하고, 변곡점이 있으면 구하여라.

다음은 함수가 변곡점을 가질 필요조건을 나타낸 것이다.

정리 4.14

함수 $f(x)$가 점 $x=a$의 근방에서 연속인 제2계 도함수를 가질 때, 점 $(a, f(a))$가 $y=f(x)$의 변곡점이면 $f''(a)=0$이다.

증명 $f''(a) > 0$이면 함수 $f(x)$는 a를 포함하는 어떤 구간에서 아래로 볼록이고, $f''(a) < 0$이면 $f(x)$는 a를 포함하는 어떤 구간에서 위로 볼록이다. 위의 어느 경우나 점 $(a, f(a))$는 곡선 $y=f(x)$의 변곡점이 될 수 없다. 따라서 $f''(a)=0$이다. ▨

다음은 함수가 변곡점을 가질 충분조건을 살펴보자.

정리 4.15

함수 $f(x)$가 점 $x=a$의 근방에서 연속인 제 $(2n+1)$계 도함수를 가질 때

$$f''(a)=f'''(a)=\cdots=f^{(2n)}(a)=0,\ \ f^{(2n+1)}(a)\neq 0$$

이면, 점 $(a, f(a))$는 $f(x)$의 변곡점이다.

증명 $f^{(2n+1)}(x)$가 연속이므로 $f^{(2n+1)}(a)\neq 0$일 때, a를 포함하는 어떤 구간 I에서 $f^{(2n+1)}(x)\neq 0$이다. 구간 I에 속하는 임의의 x에 대하여

$$f(x)=f(a)+f'(a)(x-a)+\frac{f^{(2n+1)}(c)}{(2n+1)!}(x-a)^{(2n+1)}$$

여기서, c는 a와 x 사이의 점이므로 I에 속한다. 따라서 $x-a$의 부호에 따라 $f(x)$와 $f(a)+f'(a)(x-a)$의 크기가 바뀐다. 즉, $f(x)$는 $x=a$에서 변곡점을 갖는다. ▨

예제 4.3.7 $f(x)=x^5$의 변곡점을 구하여라.

풀이 $f'(x)=5x^4$, $f''(x)=20x^3$이므로, $f''(x)=0$를 만족하는 x의 값은 $x=0$뿐이다. 또한

$$f'''(x)=60x^2,\quad f'''(0)=0,\quad f^{(4)}(x)=120x,$$
$$f^{(4)}(0)=0,\quad f^{(5)}(0)=120$$

이므로, 점 $(0, 0)$는 변곡점이다. ◀

예제 4.3.8 $f(x)=\cosh x+\cos x$의 변곡점을 조사하여라.

풀이 $f'(x)=\sinh x-\sin x$, $f''(x)=\cosh x-\cos x$이므로, $f''(x)=0$를 만족하는 x의 값은 $x=0$뿐이다. 또한

$$f'''(x)=\sinh x+\sin x,\quad f'''(0)=0,$$

$$f^{(4)}(x) = \cosh x + \cos x\ , \quad f^{(4)}(0) = 2 > 0$$

이므로, $x=0$를 포함하는 어떤 구간에서 $f(x)$는 아래로 볼록이다. 따라서 변곡점을 갖지 않는다. ◀

문제 4.3.7 다음 함수의 변곡점을 구하여라.

(1) $f(x) = x^5 - 5x^4 + 10x^3 - 10x^2 + 5x - 1$ (2) $f(x) = \sin x$

4.4 기타 응용

1) 부정형의 극한

$f(x)$, $g(x)$는 $x=a$의 근방에서 연속이고, $f(a)=0$, $g(a)=0$일 때 $\dfrac{f(x)}{g(x)}$는 $x=a$에서 $\dfrac{0}{0}$ 부정형이라고 한다. $x=a$에서 $\dfrac{0}{0}$ 부정형이 되어 $\dfrac{f(x)}{g(x)}$의 값이 결정되지 않는 경우에도 $\lim\limits_{x\to a}\dfrac{f(x)}{g(x)}$가 존재할 수 있다.

다음 정리는 $\dfrac{0}{0}$ 부정형의 극한을 미분을 이용하여 효과적으로 구하는 방법을 제공한다.

정리 4.16 (L'Hospital의 정리)

함수 $f(x)$, $g(x)$가 $x=a$의 근방에서 미분가능이고, 이 근방에서 $g'(x)\neq 0$이며 $f(a)=g(a)=0$이면

$$\lim_{x\to a}\frac{f(x)}{g(x)}=\lim_{x\to a}\frac{f'(x)}{g'(x)}$$

이다. 단, 우변의 극한이 존재한다고 가정한다.

증명 Cauchy의 정리 (정리 4.3)에 의하여

$$\frac{f(x)}{g(x)}=\frac{f(x)-f(a)}{g(x)-g(a)}=\frac{f'(c)}{g'(c)}\quad (a>c>x \text{ 또는 } a<c<x)$$

인 c가 존재한다. 그런데 $x\to a$이면 $c\to a$이므로

$$\lim_{x\to a}\frac{f(x)}{g(x)}=\lim_{c\to a}\frac{f'(c)}{g'(c)}=\lim_{x\to a}\frac{f'(x)}{g'(x)}$$ ▨

$\dfrac{\infty}{\infty}$ 부정형의 극한도 $\dfrac{0}{0}$ 부정형의 경우와 마찬가지로 다음 정리를 이용하여 구할 수

있다. 이 결과는 근본적으로 $\frac{\infty}{\infty}$ 부정형도 $\frac{0}{0}$ 부정형으로 고쳐 L'Hospital의 정리를 적용하여 얻을 수 있다.

정리 4.17

함수 $f(x)$, $g(x)$가 $x=a$의 근방에서 미분가능이고, 이 근방에서 $g'(x) \neq 0$일 때, $f(x)$, $g(x) \to \pm\infty$ $(x \to a)$이면

$$\lim_{x \to a} \frac{f(x)}{g(x)} = \lim_{x \to a} \frac{f'(x)}{g'(x)}$$

이다. 단, 우변의 극한이 존재한다고 가정한다.

$x \to \infty$나 $x \to -\infty$의 경우에도 정리 4.16이나 정리 4.17에 대한 유사한 결과가 성립한다. 즉, $x \to \infty$인 경우, 충분히 큰 수 M에 대하여 함수 $f(x)$, $g(x)$가 구간 (M, ∞)에서 미분가능이고 $g'(x) \neq 0$일 때, $f(x)$, $g(x) \to 0$ 또는 $f(x)$, $g(x) \to \pm\infty$이면 다음이 성립한다.

$$\lim_{x \to \infty} \frac{f(x)}{g(x)} = \lim_{x \to \infty} \frac{f'(x)}{g'(x)}$$

$\frac{0}{0}$, $\frac{\infty}{\infty}$ 부정형 외에도 다음과 같은 형태의 부정형이 있다.

$$0 \cdot \infty, \quad \infty - \infty, \quad \infty^0, \quad 0^0, \quad 1^\infty$$

이들은 $\frac{0}{0}$, $\frac{\infty}{\infty}$ 부정형으로 바꾸어, 정리 4.16과 정리 4.17을 적당히 적용하여 그 극한을 구할 수 있다.

예제 4.4.1 다음 극한을 구하여라.

(1) $\lim_{x \to 1} \frac{\ln x}{1-x}$ (2) $\lim_{x \to 0+} \frac{\ln x}{\cot x}$

(3) $\lim_{x \to \infty} x^{\frac{1}{1-x}}$　　　(4) $\lim_{x \to 0+} (x+1)^{\cot x}$

풀이 (1) $\lim_{x \to 1} \frac{\ln x}{1-x} = \lim_{x \to 1} \frac{\frac{1}{x}}{-1} = -1$

(2) $\lim_{x \to 0+} \frac{\ln x}{\cot x} = \lim_{x \to 0+} \frac{\frac{1}{x}}{-\operatorname{cosec}^2 x} = \lim_{x \to 0+} \left(-\frac{\sin x}{x} \cdot \sin x\right) = -1 \cdot 0 = 0$

(3) $\lim_{x \to \infty} x^{\frac{1}{1-x}} = \lim_{x \to \infty} e^{\frac{1}{1-x}\ln x}$이고 $\lim_{x \to \infty} \frac{\ln x}{1-x} = \lim_{x \to \infty} \frac{\frac{1}{x}}{-1} = 0$이므로

$$\lim_{x \to \infty} x^{\frac{1}{1-x}} = e^0 = 1$$

(4) $y = (x+1)^{\cot x}$라 두고, L'Hospital의 정리를 적용하면

$$\lim_{x \to 0+} (x+1)^{\cot x} = e$$

◀

문제 4.4.1 다음 극한을 구하여라.

(1) $\lim_{x \to 0} \frac{x - \sin x}{x^3}$　　　(2) $\lim_{x \to 1} (1-x) \tan \frac{\pi}{2} x$

(3) $\lim_{x \to \infty} x^{\frac{1}{x}}$　　　(4) $\lim_{x \to \infty} \left(\frac{x}{x-2}\right)^x$

2) 평면 위의 운동

다음으로, 평면 위에서 움직이는 점의 속도와 가속도에 대하여 알아보자.

좌표평면 위를 움직이는 점 $P(x, y)$의 시각 t에서 좌표를

$$x = x(t), \ y = y(t)$$

라 하면, P의 x축 방향의 속도는 $\frac{dx}{dt}$, y축 방향의 속도는 $\frac{dy}{dt}$이다. 따라서 시각 t에

서 P의 속도 v는 $\frac{dx}{dt}$와 $\frac{dy}{dt}$를 각각 x성분과 y성분으로 갖는 벡터

$$v = \left(\frac{dx}{dt}, \frac{dy}{dt}\right)$$

이다. 마찬가지로 시각 t에서 P의 가속도는 벡터

$$a = \left(\frac{d^2x}{dt^2}, \frac{d^2y}{dt^2}\right)$$

이다. 이것을 정리하면 다음과 같다.

정리 4.18

좌표평면 위를 움직이는 점 $P(x, y)$의, 시각 t에서 좌표를

$$x = x(t), \quad y = y(t)$$

라 할 때, P의 속도 v와 가속도 a는 다음과 같다.

$$v = \left(\frac{dx}{dt}, \frac{dy}{dt}\right), \quad a = \left(\frac{d^2x}{dt^2}, \frac{d^2y}{dt^2}\right)$$

예제 4.4.2 평면 위를 움직이는 점 $P(x, y)$의 시각 t에서 좌표를

$$x = e^t \cos t, \quad y = e^t \sin t$$

라 할 때, P의 속도와 가속도 및 각각의 크기를 구하여라.

풀이 $x = e^t \cos t, \quad y = e^t \sin t$ 에서

$$\frac{dx}{dt} = e^t(\cos t - \sin t), \quad \frac{dy}{dt} = e^t(\sin t + \cos t)$$

이므로, 시각 t에서 P의 속도는

$$v = \left(\frac{dx}{dt}, \frac{dy}{dt}\right) = \left(e^t(\cos t - \sin t), e^t(\sin t + \cos t)\right)$$

이고, 그 크기는

$$\sqrt{\left(\frac{dx}{dt}\right)^2+\left(\frac{dy}{dt}\right)^2} = e^t\sqrt{(\cos t-\sin t)^2+(\sin t+\cos t)^2} = \sqrt{2}\,e^t$$

이다. 또한

$$\frac{d^2x}{dt^2}=\frac{d}{dt}\left(\frac{dx}{dt}\right)=-2e^t\sin t,\quad \frac{d^2y}{dt^2}=\frac{d}{dt}\left(\frac{dy}{dt}\right)=2e^t\cos t$$

이므로, 가속도는

$$a=\left(\frac{d^2x}{dt^2},\ \frac{d^2y}{dt^2}\right)=(-2e^t\sin t,\ 2e^t\cos t)$$

이고, 그 크기는 다음과 같다.

$$\sqrt{\left(\frac{d^2x}{dt^2}\right)^2+\left(\frac{d^2y}{dt^2}\right)^2} = 2e^t\sqrt{(-\sin t)^2+(\cos t)^2} = 2e^t$$

◀

문제 4.4.2 좌표평면 위를 움직이는 물체의 시각 t에서 위치가

$$x=t-\sin t,\ \ y=1-\cos t$$

로 주어질 때, 시각 t에서 속도와 가속도 및 각각의 크기를 구하여라.

좌표평면의 x축 위에서 출발하여 원점을 중심으로 회전 운동하는 점 P가 있다. 시각 t일 때, 이 점 P의 회전각을 θ라 하면 θ는 t에 대한 함수이다. 이때, $\omega=\dfrac{d\theta}{dt}$를 점 P의 각속도(angular velocity)라 하고, $\alpha=\dfrac{d\omega}{dt}=\dfrac{d^2\theta}{dt^2}$를 점 P의 각가속도(angular acceleration)라 한다.

문제 4.4.3 좌표평면의 원점을 중심으로 반지름 a인 원을 따라 점 $(a,0)$에서 출발하여 각속도 ω로 등속 운동하는 점 P가 있다. 점 P의 속도와 가속도 및 각각의 크기를 구하여라.

3) 곡률

평면 위의 곡선 $y=f(x)$에 대하여 $y=f(x)$가 미분가능일 때, 구간 $[a, x]$에서 곡선의 길이 $s=s(x)$의 미분을 ds라 하면

$$\Delta s \approx \sqrt{(\Delta x)^2+(\Delta y)^2}$$

이므로

$$ds = \sqrt{(dx)^2+(dy)^2} = \sqrt{1+(f'(x))^2}\, dx$$

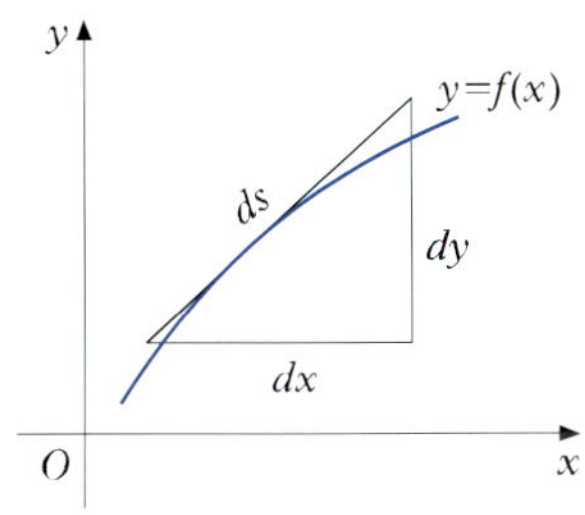

그림 4.7

곡률(curvature)은 주어진 곡선의 방향변화율을 나타내는 양이며, 접선이 x축과 이루는 각 θ의 호의 길이 s에 대한 변화율의 절댓값이다. 그림 4.8의 점 P에서의 곡률은

$$k=\lim_{\Delta s \to 0}\left|\frac{\Delta\theta}{\Delta s}\right| = \left|\frac{d\theta}{ds}\right|$$

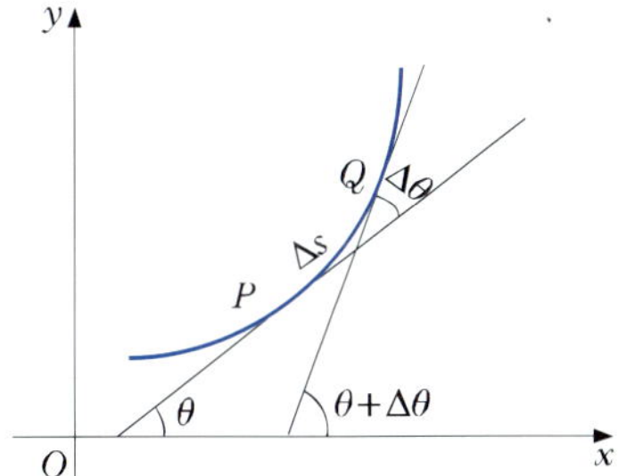

그림 4.8

직교좌표계에서는 $y'=\tan\theta$이므로, $\theta=\tan^{-1}y'$가 되어

$$d\theta = \frac{y''}{1+y'^{2}}\,dx = \frac{y''}{(1+y'^{2})\sqrt{1+y'^{2}}}\,ds$$

따라서

$$k = \left|\frac{d\theta}{ds}\right| = \frac{|y''|}{(1+y'^{2})^{\frac{3}{2}}}$$

예제 4.4.3 원 $x^2+y^2=1$의 $x=0$에서 곡률을 구하여라.

풀이 $y' = -\dfrac{x}{y},\ \ y'' = -\dfrac{y-xy'}{y^2}$ 이므로, 원 위의 임의의 점에서 곡률은

$$k = \frac{|-y+xy'|}{y^2(1+y'^{2})^{\frac{3}{2}}}$$

특히, $x=0$일 때 $y=\pm 1,\ \ y'=0$이므로, $x=0$에서의 곡률은 $k=1$이다. ◀

매개변수방정식

$$x=f(t),\ \ y=g(t)$$

로 주어진 곡선에 대하여

$$y' = \frac{dy}{dx} = \frac{g'(t)}{f'(t)}$$

$$y'' = \frac{d^2y}{dx^2} = \frac{f'(t)g''(t)-f''(t)g'(t)}{f'(t)^3}$$

이므로, 곡률은 다음과 같다.

$$k = \frac{|f'(t)g''(t)-f''(t)g'(t)|}{[f'(t)^2+g'(t)^2]^{\frac{3}{2}}}$$

예제 4.4.4 원 $x = r\cos\theta$, $y = r\sin\theta$상의 임의의 점에서의 곡률은 $\frac{1}{r}$ 임을 보여라.

풀이 $x' = -r\sin\theta$, $x'' = -r\cos\theta$, $y' = r\cos\theta$, $y'' = -r\sin\theta$이므로

$$k = \frac{r^2\sin^2\theta + r^2\cos^2\theta}{(r^2\sin^2\theta + r^2\cos^2\theta)^{\frac{3}{2}}} = \frac{1}{r}$$

이다. 또한, 곡선 $r = f(\theta)$의 점 $P(r, \theta)$에서 $x = r\cos\theta$, $y = r\sin\theta$이고

$$x' = r'\cos\theta - r\sin\theta, \qquad y' = r'\sin\theta + r\cos\theta$$

$$x'' = r''\cos\theta - 2r'\sin\theta - r\cos\theta, \quad y'' = r''\sin\theta + 2r'\cos\theta - r\sin\theta$$

이므로

$$k = \frac{|r^2 + 2r'^2 - rr''|}{[r^2 + r'^2]^{\frac{3}{2}}}$$

이다. 여기서 r', r'는 각각 r의 θ에 대한 제1계, 제2계 도함수이다. ◀

곡률반경(radius of curvature) R은 곡률의 역수로 주어진다. 즉

$$R = \frac{1}{k} = \frac{(1 + y'^2)^{\frac{3}{2}}}{|y''|}$$

예제 4.4.5 $y = x - x^2$ 의 점 $(1, 0)$에서 곡률반경을 구하여라.

풀이 $y' = 1 - 2x$이고 $y'' = -2$이므로, 곡률반경 R은 다음과 같다.

$$R = \left[\frac{(1 + (1-2x)^2)^{3/2}}{|-2|}\right]_{x=1} = \sqrt{2}$$

Taylor와 Maclaurin의 생애와 업적

영국의 수학자 Brook Taylor(1685-1731)가 수렴성에 대한 고찰 없이 다음의 전개 정리(expansion theorem)

$$f(a+h)=f(a)+hf'(a)+\frac{h^2}{2!}f''(a)+\cdots$$

를 발표한 해는 1715년이었다. 1717년 Taylor는 이 급수를 다음과 같이 수치방정식의 해에 응용시켰다. a를 $f(x)=0$의 근에 대한 한 근삿값이라 하고

$$f(a)=k,\ \ f'(a)=k',\ \ f''(a)=k''$$

와 $x=a+h$라 두자. $0=f(a+h)$를 급수 전개하여 h에 대한 3차 이상의 항은 버리고, $k,\ k',\ k'$의 값을 대입한 후 h에 대하여 풀어보아라. 이 과정을 계속 반복하여 보다 근접한 근삿값을 얻을 수 있다. 원근법에 관한 Taylor의 일부 논문은 비행기에서 촬영한 사진으로 측량하는 사진측량법(photogrammetry)의 수학적 처리에 응용되고 있다.

1755년에서야 비로소 Taylor 급수의 중요성이 인정되었다. 왜냐하면, Euler가 Taylor 급수를 그의 미분법에 적용하였으며, 그 후 Lagrange(1736-1813)는 그의 함수 이론의 기초로 나머지를 갖는 급수를 이용하였기 때문이다. Taylor는 Cambridge대학의 St. John 단과대학에서 교육받았으며, 일찍이 수학에 뛰어난 소질을 보였다. 그는 영국 학술원회원이 되었으나 저술 활동에 전념하기 위해서 34살에 사임하였다.

스코틀랜드 출신의 수학자 Colin Maclaurin(1698~1746)은 18세기 유능한 수학자 중의 한사람이다. Maclaurin 전개는 앞에서 언급한 Taylor 전개에서 $a=0$인 경우이다. 그는 기하학, 특히 고차원 평면곡선에 대한 연구에서 훌륭한 논문을 발표하였으며, 고전기하학을 물리문제에 응용하는데 큰 공헌을 하였다. 응용수학에 관해서도 많은 논문을 발표하여 조수의 수학적 이론에 관한 연구로 수상하기도 하였다. 유율법 연구에서는 두 회전 타원체의 상호 인력에 관한 그의 고찰이 실려 있다.

4장 종합문제

1) 기본 · 연습

1. $f(x) = x^2 + 2x + 3$에 대하여 $[a, a+h]$에서 평균값의 정리를 적용할 때, $c = a + \frac{h}{2}$임을 증명하여라.

2. 구간 $\left[\frac{\pi}{2}, \frac{3\pi}{2}\right]$에 정의된 $f(x) = \cos x$에서 평균값의 정리를 만족하는 c의 값을 구하여라.

3. 구간 $[0, 2\sqrt{3}]$에서 $f(x) = x^3 - 12x$는 $f'(c) = 0$를 만족하는 c가 적어도 하나는 가짐을 보여라.

4. 구간 $[1, 4]$에 정의된 두 함수 $f(x) = 3x + 2$, $g(x) = x^2 + 1$에 대해서, Cauchy의 정리를 만족하는 c를 구하여라.

5. Taylor의 정리를 사용하여, $2x^5 + x^4 - 3x^3 + x^2 - 5x + 1$을 $x + 1$의 다항식으로 나타내어라.

6. $\lim_{x \to 0} \frac{e^x - 1 - x}{x^2}$를 구하여라.

7. $0 < x < \pi$일 때, $\sin x > x\cos x$가 성립함을 증명하여라.

8. $0 < x$일 때, $\ln(1 + x) > x - \frac{x^2}{2}$가 성립함을 증명하여라.

9. $x \geq 2$일 때, $x > \ln(x^2 + x)$가 성립함을 증명하여라.

10. $0 < x < \frac{2}{\pi}$ 일 때, $\tan x > x + \frac{x^3}{3}$ 임을 증명하여라.

11. 다음 함수의 증가 · 감소를 조사하여라.

(1) $f(x) = 2x^2 - 4x$

(2) $f(x) = x^3 + 3x^2$

(3) $f(x) = x - \sqrt{x}$

(4) $f(x) = x + \sqrt{4 - x^2}$

(5) $f(x) = \tan x$

(6) $f(x) = x \ln x$

12. $f(x) = x^2 - 6x + 2$ 의 $x = 0$ 에서 증가 · 감소상태를 조사하여라.

13. $f(x) = \frac{1}{3}x^3 - x^2 + x - 5$ 의 증가, 감소를 조사하여라.

14. 다음 각 함수의 극값을 구하여라.

(1) $f(x) = x^3 - 8x^2 + 24x - 7$ (2) $f(x) = \frac{x}{1 + x^2}$ (3) $f(x) = \sin x(1 + \cos x)$

15. 함수 $f(x) = x^{\frac{1}{3}} + 2$ 의 변곡점을 구하여라.

16. $y = x - \sin x$ 에서 위로 볼록인 구간과 아래로 볼록인 구간 및 변곡점을 구하여라.

17. $\lim_{x \to 0}\left(\csc x - \frac{1}{x}\right)$ 를 구하여라.

18. $\lim_{x \to 0}\frac{\sin 7x}{4x}$ 를 구하여라.

19. $\lim_{x \to 0} x\cot x$ 를 구하여라.

20. $\lim_{x \to 0}\frac{\sin x - x + \frac{1}{6}x^3}{x^5}$ 를 구하여라.

21. $\lim_{x \to 0^+}\frac{\ln x}{\cot x}$ 를 구하여라.

2) 심화 · 응용

22. 구간 $[-8, 27]$에서 정의된 함수 $f(x) = x^{\frac{2}{3}}$에 대하여, 평균값의 정리가 성립하지 않음을 보이고, 그 이유를 설명하여라.

23. 고대 기록에 따르면, 170개의 노가 달린 갤리선은 184해리를 24시간에 항해한다고 한다. 이 항해 중에는 갤리선의 속도가 7.5노트를 초과하는 시점이 있는 이유를 설명하여라.

24. 한 변의 길이가 10인치인 정사각형의 종이를 각 모서리를 오려 접어서 뚜껑이 없는 상자를 만들려고 한다. 이 상자의 최대 부피를 구하여라.

25. 직원주면 모양의 1리터짜리 캔을 만들려고 한다. 재료를 최소로 하는 캔의 규격은 무엇인가? 여기서, 재료의 두께와 제조과정에서의 손실은 무시한다.

26. 가구를 만드는 목수가 농장에서 생산한 마호가니 목재를 사용하여 매일 5개의 가구를 생산한다고 한다. 목재를 배달받는데 5000 달러의 비용이 들고, 그 목재를 창고에 보관하는데 한 단위당 하루에 10 달러의 비용이 소요된다. 여기서, 한 단위의 목재는 1개의 가구를 생산하는데 필요한 양이다.

   (1) 1일 평균 원가를 최소화하기 위해서는 배달 주기를 며칠로 하는 것이 적당하겠는가?

   (2) (1)에서 최선의 답을 얻기 위해서는 배달 주기의 일수는 버림하여 얻는 것이 높은가? 올림하여 얻는 것이 좋은가?

27. 다음의 그래프는 어떤 자동차의 위치를 나타내는 함수이다. 그래프의 모양을 이용하여 다음 물음에 답하여라.

   (1) 자동차의 처음 속도는 얼마인가?

   (2) 자동차의 속도는 B와 C중 어디에서 더 빠른가?

   (3) 자동차는 A, B, C 각 점에서 속도가 감소하고 있는가? 증가하고 있는가?

   (4) D와 E 사이에는 어떠한가?

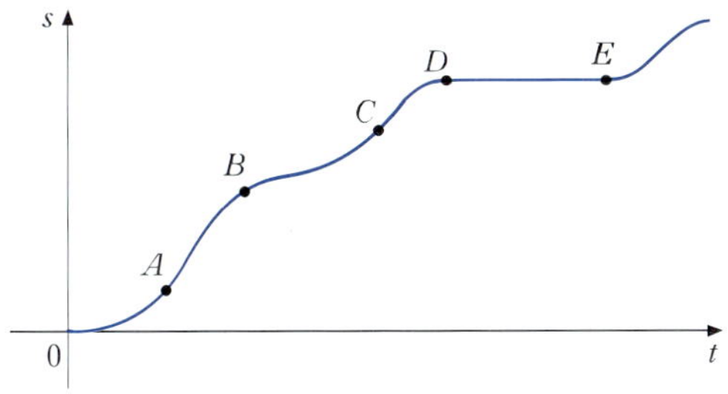

그림 4.9

28. 어떤 트럭을 시속 v마일로 운행하는 경우, 마일 당 $(300+5v)$원의 운영비가 소요되고 운전기사는 시간당 14,000원의 운임을 받는다고 한다. k마일 떨어진 도시로 어떤 상품을 배달하는 비용이 최소가 되게 하는 속력은 얼마인가? 법규에 따라 속력은 $40 \le v \le 60$을 유지해야 한다고 가정한다.

29. 반지름이 R인 구에 내접하는 원기둥 중에서 부피가 최대인 원기둥의 반지름 r과 높이 h를 구하여라.

30. 36m의 울타리를 이용하여 최대 넓이를 갖는 직사각형 우리를 구하여라.

31. 포물선 $y^2 = 2x$ 상에서 점 $(1, 4)$에 가장 가까운 점을 구하여라.

제5장

부정적분

▶▷▶ 주어진 함수의 부정적분을 구하는 것은 미분하여 그 함수가 되는 함수를 찾는 것을 의미한다. 미분적분학의 기본정리의 발견으로 부정적분을 구하는 과정은 정적분을 구하는 과정의 필수적인 부분이 되었다. 부정적분의 기본성질과 함께 부정적분을 구하는 여러 가지 원리와 방법을 소개한다.

5.1 부정적분의 정의와 성질

1) 부정적분의 정의

함수 $f(x)$가 함수 $F(x)$의 도함수, 즉 $\frac{d}{dx}F(x) = f(x)$일 때 $F(x)$를 $f(x)$의 원시함수(primitive function)라 한다.

$G(x)$를 $f(x)$의 한 원시함수라 하면 $G(x) = F(x) + C$ (C는 상수)이다. 따라서 $f(x)$의 원시함수의 일반 꼴은 임의의 상수 C에 대하여 $F(x) + C$이며, 이것을 $f(x)$의 부정적분(indefinite integral)이라 하고 $\int f(x)\,dx$로 나타낸다. 즉

$$\int f(x)\,dx = F(x) + C \quad \Leftrightarrow \quad \frac{d}{dx}F(x) = f(x)$$

이때, C를 적분상수(integral constant), $f(x)$를 피적분함수(integrand), x를 적분변수(integral variable)라고 한다.

주어진 함수 $f(x)$의 부정적분을 구하는 것, 즉 $f(x)$를 '적분한다'는 것은 미분하여

$f(x)$가 되는 함수 $F(x)$를 찾는 것이다.

예제 5.1.1 다음 부정적분을 구하여라.

(1) $\int 3x^2 dx$ (2) $\int \cos 2x\, dx$

(3) $\int \sec x\, dx$ (4) $\int \frac{1}{\sqrt{1-x^2}} dx$

풀이 (1) $(x^3)' = 3x^2$이므로 $\int 3x^2 dx = x^3 + C$

(2) $\left(\frac{1}{2}\sin 2x\right)' = \cos 2x$이므로 $\int \cos 2x\, dx = \frac{1}{2}\sin 2x + C$

(3) $(\tan x)' = \sec^2 x$로부터 $(\sec x + \tan x)' = \sec x(\sec x + \tan x)$이므로,

$\frac{(\sec x + \tan x)'}{(\sec x + \tan x)} = \sec x$이다. 따라서 $(\ln|\sec x + \tan x|)' = \sec x$이므로

$$\int \sec x\, dx = \ln|\sec x + \tan x| + C$$

(4) $(\sin^{-1}x)' = \frac{1}{\sqrt{1-x^2}}$를 이용하여 $\int \frac{1}{\sqrt{1-x^2}} dx = \sin^{-1}x + C$ ◀

문제 5.1.1 다음 부정적분을 구하여라.

(1) $\int \frac{2}{x} dx$ (2) $\int e^{2x} dx$

예제 5.1.2 시간 t에 대하여, $v(t) = 2\sin t + 3\cos t$의 속도로 x축을 따라 움직이는 장난감이 있다. $t=0$에서 장난감의 위치가 $x=1$이라고 할 때, 장난감의 위치를 t의 함수로 표시하여라.

풀이 $x = x(t)$를 t초 후의 장난감의 위치를 나타내는 함수라고 하면

$$x(t) = \int (2\sin t + 3\cos t)dt = -2\cos t + 3\sin t + C$$

이고, $x(0) = 1$이므로 $C = 3$이다. 따라서 $x(t) = -2\cos t + 3\sin t + 3$이다. ◀

문제 5.1.2 빗방울은 떨어지면서 커지기 때문에 그 표면의 넓이는 증가하고 저항도 커진다. 빗방울이 떨어질 때 초기속도는 초속 10m이고, 가속도는 다음과 같다고 하자.

$$a(t) = \begin{cases} 9 - 0.9t, & 0 \le t \le 10 \\ 0, & t > 10 \end{cases}$$

만약, 빗방울의 처음 위치가 땅에서 500m 위에 있다면, 땅에 떨어질 때까지 시간은 얼마가 걸리는가?

2) 부정적분의 성질

부정적분의 정의로부터 다음을 바로 알 수 있다. 이는 부정적분의 기본적인 성질을 밝히는데 적용할 수 있다.

정리 5.1 (미분과 적분의 관계)

(1) $\dfrac{d}{dx}\left(\displaystyle\int f(x)\,dx\right) = f(x)$ (2) $\displaystyle\int \frac{d}{dx}f(x)\,dx = f(x) + C$

이것은 적분은 미분의 역 과정임을 보여주는 것으로, 주어진 함수 $f(x)$를 적분하여 미분하면 $f(x)$이고, $f(x)$를 미분한 것을 적분하면 $f(x)+C$임을 의미한다.

적분과 미분과의 이러한 관계를 이용하여, 미분공식으로부터 다음의 가장 기본적인 적분공식을 얻을 수 있다.

〈적분공식〉	〈미분공식〉
1. $\displaystyle\int x^{\alpha}\,dx = \frac{x^{\alpha+1}}{\alpha+1} + C \ (\alpha \ne -1)$	$\left(\dfrac{x^{\alpha+1}}{\alpha+1}\right)' = x^{\alpha}$
2. $\displaystyle\int \frac{1}{x}dx = \ln\lvert x\rvert + C$	$(\ln\lvert x\rvert)' = \dfrac{1}{x}$
3. $\displaystyle\int e^{x}\,dx = e^{x} + C$	$(e^{x})' = e^{x}$

4. $\int \sin x\, dx = -\cos x + C$ $\qquad (-\cos x)' = \sin x$

5. $\int \cos x dx = \sin x + C$ $\qquad (\sin x)' = \cos x$

6. $\int \sec^2 x\, dx = \tan x + C$ $\qquad (\tan x)' = \sec^2 x$

7. $\int \csc^2 x\, dx = -\cot x + C$ $\qquad (-\cot x)' = \csc^2 x$

8. $\int \frac{1}{\sqrt{1-x^2}} dx = \sin^{-1} x + C$ $\qquad (\sin^{-1} x)' = \frac{1}{\sqrt{1-x^2}}$

9. $\int \frac{1}{1+x^2} dx = \tan^{-1} x + C$ $\qquad (\tan^{-1} x)' = \frac{1}{1+x^2}$

예제 5.1.3 $F'(x) = e^x - 2$, $F(0) = 2$를 만족하는 함수 $F(x)$를 구하여라.

풀이 $F(x) = \int (e^x - 2)\, dx = e^x - 2x + C$이고, $F(0) = 1 + C$에서 $C = 1$이므로 $F(x) = e^x - 2x + 1$이다. ◀

문제 5.1.3 $F'(x) = 2\cos x$, $F(0) = 1$을 만족하는 함수 $F(x)$를 구하여라.

예제 5.1.4 기준 시점 $t = 0$에서 질량 m_0인 물체가 현재의 양에 비례해서 자연 감소한다고 한다. 시점 t에서의 질량을 $m(t)$라 하고 이 물체의 질량이 반으로 줄어드는 기간을 의미하는 반감기를 T라 할 때, $m(t)$를 식으로 나타내어라.

풀이 k를 양의 비례상수라 할 때, $m(t)$는 방정식 $\frac{dy}{dt} = -ky$의 한 해이다. 예를 들어, $y = e^{-kt}$도 이 방정식의 한 해임을 알 수 있다. $\frac{m(t)}{e^{-kt}} = e^{kt} m(t)$를 미분하면

$$\frac{d}{dt}\left(\frac{m(t)}{e^{-kt}}\right) = ke^{kt} m(t) + e^{kt}(-k) m(t) = 0$$

따라서 적당한 상수 C에 대하여 $m(t) = Ce^{-kt}$이다. $m(0) = m_0$이므로 양변

에 $t=0$를 대입하면 $C=m_0$를 얻는다. 한편, $\frac{m_0}{2}=m(T)=m_0\,e^{-kT}$이므로 $k=\frac{\ln 2}{T}$이다. 결과적으로, 구하는 식은 다음과 같다.

$$m(t)=m_0\,e^{-\frac{\ln 2}{T}t}$$ ◀

문제 5.1.4 어떤 속성배양기 안의 박테리아의 수는 정오에 10,000마리, 두 시간 후에 40,000마리로 추정되었다. 박테리아의 증가율은 그 시점의 박테리아의 수에 비례한다고 할 때, 오후 5시에 박테리아 수를 구하여라.

정리 5.1을 이용하여 다음 부정적분의 성질을 쉽게 얻을 수 있다. 이 성질은 이미 부정적분을 알고 있는 함수들의 상수배나 그 합의 부정적분을 구하는데 유용하게 사용된다.

정리 5.2 (적분의 선형성)

(1) $\int kf(x)\,dx=k\int f(x)\,dx$ (k는 상수)

(2) $\int (f(x)+g(x))\,dx=\int f(x)\,dx+\int g(x)\,dx$

부정적분의 선형성과 앞에서 정리한 기본적인 적분공식을 이용하여 다항함수, 삼각함수 및 지수・로그함수 등 여러 함수들의 부정적분을 구할 수 있다.

예제 5.1.5 다음 부정적분을 구하여라.

(1) $\int \cos^2 x\,dx$ (2) $\int \tan^2 x\,dx$

풀이 (1) $\int \cos^2 x\,dx=\int \frac{1+\cos 2x}{2}\,dx=\frac{1}{2}x+\frac{1}{4}\sin 2x+C$

(2) $\int \tan^2 x\,dx=\int (\sec^2 x-1)dx$

$$=\int \sec^2 x\,dx-\int 1\,dx=\tan x-x+C$$ ◀

문제 5.1.5 다음 부정적분을 구하여라.

(1) $\int 2x(x-1)^3\,dx$

(2) $\int 2\sqrt{x}-\frac{2}{x}\,dx$

(3) $\int (3\cos x - 2\sin x)\,dx$

(4) $\int \sin^2 x\,dx$

(5) $\int \cot^2 x\,dx$

(6) $\int \left(e^x + \frac{1}{x}\right)dx$

5.2 부정적분의 계산

1) 부분적분법

곱의 미분법을 이용하여, 다음 부분적분법(integration by parts)의 공식을 유도할 수 있다.

정리 5.3 (부분적분법)

함수 $f(x)$, $g(x)$가 미분가능일 때

$$\int f(x)g'(x)\,dx = f(x)g(x) - \int f'(x)g(x)\,dx$$

증명 $(f(x)g(x))' = f(x)g'(x) + f'(x)g(x)$이므로

$$f(x)g'(x) = (f(x)g(x))' - f'(x)g(x)$$

양변을 x에 관해서 적분하면

$$\begin{aligned}\int f(x)g'(x)\,dx &= \int (f(x)g(x))'\,dx - \int f'(x)g(x)\,dx \\ &= f(x)g(x) - \int f'(x)g(x)\,dx\end{aligned}$$ ▨

부분적분법은 활용성이 높은 적분법으로 특히, 곱의 형태의 함수를 적분하는데 아주 유용하게 사용된다. 부분적분법을 적용하여 실제로 적분을 계산할 때에는 식의 오른쪽 부정적분을 구하는 것이 쉬워야 하고, 또한 $f(x)$와 $g'(x)$를 적절히 선택하여야 한다. 일반적으로, 미분하여 그 결과가 간단한 꼴이 되는 것을 $f(x)$, 부정적분을 구하기 쉬운 쪽을 $g'(x)$로 택하도록 한다. 한편, $\ln x$와 같이 겉보기로는 두 함수의 곱이 아니지만 1과의 곱으로 보고, 부분적분법을 적용할 수 있다.

예제 5.2.1 다음 부정적분을 구하여라.

(1) $\int x \sin x \, dx$ (2) $\int x e^{-x} \, dx$

(3) $\int 2x \ln x \, dx$ (4) $\int 2x \tan^{-1} x \, dx$

풀이 (1) $\int x \sin x \, dx = \int x \, (-\cos x)' \, dx$

$$= -x\cos x + \int \cos x \, dx = -x\cos x + \sin x + C$$

(2) $\int x e^{-x} \, dx = \int x \left(-e^{-x}\right)' \, dx = -x e^{-x} + \int e^{-x} \, dx$

$$= -e^{-x}(x+1) + C$$

(3) $\int 2x \ln x \, dx = \int \left(x^2\right)' \ln x \, dx$

$$= x^2 \ln x - \int x^2 \cdot \frac{1}{x} \, dx = x^2 \left(\ln x - \frac{1}{2}\right) + C$$

(4) $\int 2x \tan^{-1} x \, dx = \int \left(x^2+1\right)' \tan^{-1} x \, dx$

$$= \left(x^2+1\right) \tan^{-1} x - \int \frac{x^2+1}{x^2+1} dx$$

$$= \left(x^2+1\right) \tan^{-1} x - x + C$$ ◀

문제 5.2.1 다음 부정적분을 구하여라.

(1) $\int x^2 e^{-x} \, dx$ (2) $\int x^2 \sin x \, dx$

(3) $\int x \tan^{-1} x \, dx$ (4) $\int \frac{x \sin^{-1} x}{\sqrt{1-x^2}} \, dx$

예제 5.2.2 부정적분 $\int \ln x \, dx$를 구하여라.

풀이

$$\int \ln x \, dx = \int \ln x \cdot x' \, dx = \ln x \cdot x - \int \frac{1}{x} \cdot x \, dx$$

$$= x \ln x - \int 1 \, dx$$

$$= x \ln x - x + C$$ ◀

문제 5.2.2 다음 부정적분을 구하여라.

(1) $\int \tan^{-1} x \, dx$　　　(2) $\int (\ln x)^2 \, dx$

예제 5.2.3 부정적분 $\int \frac{\ln x}{x} dx$를 구하여라.

풀이 $I = \int \frac{\ln x}{x} dx = \int \ln x \, (\ln x)' \, dx$

$$= (\ln x)^2 - \int \frac{\ln x}{x} dx = (\ln x)^2 - I$$

따라서

$$I = \frac{1}{2}(\ln x)^2 + C$$ ◀

문제 5.2.3 다음 부정적분을 구하여라.

(1) $I = \int e^x \sin x \, dx$　　　(2) $\int \sec^3 x \, dx$　　　(3) $\int \sin^3 x \, dx$

예제 5.2.4 정수 n에 대하여 $I_n = \int \sin^n x \, dx$라 두면, $n \geq 2$일 때 다음 식이 성립함을 보여라.

$$I_n = -\frac{1}{n}\sin^{n-1} x \cos x + \frac{n-1}{n} I_{n-2}$$

풀이 $n \geq 2$일 때

$$\begin{aligned} I_n &= \int \sin^{n-1} x \cdot (-\cos x)' \, dx \\ &= \sin^{n-1} x \cdot (-\cos x) - \int (n-1)\sin^{n-2} x \cos x \cdot (-\cos x) \, dx \\ &= -\sin^{n-1} x \cos x + (n-1)\int \sin^{n-2} x \cos^2 x \, dx \\ &= -\sin^{n-1} x \cos x + (n-1)\left(\int \sin^{n-2} x \, dx - \int \sin^n x \, dx\right) \end{aligned}$$

이므로

$$nI_n = -\sin^{n-1}x\cos x + (n-1)I_{n-2}$$

따라서

$$I_n = -\frac{1}{n}\sin^{n-1}x\cos x + \frac{n-1}{n}I_{n-2}$$ ◀

문제 5.2.4 $n \geq 2$일 때, $J_n = \int \cos^n x\,dx$라 두면 다음 식이 성립함을 보여라.

$$J_n = \frac{1}{n}\cos^{n-1}x\sin x + \frac{n-1}{n}J_{n-2}$$

2) 치환적분법

치환적분법은 합성함수의 미분법의 공식으로부터 유도된다. 즉, 함수 $f(x)$의 한 원시함수를 $F(x)$라 하면, $F'(x) = f(x)$이고 $\int f(x)\,dx = F(x) + C$이다. 여기서 $x = \varphi(t)$라 두면 $F(x) = F(\varphi(t))$는 t의 함수가 된다. $F(x)$를 t에 관하여 미분하면 합성함수의 미분법에 의하여

$$\frac{d}{dt}F(x) = f(x)\frac{dx}{dt} = f(\varphi(t))\varphi'(t)$$

따라서

$$\int f(\varphi(t))\varphi'(t)\,dt = F(x) + C = \int f(x)\,dx$$

이와 같이 변수를 바꾸어 적분하는 방법을 치환적분법(integration by substitution)이라 하고, 정리하면 다음과 같다.

정리 5.4 (치환적분법)

함수 $f(t)$가 연속이고 $x = \varphi(t)$가 미분가능일 때

$$\int f(x)\,dx = \int f(\varphi(t))\varphi'(t)\,dt$$

변수 x 와 t 의 역할을 바꾸어 다음과 같이 나타낼 수 있고, 때로는 이것을 이용하는 것이 편리하다.

정리 5.5

함수 $f(t)$가 연속이고 $t=\psi(x)$가 미분가능일 때

$$\int f(\psi(x))\psi'(x)\,dx = \int f(t)\,dt$$

형식적으로 볼 때, 이 정리의 왼쪽 적분 식의 $\psi(x)$를 t로 치환하고, $t=\psi(x)$일 때 $\dfrac{dt}{dx}=\psi'(x)$로부터 단순히 $d\varphi(x)=\psi'(x)\,dx$를 dt로 바꾸어 적분할 수 있음을 나타낸다. 실제로, 부정적분을 계산하는 과정에서 $\psi'(x)\,dx=dt$의 왼쪽 식을 $\psi'(x)$와 dx의 곱으로 보고 수식처럼 계산하여 적용하면 편리하다.

치환적분법은 부정적분의 계산에서 여러 가지 형태로 변형되어 유용하게 사용되므로, 실제로 어떤 식을 어떻게 치환해야 하는가를 많은 연습을 통하여 익숙해지도록 하여야 한다.

앞에서 나열한 기본적인 적분공식, 부정적분의 선형성과 함께 치환적분법을 이용하여 다양한 형태의 부정적분을 구할 수 있다.

예제 5.2.5 다음 부정적분을 구하여라.

(1) $\displaystyle\int x\sqrt{1-x^2}\,dx$　　(2) $\displaystyle\int 2x\,e^{x^2}dx$

(3) $\displaystyle\int \tan x\,dx$　　(4) $\displaystyle\int \sec x\,dx$

풀이 (1) $t=1-x^2$로 두면, $x\,dx=-\dfrac{1}{2}dt$이므로

$$\int x\sqrt{1-x^2}\,dx = \int \sqrt{t}\cdot\left(-\frac{1}{2}\right)dt$$

$$= -\frac{1}{2}\cdot\frac{2}{3}t^{\frac{3}{2}} + C$$

$$= -\frac{1}{3}\sqrt{(1-x^2)^3} + C$$

(2) $t = x^2$로 두면 $2x\,dx = dt$이므로

$$\int 2x e^{x^2} dx = \int e^t\,dt = e^t + C = e^{x^2} + C$$

(3) $t = \cos x$로 두면, $\sin x\,dx = -dt$이므로

$$\int \tan x\,dx = \int \frac{\sin x}{\cos x}dx = -\int \frac{1}{t}dt = -\ln|t| + C = -\ln|\cos x| + C$$

(4) $\sec x = \dfrac{\cos x}{\cos^2 x} = \dfrac{\cos x}{1-\sin^2 x}$이고, $t = \sin x$라 두면 $dt = \cos x\,dx$이므로

$$\int \sec x\,dx = \int \frac{\cos x}{1-\sin^2 x}dx = \int \frac{1}{1-t^2}dt$$

$$= \tanh^{-1}t + C = \tanh^{-1}(\sin x) + C$$ ◀

문제 5.2.5 다음 부정적분을 구하여라.

(1) $\int (4x-1)^3 dx$　　　(2) $\int (x^2+2x-3)^2(x+1)\,dx$

(3) $\int (e^x+1)^3 e^x\,dx$　　　(4) $\int \dfrac{\sin x\cos x}{1-\cos x}dx$

(5) $\int \sqrt{\tan x}\,\sec^2 x\,dx$　　　(6) $\int \dfrac{(\sin^{-1}x)^2}{\sqrt{1-x^2}}dx$

예제 5.2.6 치환적분법을 이용하여, $\int \dfrac{f'(x)}{f(x)}dx = \ln|f(x)| + C$임을 보여라.

풀이 $t = f(x)$라 두면, $f'(x)\,dx = dt$이므로

$$\int \frac{f'(x)}{f(x)}dx = \int \frac{1}{t}dt = \ln|t| = \ln|f(x)| + C$$ ◀

문제 5.2.6 치환적분법을 이용하여, $\int a^x\, dx = \dfrac{a^x}{\ln a} + C$임을 보여라.

3) 삼각치환법

$\sqrt{a^2-x^2}$, $\sqrt{x^2+a^2}$ 와 $\sqrt{x^2-a^2}$ 의 형태를 포함하고 있는 피적분함수는 삼각함수를 이용한 치환법으로 변수를 변환하여 적분할 수 있다. 이 방법을 삼각치환법(trigonometric substitution)이라 하고, 다음과 같이 치환한다.

(1) $\sqrt{a^2-x^2}$ 를 포함하는 식은 $x = a\sin\theta$ $\left(-\dfrac{\pi}{2} \le \theta \le \dfrac{\pi}{2}\right)$

(2) $\sqrt{x^2+a^2}$ 를 포함하는 식은 $x = a\tan\theta$ $\left(-\dfrac{\pi}{2} \le \theta \le \dfrac{\pi}{2}\right)$

(3) $\sqrt{x^2-a^2}$ 를 포함하는 식은 $x = a\sec\theta$ $\left(0 \le \theta \le \pi,\ \theta \ne \dfrac{\pi}{2}\right)$

로 치환하면, $a>0$일 때 다음과 같이 변환된다.

(1) $\sqrt{a^2-x^2} = a\cos\theta, \quad dx = a\cos\theta d\theta$

(2) $\sqrt{x^2+a^2} = a\sec\theta, \quad dx = a\sec^2\theta\, d\theta$

(3) $\sqrt{x^2-a^2} = a\tan\theta, \quad dx = a\sec\theta\tan\theta\, d\theta$

예제 5.2.7 $a>0$일 때, $I = \int \sqrt{a^2-x^2}\, dx$를 구하여라.

풀이 $x = a\sin\theta$ $\left(-\dfrac{\pi}{2} \le \theta \le \dfrac{\pi}{2}\right)$로 두면

$$\sqrt{a^2-x^2} = a\cos\theta, \quad dx = a\cos\theta\, d\theta$$

이므로

$$I = \int a\cos\theta \cdot a\cos\theta\, d\theta = a^2\int \cos^2\theta\, d\theta$$

$$= a^2\int \frac{1+\cos 2\theta}{2}\, d\theta = a^2\left(\frac{\theta}{2} + \frac{\sin 2\theta}{4}\right) + C$$

또한, $\theta = \sin^{-1}\dfrac{x}{a}$ 이므로

$$\sin 2\theta = 2\sin\theta\cos\theta = 2\cdot\frac{x}{a}\cdot\frac{1}{a}\cdot\sqrt{a^2-x^2}$$

따라서

$$I = \frac{1}{2}\left(a^2\sin^{-1}\frac{x}{a} + x\sqrt{a^2-x^2}\right) + C \qquad \blacktriangleleft$$

예제 5.2.8 $I = \displaystyle\int \frac{1}{x^2\sqrt{4x^2-9}}\,dx$를 구하여라.

풀이 $2x = 3\sec\theta$라 두면, $dx = \dfrac{3}{2}\sec\theta\tan\theta\,d\theta$ 이므로

$$I = \int \frac{\frac{3}{2}\sec\theta\tan\theta}{\frac{9}{4}\sec^2\theta\cdot 3\tan\theta}\,d\theta = \int \frac{2}{9}\cos\theta\,d\theta$$

$$= \frac{2}{9}\sin\theta + C = \frac{\sqrt{4x^2-9}}{9x} + C \qquad \blacktriangleleft$$

문제 5.2.7 다음 부정적분을 구하여라.

(1) $\displaystyle\int \frac{dx}{x^2\sqrt{x^2+25}}$

(2) $\displaystyle\int \frac{\sqrt{1+x^2}}{x}\,dx$

5.3 유리함수와 무리함수의 부정적분

1) 유리함수의 적분

분모와 분자가 모두 다항식인 유리함수의 부정적분법에 대하여 알아보자. 만약 분자의 차수가 분모의 차수보다 작지 않을 때는 분자를 분모로 나누어 (몫)과 (나머지/분모)의 합으로 나타낼 수 있다. 이때, (몫)은 정식이고 (나머지/분모)는 나머지의 차수가 분모의 차수보다 작은 유리식이므로, 분자의 차수가 분모의 차수보다 작은 경우만 생각하면 된다.

먼저, 가장 간단한 경우의 부정적분을 다음 예제와 함께 구하여보자.

예제 5.3.1 $\int \frac{1}{ax+b}\,dx$를 구하여라.

풀이 $t = ax+b$라 두면, $dt = a\,dx$이므로

$$\int \frac{1}{ax+b}\,dx = \frac{1}{a}\int \frac{1}{t}\,dt = \frac{1}{a}\ln|t| + C = \frac{1}{a}\ln|ax+b| + C \qquad ◀$$

분모가 두 개의 일차식의 곱으로 인수분해 되는 간단한 유리함수의 부정적분은 부분분수분해를 이용하여 구할 수 있다.

예제 5.3.2 $\int \frac{1}{x^2-4}\,dx$를 구하여라.

풀이 $\frac{1}{x^2-4} = \frac{A}{x+2} + \frac{B}{x-2}$라 두고, A, B의 값을 구하면

$$A = -\frac{1}{4}, \quad B = \frac{1}{4}$$

따라서

$$\begin{aligned}\int \frac{1}{x^2-4}\,dx &= \frac{1}{4}\int\left(-\frac{1}{x+2} + \frac{1}{x-2}\right)dx \\ &= \frac{1}{4}(-\ln|x+2| + \ln|x-2|) + C \\ &= \frac{1}{4}\ln\left|\frac{x-2}{x+2}\right| + C \qquad ◀\end{aligned}$$

문제 5.3.1 다음 부정적분을 구하여라.

(1) $\displaystyle\int \frac{x+3}{x^2-6x+5}\,dx$　　　(2) $\displaystyle\int \frac{2x^3+1}{x^2+3x+2}\,dx$

예제 5.3.3 $n \ge 2$일 때, $I_n = \displaystyle\int \frac{1}{(ax+b)^n}\,dx$를 구하여라.

풀이 $t = ax+b$라 두면 $dt = a\,dx$이므로

$$I_n = \int \frac{1}{(ax+b)^n}\,dx = \frac{1}{a}\int \frac{1}{t^n}\,dt = \frac{1}{a}\cdot\frac{1}{-n+1}\,t^{-n+1} + C$$

$$= \frac{(ax+b)^{1-n}}{a(1-n)} + C$$ ◀

분모가 몇 개의 일차식이나 일차식의 거듭제곱의 곱으로 인수분해 되는 유리함수도 부분분수분해를 이용하여, 부정적분을 구할 수 있다.

예제 5.3.4 $\displaystyle\int \frac{3x-7}{(x+3)(x+1)^3}\,dx$를 구하여라.

풀이 $\displaystyle\int \frac{3x-7}{(x+3)(x+1)^3}\,dx = \frac{A}{x+3} + \frac{B_1}{x+1} + \frac{B_2}{(x+1)^2} + \frac{B_3}{(x+1)^3}$

로 두면

$$A = 2,\ B_1 = -2,\ B_2 = 4,\ B_3 = -5$$

따라서

$$\int \frac{3x-7}{(x+3)(x+1)^3}\,dx = \int \left(\frac{2}{x+3} - \frac{2}{x+1} + \frac{4}{(x+1)^2} - \frac{5}{(x+1)^3}\right)dx$$

$$= 2\ln|x+3| - 2\ln|x+1| - \frac{4}{x+1} + \frac{5}{2}\cdot\frac{1}{(x+1)^2} + C$$

$$= \ln\frac{(x+3)^2}{(x+1)^2} - \frac{8x+3}{2(x+1)^2} + C$$ ◀

문제 5.3.2 다음 부정적분을 구하여라.

(1) $\displaystyle\int \frac{x+11}{(x+3)(x+1)^2}\,dx$ (2) $\displaystyle\int \frac{2(x^2+1)}{(x+1)^4}\,dx$

다음으로 분모가 일차식으로 분해되지 않는 이차식을 포함하는 경우를 생각해 보자. 이차식이 실수범위에서 인수분해 되지 않으면 완전제곱 형태로 고칠 수 있으므로, 기본적으로 x^2+a^2 를 생각하면 된다.

예제 5.3.5 $\displaystyle\int \frac{x}{x^2+a^2}\,dx$를 구하여라.

풀이 $t=x^2+a^2$라 두면, $dt=2x\,dx$이므로

$$\int \frac{x}{x^2+a^2}\,dx = \int \frac{1}{t}\cdot\frac{1}{2}\,dt = \frac{1}{2}\ln|t|+C$$

$$= \frac{1}{2}\ln\left(x^2+a^2\right)+C$$ ◀

예제 5.3.6 $a\neq 0$일 때, $\displaystyle\int \frac{1}{x^2+a^2}\,dx = \frac{1}{a}\tan^{-1}\frac{x}{a}+C$임을 보여라.

풀이 $x=a\tan\theta\ \left(-\frac{\pi}{2}\le\theta\le\frac{\pi}{2}\right)$로 치환하면

$$x^2+a^2=a^2\sec^2\theta,\quad dx=a\sec^2\theta\,d\theta$$

이므로

$$\int \frac{1}{x^2+a^2}\,dx = \int \frac{a\sec^2\theta}{a^2\sec^2\theta}\,d\theta = \int \frac{1}{a}\,d\theta$$

$$= \frac{1}{a}\theta + C = \frac{1}{a}\tan^{-1}\frac{x}{a}+C$$ ◀

문제 5.3.3 다음 부정적분을 구하여라.

(1) $\displaystyle\int \frac{1}{x^2(1+x^2)}\,dx$　　　(2) $\displaystyle\int \frac{1}{x^3-1}\,dx$

분모가 x^2+a^2의 거듭제곱인 경우에도 다음 두 예제에서와 같이 부정적분을 구할 수 있다.

예제 5.3.7 $n \ge 2$일 때, $I_n = \displaystyle\int \frac{x}{(x^2+a^2)^n}\,dx$를 구하여라.

풀이 $t = x^2+a^2$라 두면 $dt = 2x\,dx$이므로

$$\begin{aligned} I_n &= \int \frac{1}{t^n}\cdot\frac{1}{2}\,dt = \frac{1}{2}\int\frac{1}{t^n}\,dt = \frac{1}{2}\cdot\frac{t^{1-n}}{1-n}+C \\ &= \frac{(x^2+a^2)^{1-n}}{2(1-n)}+C \end{aligned}$$

◀

예제 5.3.8 $I_n = \displaystyle\int \frac{1}{(x^2+a^2)^n}\,dx$를 구하여라.

풀이 i) $n=1$일 때, $I_1 = \dfrac{1}{a}\tan^{-1}\dfrac{x}{a}+C$이다.

ii) $n \ge 2$일 때, 부분적분법을 이용하여

$$\begin{aligned} I_{n-1} &= \int \frac{1}{(x^2+a^2)^{n-1}}\,dx = \int x'\cdot\frac{1}{(x^2+a^2)^{n-1}}\,dx \\ &= \frac{x}{(x^2+a^2)^{n-1}} - 2(1-n)\int\frac{x^2}{(x^2+a^2)^n}\,dx \\ &= \frac{x}{(x^2+a^2)^{n-1}} - 2(1-n)\int\frac{x^2+a^2-a^2}{(x^2+a^2)^n}\,dx \\ &= \frac{x}{(x^2+a^2)^{n-1}} - 2(1-n)\left(I_{n-1}-a^2I_n\right) \end{aligned}$$

따라서

$$I_n = \frac{3-2n}{2a^2(1-n)} I_{n-1} - \frac{x}{2a^2(1-n)(x^2+a^2)^{n-1}}$$ ◀

분모가 몇 개의 일차식이나 이차식 또는 그 거듭제곱의 곱으로 인수분해 되는 유리함수도 부분분수분해를 이용하여 부정적분을 구할 수 있다.

예제 5.3.9 $\int \frac{1}{x(1+x^2)^2} dx$를 구하여라.

풀이 $\frac{1}{x(1+x^2)^2} = \frac{A}{x} + \frac{Bx+C}{1+x^2} + \frac{Dx+E}{(1+x^2)^2}$로 두면

$$A=1,\ B=-1,\ C=0,\ D=-1,\ E=0$$

따라서

$$\int \frac{1}{x(1+x^2)^2} dx = \int \left(\frac{1}{x} - \frac{x}{1+x^2} - \frac{x}{(1+x^2)^2} \right) dx$$
$$= \ln|x| - \frac{1}{2}\ln(1+x^2) + \frac{1}{2(1+x^2)} + C$$ ◀

문제 5.3.4 다음 부정적분을 구하여라.

(1) $\int \frac{x+2}{(x^2+4x+1)^2} dx$　　(2) $\int \frac{x^3}{(1+x^2)^4} dx$

유리함수 $\frac{g(x)}{f(x)}$는 일반적으로

$$\frac{g(x)}{f(x)} = p(x) + \frac{g_1(x)}{f(x)}$$

로 나타낼 수 있다. 이때, $g_1(x)$의 차수가 $f(x)$의 차수보다 작다. 따라서 유리함수 $\frac{g(x)}{f(x)}$에서 $g(x)$의 차수가 $f(x)$의 차수보다 작을 때만 생각하면 된다.

(1) $f(x) = (ax+b)^n f_1(x)$이고 $f_1(x)$가 $ax+b$의 인수를 가지지 않는 다항함수일 때

$$\frac{g(x)}{f(x)} = \frac{A_1}{ax+b} + \frac{A_2}{(ax+b)^2} + \cdots + \frac{A_n}{(ax+b)^n} + \frac{g_1(x)}{f_1(x)}$$

(2) $f(x) = (ax^2+bx+c)^n f_1(x)$이고 $b^2 - 4ac < 0$, $f_1(x)$는 ax^2+bx+c의 인수를 가지지 않는 다항함수일 때

$$\frac{g(x)}{f(x)} = \frac{A_1 x + B_1}{ax^2+bx+c} + \frac{A_2 x + B_2}{(ax^2+bx+c)^2} + \cdots + \frac{A_n x + B_n}{(ax^2+bx+c)^n} + \frac{g_1(x)}{f_1(x)}$$

2) 무리함수 적분법

대개의 무리함수는 적절히 치환하여 유리함수로 나타낼 수 있다. 유리함수로 바꾸어 부정적분을 구할 수 있는 여러 형태의 무리함수 치환법을 살펴보자.

$f(x, y)$를 x, y에 관한 유리식이라고 가정하자.

I. $\int f(x, \sqrt[n]{ax+b})\,dx$: $\sqrt[n]{ax+b} = t$로 치환

예제 5.3.10 $\int \frac{1}{\sqrt{x} + \sqrt[4]{x^3}}\,dx$를 구하여라.

풀이 $\sqrt[4]{x} = t$로 두면, $dx = 4t^3\,dt$이므로

$$\begin{aligned}\int \frac{1}{\sqrt{x} + \sqrt[4]{x^3}}\,dx &= \int \frac{1}{t^2+t^3} 4t^3\,dt = 4\int \frac{t}{1+t}\,dt \\ &= 4\int \left(1 - \frac{1}{1+t}\right) dt = 4(t - \ln|1+t|) + C \\ &= 4(\sqrt[4]{x} - \ln|1+\sqrt[4]{x}|) + C\end{aligned}$$

◀

II. $\int f\left(x, \sqrt[n]{\frac{ax+b}{cx+d}}\right) dx$: $\sqrt[n]{\frac{ax+b}{cx+d}} = t$로 치환

예제 5.3.11 $\int \frac{1}{x+3}\sqrt{\frac{x+1}{x+2}}\,dx$를 구하여라.

풀이 $\sqrt{\frac{x+1}{x+2}}=t$로 두면, $x=\frac{1}{1-t^2}-2$이므로

$$\frac{1}{x+3}=\frac{1-t^2}{2-t^2},\quad dx=\frac{2t}{(1-t^2)^2}dt$$

따라서

$$\begin{aligned}\int \frac{1}{x+3}\sqrt{\frac{x+1}{x+2}}\,dx &= \int \frac{1-t^2}{2-t^2}\cdot t\cdot \frac{2t}{(1-t^2)^2}dt \\ &= 2\int \frac{t^2}{(2-t^2)(1-t^2)}dt \\ &= 2\int\left(\frac{2}{t^2-2}-\frac{1}{t^2-1}\right)dt \\ &= 2\left(\frac{2}{2\sqrt{2}}\ln\left|\frac{t-\sqrt{2}}{t+\sqrt{2}}\right|-\frac{1}{2}\ln\left|\frac{t-1}{t+1}\right|\right)+C \\ &= \sqrt{2}\ln\left|\frac{\sqrt{\frac{x+1}{x+2}}-\sqrt{2}}{\sqrt{\frac{x+1}{x+2}}+\sqrt{2}}\right|-\ln\left|\frac{\sqrt{\frac{x+1}{x+2}}-1}{\sqrt{\frac{x+1}{x+2}}+1}\right|+C\end{aligned}$$

◀

III. $\int f\left(x, \sqrt{ax^2+bx+c}\right)dx$

(1) $a>0$일 때 $\sqrt{ax^2+bx+c}=t-\sqrt{a}\,x$로 치환

(2) $a<0$일 때 $ax^2+bx+c=-a(x-\alpha)(\beta-x)$, $\alpha<\beta$인 경우 $\sqrt{\frac{x-\alpha}{\beta-x}}=t$로 치환

예제 5.3.12 $\int \frac{1}{x\sqrt{x^2+2x-1}}dx$를 구하여라.

풀이 $\sqrt{x^2+2x-1}=t-x$라 두면

$$x = \frac{t^2+1}{2t+2}, \quad dx = \frac{t^2+2t-1}{2(t+1)^2}dt, \quad \sqrt{x^2+2x-1} = \frac{t^2+2t-1}{2t+2}$$

이므로

$$\begin{aligned}\int \frac{1}{x\sqrt{x^2+2x-1}}dx &= \int \frac{2t+2}{t^2+1} \cdot \frac{2t+2}{t^2+2t-1} \cdot \frac{t^2+2t-1}{2(t+1)^2}dt \\ &= \int \frac{2}{t^2+1}dt = 2\tan^{-1}t + C \\ &= 2\tan^{-1}\left(x + \sqrt{x^2+2x-1}\right) + C\end{aligned}$$

◀

문제 5.3.5 $\displaystyle\int \frac{1}{\sqrt{x^2+3}}dx$를 구하여라.

예제 5.3.13 $\displaystyle\int \frac{\sqrt{4x-x^2}}{x^2}dx$를 구하여라.

풀이 $4x-x^2 = x(4-x)$이므로, $\sqrt{\dfrac{x}{4-x}} = t$라 두면

$$x = \frac{4t^2}{1+t^2}, \quad 4-x = \frac{4}{1+t^2}, \quad dx = \frac{8tdt}{(1+t^2)^2}$$

이므로

$$\begin{aligned}\int \frac{\sqrt{4x-x^2}}{x^2}dx &= \int \left(\frac{1+t^2}{4t^2}\right)^2 \cdot \frac{4t}{1+t^2} \cdot \frac{8t}{(1+t^2)^2}dt = \int \frac{2}{t^2(1+t^2)}dt \\ &= 2\int \left(\frac{1}{t^2} - \frac{1}{1+t^2}\right)dt = -\frac{2}{t} - 2\tan^{-1}t + C \\ &= -2\sqrt{\frac{4-x}{x}} - 2\tan^{-1}\sqrt{\frac{x}{4-x}} + C\end{aligned}$$

◀

문제 5.3.6 $\displaystyle\int \frac{1}{(x-1)\sqrt{2+x-x^2}}dx$를 구하여라.

5.4 여러 가지 치환법

지금까지의 치환적분법과는 다른 여러 형태의 치환법에 대하여 알아보자.

1) $t=\tan\dfrac{\theta}{2}$ 치환법

피적분함수가 삼각함수에 관한 유리함수 형태인 경우에 $t=\tan\dfrac{\theta}{2}$로 치환하면

$$\sin\theta=\frac{2t}{1+t^2},\quad \cos\theta=\frac{1-t^2}{1+t^2},\quad d\theta=\frac{2}{1+t^2}dt$$

이므로, 피적분함수가 t에 관한 유리식으로 표현되어 부정적분이 가능하다.

예제 5.4.1 $\displaystyle\int\tan\frac{\theta}{2}\,d\theta$를 구하여라.

풀이 $t=\tan\dfrac{\theta}{2}$라 두면

$$\int\tan\frac{\theta}{2}d\theta=\int\frac{2t}{1+t^2}dt=\ln|1+t^2|+C$$

$$=\ln\left|1+\tan^2\frac{\theta}{2}\right|+C$$ ◀

예제 5.4.2 $\displaystyle\int\frac{1}{1+\sin\theta+\cos\theta}\,d\theta$를 구하여라.

풀이 $t=\tan\dfrac{\theta}{2}$라 두면

$$\int\frac{1}{1+\sin\theta+\cos\theta}d\theta=\int\frac{1+t^2}{2(4-t^2)}\cdot\frac{2}{1+t^2}dt=\int\frac{1}{4-t^2}dt$$

$$=\frac{1}{4}\ln\left|\frac{2+t}{2-t}\right|+C=\frac{1}{4}\ln\left|\frac{2+\tan\frac{\theta}{2}}{2-\tan\frac{\theta}{2}}\right|+C$$ ◀

문제 5.4.1 다음 부정적분을 구하여라.

(1) $\displaystyle\int \frac{1}{1+\cos\theta}\,d\theta$　　　(2) $\displaystyle\int \frac{1}{(1+\sin\theta)^2}\,d\theta$

2) $e^x = t$ 치환법

피적분함수가 e^x에 관한 유리함수 형태인 경우에, $e^x = t$로 치환하면, 피적분함수가 t에 관한 유리식으로 표현되어 부정적분이 가능하다.

예제 5.4.3 $\displaystyle\int \frac{1}{e^x-1}\,dx$를 구하여라.

풀이 $e^x = t$라 두면, $dx = \dfrac{1}{t}\,dt$이므로

$$\int \frac{1}{e^x-1}\,dx = \int\left(\frac{1}{t-1}-\frac{1}{t}\right)dt = \ln\left|\frac{t-1}{t}\right| + C$$

$$= \ln\left|\frac{e^x-1}{e^x}\right| + C$$ ◀

예제 5.4.4 $\displaystyle\int \frac{e^x}{e^x+1}\,dx$를 구하여라.

풀이 $e^x+1 = t$라 두면, $e^x\,dx = dt$이므로

$$\int \frac{1}{t}dt = \ln|t| + C = \ln|e^x+1| + C$$ ◀

문제 5.4.2 다음 부정적분을 구하여라.

(1) $\displaystyle\int \frac{1}{e^{2x}-1}\,dx$　　　(2) $\displaystyle\int \frac{e^{2x}+1}{e^x-1}\,dx$

3) 역수 치환법

피적분함수가 무리함수인 경우에, $x = \frac{1}{t}$로 치환하면 피적분함수가 유리함수로 표현되어 부정적분을 구할 수는 경우가 있다.

예제 5.4.5 $\int \frac{1}{x^2\sqrt{\frac{1-x}{x}}}dx$를 구하여라.

풀이 $x = \frac{1}{t}$라 두면, $dx = -\frac{1}{t^2}dt$이므로

$$\int \frac{1}{x^2\sqrt{\frac{1-x}{x}}}dx = \int \frac{1}{\frac{1}{t^2}\sqrt{t\left(1-\frac{1}{t}\right)}} \cdot \left(-\frac{1}{t^2}\right)dt$$

$$= -\int \frac{1}{\sqrt{t-1}}dt = -2\sqrt{t-1} + C$$

$$= -2\sqrt{\frac{1-x}{x}} + C$$

◀

예제 5.4.6 $\int \frac{1}{x\sqrt{2x-x^2}\,dx}$를 구하여라.

풀이 $x = \frac{1}{t}$라 두면, $dx = -\frac{1}{t^2}dt$이므로

$$\int \frac{1}{x\sqrt{2x-x^2}}dx = \int \frac{1}{\frac{1}{t}\sqrt{\frac{2}{t}-\frac{1}{t^2}}}\left(-\frac{1}{t^2}\right)dt$$

$$= -\int \frac{1}{\sqrt{2t-1}}dt = -\sqrt{2t-1} + C$$

$$= -\sqrt{\frac{2-x}{x}} + C$$

◀

문제 5.4.3 $\int \frac{1}{x\sqrt{4-x^2}}dx$를 구하여라.

Russell의 역설과 집합론의 공리체계

1902년 6월 16일, 영국의 정치가이면서 문학가인 수학자 Bertrand Russell (1872~1970)은 당시 기호논리학을 연구하고 있던 Gottlob Frege(1848~1925)에게 집합론에 관한 논리적 모순을 제기하였다. Frege가 Russell로부터 편지를 받았을 때는 집합론의 개념을 광범위하게 사용하여 집필한 『산술의 기초(Grundgesetze der Arithmetik)』 제2권이 출판업자의 손으로 이미 넘어갔을 때였다. Russell은 1893년에 출판된 Frege의 제1권을 칭찬하는 편지에서 그가 1년 전부터 관찰해온 그의 역설을 설명하였던 것이다.

만약 R을 자기 자신을 원소로 하지 않는 모든 집합들의 집합, 즉

$$R = \{X \mid X \notin X,\ X \text{는 집합}\}$$

이라 하자. 이는 Russell의 첫 영문자 R을 따서 표기한 것으로, Russell 집합(Russell set)이라 한다. 그러면 R는 자기 자신의 원소인가? 아닌가? 만약 R이 자기 자신의 원소이면, R의 정의에 의하여 R는 자기 자신의 원소가 아니다. 또한, R이 자신의 원소가 아니면, 다시 R의 정의에 의하여 R는 자신의 원소이어야 한다.

이를 수학적 형식언어로 표현하면

$$R \in R \iff R \notin R$$

이라는 상반된 모순을 보여준다. 결국 이 모순은 집합 R이 존재하지 않음을 보여주며, Georg Cantor(1845-1918)가 생각한 모든 집합들의 집합은 더 이상 존재하지 않음을 주장한다. 부언하면, Russell이 제기한 문제는 일체의 집합을 자기 자신을 원소로 하는 것과 원소로 하지 않은 것의 두 종류로 구분하고 있다. 그렇게 나눌 때, 후자의 종류를 또 하나의 집합으로 간주하면 둘 중 어느 부류에 넣어야 할 것인가?라는 문제로 바꾸어 말할 수 있겠다. 이것은 순수한 논리학적인 언어로 표현된 역설로 오늘날의 논리학 및 수학기초론의 전개에 결정적인 영향을 끼쳤다.

Russell의 역설이 알려진 이후에 집합의 기호를 사용하지 않고, 일상에서 Russell의 역설을 좀 더 이해하기 쉽게 표현하는 여러 비유들이 나타났다. 그 중에서 가장 널리 알려진 것이 1919년 Russell 자신이 만든 것으로 그의 저서『수리철학 입문』에 나오는 이발사에 관한 역설이다.

「어느 마을에 한 이발사가 있다. 이 이발사는 자기 스스로 면도하지 않는 사람만 면도를 해준다고 한다.」

이 이야기의 역설적 특징은 '이발사는 스스로 면도를 하는가?'라는 물음에 답을 하려고 할 때 나타난다. 만일 이발사가 스스로 면도를 한다면 자신의 주장과 일치하지 않기 때문에 자기가 면도해 줄 수 없고, 반대로 자신이 스스로 면도하지 않는다고 하면 그는 자신의 주장에 따라 자신을 면도해 주어야 한다. 즉, 우리는 어느 경우에도 모순됨을 알 수 있다.

집합론에 대한 이러한 역설은 고대 역설과도 관련이 있다. 예를 들면, 기원전 4세기 Eubulides는 "내가 지금 말하고 있는 명제는 거짓이다(This statement I am now making is false)"라고 하였다. 만일, Eubulides의 명제가 참이라면 그것이 뜻하는 바에 의하여 거짓이요. 반면에, 그것이 거짓이라면 그가 말하고 있는 명제는 참이 되어야만 한다.

이와같이 자기 자신에 대하여 말하고 있다는 이유로 논리학에서는 이러한 명제를 자기 지시적(self-referential)이라고 한다. 이러한 자기 지시적 명제는 참과 거짓을 결코 결정할 수가 없다.

그렇다면, 'Russell의 역설을 피할 수 있는 방법은 무엇인가?' 1900년대 초에 이르러 많은 수학자들은 역설들을 극복하는 길은 공리론적인 기초 위에 집합론을 세우는 일이라고 생각하였다. '점'과 '직선'을 무정의 개념으로 받아들이는 것처럼 '집합'과 '원소'도 무정의 개념으로 약속한다. 다음은 Russell의 역설을 피하기 위하여 von Neumann(1903~1957)이 제시한 방법이다.

【방법 1】 모든 집합들의 전체집합 $\mathscr{J}$를 '유(class)'라는 새로운 무정의 개념으로 약속하는 것이다. 따라서 유는 더 이상 집합이 아니다. 유 $\mathscr{J}$내에 있는 원소들은 집합이므로, $\mathscr{J}$는 자기 자신의 원소가 되지 않는다. 따라서 Russell의 역설은 어떠한 논리적 모순이 생기지 않는다.

다른 방법으로, 다음과 같은 특정 성질을 갖는 대상 안에서 생각한다. 다음은 Zermelo-Fränkel의 분출공리 (또는 부분집합공리)이다.

【방법 2】 어떤 특정한 성질을 갖는 집합 U에 대하여

$$R = \{A \in U \mid A \not\in A\}$$

라 하자. $R \in R$라 가정하면, R의 정의에 의하여 $R \in U$이고 $R \not\in R$이어야 하므로, $R \not\in U$이다. 왜냐하면, $R \in U$라고 하면 다시 R의 정의에 의하여, $R \in R$라는 모순이 생기기 때문이다.

5장 종합문제

1) 기본 · 연습

1. 다음을 만족하는 함수 $F(x)$를 구하여라.

(1) $F'(x) = 2x + 3$, $F(0) = 1$　　　　(2) $F'(x) = e^x + \sin x$, $F(0) = 2$

2. $f(x) = x^2 - 1$, $g(x) = 2x + 1$에 대하여, $\int h(x)\,dx = f(x)g(x)$를 만족하는 함수 $h(x)$에 대하여, $h(2)$의 값을 구하여라.

3. 함수 $f(x)$에 대하여 $\int (2x+3)f'(x)dx = \frac{4}{3}x^3 + 2x^2 - 3x$이고 $f(0) = 1$일 때, $f(1) + f'(1)$의 값을 구하여라.

4. 두 함수 $f(x)$, $g(x)$가 $f'(x) = g'(x)$, $f(0) - g(0) = 1$을 만족할 때, $f(1) - g(1)$의 값을 구하여라.

5. 다음 부정적분을 구하여라.

(1) $\int (5x^4 - 3x^2 + 6)dx$　　　　(2) $\int \left(-2x^3 + 2x - \frac{3}{x}\right)dx$

(3) $\int \frac{x^2}{x^2+1}\,dx$　　　　(4) $\int (x\sqrt{x} - 3)^2\,dx$

(5) $\int \left(\frac{3}{x\sqrt{x}} - \frac{8}{x^5}\right)dx$　　　　(6) $\int (\sin^2 x + \cos x)\,dx$

(7) $\int (e^x - \sqrt{x})\,dx$　　　　(8) $\int (3 \cdot 5^x - e^x)\,dx$

(9) $\int \frac{xe^x + 2}{x}\,dx$

6. 다음 부정적분을 구하여라.

(1) $\int x\cos x\, dx$

(2) $\int x^2 \sin 3x\, dx$

(3) $\int x^2 e^x\, dx$

(4) $\int (x-2)e^{3x}\, dx$

(5) $\int x^3 \ln x\, dx$

(6) $\int x(\ln x)^2\, dx$

7. $\int f(x)\, dx = g(x)$이고 $\int g(x)dx = h(x)$를 만족할 때, 부정적분 $\int xf(x)dx$를 구하여라.

8. 다음 부정적분을 구하여라.

(1) $\int (2x+5)^{100}\, dx$

(2) $\int \sqrt{2x-1}\, dx$

(3) $\int \frac{x-1}{\sqrt{x+1}}\, dx$

(4) $\int \frac{3r^2}{\sqrt{1-r^3}}\, dr$

(5) $\int \cos(3-4x)\, dx$

(6) $\int \cos^3 x \sin x\, dx$

(7) $\int \frac{x}{\sin^2(x^2)}\, dx$

(8) $\int \frac{\cos\sqrt{x}}{\sqrt{x}}\, dx$

(9) $\int \frac{e^x}{1+2e^x}\, dx$

9. 다음 부정적분을 구하여라.

(1) $\int \cos^{-1} x\, dx$

(2) $\int (\sin^{-1} x)^2 dx$

(3) $\int \ln(x+2)\, dx$

(4) $\int e^{\sin^{-1} x}\, dx$

10. 다음 부정적분을 구하여라.

(1) $\int \frac{x^2}{\sqrt{9-x^2}}\, dx$

(2) $\int \frac{x}{\sqrt{4-x^2}}\, dx$

(3) $\int \frac{1}{\sqrt{4+x^2}}\, dx$

(4) $\int \frac{3}{\sqrt{1-4x^2}}\, dx$

(5) $\displaystyle\int \frac{1}{\sqrt{4x^2-49}}\,dx$

(6) $\displaystyle\int \frac{1}{x^2\sqrt{x^2-16}}\,dx$

11. 다음 부정적분을 구하여라.

(1) $\displaystyle\int \frac{1}{x^2-9}dx$

(2) $\displaystyle\int \frac{4}{x^2-16}dx$

(3) $\displaystyle\int \frac{3}{x^2+x-6}dx$

(4) $\displaystyle\int \frac{2x+3}{x^2+4x+3}dx$

(5) $\displaystyle\int \frac{5x^2-4}{x^2-4x}dx$

12. 다음 부정적분을 구하여라.

(1) $\displaystyle\int \frac{-4x^2+20}{(x+1)^2(x-3)^2}dx$

(2) $\displaystyle\int \frac{x^3+4x}{(x-2)(x-1)^3}\,dx$

(3) $\displaystyle\int \frac{3}{(x+2)(x-3)^2}dx$

13. 다음 부정적분을 구하여라.

(1) $\displaystyle\int \frac{3}{4x^2+16}dx$

(2) $\displaystyle\int \frac{9x+27}{x^3-27}dx$

(3) $\displaystyle\int \frac{2x^5}{(2+x^3)^2}dx$

14. 다음 부정적분을 구하여라.

(1) $\displaystyle\int \frac{e^{3x}-e^x}{e^x+1}dx$

(2) $\displaystyle\int \frac{e^x+e^{-x}}{e^{2x}+1}dx$

(3) $\displaystyle\int \frac{1}{e^{3x}+e^x}dx$

(4) $\displaystyle\int \frac{1}{e^{2x}+e^x-2}dx$

15. 다음 부정적분을 구하여라.

(1) $\displaystyle\int \frac{1}{4\sqrt{x}+\sqrt[6]{x^5}}dx$

(2) $\displaystyle\int \frac{1}{\sqrt{2x+2}+\sqrt[4]{x+1}}dx$

(3) $\displaystyle\int \frac{1}{2x+3-\sqrt[3]{(2x+3)^2}}dx$

(4) $\displaystyle\int \frac{\sqrt{x}}{\sqrt{x}-\sqrt[4]{x^3}}dx$

2) 심화 · 응용

16. 두 함수 $f(x)=x^2+3x+2$, $g(x)=ax^2+bx+c$에 대하여, $f(x)+g(x)$의 도함수가 $\int (f(x)-g(x))\,dx$일 때, $g(0)$의 값을 구하여라.

17. $(f(x)+g(x))'=\sin^2 x$, $(f(x)-g(x))'=\cos^2 x$, $f(0)=g(0)=0$인 두 함수 $f(x)$, $g(x)$에 대하여, $f(2)+g(\pi)$의 값을 구하여라.

18. $x>0$일때, 다음을 만족하는 한 함수 $f(x)$의 원시함수를 $F(x)$라고 할 때, $f(\pi)$의 값을 구하여라.

$$F(x)=xf(x)-(x\sin x+\cos x),\ F\left(\frac{\pi}{2}\right)=\frac{\pi}{2}$$

19. $f(x)=\int \cos\sqrt{x}\,dx$에 대하여, $f(0)=20$일 때 $f(\pi^2)$의 값을 구하여라.

20. 다음 부정적분을 구하여라.

(1) $\int e^{ax}\cos bx\,dx$ (2) $\int e^{ax}\sin bx\,dx$

21. 다음 식을 증명하여라.

$$\int \tan^n x\,dx=\frac{\tan^{n-1}x}{n-1}-\int \tan^{n-2}x\,dx \quad (n>1\text{인 자연수})$$

22. 다음 등식을 증명하여라.

$$\int \sec^n x\,dx=\frac{\sec^{n-2}x\tan x}{n-1}+\frac{n-2}{n-1}\int \sec^{n-2}x\,dx \quad (n>1\text{인 자연수})$$

23. 다음 식을 증명하여라.

$$\int x^n e^{ax}\,dx=\frac{x^n e^{ax}}{a}-\frac{n}{a}\int x^{n-1}e^{ax}\,dx$$

24. 다음 식을 증명하여라.

$$\int x^m (\ln x)^n dx = \frac{x^{m+1}(\ln x)^n}{m+1} - \frac{n}{m+1}\int x^m (\ln x)^{n-1} dx \quad (m \neq -1)$$

25. 다음 부정적분을 구하여라.

(1) $\int \frac{1}{\sqrt{x^2+4x+8}}dx$ (2) $\int \frac{1}{\sqrt{x^2+2x+26}}dx$

(3) $\int \frac{1}{\sqrt{x^2-6x+10}}dx$ (4) $\int \frac{1}{\sqrt{2x-x^2}}dx$

(5) $\int \frac{1}{\sqrt{8+2x-x^2}}dx$ (6) $\int \frac{1}{\sqrt{5-4x-x^2}}dx$

26. 다음 부정적분을 구하여라.

(1) $\int \frac{1}{x\sqrt{3x^2-2x-1}}dx$ (2) $\int \frac{1}{x\sqrt{x^2-3x+1}}dx$

(3) $\int \frac{\sqrt{x^2+4x}}{x^2}dx$ (4) $\int \frac{\sqrt{2x^2-3x}}{x^3}dx$

27. 다음 부정적분을 구하여라.

(1) $\int \frac{1}{(2+3x)\sqrt{4-x^2}}dx$ (2) $\int \frac{\sqrt{2x-x^2}}{x^2}dx$

(3) $\int \frac{1}{\sqrt{5+4x-x^2}}dx$ (4) $\int \frac{1}{x\sqrt{3-2x-x^2}}dx$

28. 다음 함수의 부정적분을 구하여라.

(1) $\int \frac{1}{\sin\theta-\cos\theta-1}d\theta$ (2) $\int \frac{1}{1-\sin\theta}d\theta$

(3) $\int \frac{\cos x}{1-\cos x}dx$ (4) $\int \frac{1}{4\cos x+3\sin x}dx$

29. 다음 부정적분을 구하여라.

(1) $\int \frac{1}{x^2\sqrt{\frac{x-2}{x}}}dx$ (2) $\int \frac{\sqrt{x-x^2}}{x^4}dx$ (3) $\int \frac{\sqrt{3x-x^2}}{x^3}dx$

제6장

정적분

▶▷▶ 도형의 넓이를 구하는 방법으로 구분구적법이 이용되었으나, 이 방법은 실제로 복잡한 극한의 계산을 수반하므로 효과적인 방법이 아님을 알 수 있다. 이러한 구분구적법은 마침내 Newton과 Leibniz에 의하여 발견된 새로운 적분법에 의하여 대체되어 미분적분학의 획기적인 발전의 계기가 되었다. 이 장에서는 정적분의 기본개념과 계산법 및 이상적분을 정리하고, 적분을 이용한 급수의 수렴판정과 급수의 전개에 대하여 알아본다.

6.1 정적분의 정의

1) 정적분의 기본개념

함수 $f(x)$가 구간 $[a, b]$에서 연속이라 하자.

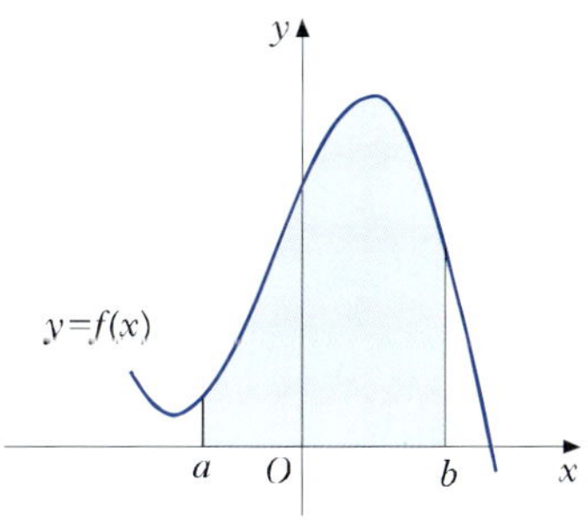

그림 6.1

구간 $[a, b]$에서 $f(x) \geq 0$일 때, 그림 6.1과 같이 $x = a$와 $x = b$ 사이에서 곡선 $y = f(x)$와 x축이 이루는 영역의 넓이를

$$A\,[a,\,b,\,f(x)]$$

로 나타내기로 하자.

예제 6.1.1 $A\,[0,\,1,\,x]$를 구하여라.

풀이 $A\,[0\,,1\,,x]$는 $x=0$와 $x=1$ 사이에서 곡선 $y=x$와 x축이 이루는 영역의 넓이를 나타내므로, $A\,[0\,,1\,,x] = \dfrac{1}{2}$이다.

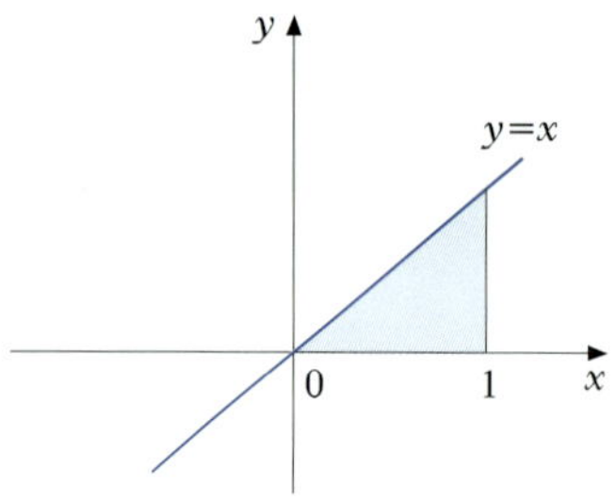

그림 6.2

◀

다음으로, $A\,[0,\,6,\,x^2]$을 구하기 위하여 그림 6.3을 생각해보자.

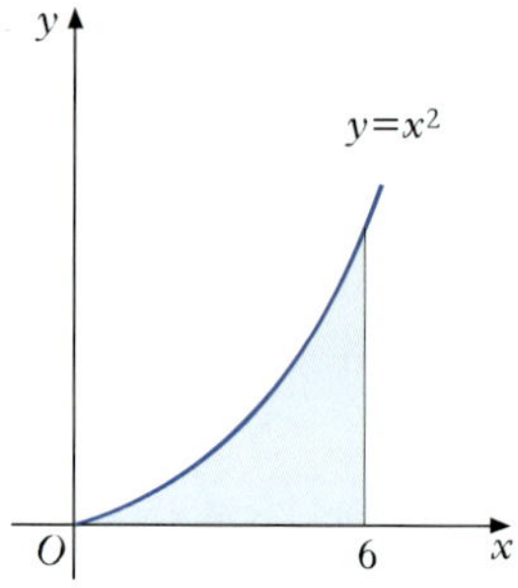

그림 6.3

먼저, 그림 6.4는 구간 $[0, 6]$에서 곡선 $y=x^2$와 x축으로 둘러싸인 영역을 구간 $[0, 6]$를 3등분하여 생기는 세 개의 소영역에 각각 내접하는 직사각형과 외접하는 직사각형을 나타낸 것이다.

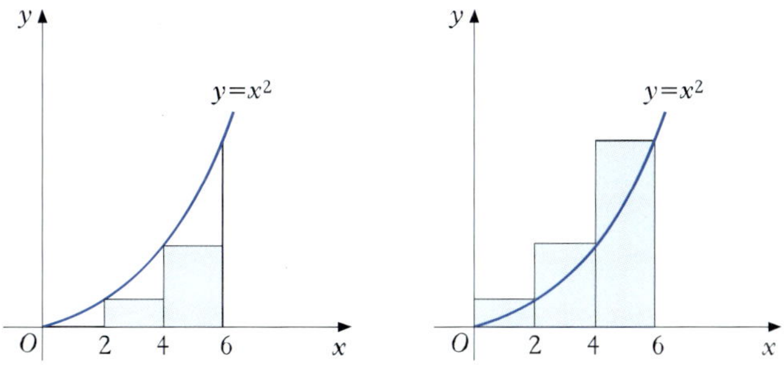

그림 6.4

그림 6.4에서 내접하는 두 직사각형의 넓이의 합은 $2^2 \cdot 2 + 4^2 \cdot 2 = 40$이고, 외접하는 직사각형의 넓이의 합은 $2^2 \cdot 2 + 4^2 \cdot 2 + 6^2 \cdot 2 = 112$이다. 이것은 구하는 영역의 넓이는 40보다 크고 112 보다 작은 값임을 의미한다.

다시, 구간 $[0, 6]$를 6등분하여 그림 6.5와 같이 나타내자.

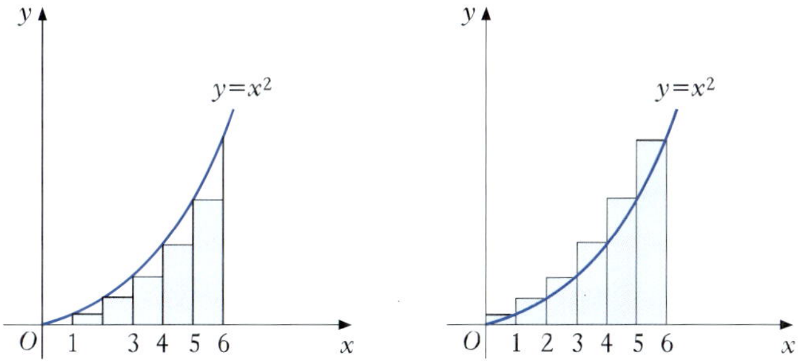

그림 6.5

그림 6.5의 왼쪽 그림에서 내접하는 다섯 개의 직사각형의 넓이의 합은

$$1^2 \cdot 1 + 2^2 \cdot 1 + 3^2 \cdot 1 + 4^2 \cdot 1 + 5^2 \cdot 1 = 56$$

이고, 오른쪽 그림에서 외접하는 여섯 개의 직사각형의 넓이의 합은

$$1^2 \cdot 1 + 2^2 \cdot 1 + 3^2 \cdot 1 + 4^2 \cdot 1 + 5^2 \cdot 1 + 6^2 \cdot 1 = 92$$

이다. 이는 구하는 영역의 넓이는 56보다 크고 92보다 작은 값임을 의미한다.

구간 $[0, 6]$의 등분의 횟수를 훨씬 크게 하여 보자. 예를 들어, 120등분하여 생기는 내접하는 119 개의 직사각형의 넓이와 외접하는 120 개의 직사각형의 넓이의 합을 각각 구하면

$$\sum_{i=1}^{119}\left(\frac{i}{20}\right)^2 \cdot \frac{1}{20} = 71.1025, \quad \sum_{i=1}^{120}\left(\frac{i}{20}\right)^2 \cdot \frac{1}{20} = 72.9025$$

이는 구하는 영역의 넓이가 71.1025보다 크고 72.9025보다 작은 값임을 의미한다.

구간 $[0, 6]$의 등분을 이용하여 지금까지 구한 직사각형의 넓이의 합은 구하려는 도형의 실제 넓이인 72와 정확히 같지는 않지만, 등분의 수를 늘이면 점점 실제 넓이와 가까워지는 것을 짐작할 수 있다. 사실, $[0, 6]$을 n등분하여 그 분점을 각각 $a = x_0, x_1, x_2, \dots, x_{n-1}, x_n = b$라 하자. n등분한 구간의 길이를 Δx라 할 때, 등분의 횟수 n을 점점 크게 하면 직사각형 넓이의 합인 $\sum_{i=1}^{n} x_i^2 \Delta x$는 구하려는 영역의 넓이에 아주 가까워짐을 알 수 있다.

일반적으로, 구간 $[a, b]$에 정의된 연속함수 $f(x)$를 생각하자. $[a, b]$의 한 세분

$$\Delta: \ a = x_0 < x_1 < x_2 < \cdots < x_{n-1} < x_n = b$$

에 대해서

$$\Delta x_i = x_i - x_{i-1}$$

라 두고, 소구간 $[x_{i-1}, x_i]$에서 한 점 c_i를 선택하여 다음의 합을 생각하자.

$$f(c_1)\Delta x_1 + f(c_2)\Delta x_2 + \cdots + f(c_n)\Delta x_n$$

이 합을 $[a, b]$의 세분 Δ에 대한 함수 $f(x)$의 Riemann 합(Riemann sum)이라 부른다. 여기서, 각 소구간의 길이 Δx_i가 모두 0에 한없이 가까워질 때, Riemann 합 $\sum_{i=1}^{n} f(c_i)\Delta x_i$는 세분의 방법이나 각 소구간의 한 점 c_i의 선택에 관계없이 일정한 값에 한없이 가까워지는 것을 알 수 있다. 이 사실은 직관적으로 당연하게 보일 뿐만 아니라, 논리적인 엄밀한 증명이 가능하다. Riemann 합의 극한은 정적분을 처음 공부하는 학생에게는 이해하기 어려운 내용일 수 있으나, 엄밀한 취급을 위한 정적분의 정의로 사용된다.

▶ 정 의

구간 $[a, b]$의 임의의 세분

$$\Delta : a = x_0 < x_1 < x_2 < \cdots < x_{n-1} < x_n = b$$

에 대하여 $\Delta x_i = x_i - x_{i-1}$, $\Delta x = \max \Delta x_i$라 하고 $x_{i-1} \leq c_i \leq x_i$일 때, $[a, b]$에서 연속인 함수 $f(x)$에 대하여

$$\int_a^b f(x)\,dx = \lim_{\Delta x \to 0} \sum_{i=1}^{n} f(c_i)\,\Delta x_i$$

를 구간 $[a, b]$에서 $f(x)$의 정적분(definite integral)이라 한다.

정적분의 정의에서, 구간 $[a, b]$의 세분은 꼭 등분일 필요는 없으나 특별히 n등분하여 그 분점을 x_i라 할 경우, $\Delta x_i = \Delta x$이므로

$$\int_a^b f(x)\,dx = \lim_{\Delta x \to 0} \sum_{i=1}^{n} f(x_i)\,\Delta x$$

구간 $[a,\ b]$에서 $\Delta x = \dfrac{b-a}{n}$, $x_i = a + \dfrac{(b-a)i}{n}$이므로

$$\int_a^b f(x)\,dx = \lim_{\Delta x \to 0} \sum_{i=1}^{n} f(x_i)\,\Delta x = \lim_{n \to \infty} \sum_{i=1}^{n} f\left(a + \frac{(b-a)i}{n}\right) \frac{b-a}{n}$$

와 같이 구할 수 있다.

예제 6.1.2 정적분의 정의를 사용하여, $\displaystyle\int_0^6 x^2\,dx$를 구하여라

풀이 $[0,\ 6]$를 n등분하면, $\Delta x = \dfrac{6}{n}$이고 $x_i = \dfrac{6i}{n}$이므로

$$\begin{aligned}\int_0^6 x^2\,dx &= \lim_{\Delta x \to 0} \sum_{i=1}^{n} x_i^2\,\Delta x \\ &= \lim_{n \to \infty} \sum_{i=1}^{n} \left(\frac{6i}{n}\right)^2 \cdot \frac{6}{n} \\ &= \lim_{n \to \infty} \frac{n(n+1)(2n+1)}{6} \cdot \left(\frac{6}{n}\right)^3 = 72 \quad ◀\end{aligned}$$

예제 6.1.3 정적분의 정의를 사용하여, $\int_{-2}^{3} (x+3)\,dx$를 구하여라.

풀이 $[-2, 3]$을 n 등분하면, $\Delta x = \dfrac{5}{n}$이고 $x_i = -2 + i\,\Delta x = -2 + \dfrac{5i}{n}$이다.

따라서

$$\begin{aligned}\int_{-2}^{3} (x+3)\,dx &= \lim_{\Delta x \to 0} \sum_{i=1}^{n} (x_i + 3)\,\Delta x \\ &= \lim_{n \to \infty} \sum_{i=1}^{n} \left(1 + \frac{5i}{n}\right) \cdot \frac{5}{n} \\ &= \lim_{n \to \infty} \left\{5 + \frac{25}{2}\left(1 + \frac{1}{n}\right)\right\} = \frac{35}{2} \quad ◀\end{aligned}$$

문제 6.1.1 정적분의 정의를 사용하여, 다음을 구하여라.

(1) $\int_{-1}^{3} (2x^2 - 8)\,dx$ (2) $\int_{1}^{2} x^3\,dx$

문제 6.1.2 다음 극한을 정적분으로 나타내어라.

(1) $\lim_{n\to\infty} \left(\dfrac{n}{n^2} + \dfrac{n}{n^2+1} + \dfrac{n}{n^2+2^2} + \cdots + \dfrac{n}{n^2+(n-1)^2}\right)$

(2) $\lim_{n\to\infty} \dfrac{1}{n}\left(\sqrt{\dfrac{1}{n}} + \sqrt{\dfrac{2}{n}} + \cdots + \sqrt{\dfrac{n}{n}}\right)$

$f(x) \ge 0$일 때, 정적분 $\int_a^b f(x)\,dx$는 지금까지 살펴본 것처럼 $x = a$와 $x = b$ 사이

에서 곡선 $y=f(x)$와 x축으로 둘러싸인 영역의 넓이와 같다. $f(x)\geq 0$가 아닐 때를 포함하여 일반적으로 연속함수 $f(x)$의 정적분의 의미를 살펴보자.

먼저, 두 함수 $f^+(x)$와 $f^-(x)$를 다음과 같이 정의한다.

$$f^+(x)=\begin{cases} f(x), & f(x)\geq 0 \\ 0, & f(x)<0, \end{cases} \qquad f^-(x)=\begin{cases} -f(x), & f(x)\leq 0 \\ 0, & f(x)>0 \end{cases}$$

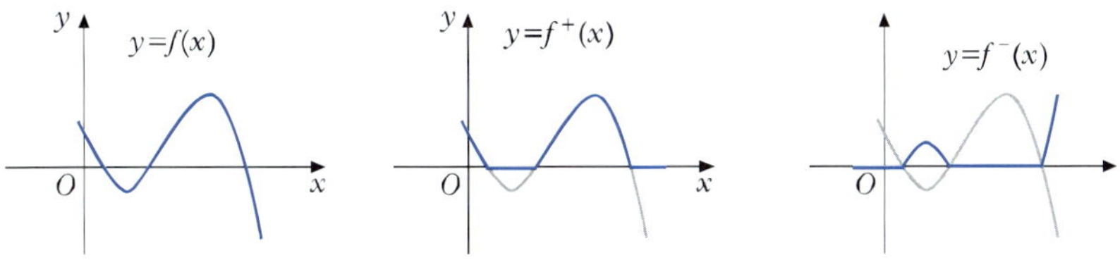

그림 6.6

이때, $f^+(x)$와 $f^-(x)$는 구간 $[a,b]$에서 연속이고

$$f^+(x)\geq 0,\ \ f^-(x)\geq 0 \text{ 이고 } \ f(x)=f^+(x)-f^-(x)$$

이므로

$$\begin{aligned}\int_a^b f(x)\,dx &= \int_a^b \{f^+(x)-f^-(x)\}\,dx \\ &= \lim_{\Delta x\to 0}\sum_{i=1}^{n} f^+(x_i)\Delta x_i - \lim_{\Delta x\to 0}\sum_{i=1}^{n} f^-(x_i)\Delta x_i \\ &= \int_a^b f^+(x)\,dx - \int_a^b f^-(x)\,dx\end{aligned}$$

결과적으로

$$\int_a^b f(x)\,dx = \int_a^b f^+(x)\,dx - \int_a^b f^-(x)\,dx$$

그림 6.7에서 보는 것처럼, 정적분 $\int_a^b f(x)\,dx$는 $f(x)\geq 0$인 구간에 대한 $f(x)$의 정

적분에서 $f(x) \le 0$인 구간에 대한 $-f(x)$의 정적분을 뺀 것이다.

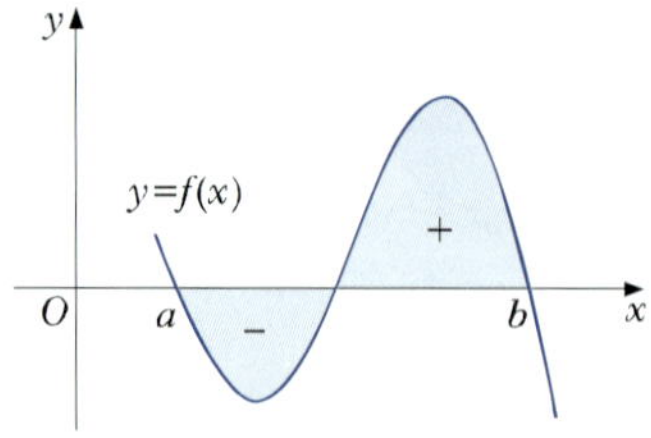

그림 6.7

예제 6.1.4 $\int_{-1}^{1} x\,dx$를 구하여라.

풀이 $\int_{-1}^{1} x\,dx$는 곡선 $y=x$와 x 축이 이루는 $x=0$와 $x=1$사이의 도형의 넓이에서 $x=-1$와 $x=0$ 사이의 도형의 넓이를 뺀 값이다. 이것을 식으로 나타내면

$$\int_{-1}^{1} x\,dx = \int_{0}^{1} x\,dx - \int_{-1}^{0} (-x)\,dx = \frac{1}{2} - \frac{1}{2} = 0$$

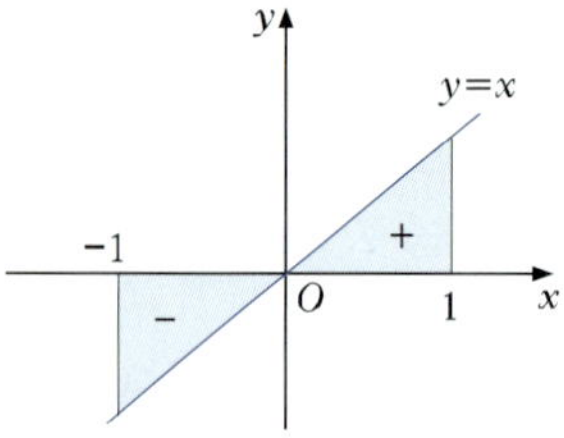

그림 6.8

◀

2) 정적분의 확장

정적분은 하한 a가 상한 b보다 작을 때 정의하였으나, 상한이 하한보다 작은 경우나 같은 경우에도 다음과 같이 정의를 확장할 수 있다.

▶ 정 의

$$\int_{a}^{a} f(x)\,dx = 0, \qquad \int_{a}^{b} f(x)\,dx = -\int_{b}^{a} f(x)\,dx \quad (a>b)$$

6.2 정적분의 성질

1) 정적분의 기본정리

지금까지 살펴본 바와 같이, 정의에 의하여 정적분을 구하는 것은 때로는 복잡한 극한의 계산을 수반하므로 효과적이지 못하다. 정적분과 미분과의 관계를 밝힌 미분적분학의 기본정리는 정적분의 효과적인 계산법을 제공하는 매우 중요한 정리이다.

먼저, 다음의 두 예제를 살펴보자.

예제 6.2.1 $a < b$일 때, $\int_a^b x\,dx$를 구하여라.

풀이 구간 $[a, b]$의 한 세분

$$\Delta: \ a = x_0 < x_1 < x_2 < \cdots < x_{n-1} < x_n = b$$

에 대하여, 임의의 소구간 $[x_{i-1}, x_i]$의 중점을 c_i라 하면

$$c_i\,\Delta x_i = \left(\frac{x_i + x_{i-1}}{2}\right)(x_i - x_{i-1}) = \frac{x_i^2}{2} - \frac{x_{i-1}^2}{2}$$

정적분의 정의에 의하여

$$\begin{aligned}\int_a^b x\,dx &= \lim_{\Delta x \to 0} \sum_{i=1}^{n} c_i \Delta x_i \\ &= \lim_{\Delta x \to 0} \left\{\left(\frac{x_1^2}{2} - \frac{x_0^2}{2}\right) + \left(\frac{x_2^2}{2} - \frac{x_1^2}{2}\right) + \cdots + \left(\frac{x_n^2}{2} - \frac{x_{n-1}^2}{2}\right)\right\} \\ &= \frac{x_n^2}{2} - \frac{x_0^2}{2} = \frac{b^2}{2} - \frac{a^2}{2}\end{aligned}$$

◀

예제 6.2.2 $a < b$일 때 $\int_a^b x^2\,dx$를 구하여라

풀이 구간 $[a, b]$의 한 세분

$$\Delta: \ a = x_0 < x_1 < x_2 < \cdots < x_{n-1} < x_n = b$$

을 생각하자. $\dfrac{d}{dx}\left(\dfrac{x^3}{3}\right) = x^2$임을 알고 소구간 $[x_{i-1}, x_i]$에서 평균값의 정리를 적용하면, $i = 1, 2, ..., n$에 대하여

$$\frac{x_i^3}{3} - \frac{x_{i-1}^3}{3} = c_i^2 \Delta x_i$$

인 c_i가 구간 $[x_{i-1}, x_i]$에 존재한다. 한편, 정적분의 정의에 의하여

$$\begin{aligned}\int_a^b x^2\,dx &= \lim_{\Delta x \to 0} \sum_{i=1}^{n} c_i^2 \Delta x_i \\ &= \lim_{\Delta x \to 0} \left\{\left(\frac{x_1^3}{3} - \frac{x_0^3}{3}\right) + \left(\frac{x_2^3}{3} - \frac{x_1^3}{3}\right) + \cdots + \left(\frac{x_n^3}{3} - \frac{x_{n-1}^3}{3}\right)\right\} \\ &= \frac{x_n^3}{3} - \frac{x_0^3}{3} = \frac{b^3}{3} - \frac{a^3}{3}\end{aligned}$$

◀

실제로, 이 방법은 앞에서 극한의 계산에 의하여 정적분을 구하는 것보다 효과적인 정적분의 계산법인 미분적분학의 기본정리의 원리를 설명한 것이다.

미분적분학의 기본정리는 다음과 같이 정리할 수 있다.

정리 6.1 (미분적분학의 기본정리)

a와 b를 포함하는 구간에서 연속인 함수 $f(x)$의 한 원시함수를 $F(x)$라 하면

$$\int_a^b f(x)\,dx = F(b) - F(a) = \left[F(x)\right]_a^b$$

미분적분학의 기본정리는 예제에서 살펴본 것처럼, 세분과 극한에 의한 정적분의 형식적인 정의와 함께 미분법에 대한 평균값의 정리를 이용하여 그 증명을 엄밀하게 할 수

있으나, 원시함수의 존재정리를 이용하여 증명할 수도 있다. 특히 원시함수의 존재정리 자체는 미분과 적분의 관계를 나타내는 이론적인 결과라 할 수 있으나, 도형의 넓이를 이용한 기하학적이고 직관적으로 그 유도과정을 이해하는 것이 중요하다.

다음 결과는 원시함수의 존재정리의 증명에도 이용되는 유용한 결과로, $a < c < b$인 경우 직관적으로 쉽게 이해할 수 있으며, 정적분의 정의를 써서 쉽게 증명할 수 있다. 나머지 경우에도 정적분의 확장을 이용하여 쉽게 증명할 수 있다.

정리 6.2

함수 $f(x)$가 a, b, c를 포함하는 구간에서 연속일 때

$$\int_a^b f(x)\,dx = \int_a^c f(x)\,dx + \int_c^b f(x)\,dx$$

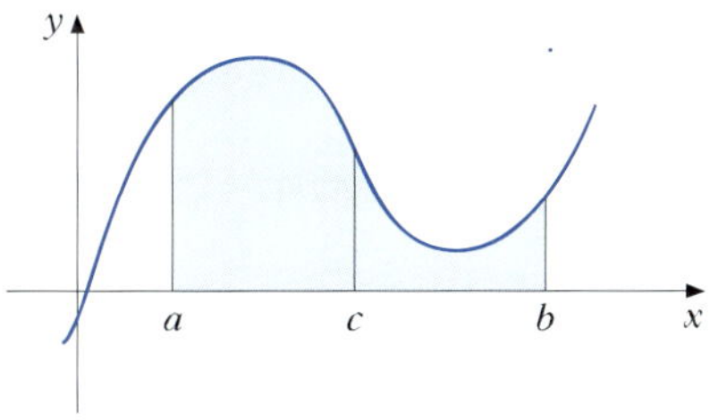

그림 6.9

예제 6.2.3 $\int_{-1}^{1} |x|\,dx$를 구하여라.

풀이 $$\int_{-1}^{1} |x|\,dx = \int_{-1}^{0} |x|\,dx + \int_{0}^{1} |x|\,dx$$

$$= \int_{-1}^{0} (-x)\,dx + \int_{0}^{1} x\,dx = \frac{1}{2} + \frac{1}{2} = 1$$ ◀

정리 6.3 (원시함수의 존재정리)

함수 $f(x)$가 연속일 때,

$$S(x)=\int_a^x f(t)\,dt \text{이면 } S'(x)=f(x) \text{이다.}$$

정리 6.3의 결과는 $a \le x$인 x에 대하여 $f(x) \ge 0$일 때 다음과 같이 유도할 수 있다.

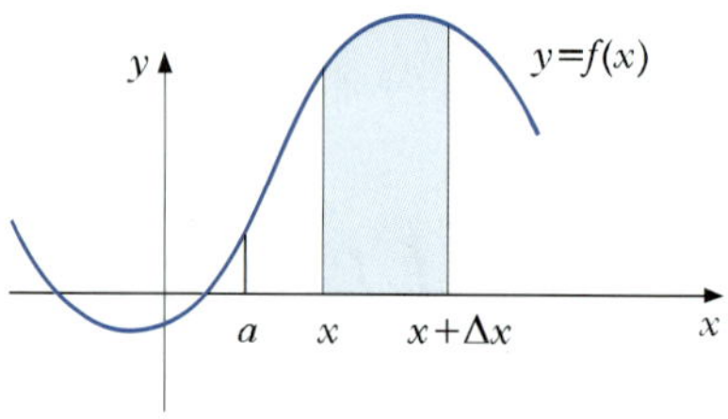

그림 6.10

$S(x)=\int_a^x f(t)\,dt$는 구간 $[a, x]$에서 곡선 $y=f(x)$와 x축이 이루는 도형의 넓이를 의미한다. 이때, $\Delta S(x)=S(x+\Delta x)-S(x)$라 하면 Δx의 부호에 상관없이

$$\Delta S(x)=\int_x^{x+\Delta x} f(t)\,dt$$

임을 알 수 있다. 한편, 함수 $f(x)$는 연속이므로, Δx가 충분히 작은 값일 때 $\Delta S(x)$는 $f(x)\Delta x$에 아주 가까워짐을 알 수 있다. 따라서

$$\Delta x \to 0 \text{ 일 때 } \frac{\Delta S(x)}{\Delta x} \to f(x), \text{ 즉 } S'(x)=f(x)$$

한편, $f(x) \ge 0$이 아닐 때도 $\int_a^b f(x)\,dx=\int_a^b f^+(x)\,dx-\int_a^b f^-(x)\,dx$를 이용하여 결과를 쉽게 증명할 수 있다. 또한, $a \ge x$일 때도 정적분의 확장과 정리를 이용하여 같은 결과를 얻을 수 있다.

예제 6.2.4 $\int_0^x \sqrt{t^2+1}\,dt$의 x에 관한 도함수를 구하여라.

풀이 원시함수의 존재정리에 의하여

$$\frac{d}{dx}\left(\int_0^x \sqrt{t^2+1}\,dt\right) = \sqrt{x^2+1}$$ ◀

문제 6.2.1 다음 함수의 x에 관한 도함수를 구하여라.

(1) $\int_x^5 \sqrt{1+t^4}\,dt$ (2) $\int_{x^2}^x \sin t^2\,dt$

이제, 원시함수의 존재정리를 이용하여, 다음과 같이 미분적분학의 기본정리를 증명해 보자.

$S(x) = \int_a^x f(t)\,dt$는 $f(x)$의 원시함수이므로

$$S(x) = F(x) + C$$

그런데 $S(a) = \int_a^a f(t)\,dt = 0$, 즉 $F(a) + C = 0$이므로 $C = -F(a)$이다. 따라서

$$\int_a^b f(x)\,dx = S(b) = F(b) - F(a)$$

예제 6.2.5 $\int_0^1 \frac{1}{e^x}\,dx$를 구하여라.

풀이 $\int \frac{1}{e^x}\,dx = \int e^{-x}\,dx = -e^{-x} + C$이므로 $-e^{-x}$는 e^{-x}의 원시함수이다. 따라서

$$\int_0^1 \frac{1}{e^x}\,dx = \left[-e^{-x}\right]_0^1 = 1 - \frac{1}{e}$$ ◀

예제 6.2.6 $\int_0^{-\frac{\pi}{4}} \sec^2 x\,dx$의 값을 구하여라.

풀이 $\int \sec^2 x\,dx = \tan x + C$이므로

$$\int_0^{-\frac{\pi}{4}} \sec^2 x\,dx = \left[\tan x\right]_0^{-\frac{\pi}{4}} = -1-0=-1$$ ◀

문제 6.2.2 미분적분학의 기본정리를 이용하여, 다음 정적분을 구하여라.

(1) $\int_0^{\frac{\pi}{2}} \sin x\,dx$　(2) $\int_0^{\frac{\pi}{2}} \cos x\,dx$

(3) $\int_1^{e} \frac{1}{x}\,dx$　(4) $\int_{-1}^{1} \frac{1}{x^2+1}\,dx$

(5) $\int_0^{a} \sqrt{a^2-x^2}\,dx \ (a>0)$　(6) $\int_{-a}^{a} \frac{1}{x^2+a^2}\,dx \ (a>0)$

예제 6.2.7 점 P가 수직선 위를 움직이고 있다. 시각 t에서 점 P의 위치가 $s(t)$일 때, 미분적분학의 기본정리를 적용하여 이 점의 운동의 물리학적 의미를 설명하여라.

풀이 점 P의 이동속도는 $v(t)=s'(t)$이므로, $t=t_0$에서 $t=t_1$까지 미적분학의 기본정리를 적용하면

$$\int_{t_0}^{t_1} v(t)\,dt = \int_{t_0}^{t_1} s'(t)\,dt = s(t_1)-s(t_0)$$

즉, 시간 구간 $[t_0, t_1]$에서 속도 $v(t)$의 정적분은 점 P가 움직인 전체의 이동거리가 아니라 점 P가 움직인 경로에 상관없이 두 시각에서의 변위차를 나타낸다.

사실, 실제로 움직인 전체거리는 $\int_{t_0}^{t_1} |v(t)|\,dt$임을 알 수 있다. ◀

예제 6.2.8 땅에서 h_0m의 높이에서 어떤 물체를 v_0m/sec의 속도로 아래로 던졌다. 지구중력가속도를 9.8m/sec^{2}이라고 할 때, t초 뒤에 이 물체의 땅에서의 높이는 $h(t)=-4.9t^2+v_0t+h_0$임을 보여라.

풀이 $t_0 = 0,\ a(t) = -9.8$에서

$$v(t) - v_0 = v(t) - v(0) = \int_0^t (-9.8)\,dt = -9.8t$$

이므로, $v(t) = v_0 - 9.8t$이다. 따라서

$$h(t) - h_0 = h(t) - h(0) = \int_0^t (v_0 - 9.8t)\,dt = v_0 t - 4.9t^2$$

이고, $h(t) = -4.9t^2 + v_0 t + h_0$이다. ◀

문제 6.2.3 숨을 들이마시기 시작하여 숨을 완전히 내쉴 때까지의 호흡주기는 약 5초가 걸리고, 공기가 폐 속으로 흘러들어 가는 최대비율은 매초 0.5리터라고 하자. 이 숨쉬기 모형에서 폐 속으로 들어간 공기의 부피를 나타내는 함수로 $f(t) = \frac{1}{2}\sin\frac{2\pi t}{5}$를 이용하여, 처음 t초 동안에 폐 속으로 들어간 공기의 부피를 구하여라.

3) 정적분의 성질

정적분에 관한 다음의 여러 가지 성질은 미분적분학의 기본정리의 따름정리로 얻을 수 있는 것으로, 특히 정적분의 선형성은 정적분의 계산에 유용하게 사용된다. 물론, 이 성질들은 보통 미분적분학의 기본정리를 학습하기 전에 정적분의 형식적 정의를 이용하여 증명할 수도 있지만, 직관적으로 쉽게 이해할 수 있으므로 증명은 생략한다.

정리 6.4 (정적분의 선형성)

함수 $f(x)$, $g(x)$가 a와 b를 포함하는 구간에서 연속일 때

$$\int_a^b \big(\alpha f(x) + \beta g(x)\big)\,dx = \alpha\int_a^b f(x)\,dx + \beta\int_a^b g(x)\,dx \quad (\alpha,\ \beta\text{는 상수})$$

예제 6.2.9 다음 정적분을 구하여라.

(1) $\int_0^1 (3x^2+2x)\,dx$ (2) $\int_0^{\frac{\pi}{2}} \cos^2 x\,dx$

풀이 (1) $\int_0^1 (3x^2+2x)\,dx = 3\int_0^1 x^2\,dx + 2\int_0^1 x\,dx = 3\cdot\frac{1}{3} + 2\cdot\frac{1}{2} = 2$

(2) $\int_0^{\frac{\pi}{2}} \cos^2 x\,dx = \int_0^{\frac{\pi}{2}} \frac{1+\cos 2x}{2}\,dx = \frac{1}{2}\int_0^{\frac{\pi}{2}} (1+\cos 2x)\,dx$

$$= \frac{1}{2}\left[x + \frac{\sin 2x}{2}\right]_0^{\frac{\pi}{2}} = \frac{\pi}{4}$$ ◀

문제 6.2.4 다음 정적분을 구하여라.

(1) $\int_0^1 \frac{e^x + e^{-x}}{2}\,dx$ (2) $\int_0^{\frac{\pi}{4}} \tan^2 x\,dx$

정리 6.5

구간 $[a, b]$에서 함수 $f(x)$와 $g(x)$가 연속일 때, $f(x) \le g(x)$이면

$$\int_a^b f(x)\,dx \le \int_a^b g(x)\,dx$$

예제 6.2.10 $a < b$일 때, $\int_a^b \sin x^2\,dx \le b-a$임을 보여라.

풀이 구간 $[a, b]$에서 $\sin x^2 \le |\sin x^2| \le 1$이므로

$$\int_a^b \sin x^2\,dx \le \int_a^b |\sin x^2|\,dx \le \int_a^b 1\,dx = b-a$$ ◀

다음은 적분에 대한 평균값의 정리이다.

정리 6.6 (적분에 대한 평균값의 정리)

함수 $f(x)$가 a와 b를 포함하는 구간에서 연속일 때

$$\int_a^b f(x)\,dx = f(c)(b-a)$$

인 c가 a와 b 사이에 존재한다.

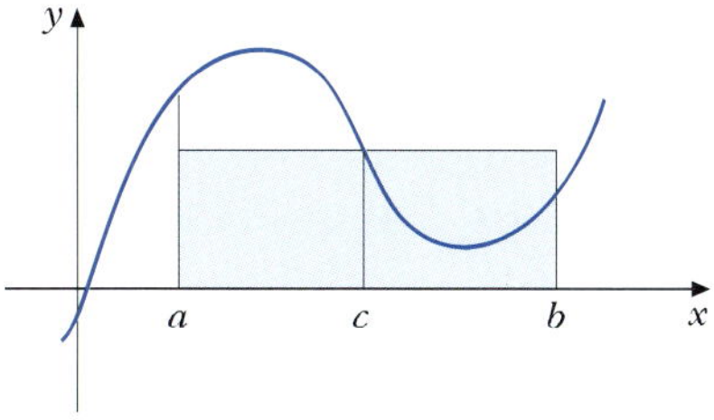

그림 6.11

증명 $a<b$일 때만 증명하면 충분하다. 함수 $f(x)$는 $[a,b]$에서 연속이므로, $f(x)$의 한 원시함수를 $F(x)$라 하자. 구간 $[a,b]$ 에서 $F(x)$에 대한 미분의 평균값의 정리를 적용하면

$$\frac{F(b)-F(a)}{b-a} = F'(c) = f(c)$$

인 c가 a와 b 사이에 존재한다. 따라서 미적분학의 기본정리에 의하여

$$\int_a^b f(x)\,dx = F(b)-F(a) = f(c)(b-a)$$ ▨

최대・최솟값의 정리와 중간값의 정리를 이용하여 증명할 수도 있으나, 미분적분학의 기본정리를 이용하여 증명하여 미분에 대한 평균값의 정리와 관계를 이해하는 도움이 된다. 즉, 구간 $[a,b]$에서 $f(x)$에 적분에 대한 평균값의 정리를 적용할 때 존재하는 c는 $f(x)$의 원시함수 $F(x)$에 미분에 대한 평균값의 정리를 적용할 때 존재하는 c와 일치함을 알 수 있다.

예제 6.2.11 구간 $[0, 1]$에서 $f(x) = 3x^2$에 적분에 대한 평균값의 정리를 적용할 때 존재하는 c를 구하여라.

풀이 $\int_0^1 3x^2\,dx = 1$이므로, $3x^2 = 1$를 만족하는 0과 1 사이의 c의 값은 $c = \frac{1}{\sqrt{3}}$이다. 사실, 이 값은 구간 $[0, 1]$에서 $F(x) = x^3$에 미분에 대한 평균값의 정리를 적용할 때 존재하는 c와 일치함을 관찰할 수 있다. ◀

예제 6.2.12 어느 날 시각 t에서 기온 T가 $T(t) = 10 + 3\sin\frac{\pi}{12}(t-6)$로 나타났다고 하자. 오전 6시부터 오후 6시 사이의 평균기온을 구하고 적분에 대한 평균값의 정리의 의미를 해석하여라.

풀이 오전 6시부터 오후 6시 사이를 구간 [6, 18]로 나타내면

$$\int_6^{18} T(t)\,dt = \int_6^{18} \left\{10 + 3\sin\frac{\pi}{6}(t-6)\right\} dt$$

$$= \left[10t - \frac{18}{\pi}\cos\frac{\pi}{6}(t-6)\right]_6^{18} = 120$$

이므로, 구하는 평균 기온은 $\frac{1}{18-6}\int_6^{18} T(t)\,dt = 10$이다. 여기서, 평균값의 정리는 오전 6시부터 오후 6시 사이에 적어도 한 번은 기온이 10인 때가 있다는 것을 의미한다. ◀

문제 6.2.5 구간 $[0, 4]$에서 $f(x) = x^2 + x - 6$에 적분에 대한 평균값의 정리를 적용할 때, 존재하는 c를 구하여라.

6.3 정적분의 계산

1) 부분적분법

함수 $f(x)$, $g(x)$가 구간 $[a, b]$에서 연속인 도함수를 가질 때

$$(f(x)g(x))' = f'(x)g(x) + f(x)g'(x)$$

이므로, 다음이 성립한다.

$$\int_a^b \big(f(x)g'(x) + f'(x)g(x)\big)dx = [f(x)g(x)]_a^b$$

따라서 정적분의 선형성으로부터, 다음 결과를 얻는다.

정리 6.7 (부분적분법)

함수 $f(x)$, $g(x)$가 구간 $[a, b]$에서 연속인 도함수를 가질 때

$$\int_a^b f(x)g'(x)\,dx = \big[f(x)g(x)\big]_a^b - \int_a^b f'(x)g(x)\,dx$$

예제 6.3.1 $\int_0^1 x\,e^x\,dx$를 구하여라.

풀이

$$\int_0^1 x\,e^x = \int_0^1 x\,(e^x)'\,dx$$

$$= [\,x\,e^x\,]_0^1 - \int_0^1 1\cdot e^x\,dx = (e-0)-(e-1) = 1$$ ◀

예제 6.3.2 $I = \int_0^\pi e^x \cos x\,dx$를 구하여라.

풀이 $I = \int_0^{\pi} (e^x)' \cos x\, dx = \left[e^x \cos x\right]_0^{\pi} - \int_0^{\pi} e^x (-\sin x)\, dx$

$$= -(e^{\pi}+1) + \int_0^{\pi} (e^x)' \sin x\, dx$$

$$= -(e^{\pi}+1) + \left[e^x \sin x\right]_0^{\pi} - \int_0^{\pi} e^x \cos dx$$

$$= -(e^{\pi}+1) - I$$

따라서 $I = -\frac{1}{2}(e^{\pi}+1)$이다. ◀

예제 6.3.3 $\int_0^1 \tan^{-1} x\, dx$를 구하여라.

풀이 $(\tan^{-1} x)' = \frac{1}{1+x^2}$를 이용하여

$$\int_0^1 \tan^{-1} x\, dx = \int_0^1 (x)' \tan^{-1} x\, dx$$

$$= \left[x \tan^{-1} x\right]_0^1 - \int_0^1 x \cdot \frac{1}{1+x^2}\, dx$$

$$= (\tan^{-1} 1 - 0) - \frac{1}{2}\left[\ln(1+x^2)\right]_0^1$$

$$= \frac{\pi}{4} - \ln\sqrt{2}$$ ◀

문제 6.3.1 다음 정적분을 구하여라.

(1) $\int_0^{\frac{\pi}{2}} x^2 \sin x\, dx$

(2) $\int_0^{\frac{\pi}{6}} \cos^4 x\, dx$

(3) $\int_1^e x \ln x\, dx$

(4) $\int_1^e \ln x\, dx$

예제 6.3.4 n이 자연수일 때, $I_n = \int_0^{\frac{\pi}{2}} \sin^n x\,dx$를 구하여라.

풀이 $n \geq 2$일 때 예제 5.2.4의 결과를 이용하여

$$I_n = \left[-\frac{\sin^{n-1} x \cos x}{n} \right]_0^{\frac{\pi}{2}} + \frac{n-1}{n}\int_0^{\frac{\pi}{2}} \sin^{n-2} x\,dx$$

$$= \frac{n-1}{n}\int_0^{\frac{\pi}{2}} \sin^{n-2} x\,dx$$

따라서

$$I_n = \frac{n-1}{n} I_{n-2}$$

그런데

$$I_1 = \int_0^{\frac{\pi}{2}} \sin x\,dx = \left[-\cos x \right]_0^{\frac{\pi}{2}} = 1, \;\; I_0 = \int_0^{\frac{\pi}{2}} 1\,dx = \frac{\pi}{2}$$

이므로, n이 $n \geqq 2$인 짝수일 때

$$I_n = \frac{n-1}{n} \cdot \frac{n-3}{n-2} \cdot \cdots \cdot \frac{1}{2} \cdot \frac{\pi}{2}$$

이고, n이 $n \geq 3$인 홀수일 때

$$I_n = \frac{n-1}{n} \cdot \frac{n-3}{n-2} \cdot \cdots \cdot \frac{2}{3} \cdot 1$$ ◀

문제 6.3.2 n이 자연수일 때, $J_n = \int_0^{\frac{\pi}{2}} \cos^n x\,dx$를 구하여라.

2) 치환적분법

피적분함수 $f(x)$의 한 원시함수를 $F(x)$라 할 때, 미분가능인 $x = \varphi(t)$에 의하여 치환하면

$$\frac{d}{dt}F(\varphi(t)) = f(\varphi(t))\,\varphi'(t)$$

이므로, $a=\varphi(\alpha)$, $b=\varphi(\beta)$일 때

$$\int_a^b f(x)\,dx = F(b) - F(a) = F(\varphi(\beta)) - F(\varphi(\alpha)) = \int_\alpha^\beta f(\varphi(t))\,\varphi'(t)\,dt$$

이것을 정리하여 다음 치환적분법을 얻는다.

정리 6.8 (치환적분법I)

함수 $f(x)$가 연속이고 $x=\varphi(t)$가 연속인 도함수를 가질 때, $a=\varphi(\alpha)$, $b=\varphi(\beta)$ 이면

$$\int_a^b f(x)\,dx = \int_\alpha^\beta f(\varphi(t))\,\varphi'(t)\,dt$$

이와 같이 정적분의 치환적분법은 부정적분의 치환적분법에서 적분구간을 치환식에 의하여 바꾸면 편리하게 사용할 수 있다. 이때, 변수 x와 t의 역할을 바꾸어 다음과 같이 나타낼 수 있고, 때로는 이것을 이용하는 것이 편리하다.

정리 6.9 (치환적분법II)

함수 $f(t)$가 연속이고 $t=\psi(x)$가 연속인 도함수를 가질 때, $\alpha=\psi(a)$, $\beta=\psi(b)$ 이면

$$\int_a^b f(\psi(x))\,\psi'(x)dx = \int_\alpha^\beta f(t)\,dt$$

예제 6.3.5 $\int_0^1 (x+1)^5\,dx$를 구하여라.

풀이 $t = x+1$라 두면 $dx = dt$이고, $x=0$일 때 $t=1$, $x=1$일 때 $t=2$이므로

$$\int_0^1 (x+1)^5\,dx = \int_1^2 t^5\,dt = \left[\frac{t^6}{6}\right]_1^2 = \frac{21}{2}$$ ◀

예제 6.3.6 $\int_0^2 \sqrt{4-x^2}\,dx$를 구하여라.

풀이 $x = 2\sin\theta$로 놓으면 $dx = 2\cos\theta\,d\theta$이고, $x=0$일 때 $\theta=0$, $x=2$일 때 $\theta = \frac{\pi}{2}$이고, $0 \le \theta \le \frac{\pi}{2}$일 때 $\cos\theta \ge 0$이므로

$$\int_0^2 \sqrt{4-x^2}\,dx = \int_0^{\frac{\pi}{2}} 2\cos\theta \cdot 2\cos\theta\,d\theta$$

$$= 2\left[\theta + \frac{1}{2}\sin 2\theta\right]_0^{\frac{\pi}{2}} = \pi$$ ◀

예제 6.3.7 $\int_0^{\frac{\pi}{4}} \tan x\,dx$를 구하여라.

풀이 $\tan x = \frac{\sin x}{\cos x}$에서 $t = \cos x$로 두면, $\sin x\,dx = -dt$이고, $x=0$일 때 $t=1$, $x = \frac{\pi}{4}$일 때 $t = \frac{1}{\sqrt{2}}$이므로

$$\int_0^{\frac{\pi}{4}} \tan x\,dx = \int_0^{\frac{\pi}{4}} \frac{\sin x}{\cos x}\,dx = -\int_1^{\frac{1}{\sqrt{2}}} \frac{1}{t}\,dt$$

$$= -\left[\ln t\right]_1^{\frac{1}{\sqrt{2}}} = \ln\sqrt{2}$$ ◀

예제 6.3.8 $\int_0^{\frac{\pi}{6}} \frac{1}{\cos x}\,dx$를 구하여라.

풀이 $\int_0^{\frac{\pi}{6}} \frac{1}{\cos x} dx = \int_0^{\frac{\pi}{6}} \frac{\cos x}{1-\sin^2 x} dx$ 에서 $t = \sin x$라 두면 $dt = \cos x\, dx$

이고, $x = 0$일 때 $t = 0$, $x = \frac{\pi}{6}$일 때 $t = \frac{1}{2}$이므로

$$\int_0^{\frac{\pi}{6}} \frac{1}{\cos x} dx = \int_0^{\frac{1}{2}} \frac{1}{1-t^2} dt = \frac{1}{2}\left[\ln \frac{1+t}{1-t}\right]_0^{\frac{1}{2}} = \ln\sqrt{3}$$ ◀

문제 6.3.3 다음 정적분을 구하여라.

(1) $\int_0^1 (2x+1)^3 dx$ (2) $\int_0^1 x\sqrt{1-x^2}\, dx$

(3) $\int_0^{\frac{\pi}{2}} \sin^3 x \cos x\, dx$ (4) $\int_0^{\pi} \sin x \tan x\, dx$

(5) $\int_0^{\frac{\pi}{4}} \tan x \sec^2 x dx$ (6) $\int_1^e \frac{\ln x}{x} dx$

문제 6.3.4 n이 자연수일 때, $\int_0^{\frac{\pi}{2}} \sin^n x\, dx = \int_0^{\frac{\pi}{2}} \cos^n x\, dx$ 임을 보여라.

예제 6.3.9 타원 $\frac{x^2}{a^2} + \frac{y^2}{b^2} = 1$으로 둘러싸인 영역의 넓이 A를 구하여라.

풀이 타원은 x축에 대하여 대칭이므로 $A = 2\int_{-a}^{a} y\, dx$ 이다. 이 적분을 치환적분법을 이용하여 계산하기 위하여, 이 타원을 매개변수방정식으로 나타내면

$$x = a\cos t, \quad y = b\sin t$$

이다. 이때, $dx = -a\sin t\, dt$이고, $x = -a$일 때 $t = \pi$, $x = a$일 때 $t = 0$이므로, 치환적분법에 의하여

$$A = 2\int_{-a}^{a} y\, dx = 2\int_{\pi}^{0} b\sin t(-a\sin t)\, dx$$

$$= 2ab\int_0^{\pi} \sin^2 t\, dt = \pi ab$$ ◀

문제 6.3.5 $a>0$일 때, 파선 $\begin{cases} x = a(t-\sin t) \\ y = a(1-\cos t) \end{cases}$ $(0 \le t \le 2\pi)$와 x축으로 둘러싸인 영역의 넓이를 구하여라.

문제 6.3.6 $a>0$일 때, 곡선 $x^{\frac{2}{3}} + y^{\frac{2}{3}} = a^{\frac{2}{3}}$에 의하여 둘러싸인 영역의 넓이를 구하라.
(힌트: 곡선의 매개변수방정식 $x = a\cos^3 t,\ \ y = a\sin^3 t$ 를 이용)

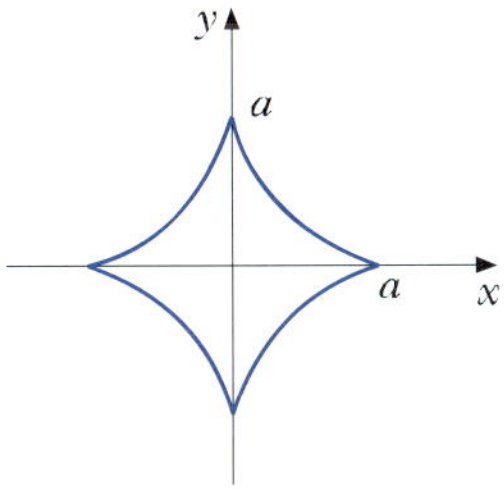

그림 6.12

예제 6.3.10 짝함수와 홀함수에 대한 정적분에서는 다음이 성립함을 보여라.

(1) $f(x)$가 짝함수이면

$$\int_{-a}^{a} f(x)\,dx = 2\int_{0}^{a} f(x)\,dx$$

(2) $f(x)$가 홀함수이면

$$\int_{-a}^{a} f(x)\,dx = 0$$

풀이 $\int_{-a}^{a} f(x)\,dx = \int_{-a}^{0} f(x)\,dx + \int_{0}^{a} f(x)\,dx$에서 $x = -t$로 치환하면

$$\int_{-a}^{0} f(x)\,dx = \int_{a}^{0} f(-t)(-1)\,dt = \int_{0}^{a} f(-t)\,dt = \int_{0}^{a} f(-x)\,dx$$

이므로

$$\int_{-a}^{a} f(x)\,dx = \int_{0}^{a} \left(f(-x) + f(x)\right) dx$$

여기서, $f(x)$가 짝함수이면 $f(-x)+f(x)=2f(x)$이고, $f(x)$가 홀함수이면 $f(-x)+f(x)=0$이 되어 정리가 성립한다. ◀

예제 6.3.11 $\int_{-2}^{2} |x|\,dx$를 구하여라.

풀이 $|x|$는 짝함수이므로

$$\int_{-2}^{2} |x|\,dx = 2\int_{0}^{2} x\,dx = 2\left[\frac{x^2}{2}\right]_0^2 = 4$$ ◀

문제 6.3.7 다음 정적분을 구하여라.

(1) $\int_{-\frac{\pi}{2}}^{\frac{\pi}{2}} (\cos x + \sin x)\,dx$ (2) $\int_{-2}^{2} (e^x - e^{-x})\,dx$

쉬어가는 코너

약수와 관련된 흥미로운 수

Pythagoras학파에서는 자연수 중에서 양의 진약수를 모두 합하여 자신과 같은 수를 완전수라고 불렀다. 최초 4개의 완전수는 6, 28, 496, 8128로 알려져 있다.

$$6 = 1+2+3$$

$$28 = 1+2+4+7+14$$

$$496 = 1+2+4+8+16+31+62+124+248$$

$$8128 = 1+2+4+8+16+32+64+127+254+508+1016+2032+4064$$

Euclid는 $2^{n-1}(2^n-1)$에 $n=2, 3, 5, 7$을 대입하여 이들을 구할 수 있음을 발견하고, (2^n-1)이 소수(이를 Mersenne 소수라 함)이면, $2^{n-1}(2^n-1)$은 항상 완전수임을 증명하였다. 2,000여년이 지난 후, Euler는 짝수인 완전수는 $2^{n-1}(2^n-1)$의 형태임을 증명하였다. 즉, 짝수인 완전수와 Mersenne 소수는 일대일로 대응됨을 밝힌 것이다. 앞에서 소개한 그 다음의 완전수로는

다섯 번째 : 33,550,336

여섯 번째 : 8,589,869,056

일곱 번째 : 137,438,691,328

여덟 번째 : 2,305,843,008,139,952,128

아홉 번째 : 2,658,455,991,569,831,744,654,692,615,953,842,176

열 번째 : 191,561,942,608,236,107,294,793,378,084,303,638,130,997, 321, 548,169, 216

등이 있는데, 그 수는 갈수록 아주 커짐을 알 수 있다.

Pythagoras학파는 완전수는 특유의 여러 성질을 가지고 있음을 알아냈다. 먼저, 완전수는 다음과 같이 연속되는 자연수의 합으로 표현될 수 있다는 것이다.

$$6 = 1 + 2 + 3$$

$$28 = 1 + 2 + 3 + 4 + 5 + 6 + 7$$

$$496 = 1 + 2 + 3 + \cdots + 29 + 30 + 31$$

$$8128 = 1 + 2 + 3 + \cdots + 125 + 126 + 127$$

또한, 모든 짝수인 완전수는 삼각수라는 것이다. 이것은 정삼각형을 형성하도록 배열된 조약돌의 개수로 이 수를 표현할 수 있음을 의미한다. 그리고 6이외의 다른 완전수를 취해서 각 자리의 수를 모두 합하면, 그 결과는 9의 배수보다 1만큼 더 큰 수가 된다. 아울러, 완전수는 다음과 같이 연속하는 홀수의 세제곱의 합으로 표현되기도 한다.

$$1^3 + 3^3 = 28, \quad 1^3 + 3^3 + 5^3 + 7^3 = 496$$

만약 n이 완전수이면, n의 모든 약수의 역수의 합은 항상 2라는 사실도 흥미롭다. 예로서, 6은 1, 2, 3, 6의 약수를 가지는데 이들의 역수의 합은 다음과 같다.

$$1 + \frac{1}{2} + \frac{1}{3} + \frac{1}{6} = 2$$

Pythagoras학파에서는 수의 완전성을 좌우하는 것은 그 수의 약수들이라 생각하였다. 완전수와 더불어, 진약수를 더해서 자기 자신보다 적은 수는 결핍수, 많은 수는 과잉수라 하였다. 예로서, 12의 진약수는 1, 2, 3, 4, 6인데 이들을 모두 더하면 16이므로 12는 과잉수이고, 10은 진약수의 합이 8이므로 결핍수이다. 특히, 두 수 220과 284에서 220의 진약수 1, 2, 4, 5, 10, 11, 20, 22, 44, 55, 110의 합은 284이고, 284의 진약수 1, 2, 4, 71, 142

의 합은 220이다. 이와 같은 성질을 만족하는 두 수를 '또 다른 나'라고 생각하여 우애수(또는 친화수)의 쌍이라고 불렀으며, 이 우애수의 쌍이 적힌 부적을 나눠 가진 사람들에게는 완전한 우정이 보장된다고 믿었다고 한다. 우애수의 쌍에 대한 또 다른 예로는 1,184와 1,210, 17,296과 18,416 등이 있다. 많은 수학자들은 새로운 우애수의 쌍을 찾아내려고 노력하였는데, 현재 400쌍 이상의 우애수가 알려져 있지만 그 쌍이 무한인지의 여부는 아직 밝혀지지 않았다.

우애수와 유사하게 1과 자기 자신을 제외한 약수의 합이 서로 같은 수를 부부수라고 하였다. 예로서, 1과 48을 제외한 48의 모든 약수의 합은 75이고 1과 75를 제외한 75의 모든 약수의 합은 48이므로, 48과 75는 부부수이다. 지금까지 알려진 부부수로는 140과 195, 1,575와 1,648 등이 있는데, 이들은 모두 짝수와 홀수의 쌍으로 이루어져 있다. 우애수 또는 부부수라고 부르는 명칭에는 짝수는 남성, 홀수는 여성이라는 Pythagoras학파의 생각이 깃들여 있다고 할 수 있다. 즉, 동성인 짝수 또는 홀수끼리의 쌍은 우애수, 이성인 짝수와 홀수의 쌍은 부부수라고 하였던 것이다.

6.4 이상적분

정적분

$$\int_a^b f(x)dx$$

에서 적분구간의 하한 a와 상한 b가 모두 유한이고, 피적분함수 $f(x)$는 구간 $[a,b]$에서 연속임을 가정하였다. 무한구간이나 구간 $[a,b]$의 어떤 점에서 $f(x)$가 정의되지 않거나 불연속인 경우에도 적분의 개념을 생각할 수 있으며, 이 경우의 적분을 이상적분(improper integral)이라고 한다. 각 경우에 정의된 이상적분이 유한확정인 값이면 수렴(converging)한다고 말하고, 그렇지 않으면 발산(diverging)한다고 한다.

함수 $f(x)$가 구간 $[a,\infty)$에서 연속일 때, 이상적분 $\int_a^\infty f(x)dx$를

$$\int_a^\infty f(x)dx = \lim_{x\to\infty}\int_a^x f(x)dx$$

로 정의하고, $f(x)$가 구간 $(-\infty,b]$에서 연속일 때 이상적분 $\int_{-\infty}^b f(x)dx$를

$$\int_{-\infty}^b f(x)dx = \lim_{x\to-\infty}\int_x^b f(x)dx$$

로 정의한다. 또한, $f(x)$가 구간 $(-\infty,\infty)$에서 연속이고 이상적분 $\int_{-\infty}^0 f(x)dx$와 $\int_0^\infty f(x)dx$가 수렴할 때, 이상적분 $\int_{-\infty}^\infty f(x)dx$를

$$\int_{-\infty}^\infty f(x)dx = \int_{-\infty}^0 f(x)dx + \int_0^\infty f(x)dx$$

로 정의한다.

예제 6.4.1 다음 이상적분을 구하여라.

(1) $\displaystyle\int_1^{\infty} \frac{1}{x^3}\,dx$ (2) $\displaystyle\int_{-\infty}^{0} e^x\,dx$ (3) $\displaystyle\int_{-\infty}^{\infty} \frac{1}{1+x^2}\,dx$

풀이 (1) $\displaystyle\int_1^{\infty} \frac{1}{x^3}\,dx = \lim_{x\to\infty}\int_1^{x} \frac{1}{x^3}\,dx = -\frac{1}{2}\lim_{x\to\infty}\left(\frac{1}{x^2}-1\right) = \frac{1}{2}$

(2) $\displaystyle\int_{-\infty}^{0} e^x\,dx = \lim_{x\to-\infty}\int_x^{0} e^x\,dx = \lim_{x\to-\infty}(1-e^x) = 1$

(3) $$\begin{aligned}\int_{-\infty}^{\infty} \frac{1}{1+x^2}\,dx &= \lim_{x\to-\infty}\int_x^{0} \frac{1}{1+x^2}\,dx + \lim_{x\to\infty}\int_0^{x} \frac{1}{1+x^2}\,dx \\ &= \lim_{x\to-\infty}\left[\tan^{-1}x\right]_x^0 + \lim_{x\to\infty}\left[\tan^{-1}x\right]_0^x \\ &= \frac{\pi}{2}+\frac{\pi}{2} = \pi\end{aligned}$$ ◀

예제 6.4.2 (1) $\displaystyle\int_2^{\infty} \frac{1}{x}\,dx = \lim_{x\to\infty}\int_2^{x} \frac{1}{x}\,dx = \lim_{x\to\infty}(\ln x - \ln 2) = \infty$ (발산)

(2) $\displaystyle\int_0^{\infty} \cos x\,dx = \lim_{x\to\infty}\int_0^{x} \cos x\,dx = \lim_{x\to\infty}\sin x$ (발산) ◀

문제 6.4.1 다음 이상적분을 구하여라.

(1) $\displaystyle\int_0^{\infty} e^{-x}\,dx$ (2) $\displaystyle\int_{-\infty}^{\infty} \frac{1}{x^2+4}\,dx$

(3) $\displaystyle\int_5^{\infty} \frac{1}{\sqrt{y-1}}\,dy$ (4) $\displaystyle\int_0^{\infty} xe^{-\frac{x^2}{2}}\,dx$

함수 $f(x)$가 $x=a$를 제외한 구간 $[a,b]$의 모든 점에서 연속일 때, 이상적분 $\displaystyle\int_a^b f(x)\,dx$를

$$\int_a^b f(x)\,dx = \lim_{x\to a+}\int_x^b f(x)\,dx$$

로 정의한다. 함수 $f(x)$가 $x=b$를 제외한 구간 $[a,b]$의 모든 점에서 연속일 때, 이상

적분 $\int_a^b f(x)\,dx$를

$$\int_a^b f(x)\,dx = \lim_{x \to b-} \int_a^x f(x)\,dx$$

로 정의한다.

예제 6.4.3 다음 이상적분을 구하여라.

(1) $\int_0^1 \frac{1}{x}dx$ (2) $\int_0^1 \frac{1}{\sqrt{1-x^2}}dx$

풀이 (1) $\int_0^1 \frac{1}{x}dx = \lim_{x \to 0+} \int_x^1 \frac{1}{x}dx = \lim_{x \to 0+} (\ln 1 - \ln x) = \infty$ (발산)

(2) $\int_0^1 \frac{1}{\sqrt{1-x^2}}dx = \lim_{x \to 1-} \int_0^x \frac{1}{\sqrt{1-x^2}}dx = \lim_{x \to 1-} \sin^{-1}x = \frac{\pi}{2}$ ◀

문제 6.4.2 다음 이상적분을 구하여라.

(1) $\int_2^5 \frac{1}{\sqrt{x-2}}dx$ (2) $\int_0^1 \frac{1}{(x-1)^2}dx$

함수 $f(x)$가 $x=c$ $(a<c<b)$를 제외한 구간 $[a, b]$의 모든 점에서 연속일 때, 이상적분 $\int_a^b f(x)\,dx$는 이상적분 $\int_a^c f(x)\,dx$와 $\int_c^b f(x)\,dx$가 모두 수렴할 때

$$\int_a^b f(x)\,dx = \int_a^c f(x)\,dx + \int_c^b f(x)\,dx$$

로 정의한다.

예제 6.4.4 $\int_{-1}^1 \frac{1}{x^2}dx$를 구하여라.

풀이 $\frac{1}{x^2}$은 $x=0$에서 정의되지 않으므로

$$\int_{-1}^{1} \frac{1}{x^2}\,dx = \int_{-1}^{0} \frac{1}{x^2}\,dx + \int_{0}^{1} \frac{1}{x^2}\,dx = \infty \text{ (발산)}$$

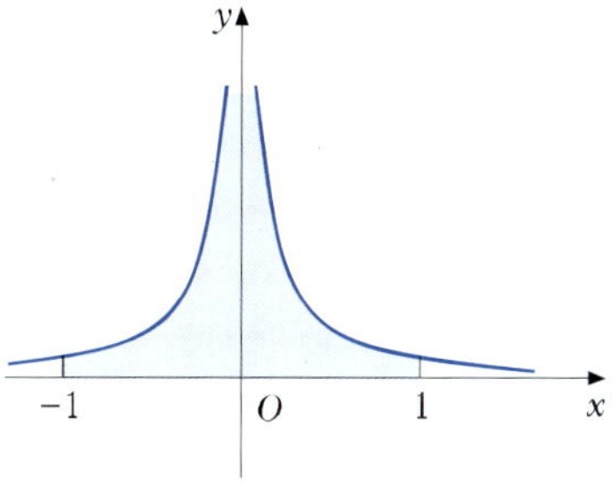

그림 6.13

◀

예제 6.4.5 $\displaystyle\int_0^5 \frac{1}{\sqrt{|x-1|}}\,dx$를 구하여라.

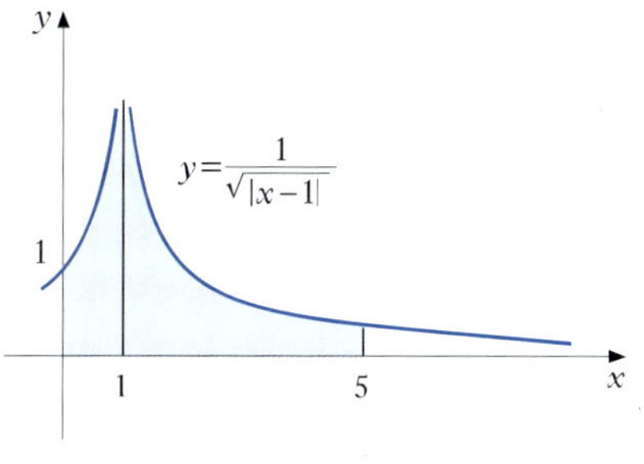

그림 6.14

풀이

$$\int_0^5 \frac{1}{\sqrt{|x-1|}}\,dx = \int_0^1 \frac{1}{\sqrt{1-x}}\,dx + \int_1^5 \frac{1}{\sqrt{x-1}}\,dx$$

$$= \lim_{x \to 1-} \int_0^x \frac{1}{\sqrt{1-x}}\,dx + \lim_{x \to 1+} \int_x^5 \frac{1}{\sqrt{x-1}}\,dx$$

$$= 2\lim_{x \to 1-} \left[-\sqrt{1-x}\,\right]_0^x + 2\lim_{x \to 1+} \left[\sqrt{x-1}\,\right]_x^5$$

$$= 2 + 4 = 6$$

◀

문제 6.4.3 이상적분 $\displaystyle\int_0^9 \frac{1}{(x-1)^{2/3}}\,dx$를 구하여라.

6.5 적분과 급수

1) 적분과 급수의 수렴판정

적분을 이용한 급수의 수렴판정법에 대하여 살펴보자.

정리 6.10 (적분판정법 integral test)

함수 $f(x)$가 $1 \le x < \infty$에서 연속인 양의 감소함수이고, $f(n) = a_n (n = 1, 2, \dots)$일 때, $\sum_{n=1}^{\infty} a_n$이 수렴할 필요충분조건은 $\int_1^{\infty} f(x)dx = L < \infty$이다.

증명 $\int_1^{\infty} f(x)dx = L < \infty$이라 하자. 그림 6.15에서 보는 바와 같이

$$a_1 + a_2 + \cdots + a_n \le a_1 + \int_1^n f(x)dx$$

이므로

$$S_n \le a_1 + \int_1^n f(x)dx < a_1 + \int_1^{\infty} f(x)dx = a_1 + L$$

따라서 수열 $\{S_n\}$은 위로 유계이므로, 증가하는 수열인 $\{S_n\}$은 수렴한다.

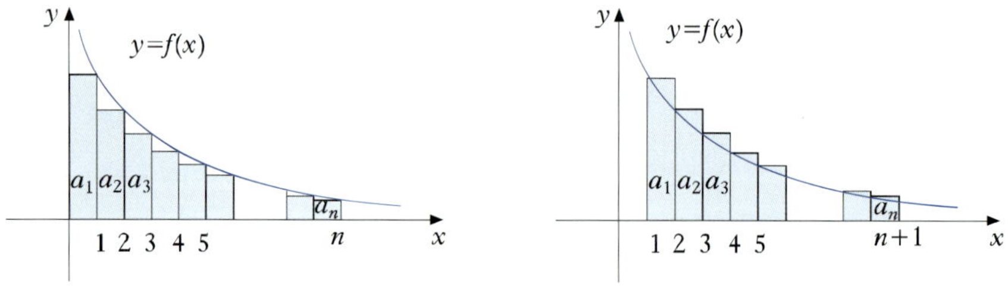

그림 6.15

역으로, $\sum_{n=1}^{\infty} a_n$이 수렴한다고 하고 그 합을 A라 하자. 그림 6.15로부터

$$0 < \int_1^{n+1} f(x)\,dx \le a_1 + a_2 + \cdots + a_n = S_n < \sum_{n=1}^{\infty} a_n = A$$

이므로, $\int_1^{\infty} f(x)\,dx = L < \infty$이다. ▨

예제 6.5.1 급수 $\sum_{n=1}^{\infty} \frac{1}{1+n^2}$의 수렴, 발산을 조사하라.

풀이 함수 $f(x) = \frac{1}{1+x^2}$이라 두면, $f(x)$는 구간 $[1, \infty)$에서 연속인 양의 감소함수이고 $f(n) = \frac{1}{1+n^2}$이므로, 적분판정법을 이용하자.

$$\int_1^{\infty} f(x)\,dx = \int_1^{\infty} \frac{1}{1+x^2}\,dx = \lim_{x\to\infty} \int_1^{x} \frac{1}{1+x^2}\,dx$$

$$= \lim_{x\to\infty} \left[\tan^{-1}x\right]_1^x = \frac{\pi}{4}$$

따라서 적분판정법에 의하여, 급수 $\sum_{n=1}^{\infty} \frac{1}{1+n^2}$는 수렴한다. ◀

문제 6.5.1 적분판정법에 의해서 다음 급수의 수렴, 발산을 판정하여라.

(1) $\sum_{n=1}^{\infty} \frac{1}{1+9n^2}$　　(2) $\sum_{n=1}^{\infty} \frac{1}{\sqrt{n+5}}$

(3) $\sum_{n=1}^{\infty} \frac{1}{n+6}$　　(4) $\sum_{n=1}^{\infty} ne^{-n}$

다음 정리는 이미 제1장에서 살펴본 p-급수 판정법으로, 적분판정법을 이용하여 증명할 수도 있음을 살펴보자.

정리 6.11

p-급수 $\sum_{n=1}^{\infty} \frac{1}{n^p} = 1 + \frac{1}{2^p} + \frac{1}{3^p} + \cdots + \frac{1}{n^p} + \cdots$은

(1) $p > 1$일 때, 수렴하고,

(2) $p \leq 1$일 때, 발산한다.

증명 함수 $f(x) = \frac{1}{x^p}$이라 두면, $f(x)$는 구간 $[1, \infty)$에서 연속인 양의 감소 함수이고 $f(n) = \frac{1}{n^p}$이므로, 적분판정법을 이용하자.

$p=1$일 때, $\int_1^{\infty} \frac{1}{x} dx = \lim_{x \to \infty} \int_1^x \frac{1}{x} dx = \lim_{x \to \infty} \ln x = \infty$이므로 $\int_1^{\infty} \frac{1}{x} dx$는 발산한다. $p \neq 1$이라고 하면

$$\int_1^{\infty} \frac{1}{x^p} dx = \lim_{x \to \infty} \int_1^x \frac{1}{x^p} dx = \lim_{x \to \infty} \left[\frac{x^{-p+1}}{-p+1} \right]_1^x$$
$$= \frac{1}{1-p} \lim_{x \to \infty} \left(\frac{1}{x^{p-1}} - 1 \right)$$

따라서 $p > 1$이면 $\int_1^{\infty} \frac{1}{x^p} dx$는 $\frac{1}{p-1}$에 수렴하고, $p < 1$이면 $\int_1^{\infty} \frac{1}{x^p} dx$는 발산한다.

결과적으로, $\int_1^{\infty} \frac{1}{x^p} dx$는 $p \leq 1$일 때 발산하고, $p > 1$일 때 수렴한다. ▨

예제 6.5.2 (Euler 상수) $c_n = 1 + \frac{1}{2} + \cdots + \frac{1}{n} - \ln n$일 때, 수열 $\{c_n\}$을 수렴함을 보여라. 이때, $\{c_n\}$의 극한 $\gamma \fallingdotseq 0.5772 \cdots$를 Euler 상수(Euler constant)라고 한다.

풀이 적분판정법의 증명과정에서

$$\int_1^{n+1} f(x) dx \leq a_1 + a_2 + \cdots + a_n = S_n \leq a_1 + \int_1^n f(x) dx$$

임을 살펴보았다. 사실, $\ln n = \int_1^n \frac{1}{x}\,dx$ 이므로, $f(x) = \frac{1}{x}$ 로 두면

$$\ln(n+1) \le 1 + \frac{1}{2} + \cdots + \frac{1}{n} \le 1 + \ln n$$

이고

$$0 < \ln(n+1) - \ln n \le 1 + \frac{1}{2} + \cdots + \frac{1}{n} - \ln n = c_n \le 1$$

따라서 수열 $\{c_n\}$은 유계이다. 한편

$$\frac{1}{n+1} < \int_n^{n+1} \frac{1}{x}\,dx = \ln(n+1) - \ln n$$

에서

$$\begin{aligned} c_{n+1} - c_n &= \left(1 + \frac{1}{2} + \cdots + \frac{1}{n+1} - \ln(n+1)\right) \\ &\quad - \left(1 + \frac{1}{2} + \cdots + \frac{1}{n} - \ln n\right) \\ &= \frac{1}{n+1} - \ln(n+1) + \ln n < 0 \end{aligned}$$

이므로, $\{c_n\}$은 감소하는 수열이다. 즉, $\{c_n\}$은 아래로 유계이고 감소하므로 $\{c_n\}$는 수렴한다. ◀

2) 적분과 멱급수전개

멱급수전개 가능한 함수의 항별 적분의 원리를 살펴보자.

정리 6.12

$f(x) = \sum_{n=0}^{\infty} a_n x^n$ 의 수렴반경이 R일 때

$$\int_0^x f(t)\,dt = \sum_{n=0}^{\infty} \int_0^x a_n t^n\,dt \quad (-R < x < R)$$

정리 6.12의 증명은 생략하고, 정리의 결과를 적용하여 함수의 급수전개를 구하는 문제만 다루기로 한다.

정리 6.12의 결과에서 함수 $f(x)$의 멱급수전개의 수렴반경과 $\int_0^x f(t)\,dt$의 멱급수전개의 수렴반경이 같음을 알 수 있다. 한편, $x = R$에서 급수 $\sum_{n=0}^{\infty} a_n x^n$이 수렴하면 $\lim_{x \to R} f(x) = \sum_{n=0}^{\infty} a_n x^n$도 성립하는 것이 알려져 있다.

예제 6.5.3 적분을 이용하여, $\tan^{-1} x$의 Maclaurin 급수전개를 구하라.

풀이 $\frac{1}{1+x} = 1 - x + x^2 - x^3 + \cdots \ (-1 < x < 1)$에서

$$\frac{1}{1+x^2} = 1 - x^2 + x^4 - x^6 + \cdots$$

이므로

$$\tan^{-1} x = \int_0^x \frac{1}{1+t^2}\,dt = x - \frac{x^3}{3} + \frac{x^5}{5} - \frac{x^7}{7} + \cdots$$

$$= \sum_{n=0}^{\infty} \frac{(-1)^n}{2n+1} x^{2n+1} \quad (-1 < x < 1)$$ ◀

참고 급수 $x - \frac{x^3}{3} + \frac{x^5}{5} - \frac{x^7}{7} + \cdots$는 $x = 1$과 $x = -1$에서 각각 $\tan^{-1} 1$과 $\tan^{-1}(-1)$에 수렴하는 것을 증명할 수 있으나 생략한다. 결과적으로

$$\tan^{-1} x = \sum_{n=0}^{\infty} \frac{(-1)^n}{2n+1} x^{2n+1} \quad (-1 \le x \le 1)$$

이 결과로부터, 다음의 공식을 얻는다.

3) Leibnitz의 공식

$$\frac{\pi}{4} = 1 - \frac{1}{3} + \frac{1}{5} - \frac{1}{7} + \frac{1}{9} + \cdots + (-1)^n \frac{1}{2n+1} + \cdots$$

예제 6.5.4 $\int_0^1 \frac{\sin x}{x} dx$의 근삿값을 구하여라.

풀이

$$\int_0^1 \frac{\sin x}{x} dx = \int_0^1 \left(1 - \frac{x^2}{3!} + \frac{x^4}{5!} - \frac{x^6}{7!} + \cdots\right) dx$$

$$\fallingdotseq \int_0^1 \left(1 - \frac{x^2}{3!} + \frac{x^4}{5!}\right) dx = \left[x - \frac{x^3}{18} + \frac{x^5}{600}\right]_0^1$$

$$= \frac{1703}{1800}$$

◀

문제 6.5.2 적분을 이용하여, $\ln(1+x)$의 Maclaurin 급수전개를 구하여라.

미적분학의 발견

17세기 말에 접어들면서 Newton(1642~1727)과 Leibniz(1646~1716)는 미적분학을 창시하였다. 미적분학의 발견은 수백 년간 진전이 없었던 수학을 급속도로 발전시켰으며, 기하학과 대수학의 세계에서 해석학으로 비약하며 물리학에도 많은 영향을 주었다. 미적분학의 발견을 둘러싸고 Newton과 Leibniz에 대한 논란이 많이 있었으나, 결국 두 사람이 각각 독립적으로 발전시킨 것으로 귀결되었다. 미적분학의 발견은 Newton이, 이론에 대한 결과의 발표는 Leibniz가 먼저 하였던 것이다. 고등학교나 대학 교양수학 등에서 미분을 먼저 공부한 후에 적분을 공부하는 관습적인 순서와는 달리, 역사적으로는 적분학이 미분학보다 먼저 시작되었다. 적분학은 넓이, 부피 또는 호의 길이 등을 구하는 과정에서 착안되었으며, 그보다 약간 늦게 미분학은 곡선의 접선에 관한 문제와 함수의 최대・최소에 관한 문제로 시작되었다. 그 이후, 적분과 미분은 서로 역연산의 관계에 있다는 사실이 밝혀졌던 것이다.

Newton은 1671년에 미적분학을 체계화하여 중력의 법칙, 빛의 입자설 등 찬란한 업적들을 많이 남겼다. 어릴 적부터 독서광이었던 Newton은 1665년 이항정리에 대한 연구를 시작으로 미분법으로 더 잘 알려진 유율법과, 적분법으로 알려진 역유율법을 발표하였다. 그는 극대와 극소, 곡선의 접선과 곡률, 변곡점 및 곡선의 요철 등을 결정하는데 유율법을 응용하였으며, 구적법과 곡선의 길이를 구하는 문제에도 적용하였다. Newton이 행성의 궤도 문제를 쉽게 해결한 것도 자신만이 알고 있었던 유율법의 기법 덕분이었다. 1670년대 말에 접어들면서 당시의 과학자들은 행성의 운동과 관련된 힘이 거리의 제곱에 반비례한다는 사실을 어렴풋이 짐작하고는 있었지만, 수학적 설명을 어려워하고 있었는데, Newton은 자신이 창시한 유율법을 이용하여 이 문제를 해결하고 만유인력의 법칙을 확립하였던 것이다.

미적분의 발명에서 Newton의 경쟁자였던 Leibniz는 1673년과 1676년 사이에 미적분학을 착안하였으며, 그는 처음으로 합을 나타내는 라틴어 summa(합)의 첫 글자인 S를 세로로 길게 늘인 $\int$을 적분기호로 사용하였다. Leibniz가 사용한 수학의 용어나 기호는 세련되고 단순하면서도 사물의 본질을 잘 나타내고 있어서 쉽게 이해할 수 있고 다루는 방법도 간편하였다. 현재, 우리가 사용하고 있는 미적분학의 용어와 기호의 대부분은 그로부터 이어받은 것이다.

수학에서 중요하게 취급되고 있는 함수의 개념도 1694년 Leibniz에 의해 처음으로 도입되었다. 그는 함수와 같이 연속적인 양에 대한 수학은 물론, 확률과 같이 흩어져있는 양에 대한 수학에도 많은 관심을 가져 훌륭한 업적들을 남겼다. 또한, Leibniz가 만든 계산기는 Pascal의 것보다 훨씬 뛰어난 것이었다. Pascal이 만든 계산기는 덧셈과 뺄셈만 할 수 있었지만, 그가 만든 것은 곱셈과 나눗셈은 물론 제곱근도 구할 수 있었다. 그런데 Leibniz가 발표한 논문의 대부분은 여기저기 돌아다니면서 바람막이도 없는 덜컹거리는 마차에서 작성한 것이라고 한다. 그는 왜 그렇게 바쁘게 돌아다녔을까? 그는 수학이외에도 법률학, 정치, 역사, 문학, 논리학, 형이상학 등의 분야에서도 보통 사람이 평생 이룩한 것보다 더 많은 성과를 남겼다는 평가받고 있다.

6장 종합문제

1) 기본 · 연습

1. 다음 극한을 정적분으로 나타내어라.

(1) $\lim_{n\to\infty}\sum_{i=0}^{n-1}\frac{1}{n+i}$ (2) $\lim_{n\to\infty}\sum_{i=0}^{n-1}\frac{\sqrt{n^2-i^2}}{n^2}$ (3) $\lim_{n\to\infty}\sum_{k=1}^{n}\frac{n}{(n+k)(3n+k)}$

2. $k\geq 0$일 때, $\lim_{n\to\infty}\frac{1^k+2^k+\cdots+n^k}{n^{k+1}}$의 극한을 정적분을 이용하여 구하여라.

3. 다음 함수의 x에 관한 도함수를 구하여라.

(1) $\int_1^x\sqrt{4+t^6}\,dt$ (2) $\int_0^x(x-t)\cos t\,dt$

4. 다음 정적분을 구하여라.

(1) $\int_{-1}^{3}(3x^2-x+2)dx$ (2) $\int_{-1}^{1}(2x^5-x^2+3x)dx$ (3) $\int_1^2(2-e^{-t})dt$

(4) $\int_{-\pi}^{\pi}(2\sin x-\cos x)dx$ (5) $\int_0^{\frac{\pi}{2}}\sin^2 x\,dx$ (6) $\int_{\frac{\pi}{4}}^{\frac{\pi}{2}}\operatorname{cosec}^2 t\,dt$

(7) $\int_1^9\frac{(\sqrt{x}+1)^3}{x}dx$ (8) $\int_1^2\frac{x}{x^2-x-6}dx$ (9) $\int_0^2|e^x-3|dx$

5. 양의 정수 m, n에 대해서 다음 정적분을 구하여라.

(1) $\int_{-\pi}^{\pi}\sin mx\sin nx\,dx$ (2) $\int_{-\pi}^{\pi}\cos mx\cos nx\,dx$ (3) $\int_{-\pi}^{\pi}\cos mx\sin nx\,dx$

6. $\int_{-1}^{1}(1+\sqrt{1-x^2})\,dx \geq \int_{-1}^{1}(1-\sqrt{1-x^2})\,dx$ 임을 보여라.

7. 부분적분법을 써서, 다음 정적분을 구하여라.

(1) $\int_{0}^{\frac{\pi}{3}} \sin^2 x\,dx$ (2) $\int_{0}^{\frac{\pi}{3}} \sin^3 x\,dx$

(3) $\int_{1}^{e}(1+x)e^x \ln x\,dx$ (4) $\int_{0}^{1} \sin^{-1} x\,dx$

8. 치환적분법으로, 다음 정적분을 구하여라.

(1) $\int_{0}^{1} x\sqrt{1-x}\,dx$ (2) $\int_{0}^{\pi} \sin x \cos^2 x\,dx$

(3) $\int_{0}^{\frac{\pi}{3}} \sin^3\theta\,d\theta$ (4) $\int_{0}^{\frac{3}{2}} \frac{1}{\sqrt{9-x^2}}\,dx$

(5) $\int_{0}^{\sqrt{3}} \frac{1}{\sqrt{1+x^2}}\,dx$ (6) $\int_{\ln 3}^{2} \frac{1}{e^x-e^{-x}}\,dx$

9. 함수 $f(x)$가 연속일 때, $\int_{0}^{a} f(x)\,dx = \int_{0}^{a} f(a-x)\,dx$ 임을 증명하여라.

10. 다음 각 영역의 넓이를 구하여라.

(1) 포물선 $y=4x-x^2$와 x축으로 둘러싸인 영역

(2) 곡선 $y=\dfrac{x}{1+\sqrt{x}}$와 직선 $y=0$, $x=4$로 둘러싸인 영역

11. 다음 이상적분을 구하여라.

(1) $\int_{0}^{\infty} xe^{-x}\,dx$ (2) $\int_{0}^{4} \frac{1}{x^2-2x-3}\,dx$

12. $\int_{0}^{1/2} \sqrt{1+x^4}\,dx$의 근삿값을 구하여라.

13. $\int_{0}^{\frac{1}{2}} \frac{1}{1+x^3}dx$의 값을 소수점 이하 4자리까지 구하여라.

14. $x\sin x$의 Maclaurin 급수전개식을 이용하여, $\sin x + x\cos x$의 Maclaurin 급수를 구하여라.

15. $\frac{1}{1-x}$의 Maclaurin 급수전개를 이용하여, $\frac{1}{(1-x)^2}$의 Maclaurin 급수를 구하여라.

16. $\sum_{n=2}^{\infty} \frac{1}{n(\ln n)^p}$이 수렴하기 위한 필요충분조건은 $p>1$임을 보여라.

2) 심화 · 응용

17. 다음 정적분을 구하여라.

(1) $\int_{\frac{\pi}{3}}^{\frac{\pi}{2}} \csc^3\theta\, d\theta$ (2) $\int_{0}^{1} e^{\cos^{-1}x}\, dx$

18. 음이 아닌 정수 n에 대하여 $I_n = \int_{0}^{\frac{\pi}{4}} \tan^n x\, dx$라 할 때, $I_{n+1}+I_{n-1} = \frac{1}{n}$임을 증명하여라.

19. 다음 함수의 극값을 구하여라.

(1) $f(x) = \int_{1}^{x} (2-\ln t)dt \quad (x>0)$ (2) $f(x) = \int_{0}^{x} (3t^2-12t+9)dt$

20. $S_n = \int_{1}^{e^n} \frac{\ln x}{x} dx$ (n은 자연수)일 때, 급수 $\sum_{n=1}^{\infty} \frac{1}{\sqrt{S_n S_{n+1}}}$의 합을 구하여라.

21. $T_n = (\ln 2)\int_0^n 2^x dx \ \ (n = 0, 1, 2, \ldots)$일 때, 급수 $\sum_{n=0}^{\infty}\frac{1}{1+T_n}$의 합을 구하여라.

22. 다음 부등식을 증명하여라.

$$\frac{1}{2n+2} < \int_0^1 \frac{x^n}{1+x^2}dx < \frac{1}{n+1}$$

23. 다음 부등식을 증명하여라.

$$\int_0^{\pi}\frac{\sin x}{n\pi + x}dx > \frac{2}{(n+1)\pi}$$

24. $f(x) = 2x^2 + ax - b$이고 $\int_0^1 f(x)g(x)\,dx = 0$이 모든 일차식 $g(x)$에 대하여 성립하는 상수 a, b의 값을 정하여라.

25. n이 자연수일 때, 다음 식을 만족하는 a의 값을 구하여라.

$$\int_{-2}^{-1}(x-a)(x+2)^{n-1}dx = 0$$

26. 임의의 x에 대해 $x^2 f(x) = 4x^6 + x^4 + 2\int_1^x t\,f(t)dt$를 만족하는 미분가능한 함수 $f(x)$를 구하여라.

27. 두 함수 $f(x)= ax+b$와 $g(x)= e^x$가 다음을 만족할 때, $f(x)$를 구하여라.

$$f(g(x))= \int_0^x f(t)g(t)dt - xe^x + 3$$

28. 다음을 동시에 만족하는 연속함수 $f(x),\ g(x)$를 구하여라.

$$f(x) = \sin x + \int_0^{\pi} g'(t)dt,\ \ g(x) = \sin x + \int_0^x f(t)dt$$

29. 함수 $f(x)$는 임의의 실수 x에 대해 $f(x) = f(x+2)$를 만족하고 $-1 \le x \le 1$일 때, $f(x) = |x|$라 하자. 이때, $\int_0^2 e^x f(x)\,dx$의 값을 구하여라.

30. 함수 $f(x)=ax^2+bx+1\ (a\neq 0)$이 $\int_{-\pi}^{\pi} f(x)\sin x\,dx=0$을 만족하고 곡선 $y=f(x)$가 직선 $y=x$에 접할 때, 상수 a, b의 값을 구하여라.

31. 점 $(0, 1)$에서 출발하여 곡선 $y=\frac{1}{2}(e^x+e^{-x})$의 제 1사분면에 있는 부분의 위를 매초 2의 속력으로 움직이는 점 P가 있다고 하자. t초 후의 점 P의 x좌표를 t의 함수로 나타내어라.

32. 다음 이상적분이 수렴하는 n의 값 또는 범위를 구하고, 그 값을 구하여라.

$$\int_1^{\infty}\left(\frac{nx}{x^2+1}-\frac{1}{2x}\right)dx$$

제7장

정적분의 응용

▶▷▶ 정적분은 평면도형의 넓이를 구하는 것에서 시작된 것으로, 이장에서는 평면도형의 넓이, 입체도형의 부피, 곡선의 길이와 회전면의 넓이 등에 대한 주요한 활용뿐만 아니라 속도와 거리, 질량과 질량 중심, 일, 유체가 작용하는 힘 등의 물리학이나 공학에서의 응용에 대해 함께 살펴본다.

7.1 도형의 넓이와 입체의 부피

1) 평면도형의 넓이

함수 $f(x)$가 구간 $[a, b]$에서 연속이고 $f(x) \geq 0$일 때, 곡선 $y = f(x)$, 직선 $x = a$, $x = b$와 x축으로 둘러싸인 영역의 넓이는 정적분

$$\int_a^b f(x)\,dx$$

와 같다는 것을 알고 있다. 이로부터, 두 함수 $f(x)$와 $g(x)$가 구간 $[a, b]$에서 연속이고, $x \in [a, b]$에 대해서 $f(x) \geq g(x)$이면, 곡선 $y = f(x)$와 $y = g(x)$, 직선 $x = a$, $x = b$로 둘러싸인 영역의 넓이에 대한 다음 결과를 얻을 수 있다.

정리 7.1

두 함수 $f(x)$와 $g(x)$가 구간 $[a, b]$에서 연속이고 $f(x) \geq g(x)$일 때, 곡선 $y = f(x)$, $y = g(x)$와 직선 $x = a$, $x = b$로 둘러싸인 영역의 넓이 A는

$$A = \int_a^b (f(x) - g(x))\,dx$$

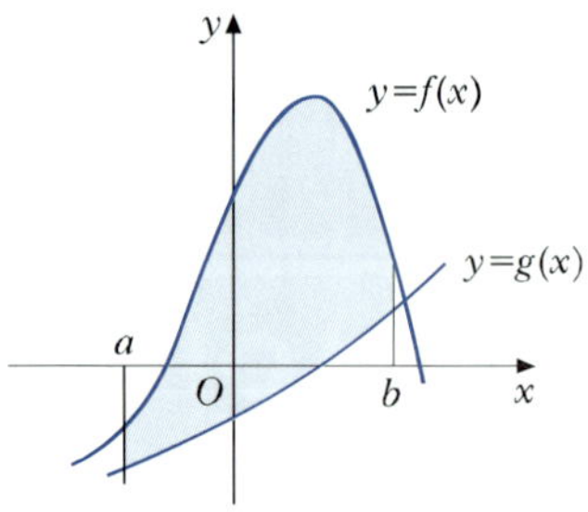

그림 7.1

증명 $f(x)+k \geq 0,\ \ g(x)+k \geq 0$인 상수 k를 택하면

$$A = \int_a^b \big(f(x)+k\big)\,dx - \int_a^b \big(g(x)+k\big)\,dx = \int_a^b \big(f(x)-g(x)\big)\,dx$$ ▨

예제 7.1.1 곡선 $2x^2+2xy+y^2=1$으로 둘러싸인 영역의 넓이를 구하여라.

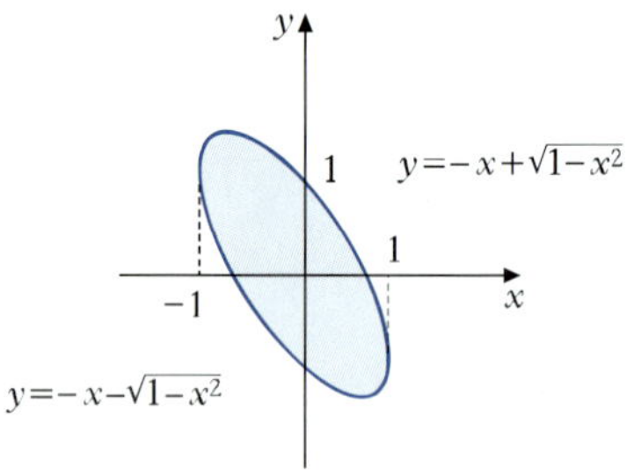

그림 7.2

풀이 y에 관해서 풀면

$$y = -x \pm \sqrt{x^2-(2x^2-1)} = -x \pm \sqrt{1-x^2}$$

이므로, 두 곡선

$$y = -x+\sqrt{1-x^2},\quad y = -x-\sqrt{1-x^2}$$

으로 둘러싸인 영역의 넓이 A는

$$A = \int_{-1}^{1} \left[\left(-x + \sqrt{1-x^2}\right) - \left(-x - \sqrt{1-x^2}\right) \right] dx$$

$$= 2\int_{-1}^{1} \sqrt{1-x^2}\, dx = \pi \qquad ◀$$

문제 7.1.1 (1) 곡선 $y = x^4 - 2x^3 + 2$, x축 및 두 직선 $x = -1$, $x = 2$로 둘러싸인 영역의 넓이를 구하여라.

(2) 포물선 $y = x^2$과 $y = 2x - x^2$으로 둘러싸인 영역의 넓이를 구하여라.

2) 극좌표에 의한 넓이

극방정식으로 주어진 곡선에 의해 결정되는 평면영역의 넓이는 다음 정리를 이용하여 구할 수 있다.

정리 7.2

함수 $f(\theta)$가 구간 $[\alpha, \beta]$에서 연속일 때, 곡선 $r = f(\theta)$와 $\theta = \alpha$, $\theta = \beta$에 의하여 둘러싸인 영역의 넓이 A는

$$A = \frac{1}{2}\int_{\alpha}^{\beta} r^2\, d\theta = \frac{1}{2}\int_{\alpha}^{\beta} (f(\theta))^2\, d\theta$$

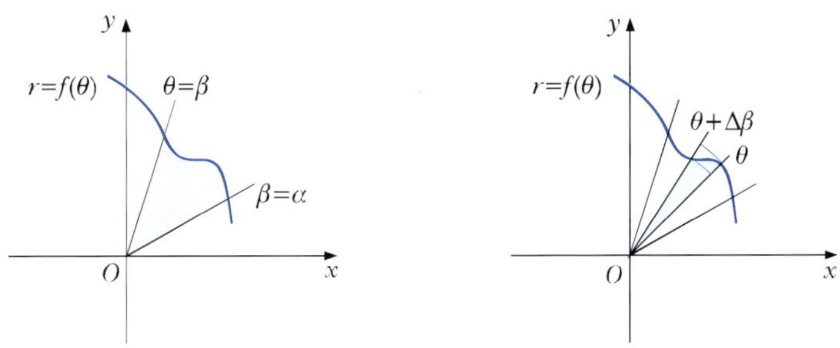

그림 7.3

증명 $[\alpha, \theta]$사이의 도형의 넓이를 $S(\theta)$라 두면 $S(\alpha)=0,\ S(\beta)=A$이다. $\Delta\theta \geq 0$일 때, 구간 $[\theta,\ \theta+\Delta\theta]$에서 $f(\theta)$의 최솟값을 m, 최댓값을 M이라 하면

$$\frac{1}{2}m^2\,\Delta\theta \ \leq\ \Delta S \leq\ \frac{1}{2}M^2\,\Delta\theta$$

한편, $f(\theta)$가 연속이므로

$$\Delta\theta \to 0\text{일 때, } m \to f(\theta)\text{이고 } M \to f(\theta)$$

따라서

$$dS = \frac{1}{2}(f(\theta))^2\,d\theta$$

그러므로

$$A = \int_0^A dS = \frac{1}{2}\int_\alpha^\beta (f(\theta))^2\,d\theta = \frac{1}{2}\int_\alpha^\beta r^2\,d\theta$$ ▨

예제 7.1.2 반지름이 a인 원의 넓이는 πa^2임을 보여라.

풀이 원의 극방정식은 $r=a\ \ (-\pi \leq \theta \leq \pi)$이므로, 원의 넓이 A는

$$A = \frac{1}{2}\int_{-\pi}^{\pi} a^2\,d\theta = \pi a^2$$ ◀

예제 7.1.3 곡선 $r=2\cos\theta$로 둘러싸인 영역의 넓이를 구하여라.

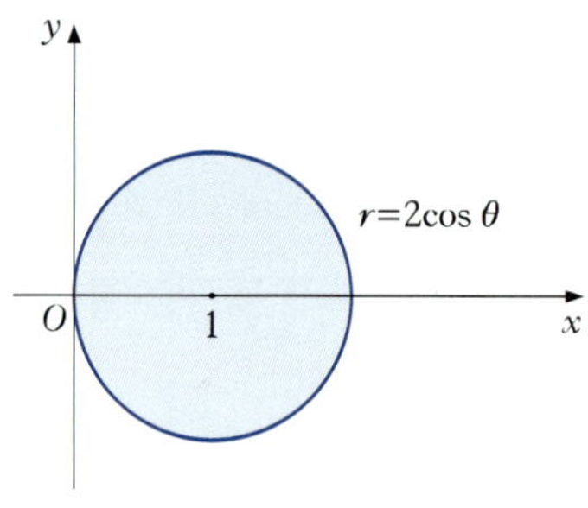

그림 7.4

풀이 곡선 $r = 2\cos\theta$의 θ의 범위는 $-\dfrac{\pi}{2} \le \theta \le \dfrac{\pi}{2}$이므로, 구하는 넓이 A는

$$A = \frac{1}{2}\int_{-\frac{\pi}{2}}^{\frac{\pi}{2}} (2\cos\theta)^2\, d\theta = \int_{0}^{\frac{\pi}{2}} (2\cos\theta)^2\, d\theta$$

$$= 2\int_{0}^{\frac{\pi}{2}} (1+\cos 2\theta)\, d\theta = \pi$$ ◀

문제 7.1.2 다음 곡선으로 둘러싸인 영역의 넓이를 구하여라.

(1) $r = 4\sin\theta$ (2) $r = 4 + \sin\theta$

예제 7.1.4 $a > 0$일 때, 심장형 곡선 $r = a(1+\cos\theta)$에 의해서 둘러싸인 영역의 넓이를 구하여라.

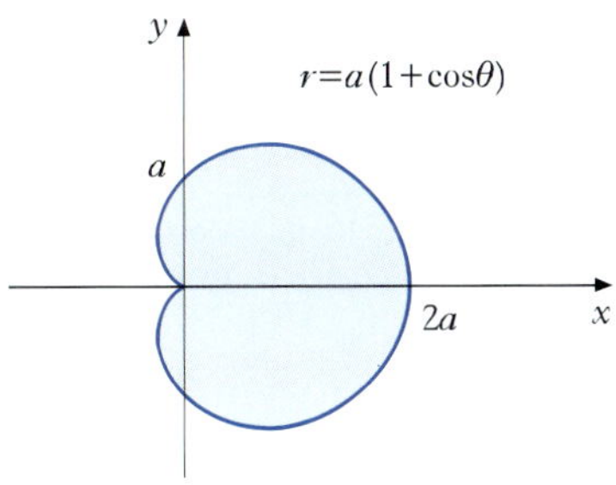

그림 7.5

풀이 구하는 넓이 A는

$$A = 2\cdot\frac{1}{2}\int_{0}^{\pi} a^2(1+\cos\theta)^2\, d\theta = 4a^2\int_{0}^{\pi}\left(\frac{1+\cos\theta}{2}\right)^2 d\theta$$

$$= 4a^2\int_{0}^{\pi}\cos^4\frac{\theta}{2}\, d\theta = 4a^2\cdot 2\int_{0}^{\frac{\pi}{2}}\cos^4 t\, dt$$

$$= 4a^2\cdot 2\cdot\frac{3}{4}\cdot\frac{1}{2}\cdot\frac{\pi}{2} = \frac{3}{2}\pi a^2$$ ◀

문제 7.1.3 다음 물음에 답하여라.

(1) 4엽장미 곡선 $r = a\sin 2\theta$ $(a > 0)$로 둘러싸인 영역의 넓이를 구하여라.

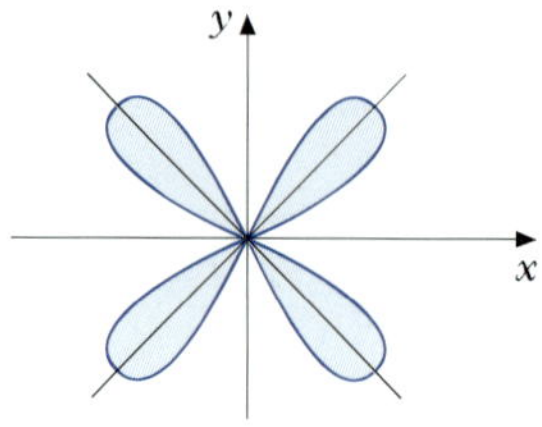

그림 7.6

(2) 연주형 곡선 $r^2 = a^2 \cos 2\theta \ (a > 0)$로 둘러싸인 영역의 넓이를 구하여라.

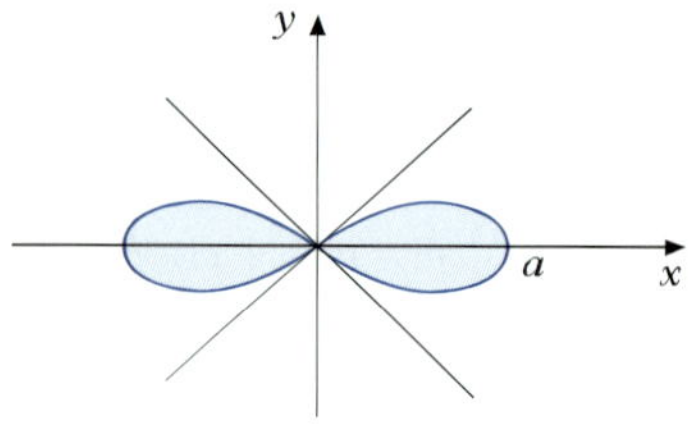

그림 7.7

정리 7.3

두 함수 $f(\theta)$와 $g(\theta)$가 구간 $[\alpha, \beta]$에서 연속이고 $f(\theta) \geq g(\theta)$일 때, 곡선 $r = f(\theta)$와 $r = g(\theta)$와 $\theta = \alpha$, $\theta = \beta$에 의하여 둘러싸인 영역의 넓이 A는

$$A = \frac{1}{2}\int_{\alpha}^{\beta} \left((f(\theta))^2 - (g(\theta))^2\right) d\theta$$

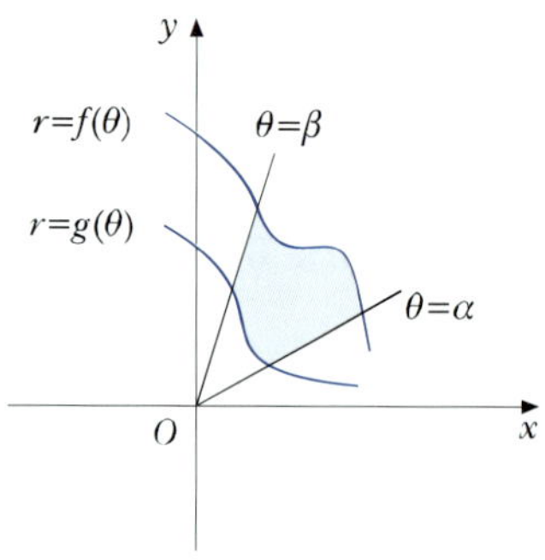

그림 7.8

예제 7.1.5 곡선 $r = 3 + 3\cos\theta$의 내부와 $r = 3 + 3\sin\theta$의 외부에 있는 영역의 넓이를 구하여라.

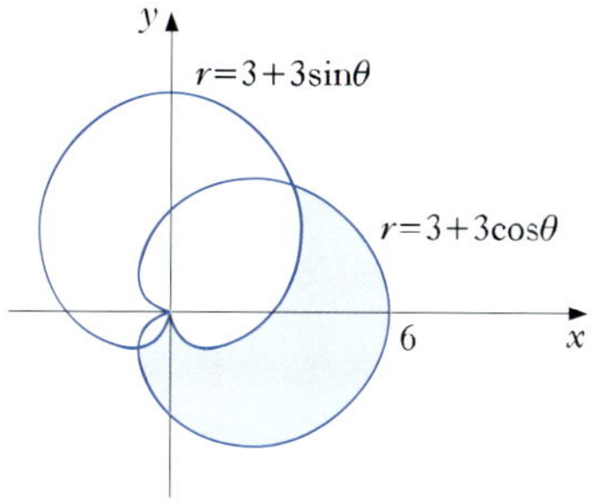

그림 7.9

풀이 두 곡선이 만나는 점을 구하기 위하여

$$3 + 3\cos\theta = 3 + 3\sin\theta$$

를 풀면, $\theta = \frac{\pi}{4}, -\frac{3\pi}{4}$를 얻는다. 따라서 구하는 넓이 A는

$$\begin{aligned} A &= \frac{1}{2}\int_{-\frac{3\pi}{4}}^{\frac{\pi}{4}} \left((3+3\cos\theta)^2 - (3+3\sin\theta)^2\right) d\theta \\ &= \frac{1}{2}\int_{-\frac{3\pi}{4}}^{\frac{\pi}{4}} 9(\cos\theta - \sin\theta)(2 + \cos\theta + \sin\theta)\, d\theta \end{aligned}$$

여기서, $t = 2 + \cos\theta + \sin\theta$라 두면 $dt = (\cos\theta - \sin\theta)\, d\theta$이고

$$\theta = \frac{\pi}{4} \text{일 때 } t = 2 + \sqrt{2},\ \ \theta = -\frac{3\pi}{4} \text{일 때 } t = 2 - \sqrt{2}$$

이므로

$$A = \frac{9}{2}\int_{2-\sqrt{2}}^{2+\sqrt{2}} t\, dt = 18\sqrt{2}$$ ◀

문제 7.1.4 다음 물음에 답하여라.

(1) 곡선 $r = 3\cos\theta$의 내부에 있고 곡선 $r = 1 + \cos\theta$의 외부에 있는 영역의 넓이를 구하여라.

(2) 곡선 $r = 2 + 2\cos\theta$의 내부와 원 $r = 3$의 외부에 있는 영역의 넓이를 구하여라.

3) 입체의 부피

이제, 입체의 부피를 구하는 기본 원리에 대해 알아본다.

정리 7.4

입체를 x축에 수직인 평면으로 잘랐을 때, 단면의 넓이 $D(x)$가 구간 $[a, b]$에서 연속이면 이 입체의 구간 $[a, b]$ 사이에 있는 부분의 부피 V는

$$V = \int_a^b D(x)\,dx$$

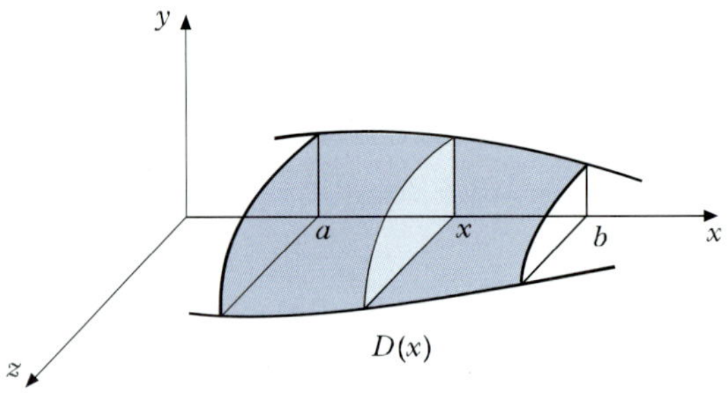

그림 7.10

증명 구간 $[a, x]$에서 입체의 부피를 $v(x)$라 하면

$$v(a) = 0,\ \ v(b) = V$$

구간 $[x,\ x + \Delta x]$에서 입체의 부피 Δv는

$$\Delta v \approx D(x)\,\Delta x$$

따라서 $\Delta x \to 0$일 때

$$dv = D(x)\,dx$$

그러므로

$$V = \int_0^V dv = \int_a^b D(x)\,dx$$ ▨

예제 7.1.6 그림 7.11과 같이 반지름 a인 두 원기둥 $y^2+z^2=a^2$, $x^2+z^2=a^2$와 세 좌표평면으로 둘러싸인 입체의 부피를 구하여라.

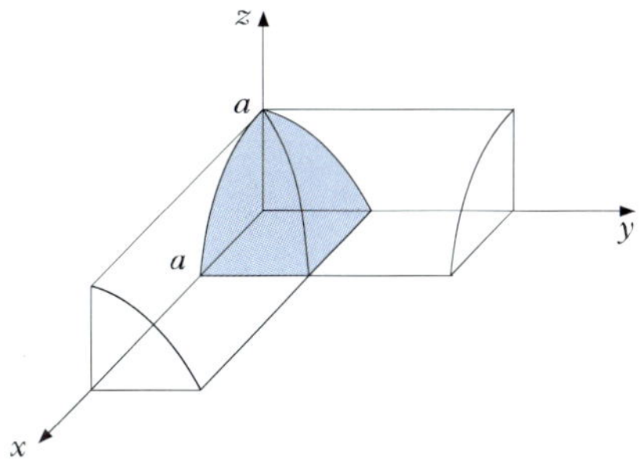

그림 7.11

풀이 높이가 z일 때 단면의 넓이는 $D(z) = xy = a^2 - z^2$이므로, 구하는 부피 V는

$$V = \int_0^a D(z)\,dz = \int_0^a (a^2 - z^2)\,dz = \left[a^2 z - \frac{1}{3}z^3\right]_0^a = \frac{2}{3}a^3$$ ◀

문제 7.1.5 밑면은 반지름이 a인 원이고, 밑면의 한 지름에 수직인 평면으로 잘랐을 때의 단면이 정사각형인 입체의 부피를 구하여라.

예제 7.1.7 높이가 4이고 한 변이 3인 정사각형 모양의 바닥으로 이루어진 피라미드가 있다. 이 피라미드의 부피를 구하여라.

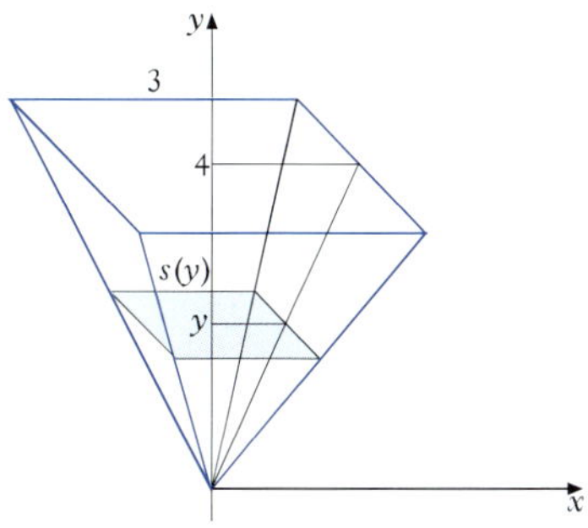

그림 7.12

풀이 그림에서와 같이 피라미드를 거꾸로 뒤집어 꼭짓점을 원점으로, 피라미드의 축을 y축으로 정하자. 피라미드가 y축의 0에서 4까지 변하고, 구간 $[0, 4]$에서 y에서의 절단면은 정사각형이다. 그림 7.12의 닮은 삼각형에서 높이 y에 대한 정사각형의 한 변의 길이 $s(y)$는

$$\frac{s(y)}{3} = \frac{y}{4}, \quad s(y) = \frac{3}{4}y$$

이므로, 높이 y에서의 단면의 넓이는

$$D(y) = (s(y))^2 = \frac{9}{16}y^2$$

으로 주어진다. 따라서 구하는 부피 V는

$$V = \int_0^4 \frac{9}{16}y^2\,dy = \frac{9}{16}\left[\frac{1}{3}y^3\right]_0^4 = 12$$ ◀

문제 7.1.6 다음 물음에 답하여라.

(1) 윗면의 둘레가 타원 $\frac{x^2}{400} + \frac{y^2}{100} = 1$의 모양을 하고 있는 수영장이 있다. x축에 수직인 수영장의 단면이 정사각형일 때, 수영장의 부피를 구하여라.

(2) 밑변의 반지름의 길이가 a이고 높이가 h인 직원기둥 모양의 통나무를 아래 그림과 같이 밑변인 원을 2등분하고 윗면의 가장자리까지 잘라낸 부분의 부피를 구하여라.

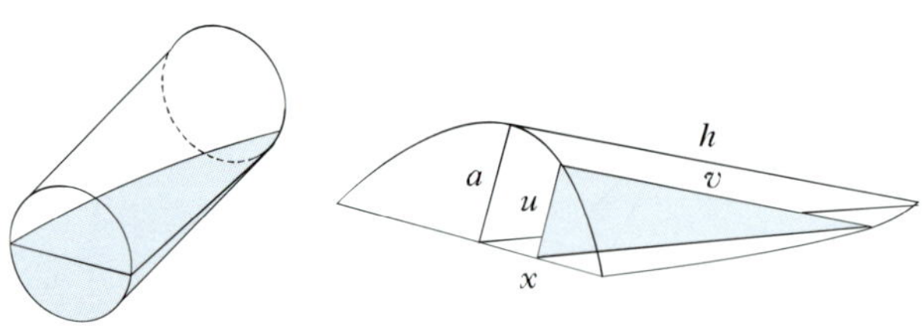

그림 7.13

4) 회전체의 부피 (원판 이용)

x축과 x축의 위쪽에 있는 곡선으로 둘러싸인 영역을 x축 둘레로 회전하여 생기는 입체의 부피는 다음 정리를 이용하여 구할 수 있다.

정리 7.5

$f(x)$가 구간 $[a,b]$에서 연속일 때, 곡선 $y=f(x)$, 직선 $x=a$, $x=b$와 x축으로 둘러싸인 영역을 x축 둘레로 회전하여 생기는 입체의 부피 V는

$$V=\pi\int_a^b (f(x))^2\,dx$$

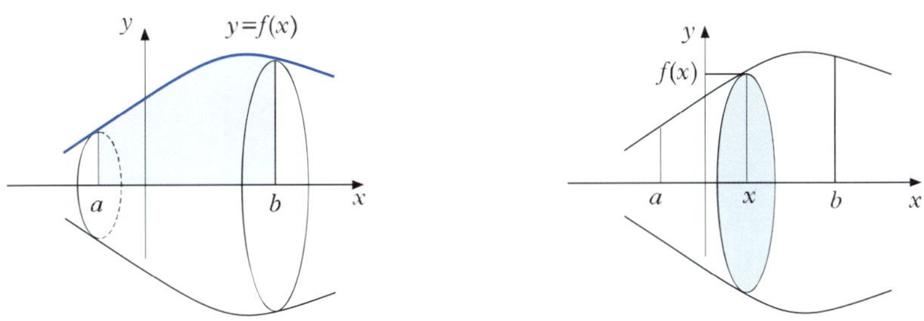

그림 7.14

증명 단면의 넓이는 $D(x)=\pi\left(f(x)\right)^2$이므로 정리가 성립한다. ▨

예제 7.1.8 반지름이 a인 구의 부피를 구하여라.

풀이 반원 $x^2+y^2=a^2\ (y\geq 0)$를 x축 둘레로 회전하여 만들어진 입체는 반지름 a인 구이므로, 구하는 부피 V는

$$V=\pi\int_{-a}^{a} y^2\,dx=\pi\int_{-a}^{a}(a^2-x^2)\,dx=\frac{4}{3}\pi a^3$$ ◀

문제 7.1.7 다음 물음에 답하여라.

(1) 곡선 $y=\sin x\ (0 \le x \le \pi)$와 x축으로 둘러싸인 영역을 x축 둘레로 회전하여 생기는 입체의 부피를 구하여라.

(2) 타원 $\dfrac{x^2}{4}+\dfrac{y^2}{9}=1$으로 둘러싸인 영역을 x축 둘레로 회전하여 생기는 입체의 부피를 구하여라.

(3) 파선 $x=a(t-\sin t),\ y=a(1-\cos t)\ (0 \le t \le 2\pi)$로 둘러싸인 영역을 x축 둘레로 회전하여 생기는 입체의 부피를 구하여라. 단, $a>0$이다.

일반적으로, $f(x)$, $g(x)$가 $[a,b]$에서 연속이고 $f(x) \ge g(x) \ge c$ 또는 $c \ge f(x) \ge g(x)$일 때, 곡선 $y=f(x)$, $y=g(x)$, 직선 $x=a$, $x=b$로 둘러싸인 영역을 직선 $y=c$ 둘레로 회전하여 생기는 회전체의 부피 V를 구하여 보자. 회전체의 단면은 반지름이 각각 $|f(x)-c|$와 $|g(x)-c|$인 동심원으로 둘러싸인 영역이므로, 넓이는

$$D(x)=\pi\left|(f(x)-c)^2-(g(x)-c)^2\right|$$

따라서

$$V=\pi\int_a^b\left|(f(x)-c)^2-(g(x)-c)^2\right|dx$$

예제 7.1.9 곡선 $y=\sqrt{4-x^2}$와 x축으로 둘러싸인 영역을 직선 $y=-1$의 둘레로 회전하여 생기는 입체의 부피를 구하여라.

풀이 x축에 수직인 평면으로 회전체를 잘랐을 때, 단면의 넓이 $D(x)$는

$$D(x)=\pi\left((y+1)^2-1\right)=\pi\left(y^2+2y\right)=\pi\left(4-x^2+2\sqrt{4-x^2}\right)$$

따라서 회전체의 부피 V는

$$V=\pi\int_{-2}^{2}\left(4-x^2+2\sqrt{4-x^2}\right)dx=4\pi^2+\frac{32}{3}\pi$$ ◀

문제 7.1.8 다음 물음에 답하여라.

(1) $y = x^2 + 2$, $y = \dfrac{1}{2}x + 1$, $x = 1$과 y축으로 둘러싸인 영역을 직선 $y = 3$의 둘레로 회전하여 생기는 입체의 부피를 구하여라.

(2) 직선 $y = x$와 곡선 $y = x^2$으로 둘러싸인 영역을 직선 $x = -1$을 중심으로 회전했을 때 생기는 입체의 부피를 구하여라.

예제 7.1.10 똑바로 서있는 원추 모양의 컵에 빨대를 꼽아서 매초 $4\,\mathrm{cm}^3$의 물을 마시고 있다. 컵의 높이는 $12\,\mathrm{cm}$이고 윗부분의 반지름은 $6\,\mathrm{cm}$라 한다. 수면의 높이가 $4\,\mathrm{cm}$ 되는 순간에 수면의 높이가 낮아지는 속도를 구하여라.

풀이 t시점에서 물의 부피를 $V = V(t)$, 수면의 높이를 $h = h(t)$라 하면

$$V(t) = \pi \int_0^{h(t)} \left(\frac{1}{2}z\right)^2 dz$$

따라서

$$V'(t) = \frac{dV}{dh}\frac{dh}{dt} = \pi\left(\frac{1}{2}h(t)\right)^2 h'(t)$$

문제에서 $V'(t) = -4$이므로, 수면의 높이가 $h(t) = 4$인 순간 수면의 높이가 변화하는 속도는 $h'(t) = -\dfrac{4}{\pi\left(\frac{1}{2}h(t)\right)^2} = -\dfrac{1}{\pi}$이다. 여기서, 음수는 수면이 낮아지고 있음을 뜻한다. 따라서 수면의 높이가 $4\,\mathrm{cm}$ 되는 순간에 수면의 높이가 낮아지는 속도는 $\dfrac{1}{\pi}$ (cm/sec)이다. ◀

4) 회전체의 부피 (원기둥 이용)

그림 7.15의 왼쪽 그림과 같이 $a \geq 0$이고, $f(x)$가 구간 $[a, b]$에서 연속이고 $f(x) \geq 0$일 때, 곡선 $y = f(x)$, 직선 $x = a$, $x = b$와 x축으로 둘러싸인 영역을 y축을 중심으로 회전하여 얻은 입체의 부피 V를 생각해보자.

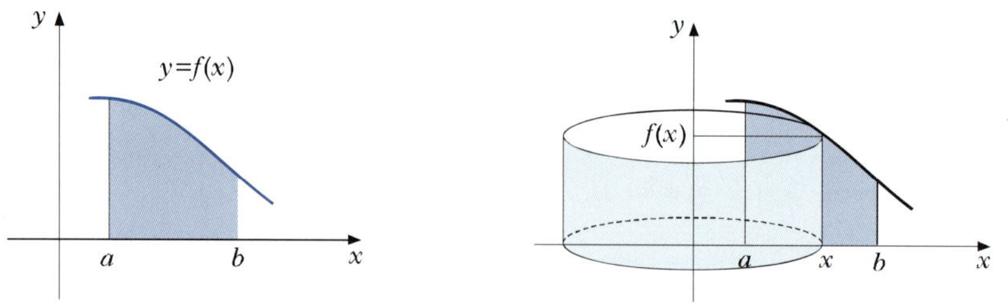

그림 7.15

구간 $[a, b]$의 각 x에 대하여, 그림 7.15의 오른쪽 그림과 같이 y축이 중심이고 반지름 x인 원기둥으로 회전체를 잘랐을 때, 그 단면은 반지름이 x이고 높이가 $f(x)$인 원기둥의 겉면이므로 그 넓이 $D(x)$는

$$D(x) = 2\pi x f(x)$$

따라서

$$V = \int_a^b D(x)\,dx = 2\pi \int_a^b x f(x)\,dx$$

이것을 정리하면, 다음과 같다.

정리 7.6

$a \geq 0$이고, $f(x)$가 구간 $[a, b]$에서 연속이고 $f(x) \geq 0$일 때, 곡선 $y = f(x)$, 두 직선 $x = a$, $x = b$와 x축으로 둘러싸인 영역을 y축을 중심으로 회전하여 생기는 입체의 부피 V는

$$V = 2\pi \int_a^b x\,y\,dx = 2\pi \int_a^b x f(x)\,dx$$

예제 7.1.11 곡선 $y = \sin x$ $(0 \leq x \leq \pi)$와 x축으로 둘러싸인 영역을 y축의 둘레로 회전하여 생기는 입체의 부피를 구하여라.

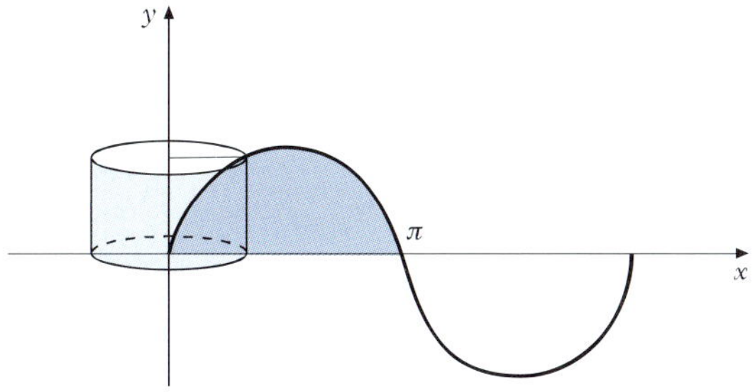

그림 7.16

풀이 구하는 부피 V는

$$V = 2\pi\int_0^{\pi} x\,y\,dx = 2\pi\int_0^{\pi} x\sin x\,dx = 2\pi\int_0^{\pi} x(-\cos x)'dx$$

$$= 2\pi\left([-x\cos x]_0^{\pi} - \int_0^{\pi}(-\cos x)\,dx\right)$$

$$= 2\pi^2 + 2\pi\,[\sin x]_0^{\pi} = 2\pi^2$$ ◀

예제 7.1.12 $y = 2x - x^2$와 x축으로 둘러싸인 영역을 직선 y축의 둘레로 회전하여 생기는 입체의 부피를 구하여라.

풀이 $$V = 2\pi\int_0^2 x\,y\,dx = 2\pi\int_0^a x\,(2x - x^2)\,dx = \frac{8\pi}{3}$$ ◀

예제 7.1.13 곡선 $y = 2x^2 - x^3$와 x축으로 둘러싸인 영역을 y축을 중심으로 회전했을 때 생기는 입체의 부피를 구하여라.

풀이 구하는 부피 V는

$$V = \int_0^2 2\pi x\,y\,dx = 2\pi\int_0^2 (2x^3 - x^4)\,dx$$

$$= 2\pi\left[\frac{1}{2}x^4 - \frac{1}{5}x^5\right]_0^2 = \frac{16}{5}\pi$$ ◀

문제 7.1.9 곡선 $x = 2y^3 - y^4$과 y축으로 둘러싸인 영역을 x축의 둘레로 회전하여 생기는 입체의 부피 V를 구하여라.

따름정리 7.7

$0 \le a < b$이고 $f(x)$, $g(x)$가 구간 $[a, b]$에서 연속이고 $f(x) \ge g(x)$일 때, 곡선 $y = f(x)$, $y = g(x)$와 직선 $x = a$, $x = b$로 둘러싸인 영역을 y축을 중심으로 회전시켜 얻은 입체의 부피 V는

$$V = 2\pi \int_a^b x\big(f(x) - g(x)\big)\, dx$$

예제 7.1.14 반지름 a인 구의 부피를 구하여라.

풀이 반지름 a인 구는 $y = \sqrt{a^2 - x^2}$, $y = -\sqrt{a^2 - x^2}$ $(0 \le x \le a)$와 y축으로 둘러싸인 영역을 y축 둘레로 회전하여 얻은 입체이다. 따라서 구하는 부피 V는

$$V = 2 \cdot 2\pi \int_0^a x\, y\, dx = 4\pi \int_0^a x\sqrt{a^2 - x^2}\, dx = \frac{4\pi}{3} a^3 \qquad ◀$$

문제 7.1.10 $a > 0$일 때, 곡선 $(x - a)^2 + y^2 = a^2$로 둘러싸인 영역을 y축 둘레로 회전하여 생기는 입체의 부피를 구하여라.

따름정리 7.7의 $V = 2\pi \int_a^b x\big(f(x) - g(x)\big)\, dx$에서 x는 회전축과 점 x와의 거리를 나타낸다. 일반적으로 회전축이 $x = c$일 때도, 회전축과 점 x와의 거리가 $|x - c|$이므로 같은 원리를 이용하여 구할 수 있다. 즉, 회전체의 부피 V는

$$c \le a < b \text{일 때, } V = 2\pi \int_a^b (x - c)\big(f(x) - g(x)\big)\, dx$$

$$a < b \le c \text{일 때, } V = 2\pi \int_a^b (c - x)\big(f(x) - g(x)\big)\, dx$$

예제 7.1.15 곡선 $y = x - x^2$와 x축으로 둘러싸인 영역을 직선 $x = 2$를 중심으로 회전하여 생기는 입체의 부피를 구하여라.

풀이 $(2-x)y = (2-x)(x-x^2) = x^3 - 3x^2 + 2x$ 이므로, 구하는 부피 V는

$$V = 2\pi \int_0^1 (2-x)\, y\, dx = 2\pi \int_0^1 \left(x^3 - 3x^2 + 2x\right) dx$$

$$= 2\pi \left[\frac{1}{4}x^4 - x^3 + x^2\right]_0^1 = \frac{\pi}{2}$$

◀

문제 7.1.11 다음 물음에 답하여라.

(1) 곡선 $x = \sqrt{4 - y^2}$ 와 y축으로 둘러싸인 영역을 직선 $x = -1$의 둘레로 회전하여 생기는 입체의 부피를 구하여라.

(2) $y = x^2,\ y = x + 2$로 둘러싸인 영역을 직선 $x = 3$의 둘레로 회전하여 생기는 입체의 부피를 구하여라.

7.2 곡선의 길이와 회전면의 넓이

1) 곡선의 길이

곡선의 길이를 구하는 기본공식을 다음과 같이 정리할 수 있다.

정리 7.8

$f(x)$가 구간 $[a, b]$에서 연속인 도함수를 가질 때, $[a, b]$에서 곡선 $y = f(x)$의 길이 L은

$$L = \int_a^b \sqrt{1 + \left(\frac{dy}{dx}\right)^2}\, dx$$

증명 구간 $[a, x]$에서의 곡선의 길이를 $s(x)$라 하면

$$s(a) = 0, \quad s(b) = L$$

구간 $[x,\ x + \Delta x]$에서의 곡선의 길이 Δs는

$$\Delta s \approx \sqrt{(\Delta x)^2 + (\Delta y)^2}$$

따라서

$$ds = \sqrt{(dx)^2 + (dy)^2} = \sqrt{1 + \left(\frac{dy}{dx}\right)^2}\, dx$$

그러므로

$$L = \int_0^L 1\, ds = \int_a^b \sqrt{1 + \left(\frac{dy}{dx}\right)^2}\, dx$$ ▨

예제 7.2.1 반지름 a인 원 둘레의 길이를 구하여라.

풀이 $x^2 + y^2 = a^2$ 으로부터 $\dfrac{dy}{dx} = -\dfrac{x}{y}$ 이므로

$$\sqrt{1+\left(\frac{dy}{dx}\right)^2} = \frac{a}{y} = \frac{a}{\sqrt{a^2-x^2}}$$

따라서 구하는 길이 L은

$$L = 2\int_{-a}^{a} \sqrt{1+\left(\frac{dy}{dx}\right)^2}\, dx = 2\int_{-a}^{a} \frac{a}{\sqrt{a^2-x^2}}\, dx$$

$$= 4a\left[\sin^{-1}\frac{x}{a}\right]_0^a = 2\pi a$$ ◀

문제 7.2.1 곡선 $y = \frac{2}{3}x^{\frac{3}{2}}$ $(1 \le x \le 3)$의 길이 L을 구하여라.

매개변수방정식으로 주어진 곡선의 길이는 다음 정리를 이용하여 구할 수 있다.

정리 7.9

매개변수방정식 $x = x(t),\ y = y(t)$ $(\alpha \le t \le \beta)$로 주어진 곡선의 길이 L은 $\frac{dx}{dt}, \frac{dy}{dt}$가 $\alpha \le t \le \beta$에서 연속일 때

$$L = \int_{\alpha}^{\beta} \sqrt{\left(\frac{dx}{dt}\right)^2 + \left(\frac{dy}{dt}\right)^2}\, dt$$

증명 $\alpha \le t \le \beta$에서 $s = s(x(t))$라 두자. 여기서 $s(x(t))$는 t의 구간 $[\alpha, t]$에 대한 곡선의 길이이므로

$$s(x(\alpha)) = 0,\quad s(x(\beta)) = L$$

이고

$$ds = \sqrt{(dx)^2 + (dy)^2} = \sqrt{\left(\frac{dx}{dt}\right)^2 + \left(\frac{dy}{dt}\right)^2}\, dt$$

따라서

$$L = \int_0^L 1\,ds = \int_\alpha^\beta \sqrt{\left(\frac{dx}{dt}\right)^2 + \left(\frac{dy}{dt}\right)^2}\,dt$$ ▨

예제 7.2.2 반지름 a인 원 둘레의 길이를 구하여라.

풀이 원의 매개변수방정식 $x = a\cos t,\ y = a\sin t\ (-\pi \le t \le \pi)$를 이용하면

$$\sqrt{\left(\frac{dx}{dt}\right)^2 + \left(\frac{dy}{dt}\right)^2} = \sqrt{(-a\sin t)^2 + (a\cos t)^2} = a$$

이므로, 구하는 길이 L은

$$L = \int_{-\pi}^{\pi} \sqrt{\left(\frac{dx}{dt}\right)^2 + \left(\frac{dy}{dt}\right)^2}\,dt = 2\pi a$$ ◀

예제 7.2.3 좌표평면 위를 움직이는 물체의 시각 t에서 위치가 $x = t - \sin t,\ y = 1 - \cos t$일 때, 시간 $t = 0$에서 $t = 2\pi$까지 물체가 움직인 거리를 구하여라.

풀이 구하는 이동거리는 곡선 $x = t - \sin t,\ y = 1 - \cos t$의 $t = 0$에서 $t = 2\pi$까지 길이 L과 같다. $\frac{dx}{dt} = 1 - \cos t,\ \frac{dy}{dt} = \sin t$이므로,

$$\left(\frac{dx}{dt}\right)^2 + \left(\frac{dy}{dt}\right)^2 = (1 - \cos t)^2 + \sin^2 t = \left(2\sin\frac{t}{2}\right)^2$$

따라서 구하는 거리는

$$L = \int_0^{2\pi} 2\sin\frac{t}{2}\,dt = 2\left[-2\cos\frac{t}{2}\right]_0^{2\pi} = 8$$ ◀

문제 7.2.2 성망형 곡선 $x^{\frac{2}{3}} + y^{\frac{2}{3}} = a^{\frac{2}{3}}$의 전체 길이를 구하여라.

다음으로, 극방정식으로 주어진 곡선의 길이에 대하여 살펴보자.

정리 7.10

극방정식 $r=f(\theta)$ $(\alpha \le \theta \le \beta)$로 주어진 곡선의 길이 L은

$$L=\int_{\alpha}^{\beta}\sqrt{r^2+\left(\frac{dr}{d\theta}\right)^2}\,d\theta$$

증명 $x= r\cos\theta,\ \ y= r\sin\theta$라 두면

$$\frac{dx}{d\theta}=\frac{dr}{d\theta}\cos\theta-r\sin\theta,\quad \frac{dy}{d\theta}=\frac{dr}{d\theta}\sin\theta+r\cos\theta$$

이므로

$$\left(\frac{dx}{d\theta}\right)^2+\left(\frac{dy}{d\theta}\right)^2=r^2+\left(\frac{dr}{d\theta}\right)^2$$

따라서 정리 7.9로부터 정리가 증명된다. ▨

예제 7.2.4 반지름 a인 원 둘레의 길이를 구하여라.

풀이 원의 극방정식 $r=a$ $(0\le\theta\le 2\pi)$에서

$$r^2+\left(\frac{dr}{d\theta}\right)^2=a^2$$

이므로, 구하는 길이 L은

$$L=\int_0^{2\pi}a\,d\theta=2\pi a$$ ◀

예제 7.2.5 심장형 곡선 $r=a(1+\cos\theta)$ $(a>0)$의 전체 길이를 구하여라.

풀이 $\dfrac{dr}{d\theta}=-a\sin\theta$에서

$$r^2+\left(\frac{dr}{d\theta}\right)^2=a^2(1+\cos\theta)^2+a^2\sin^2\theta=4a^2\cos^2\frac{\theta}{2}$$

이므로, 구하는 길이 L은

$$L = 2\int_0^{\pi} 2a\cos\frac{\theta}{2}\,d\theta = 4a\left[2\sin\frac{\theta}{2}\right]_0^{\pi} = 8a$$ ◀

문제 7.2.3 곡선 $r = \cos\theta\ (0 \le \theta \le 2\pi)$의 길이를 구하여라.

예제 7.2.6 $x = a\cos\theta,\ y = b\sin\theta\ (0 \le \theta \le 2\pi)$로 주어진 타원의 둘레의 길이 L은

$$L = 4a\int_0^{\frac{\pi}{2}} \sqrt{1-e^2\cos^2\theta}\,d\theta$$

임을 보여라. 여기서, $a > b$이고 $e = \dfrac{\sqrt{a^2-b^2}}{a}$이다.

풀이 $\dfrac{dx}{d\theta} = -a\sin\theta,\ \dfrac{dy}{d\theta} = b\cos\theta$이므로

$$\sqrt{\left(\frac{dx}{d\theta}\right)^2 + \left(\frac{dy}{d\theta}\right)^2} = \sqrt{a^2\sin^2\theta + b^2\cos^2\theta} = a\sqrt{1-e^2\cos^2\theta}$$

또한, 타원은 x축과 y축에 관하여 대칭이므로, 구하는 길이 L은

$$L = 4\int_0^{\frac{\pi}{2}} \sqrt{\left(\frac{dx}{d\theta}\right)^2 + \left(\frac{dy}{d\theta}\right)^2}\,d\theta = 4a\int_0^{\frac{\pi}{2}} \sqrt{1-e^2\cos^2\theta}\,d\theta$$ ◀

2) 회전면의 넓이

연속 곡선 $y = f(x)$를 x축 둘레로 회전하여 생기는 곡면의 넓이를 구해보자.

정리 7.11

구간 $[a, b]$에서 $f(x) \ge 0$인 함수 $f(x)$가 연속인 도함수를 가질 때, 곡선 $y = f(x)\ (a \le x \le b)$를 x축 둘레로 회전하여 생기는 곡면의 넓이 A는

$$A = 2\pi \int_a^b f(x) \sqrt{1+\left(\frac{dy}{dx}\right)^2}\, dx$$

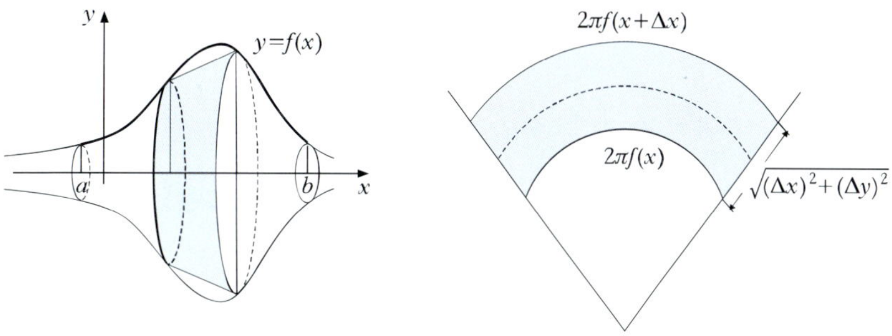

그림 7.17

증명 구간 $[a, x]$에서 회전면의 넓이를 $S = S(x)$라 하면

$$S(a) = 0, \quad S(b) = A$$

구간 $[x, x+\Delta x]$에서 회전면의 넓이 ΔS는

$$\Delta S \approx \pi\,[f(x) + f(x+\Delta x)]\,\sqrt{(\Delta x)^2 + (\Delta y)^2}$$

이므로

$$dS = 2\pi f(x)\sqrt{(dx)^2+(dy)^2} = 2\pi f(x)\sqrt{1+\left(\frac{dy}{dx}\right)^2}\, dx$$

따라서

$$A = \int_0^A 1\, dS = 2\pi \int_a^b f(x)\sqrt{1+\left(\frac{dy}{dx}\right)^2}\, dx$$ ▨

예제 7.2.7 반지름 a인 구의 겉넓이를 구하여라.

풀이 원점을 중심으로 하는 반지름 a인 원의 x축 위쪽 부분인 $y = \sqrt{a^2 - x^2}$를 x축 둘레로 회전했을 때 생기는 곡면의 겉넓이는 반지름이 a인 구의 겉넓이

와 같다. $x^2+y^2=a^2$으로부터 $\dfrac{dy}{dx}=-\dfrac{x}{y}$이므로

$$\sqrt{1+\left(\frac{dy}{dx}\right)^2}=\frac{a}{y}=\frac{a}{\sqrt{a^2-x^2}}$$

따라서 구하는 넓이 A는

$$A=2\pi\int_{-a}^{a}\sqrt{a^2-x^2}\cdot\frac{a}{\sqrt{a^2-x^2}}\,dx=4\pi a^2$$ ◀

문제 7.2.4 다음 물음에 답하여라.

(1) $y^2=x\ (1\le x\le 4)$를 x축 둘레로 회전하여 생기는 곡면의 넓이를 구하여라.

(2) $x^2+(y-c)^2=a^2\ (0<a<c)$를 x축 둘레로 회전하여 생기는 곡면의 넓이를 구하여라.

이제, 연속 곡선 $y=f(x)$를 y축 둘레로 회전하여 생기는 곡면의 넓이에 대하여 알아보자.

정리 7.12

$a\ge 0$이고 함수 $f(x)$가 구간 $[a,b]$에서 연속인 도함수를 가질 때, 곡선 $y=f(x)\ (a\le x\le b)$를 y축 둘레로 회전하여 생기는 곡면의 넓이 B는

$$B=2\pi\int_a^b x\sqrt{1+\left(\frac{dy}{dx}\right)^2}\,dx$$

증명 $y=f(x)\,(a\le x\le b)$를 x에 관하여 나타내어 $x=g(y)\ \ (c\le y\le d)$라 하면

$$B = 2\pi \int_c^d x \sqrt{1 + \left(\frac{dx}{dy}\right)^2}\, dy$$

이것을 $x = g(y)$로 치환하면 정리가 증명된다. ▨

예제 7.2.8 곡선 $y = \cosh x \ (0 \le x \le 1)$를 y축의 둘레로 회전하여 생기는 곡면의 넓이를 구하여라.

풀이 구하는 넓이 B는

$$B = 2\pi \int_0^1 x \sqrt{1 + \sinh^2 x}\, dx = 2\pi \int_0^1 x \cosh x\, dx$$

$$= 2\pi \left([x \sinh x]_0^1 - \int_0^1 \sinh x\, dx \right) = 2\pi (1 - e^{-1})$$ ◀

문제 7.2.5 $y = \ln x \ (2 \le x \le 4)$를 y축 둘레로 회전하여 생기는 회전면의 넓이를 구하여라.

매개변수방정식이나 극방정식을 이용하여, 다음과 같이 곡선의 길이를 구할 수 있다.

정리 7.13

(1) 매개변수방정식이

$$x = f(t), \quad y = g(t) \quad (c \le t \le d)$$

인 곡선을 x축 둘레로 회전하여 생기는 곡면의 넓이 A는 $g(t) \ge 0$일 때

$$A = 2\pi \int_c^d g(t) \sqrt{\left(\frac{dx}{dt}\right)^2 + \left(\frac{dy}{dt}\right)^2}\, dt$$

(2) 극방정식이

$$r = f(\theta) \ (\alpha \le \theta \le \beta)$$

인 곡선을 x축 둘레로 회전하여 생기는 곡면의 넓이 A는 $f(\theta) \ge 0$일 때

$$A = 2\pi \int_{\alpha}^{\beta} r\sin\theta \sqrt{r^2 + \left(\frac{dr}{d\theta}\right)^2} \, d\theta$$

증명 (1) $x = f(t)$로 치환하면

$$2\pi y \sqrt{1 + \left(\frac{dy}{dx}\right)^2} \, dx = 2\pi g(t) \sqrt{\left(\frac{dx}{dt}\right)^2 + \left(\frac{dy}{dt}\right)^2} \, dt$$

(2) $x = r\cos\theta$, $y = r\sin\theta$를 이용하여 증명한다. ▨

예제 7.2.9 매개변수방정식을 이용하여, 반지름 a인 구의 겉넓이를 구하여라.

풀이 반지름 a인 상반원의 매개변수방정식은 $x = a\cos t$, $y = a\sin t$ $(0 \le t \le \pi)$이므로 구하는 넓이 A는

$$\begin{aligned} A &= 2\pi \int_0^{\pi} a\sin t \sqrt{\left(\frac{dx}{dt}\right)^2 + \left(\frac{dy}{dt}\right)^2} \, dt \\ &= 2\pi \int_0^{\pi} a\sin t \sqrt{(-a\sin t)^2 + (a\cos t)^2} \, dt \\ &= 2\pi a^2 \int_0^{\pi} \sin t \, dt = 4\pi a^2 \end{aligned}$$

◀

문제 7.2.6 곡선 $x = a(t - \sin t)$, $y = a(1 - \cos t)$ $(0 \le t \le 2\pi)$를 x축 둘레로 회전하여 생기는 곡면의 넓이를 구하여라. 단, $a > 0$이다.

예제 7.2.10 극방정식을 이용하여, 반지름 a인 구의 겉넓이를 구하여라.

풀이 반지름 a인 상반원의 극방정식은 $r = a(0 \le \theta \le \pi)$이므로, 구하는 넓이 A는

$$A = 2\pi \int_0^\pi a\sin\theta \sqrt{a^2 + 0^2}\, d\theta = 2\pi a^2 \int_0^\pi \sin\theta\, d\theta = 4\pi a^2$$ ◀

예제 7.2.11 곡선 $r = a\cos\theta$ $(a > 0)$를 x축 둘레로 회전하여 생기는 곡면의 넓이 A를 구하여라.

풀이 x축 위쪽에 있는 곡선에 대한 θ의 범위는 $0 \le \theta \le \frac{\pi}{2}$이고, $\frac{dr}{d\theta} = -a\sin\theta$ 이므로 구하는 넓이 A는

$$A = 2\pi \int_0^{\frac{\pi}{2}} r\sin\theta \sqrt{r^2 + \left(\frac{dr}{d\theta}\right)^2}\, d\theta = 2\pi a^2 \int_0^{\frac{\pi}{2}} \cos\theta \sin\theta\, d\theta$$

$$= 2\pi a^2 \int_0^1 t\, dt = 2\pi a^2 \left[\frac{t^2}{2}\right]_0^1 = \pi a^2$$ ◀

문제 7.2.7 곡선 $r = a\sin\theta(a > 0)$를 x축 둘레로 회전하여 생기는 곡면의 넓이를 구하여라.

길이를 나타내는 단위들

기원전 3,000년 경, 피라미드와 스핑크스를 만든 이집트인들은 길이의 단위로 큐빗(cubit)을 사용하였다. 1큐빗은 팔을 구부렸을 때 팔꿈치 모서리에서 가운데 손가락 끝까지의 길이를 나타낸 것으로, 그 당시 1큐빗은 약 52.4cm(또는 46.4cm)이었다. 그 이후에 큐빗은 고대 사회에서 보편화되었으며, 약 45.7cm에 해당하는 길이로 사용되었다.

과거 우리나라에서는 길이의 단위로 뼘, 발, 자 등을 사용하였는데, 뼘은 엄지와 인지를 쭉 폈을 때의 길이(약 20cm)이며, 발은 두 팔을 잔뜩 벌린 길이를 말한다. 자는 엄지와 중지를 쭉 폈을 때의 길이에서 비롯되었으며, 자의 한자어인 척(尺)은 손바닥을 펼쳐서 길이를 재는 형상에서 온 상형문자이다. 고려 및 조선시대 초기까지는 1자를 32.21cm로 하였으나, 세종 12년에 31.22cm로 바꾸어 사용해 오다가 1902년부터는 약 30.3cm로 통용되었다. 1963년 계량법이 제정되면서 현재는 자를 거래나 증명 등의 계산단위로 사용하지 않게 되었다. 그리고 토지나 건물 등의 넓이를 나타낼 때 주로 사용하는 평(坪)은 가로와 세로가 6자인 정사각형의 넓이를 뜻하며 약 3.3m^{2}이다. 이 또한, 법률상 사용이 금지되었으나 아직도 일상생활에서는 널리 사용되고 있다.

현재, 세계적으로 통용되는 길이의 단위는 미터(m)이다. 미터는 역사적으로는 북극점에서 파리를 통과해 적도에 이르는 지구 사분원의 10,000,000분의 1의 값으로 1791년 프랑스 과학 아카데미에서 정하였다. 빛의 파장까지도 측정할 수 있는 기술이 개발되어 인공물에 의존하지 않고 더 정확하고 쉬운 표준을 설정할 수 있게 되어, 1983년에 1m를 빛이 1초 동안에 이동하는 거리의 299,792,458분의 1로 바꾸었다. 미터를 기본 단위로 하여 킬로미터, 센티미터, 밀리미터, 미크론(미터의 백만 분의 1), 밀리미크론(미터의 십억 분의 1),

옹그스트롱(미터의 백억 분의 1) 등의 다양한 단위의 길이를 사용하고 있다. 1광년은 빛이 1년 동안 걸려서 가는 거리로, 빛은 1초 동안에 약 30만 킬로미터를 진행하므로 1년 동안이면 엄청난 거리가 되는데, 이를 미터로 바꾸면 약 9,460조 8천억 미터가 된다. 우리가 잘 알고 있는 북극성까지의 거리는 무려 800광년이나 된다.

미국을 비롯한 영어권의 국가에서는 길이의 단위로 피트(feet)와 야드(yard) 등을 사용하고 있다. 로마인들도 길이를 재는 단위가 없었을 때, 흔히 자기 자신의 신체 길이를 단위로 사용하였다. 그러나 이는 사람마다 크기가 다르므로 불편한 점이 많았다. 피트 역시 사람의 발의 길이로 측정하였기 때문에 재는 사람의 발의 크기에 따라 25~34㎝로 다양하였다. 지금은 미터법을 사용하는 나라가 대부분이며, 피트 단위를 사용하는 나라에서도 피트의 길이를 미터로 환산해 사용하고 있다. 미국에서는 1893년 피트를 미터로 환산해서 사용하기 시작하였는데, 1959년부터는 1피트를 30.48㎝로 정하여 사용하고 있다. 야드는 지금으로부터 800여년 전, 영국 헨리 1세가 정한 길이의 단위로, 왕의 코에서부터 한쪽 팔을 쭉 뻗은 손가락 끝까지 길이로 약 91.44cm이고, 인치는 어른 엄지손가락 길이를 나타내는데 약 2.54cm이다.

거리를 나타내는 또 다른 단위로 마일(mile)이 있다. 1마일은 5,280피트에 해당하며 약 1,609.3m이다. 마일은 로마어의 1,000걸음(mille passus)에서 나온 말로 로마의 5,000피트와 영국의 4,840피트와 같은 값이다. 해운이나 항공운송에서 보편적으로 사용되는 거리의 단위로는 해리(nautical mile)가 있다. 해리는 지구의 둘레를 분(1° /60) 단위로 나눈 값, 즉 지구둘레를 360° 로 놓고 1분에 해당하는 길이를 1해리로 정하였는데, 1해리는 1,852m에 해당한다. 그리고 배의 속도를 나타내는 1노트(knot)는 1시간에 1해리를 가는 속도를 뜻한다.

다음 표는 앞에서 기술한 길이에 관한 단위의 설정기준과 그 길이를 미터법으로 환산하여 나타낸 것이다.

단 위	설정 기준	미터법 환산
미터	빛이 1초 동안에 이동하는 거리의 299,792,458분의 1	
뼘	엄지손가락과 집게손가락을 쭉 폈을 때의 길이	20cm
자	엄지손가락과 가운데 손가락을 쭉 폈을 때의 길이	30.3cm
큐빗	팔을 구부렸을 때 팔꿈치 모서리에서 가운데 손가락 끝까지의 길이	45.7cm
피트	발의 길이	30.48cm
야드	코에서부터 한쪽 팔을 쭉 뻗은 손가락 끝까지의 길이	91.44cm
인치	어른 엄지손가락의 길이	2.54cm
해리	각도 1분에 해당하는 지구 둘레의 길이	1,852m

7.3 물리에 대한 응용

1) 속도와 거리

물체가 수직선 위를 일정한 속도 v로 시간 t동안 움직였을 때, 이동 거리 s는

$$s = v \cdot t$$

이다. 실제 상황에서 물체의 속도는 대체로 일정하게 유지되지 않고 시각에 따라 변화하고 때로는 음수가 될 수 있다. 시각 t일 때 속도 $v = v(t)$로 움직이는 물체에 대해서 시각 a에서부터 시각 b까지 물체의 위치 변화와 이동 거리는 다음과 같다.

(1) 위치 변화 $\int_a^b v(t)\,dt$

(2) 이동 거리 $\int_a^b |v(t)|\,dt$

예제 7.3.1 시각 t에서 속도 $v(t) = t^2 - t - 6$ $(m/\sec)$로 수직선 위를 움직이는 물체가 있다. $t = 1$에서 $t = 5$까지 이 물체의 위치 변화와 이동 거리를 구하여라.

풀이 (1) $t = 1$에서 $t = 5$까지 물체의 위치 변화는

$$\int_1^5 v(t)\,dt = \int_1^5 (t^2 - t - 6)dt = \left[\frac{t^3}{3} - \frac{t^2}{2} - 6t\right]_1^5$$

$$= \frac{1}{3}(125 - 1) - \frac{1}{2}(25 - 1) - 6(5 - 1) = \frac{16}{3}\,(\mathrm{m})$$

(2) $t = 1$에서 $t = 5$까지 물체가 움직인 이동 거리 s는

$$s = \int_1^5 |v(t)|\,dt = \int_1^3 (-t^2 + t + 6)\,dt + \int_3^5 (t^2 - t - 6)dt$$

$$= \left[-\frac{t^3}{3} + \frac{t^2}{2} + 6t\right]_1^3 + \left[\frac{t^3}{3} - \frac{t^2}{2} - 6t\right]_3^5 = 20\,(\mathrm{m})$$ ◀

문제 7.3.1 어떤 입자가 시각 t에서 속도 t^2e^{-t} (m/sec)로 수직선 위를 움직일 때, 처음 5초 동안 이 입자가 움직인 거리를 구하여라.

2) 질량과 질량중심

(1) 직선 위에 흩어져 있는 질량

질량이 m_1과 m_2인 물체를 저울의 중심에서 서로 반대쪽으로 거리가 각각 d_1과 d_2인 지점에 놓여있다고 하자. $d_1m_1 = d_2m_2$일 때 저울이 균형을 이룬다. 이를 수학적으로 설명하기 위하여 저울을 수직선으로 저울의 중심을 수직선의 원점으로 두면 m_1의 위치는 $x_1 = -d_1$이고, m_2의 위치는 $x_2 = d_2$이다. 두 물체가 원점에 대하여 균형을 이룰 조건은

$$x_1m_1 + x_2m_2 = 0$$

질량 m과 기준점으로부터의 거리 d의 곱을 기준점에 대한 물체의 모멘트(moment)라고 한다. 모멘트는 물체가 기준점을 중심으로 회전하려는 힘을 나타내고, 물체가 기준점의 오른쪽에 있느냐, 왼쪽에 있느냐에 따라 회전 방향이 다르다. 회전 방향이 시계방향인 경우를 양으로, 반 시계방향은 음으로 정하면 수직선에 놓인 두 물체가 기준점에 대해서 균형을 이룰 필요충분조건은 각 물체의 기준점에 대한 모멘트의 합이 0이 되는 것이다.

이제, 수직선 위의 점 $x_1, x_2, \ldots, x_n$에 질량이 각각 $m_1, m_2, \ldots, m_n$인 n개의 질점이 있다고 하자. 총 질량은 $m = m_1 + m_2 + \cdots + m_n$이고, 원점에 대한 총 모멘트를 $M = x_1m_1 + x_2m_2 + \cdots + x_nm_n$이라고 하자. M이 0이 아닐 때 이들 n개의 질점은 원점에 대하여 균형을 이루지 않고, 수직선 위의 다른 어떤 점을 기준점으로 하였을 때 균형을 이룬다. 이러한 기준점을 이 수직선 위의 n개의 질점의 질량중심(center of mass)이라 한다. 즉, 질량중심 c는 다음 식을 만족하는 점이다.

$$(x_1 - c)m_1 + (x_2 - c)m_2 + \cdots + (x_n - c)m_n = 0$$

이것을 c에 대해서 풀면

$$c = \frac{x_1m_1 + x_2m_2 + \cdots + x_nm_n}{m_1 + m_2 + \cdots + m_n} = \frac{M}{m}$$

따라서 질량중심은 총 모멘트를 총 질량으로 나누어 얻을 수 있다.

예제 7.3.2 질량이 4, 5, 6, 9인 물체가 각각 x축 위의 점 $-1, 1, 2, 4$에 놓여 있다고 하자. 이때, 질량중심을 구하여라.

풀이 총 질량과 원점에 대한 총 모멘트가 각각

$$m = 4+5+6+9 = 24, \quad M = (-1)\cdot 4 + 1\cdot 5 + 2\cdot 6 + 4\cdot 9 = 49$$

이므로, 질량중심은 $c = \dfrac{M}{m} = \dfrac{49}{24}$이다. ◀

(2) 직선 위에 연속적으로 분산된 질량

곧고 가느다란 철사의 밀도가 위치에 따라 다를 때, 총 질량과 질량중심을 구하여 보자. 곧고 가느다란 철사가 수직선 위의 점 a와 b사이에 놓여 있고, 점 x에서 철사의 밀도가 $\delta(x)$이라고 하자.

구간 $[a, x]$ 부분에 놓여 있는 철사의 질량을 $m(x)$, 원점에 대한 총 모멘트를 $M(x)$라 두자. 구간 $[x, x+\Delta x]$에 놓여 있는 철사의 질량과 원점에 대한 총 모멘트는

$$\Delta m = m(x+\Delta x) - m(x), \quad \Delta M = M(x+\Delta x) - M(x)$$

이고 구간 $[x, x+\Delta x]$에서 밀도가 일정하다고 보면, 구간 $[x, x+\Delta x]$에 놓여 있는 철사의 질량 Δm과 원점에 대한 모멘트 ΔM는

$$\Delta m \approx \delta(x)\Delta x, \quad \Delta M \approx \left(x + \frac{\Delta x}{2}\right)\delta(x)\Delta x$$

이므로

$$dm = \delta(x)\,dx, \quad dM = x\,\delta(x)\,dx$$

따라서 철사의 총 질량 m, 원점에 대한 총 모멘트 M, 질량중심 c는 각각 다음과 같이 주어진다.

$$m = \int_a^b \delta(x)\,dx, \quad M = \int_a^b x\delta(x)\,dx, \quad c = \frac{M}{m} = \frac{\displaystyle\int_a^b x\delta(x)\,dx}{\displaystyle\int_a^b \delta(x)\,dx}$$

만일, 철사의 밀도가 $\delta(x)$가 일정하면 철사의 질량중심은 철사가 놓여있는 수직선 위의 점 a와 b의 중점과 같음을 쉽게 알 수 있다.

예제 7.3.3 길이가 10 cm인 곧고 가느다란 철사가 있다. 왼쪽 끝에서 x cm 떨어진 위치의 밀도가 $\delta(x)=3x^2$ (g/cm)일 때, 철사의 질량중심은 왼쪽 끝에서 몇 cm 떨어진 위치에 있는가?

풀이 철사의 총 질량 m과 왼쪽 끝점에 대한 총 모멘트 M은

$$m=\int_0^{10}\delta(x)\,dx=\int_0^{10}3x^2\,dx=[x^3]_0^{10}=1000\ (\text{g})$$

$$M=\int_0^{10}x\,\delta(x)\,dx=\int_0^{10}x\cdot 3x^2\,dx=\left[\frac{3}{4}x^4\right]_0^{10}=7500\ (\text{g}\cdot\text{cm})$$

이고

$$c=\frac{M}{m}=\frac{7500}{1000}=7.5$$

이므로, 질량중심은 왼쪽 끝에서 7.5 (cm) 떨어진 위치에 있다. ◀

(3) 평면 위에 흩어져 있는 질량

평면 위의 각 점 (x_1, y_1), (x_2, y_2), …, (x_n, y_n)에 질량이 각각 m_1, m_2, …, m_n인 n개의 질점이 있다고 하자. 총 질량은 $m=m_1+m_2+\cdots+m_n$이고, x축과 y축에 대한 총 모멘트 M_x, M_y는 각각의 질량이 x축과 y축에 대해서 가지는 모멘트의 합과 같다. 즉

$$M_x=y_1m_1+y_2m_2+\cdots+y_nm_n=\sum_{i=1}^{n}y_im_i$$

$$M_y=x_1m_1+x_2m_2+\cdots+x_nm_n=\sum_{i=1}^{n}x_im_i$$

이다. 이때, 질량중심 (c, d)는 다음과 같다.

$$c=\frac{M_y}{m},\quad d=\frac{M_x}{m}$$

예제 7.3.4 질량이 4, 5, 6, 9인 물체가 각각 점 $(-1, 1)$, $(1, 2)$, $(2, 1)$, $(4, 3)$에 놓여 있다고 하자. 이때, 질량중심 (c, d)를 구하여라.

풀이 총 질량은 $m = 4+5+6+9 = 24$이고 x축과 y축에 대한 총 모멘트가 각각

$$M_x = 1 \cdot 4 + 2 \cdot 5 + 1 \cdot 6 + 3 \cdot 9 = 47$$

$$M_y = (-1) \cdot 4 + 1 \cdot 5 + 2 \cdot 6 + 4 \cdot 9 = 49$$

이므로

$$c = \frac{M_y}{m} = \frac{49}{24}, \quad d = \frac{M_x}{m} = \frac{47}{24}$$

따라서 질량중심은

$$(c, d) = \left(\frac{49}{24}, \frac{47}{24}\right)$$

◀

(4) 평면 위에 연속적으로 분산된 질량

얇고 평평한 철판의 밀도가 위치에 따라 다를 때, 총 질량과 질량중심을 구하여 보자. 만일, 이 철판의 모양이 평면 위의 두 직선 $x = a$, $x = b$와 두 곡선 $y = f(x)$, $y = g(x)$로 둘러싸인 영역으로 나타낼 수 있고, 점 (x, y)에서 철판의 밀도가 $\delta(x)$이라고 하자. 단, $a < b$이고 $g(x) \le f(x)$이다. 이때, 철판의 총 질량 m은

$$m = \int_a^b \delta(x)\big(f(x) - g(x)\big)\,dx$$

다음은 각 축에 대한 모멘트를 생각하자. 철판의 밀도가 y좌표에 무관한 경우이므로 철판을 밀도가 $\delta(x)\big(f(x) - g(x)\big)$인 평면 위의 가는 철사로 생각할 수 있다. 이때, 철사의 모양은 곡선 $y = \dfrac{f(x) + g(x)}{2}$ $(a \le x \le b)$로 나타낼 수 있다. 따라서 x축에 대한 총 모멘트 M_x는 $y\big(f(x) - g(x)\big) = \dfrac{1}{2}\big(f(x)^2 - g(x)^2\big)$이므로

$$M_x = \int_a^b y\,\delta(x)\big(f(x) - g(x)\big)\,dx = \frac{1}{2}\int_a^b \delta(x)\big(f(x)^2 - g(x)^2\big)\,dx$$

y축에 대한 총 모멘트 M_y는

$$M_y = \int_a^b x\,\delta(x)\big(f(x) - g(x)\big)\,dx$$

따라서 질량중심 (c, d)는 다음과 같이 구할 수 있다.

$$c = \frac{M_y}{m} = \frac{\displaystyle\int_a^b x\,\delta(x)\big(f(x) - g(x)\big)\,dx}{\displaystyle\int_a^b \delta(x)\big(f(x) - g(x)\big)\,dx}$$

$$d = \frac{M_x}{m} = \frac{1}{2}\,\frac{\displaystyle\int_a^b \delta(x)\big(f(x)^2 - g(x)^2\big)\,dx}{\displaystyle\int_a^b \delta(x)\big(f(x) - g(x)\big)\,dx}$$

철판의 밀도가 일정한 경우에 철판의 질량중심은 철판의 모양과 평면에 나타나는 부분에만 의존함을 쉽게 알 수 있다. 그리고 점 (x, y)에서 철판의 밀도가 $\delta(x, y)$인 경우에는 철판의 총 질량, 각축에 대한 총 모멘트, 질량중심 등은 제11장에서 소개할 중적분으로 설명된다.

예제 7.3.5 그림 7.18과 같이, 직선 $y = -x + 1$에 의해 잘려진 반지름 1인 원판의 질량중심을 각각 구하여라.

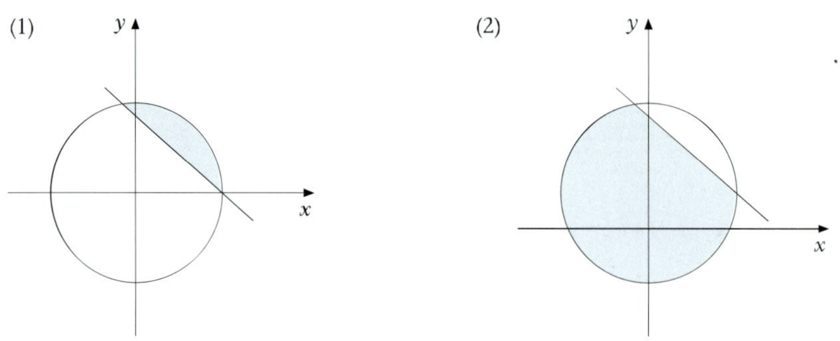

그림 7.18

풀이 (1) 첫 번째 영역의 질량중심을 $(c_1,\ d_1)$라 하자.

$$f(x) = \sqrt{1-x^2}, \quad g(x) = -x+1$$

라 두면

$$m = \int_0^1 ((f(x)-g(x))\,dx = \int_0^1 \left(\sqrt{1-x^2}+x-1\right)dx = \frac{1}{4}\pi - \frac{1}{2}$$

$$M_y = \int_0^1 x\,((f(x)-g(x))\,dx = \int_0^1 x\left(\sqrt{1-x^2}+x-1\right)dx = \frac{1}{6}$$

$$M_x = \frac{1}{2}\int_0^1 \left(f(x)^2 - g(x)^2\right)dx = \frac{1}{2}\int_0^1 \left((1-x^2)-(-x+1)^2\right)dx = \frac{1}{6}$$

이므로

$$c_1 = \frac{M_y}{m} = \frac{2}{3\pi-6}, \quad d_1 = \frac{M_x}{m} = \frac{2}{3\pi-6}$$

(2) 두 번째 영역의 질량중심을 $(c_2,\ d_2)$라 하자. 두 영역의 질량중심 $(c_1,\ d_1)$과 $(c_2,\ d_2)$를 각각 질량 $\frac{1}{4}\pi - \frac{1}{2}$과 $\pi - \left(\frac{1}{4}\pi - \frac{1}{2}\right) = \frac{3}{4}\pi + \frac{1}{2}$을 갖는 질점으로 생각하자. 이때, 원래의 원판의 질량중심 $(0, 0)$는 두 질점 $(c_1,\ d_1)$와 $(c_2,\ d_2)$의 질량중심이므로, 다음 식이 성립한다.

$$c_1\left(\frac{1}{4}\pi - \frac{1}{2}\right) + c_2\left(\frac{3}{4}\pi + \frac{1}{2}\right) = 0$$

따라서 $c_2 = -\dfrac{2}{9\pi+6}$이고, 같은 방법으로 $d_2 = -\dfrac{2}{9\pi+6}$임을 알 수 있다. ◀

문제 7.3.2 다음 물음에 답하여라.

(1) 중심이 원점이고, 반지름이 r인 원판의 제1사분면에 해당하는 부분의 질량 중심을 구하여라.

(2) 직선 $y = x$와 포물선 $y = x^2$으로 둘러싸인 영역의 질량중심을 구하여라.

3) 일의 양

수직선 위에 놓여있는 물체를 수직선과 평행한 방향으로 일정한 힘 F를 작용하여 물체를 거리 d만큼 이동하였을 때, 한 일의 양은

$$W = F \cdot d$$

여기서, 길이의 단위는 주로 cm, m를, 힘의 단위는 $\text{g} \cdot \text{cm/sec}^2$, $\text{kg} \cdot \text{m/sec}^2$ 또는 dyne, N을 사용하고, 일의 단위는 erg, J을 사용한다. 단, $1\,\text{dyne} = 1\,\text{g} \cdot \text{cm/sec}^2$, $1\,\text{N} = 1\,\text{kg} \cdot \text{m/sec}^2$이고 $1\,\text{erg} = 1\,\text{dyne} \cdot \text{cm}$, $1\,\text{J} = 1\,\text{N} \cdot \text{m}$이고 지구 중력가속도 g는 $9.8\,\text{m/sec}^2$로 정한다. 또한, $1\,\text{kgf} = 9.8\,\text{kg} \cdot \text{m/sec}^2$로 나타내기도 한다. 흔히, 우리가 몸무게가 60 kg이라고 하는 것은 사실 60 kgf임을 의미한다.

실제 상황에서 대체로 힘이 일정하게 유지되지 않고 물체의 움직임에 따라 변화하므로, 물체가 수직선 위의 점 x에서 수직선과 평행한 방향으로 $F(x)$의 힘을 받으면서 a에서부터 b까지 움직인다면, 이때 한 일의 양은

$$W = \int_a^b F(x)\,dx$$

(1) 용수철

Hooke의 법칙에 의하면 용수철을 원래의 폭보다 x만큼 줄이거나 늘이기 위해 필요한 힘 $F(x)$는

$$F(x) = kx$$

로 계산된다. 여기서, k는 용수철의 탄성계수로 양의 상수이다. 후크의 법칙은 x가 지나치게 크지 않은 경우에만 성립한다.

예제 7.3.6 용수철의 원래의 길이는 10 cm이고, 이것을 2 cm 늘이는 데 3 dyne의 힘이 든다고 한다. 이 용수철의 길이가 15 cm로 되었을 때, 한 일의 양을 구하여라.

풀이 탄성계수 k를 구하기 위하여, $F(2) = 3$이라는 사실을 이용하면 $k \cdot 2 = 3$, 즉

$k = \dfrac{3}{2}$ 이다. 따라서

$$F(x) = \frac{3}{2}x$$

용수철이 원래의 상태에 있을 때에는 $x = 0$ 이고, 길이가 15 cm 일 때는 $x = 5$ 이다. 따라서 용수철을 15 cm 로 늘였을 때 일의 양은 다음과 같다.

$$W = \int_0^5 \frac{3}{2}x\,dx = \left[\frac{3}{2} \cdot \frac{x^2}{2}\right]_0^5 = 18.75\,(\mathrm{cm} \cdot \mathrm{dyne})$$ ◀

문제 7.3.3 원래 길이가 1 m 인 용수철을 24 N 의 힘을 가하여 1.8 m 로 늘렸다고 하자.

(1) 용수철의 탄성계수 k를 구하여라.

(2) 원래 길이로부터 2 m 늘이는데 필요한 일을 구하여라.

(3) 45 N 의 힘을 가한다면, 용수철은 얼마나 늘어나는가?

(2) 펌프(pump)

예제 7.3.7 원뿔 모양의 물탱크에 물이 가득 차 있다. 탱크의 깊이가 4 m 이고 반지름이 1 m 라고 할 때, 물탱크 밖으로 물을 모두 퍼내기 위한 일의 양을 구하여라. 단, 물의 밀도는 1,000 kg/m^3 이다.

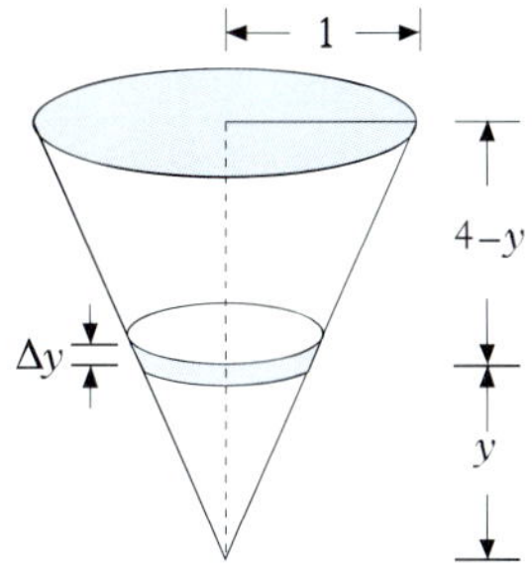

그림 7.19

풀이 그림 7.19에서와 같이, 높이가 y인 부분의 원판의 반지름은 $\dfrac{y}{4}$ 이다. 이 원판의 두께가 Δy일 때, 부피는 대략 $\pi\left(\frac{y}{4}\right)^2 \Delta y$이고 무게(힘)는 $9.8 \cdot 1000\,\pi\left(\frac{y}{4}\right)^2 \Delta y$ 이므로, 이 부분을 $4-y$만큼 위로 퍼 올리기 위하여 필요한 일은

$$\Delta W \approx 9.8 \cdot 1000\,\pi\left(\frac{y}{4}\right)^2 \Delta y \cdot (4-y)$$

즉 $\frac{\Delta W}{\Delta y} \approx 9.8 \cdot 1000\,\pi\left(\frac{y^2}{4} - \frac{y^3}{16}\right)$이다. 따라서 물을 탱크 밖으로 퍼내기 위한 일은

$$\begin{aligned} W &= \int_0^4 9.8 \cdot 1000\,\pi\left(\frac{y^2}{4} - \frac{y^3}{16}\right) dy \\ &= 9.8 \cdot 1000\,\pi\left[\frac{y^3}{12} - \frac{y^4}{64}\right]_0^4 = 9.8 \cdot \frac{4000}{3}\pi\ (\mathrm{J}) \end{aligned}$$

◀

문제 7.3.4 반지름이 3 m 이고 길이가 15 m 인 원통을 반으로 쪼개어서 만든 물탱크 밖으로 물을 퍼내려고 한다. 2 m 의 깊이로 차있는 물을 퍼내기 위하여, 필요한 일의 양을 구하여라. 단, 물의 밀도는 $1000\ (\mathrm{kg/m^3})$이다.

4) 유체가 작용하는 힘

단위 부피당 무게를 나타내는 비중량이 δ인 액체가 용기에 가득 차 있다고 하자. Pascal의 원리에 의하면, 액체 속의 일정한 깊이에서 압력은 모든 방향으로 일정하다. 따라서 용기의 벽면이 수평, 수직, 또는 어떤 방향으로 놓여 있더라도, 그 벽면에 있는 같은 깊이의 임의의 점에 가해지는 압력은 그 깊이가 h일 때

$$p = \delta h$$

로 일정하다. 특히, 넓이가 A인 직사각형 모양의 수평인 벽면에 액체가 가하는 힘 F는 판 위에 있는 액체의 무게와 같으므로 깊이가 h일 때

$$F = \delta A h$$

임을 알 수 있다.

액체의 비중량 δ는 보통 $4°\mathrm{C}$ 물과의 무게의 비율을 나타내는 비중 δ_0에 의하여 결정된다. 이때, 비중량의 값은 단위계의 사용에 따라 다르게 결정되므로 유의하여야 한다. 사실, 무게의 단위를 N이나 $\mathrm{kg \cdot m/sec^2}$, 길이의 단위를 m로 사용할 경우, 액체의 비중량은 단위 부피($1\mathrm{m}^3$)당 무게를 나타내는 $\delta = 9.8 \cdot 1000\,\delta_0$이므로

$$F = 9.8 \cdot 1000\,\delta_0 Ah \ \ (\mathrm{kg \cdot m/sec^2})$$

이지만, 무게의 단위를 pound, 길이의 단위를 feet로 사용할 경우는 단위 부피 ($1\mathrm{feet}^3$)당 물의 무게가 62.4(pound)이므로 $\delta = 62.4\,\delta_0$이고

$$F = 62.4\,\delta_0 Ah \ \ (\mathrm{pound})$$

한편, 비중량 δ인 액체가 용기에 담겨있을 때, 수면에 수직인 용기의 한 벽면에 가해지는 액체의 힘을 구해보자.

먼저, 벽면을 포함하는 평면에서 x축이 수면에 수직이고 y축이 수면과 일치하도록 좌표축을 정하고, 이때 x좌표는 수면에서 측정한 액체 속 깊이를 나타내도록 하자. 문제의 수직 벽면은 $c \le x \le d,\ f(x) \le y \le g(x)$로 정의되는 평면영역이라고 생각하자.

깊이가 c에서 x까지 벽면이 받는 힘을 $F(x)$라 두면, 구간 $[x, x+\Delta x]$에 대응하는 부분이 받는 힘은

$$\Delta F = F(x+\Delta x) - F(x)$$

이고, 구간 $[x, x+\Delta x]$에 대응하는 부분의 넓이는 Δx가 충분히 작을 때 근사적으로

$$\big(g(x) - f(x)\big)\Delta x$$

이므로

$$\Delta F \approx \delta \cdot \big(g(x) - f(x)\big)\,x\,\Delta x$$

이다. 따라서

$$dF = \delta \cdot \big(g(x) - f(x)\big)\,x\,dx$$

이므로 구하는 전체 힘은

$$F = \delta \int_c^d \big(g(x) - f(x)\big)\, x\, dx$$

예제 7.3.8 윗변이 40 m, 아랫변이 20 m, 높이가 20 m인 등변 사다리꼴 모양의 댐이 있다. 이 댐이 견딜 수 있는 최대한의 힘을 구하여라. 단, 물의 비중은 1이다.

풀이 이 댐이 견딜 수 있는 최대의 힘은 댐의 벽면 모양(등변 사다리꼴)의 판이 윗변이 수면과 일치하도록 물속에 수직으로 잠겨 있을 때, 한 쪽 면이 받는 힘과 같다. 댐의 벽면은 $0 \le x \le 20$, $\frac{1}{2}x - 20 \le y \le -\frac{1}{2}x + 20$로 정의되는 평면영역으로 생각할 수 있으므로, 구하는 힘은

$$F = 9.8 \cdot 1000 \int_0^{20} (40 - x)x\,dx \fallingdotseq 9.8 \cdot 5333333 \ \ (\mathrm{kg} \cdot \mathrm{m}/\mathrm{sec}^2)$$ ◀

문제 7.3.5 반지름이 1 m인 원판이 비중이 0.5인 액체 속에 수직으로 1 m 잠겨 있을 때, 원판의 한 쪽 면이 받는 힘을 구하여라.

Archimedes와 그의 묘비

우리는 대부분 Archimedes(287~212 B.C.)가 외쳤다는 유레카(Eureka)라는 그리스어 한 마디는 알고 있다. 새로 만든 금관에 다른 물질을 섞어 왕관을 만들지는 않았을까? 하는 의심이 든 히에론 왕은 자신이 아끼고 후원하던 Archimedes에게 왕관을 손상하지 않고 진위를 식별해 달라는 부탁을 하였다. 이로 인해 고심을 거듭하던 Archimedes는 우연히 목욕탕에 들어갔을 때, 물이 넘치는 것을 보고 물속에서는 물체의 부피만큼 무게가 가벼워진다는 사실을 발견하고, 너무 기쁜 나머지 그는 옷도 입지 않은 채 'Eureka!, Eureka!'라고 외치며 목욕탕을 뛰쳐나왔다고 한다.

Archimedes는 히에론 왕에게 종종 수학을 가르치곤 하였는데, 왕이 "수학을 배워서 어디에다 쓰는가?"라고 물었을 때, 그는 지렛대와 도르래로 무거운 물체를 들어 올릴 수 있는 것도 수학적 원리를 이용한 것이고, 포물선의 성질을 이용한 포물거울로 햇빛을 모아 로마 함대를 무찌를 수 있었던 것도 수학의 덕분이라고 설명하였다고 한다. Archimedes는 왕의 뜻에 따라 거대한 군함을 만들었으나, 모두들 군함을 육지에서 어떻게 바다로 가져가 띄울 수 있을까? 하고 걱정을 하였다. 그는 거대한 지렛대 장치를 만들어 간단히 바다로 옮긴 후

"지탱할 곳만 있다면, 지구도 들어 올릴 수 있다"

는 유명한 말을 남겼다고 전한다.

플루타르코스 영웅전에 나와 있는 Archimedes의 최후는 아주 유명하다. 지중해의 패권을 차지하기 위한 로마와 카르타고 사이의 제2차 포에니전쟁 때, Archimedes가 살고 있던 시라쿠사는 카르타고의 편을 들어 로마군의 공격을 정면으로 받게 되었다. 로마군의 지휘관은 여덟 척의 군함을 연결하여 그 위에 높다란 하프형의 대를 만들어 대포를 설치하였다.

자만심에 들뜬 그는 자신들의 명성과 많은 배를 보기만 하여도 시라쿠사인들이 항복하리라고 생각하였다. 그러나 시라쿠사인들은 Archimedes가 만들어 낸 거대한 투석기로 큰 돌들을 연이어 쏘아 로마군의 배를 파괴하였으며, 커다란 볼록렌즈를 이용하여 배를 불태웠다고 한다. 결과적으로, 정면 공격을 단념한 로마군은 배후에서 침공하여 시라쿠사가 함락되는데, 그 시간에도 Archimedes는 모래위에 도형을 그리고 있었다. 연구에 몰두하던 그는 로마병사에게 '방해하지 말라'고 하자 어이가 없던 로마병사는 단칼에 Archimedes를 죽였다고 한다.

비록 서로 적이었지만 Archimedes를 만나고자 하였던, 로마의 정치가이면서 군인이었던 Marcellus는 그의 죽음을 애석하게 생각하고, 평소 그의 소원에 따라 원뿔, 구, 원기둥이 각각 내접하는 다음 그림을 묘비에 새겨주었다.

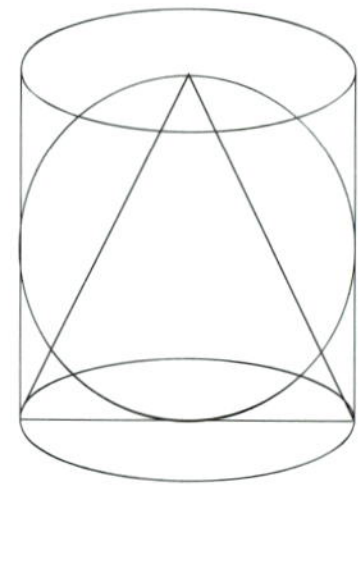

이제, 내접하는 원뿔, 구, 원기둥 사이에는 어떤 조화로움이 있는지 살펴보자.

원기둥의 밑면의 반지름을 r, 높이를 h라 하면, 원뿔, 구와 원기둥의 부피는 각각 $\frac{1}{3}\pi r^2 h$, $\frac{4}{3}\pi r^3$과 $\pi r^2 h$이다. 한편, 구는 원기둥에 내접하므로 $h = 2r$이다. 따라서 세 입체도형의 부피 사이에는

원뿔의 부피 : 구의 부피 : 원기둥의 부피 = 1 : 2 : 3

의 관계가 성립한다. Archimedes는 세 입체도형의 부피의 비를 발견하고 매우 아름답다고 생각하였다.

Archimedes가 죽은 지 137년이 지난, 기원전 75년 Cicero가 로마의 감찰관으로 시칠리아 섬에 갔을 때, 그는 Archimedes의 무덤을 찾기 위해 모든 공동묘지의 묘비를 조사하던 중 덤불과 관목이 우거진 사이에서 그의 묘비를 찾아내었다. 그러나 세월이 흘러 묘비는 자취를 감추었다가, 1965년 호텔의 기초 공사를 위해 땅을 파다가 원기둥에 내접하는 구의 그림이 새겨진 묘비를 발견하게 되었다.

수학자 Whitehead는 Archimedes의 죽음에 대해

「로마에는 수학의 작도에 몰두하여 생명을 잃은 사람은 하나도 없다.」

고 빗대어 말했다고 한다.

7장 종합문제

1) 기본 · 연습

1. 다음의 곡선 또는 직선으로 둘러싸인 영역의 넓이를 구하여라.

(1) $y = \frac{1}{x^2}$, $y = -x^2$, $x = 1$, $x = 2$ (2) $y = x^2 + 1$, $y = 2x^2 - 8$

(3) $y^2 = -x$, $x - y = 4$, $y = -1$, $y = 2$ (4) $y = x$, $y = 3x$, $x + y = 4$

2. 다음 각 영역의 넓이를 구하여라.

(1) $y^2 = 4ax$와 직선 $x = b$로 둘러싸인 영역

(2) 두 곡선 $x = y^2 - 4y$와 $x = 2y - y^2$로 둘러싸인 영역

(3) 곡선 $y = \sqrt{2 - \sqrt{x}}$ 와 x축, y축으로 둘러싸인 영역

(4) 두 곡선 $y = x^n$과 $y = x^{2n}$ (n은 자연수)으로 둘러싸인 영역

3. 곡선 $y = x^2 - 1$과 점 $(1, 0)$에서 접선 및 y축으로 둘러싸인 영역의 넓이를 구하여라.

4. 다음 곡선으로 둘러싸인 영역의 넓이를 각각 구하여라.

(1) $r = 2 - \cos\theta$ (2) $r = 4 + 2\cos\theta$

(3) $r = \sqrt{1 - \cos\theta}$ (4) $r^2 = 4\sin 2\theta$

5. 다음과 같이 주어진 영역의 넓이를 구하여라.

(1) $r = 1 - \cos\theta$로 둘러싸인 영역의 제 1사분면

(2) $r = 4 + 4\cos\theta$의 내부와 원 $r = 6$의 외부

(3) $r = \theta$, $\theta = \frac{\pi}{6}$, $\theta = \frac{\pi}{3}$로 둘러싸인 영역

6. 다음 두 곡선으로 둘러싸인 공통영역의 넓이를 구하여라.

(1) $\begin{cases} r = 2(1+\cos\theta) \\ r = 2(1-\cos\theta) \end{cases}$ (2) $\begin{cases} r = 3 - 2\cos\theta \\ r = 2 \end{cases}$

7. 입체의 밑면은 반지름이 2인 원이고, 밑면의 한 지름에 수직인 평면으로 잘랐을 때, 단면이 높이가 4인 이등변삼각형일 때 이 입체의 부피를 구하여라.

8. 밑면은 반지름이 a인 원이고, 밑면의 한 지름에 수직인 평면으로 잘랐을 때의 단면이 정삼각형인 입체의 부피를 구하여라.

9. 직선 $y = 1 - x$와 x축, y축으로 둘러싸인 영역을 밑면으로 하고, x축에 수직인 평면으로 자른 단면이 정삼각형인 입체의 부피를 구하여라.

10. 곡선 $y = 9 - x^2$과 x축으로 둘러싸인 영역을 다음 각 직선을 중심으로 회전하여 생기는 입체의 부피를 구하여라.

(1) y축 (2) 직선 $y = -1$

(3) 직선 $x = 5$

11. 다음 주어진 곡선들로 둘러싸인 영역을 x축을 중심으로 회전하였을 때 생기는 입체의 부피를 구하여라.

(1) $y = \dfrac{1}{x},\ x = 1,\ x = 2$ (2) $y = x^2,\ y = 4 - x^2$

(3) $y = \sqrt{x},\ y = x^2$ (4) $y = x^2 + 1,\ x = -1,\ x = 1$

12. 다음 주어진 곡선들로 둘러싸인 영역을 y축을 중심으로 회전하였을 때 생기는 입체의 부피를 구하여라.

(1) $y = x^2,\ y = 0,\ y = 2$ (2) $y = 2x,\ y = 4x^2$

(3) $x + y = 1,\ y = x + 1,\ x = 2$

13. $y = x^2,\ y = 4$로 둘러싸인 영역을 다음 각 직선을 중심으로 회전하였을 때 생기는 입체의 부피를 구하여라.

(1) $y = 4$ (2) $x = 2$

14. 다음에 주어진 곡선으로 둘러싸인 영역을 지정한 축을 회전축으로 하여 회전하였을 때 생기는 입체의 부피를 구하여라.

(1) $y=\sqrt{x}$, $x=4$, $y=0$; y축　　(2) $y=x^2$, $y^2=8x$; y축

(3) $x=y^2$, $y=2$, $x=0$; $y=2$

(4) $2x-y-12=0$, $x-2y-3=0$, $x=4$

15. 다음 각 곡선의 길이를 구하여라.

(1) $y=\ln(1-x^2)$ $\left(0 \le x \le \frac{1}{2}\right)$　　(2) $x=5t^2$, $y=2t^3$ $(0 \le t \le 1)$

(3) $x=e^t\cos t$, $y=e^t\sin t$ $\left(0 \le t \le \frac{\pi}{2}\right)$

16. 극방정식으로 주어진 다음 곡선의 길이를 구하여라.

(1) $r=e^{\theta}$ $(0 \le \theta \le 2\pi)$　　(2) $r=a\theta$ $(a>0,\ 0 \le \theta \le 1)$

17. 다음 곡선을 괄호에 지시된 축을 중심으로 회전하였을 때 생기는 곡면의 겉넓이를 구하여라.

(1) $y=2\sqrt{x}$, $(1 \le x \le 2)$ (x축)

(2) $y=\frac{a}{2}\left(e^{x/a}+2^{-x/a}\right)$ $(0 \le x \le a)$ (y축)

18. 다음 곡선을 지시된 축을 중심으로 회전하였을 때, 생기는 곡면의 넓이를 구하여라.

(1) $y=\sqrt{4-x^2}$ $(-1 \le x \le 1)$ (x축)

(2) $y=\ln(x^2-1)$ $(2 \le x \le 3)$ (y축)

(3) $x=t^3-3t$, $y=3t^2$ $(0 \le t \le 1)$ (x축)

19. 다음 곡선을 x축을 중심으로 회전하여 생긴 곡면의 넓이를 구하여라.

(1) $3y=4x$ $(0 \le x \le 3)$

(2) $y=\sqrt{x}$ $(0 \le x \le 1)$

(3) $x=\frac{1}{2}t^2$, $y=t$ $(\sqrt{3} \le t \le 2\sqrt{2})$

20. 길이가 5m인 가느다란 막대가 왼쪽 끝이 x축의 원점과 일치하게 x축 위에 놓여있다. 원점에서 xm 떨어진 지점의 밀도가 $1+(x/10)$ (kg/m)일 때, 막대의 총질량과 질량중심을 구하여라.

21. 곡선 $y=x^3$과 $y=\sqrt{x}$로 둘러싼 영역의 질량중심을 구하여라.

2) 심화 · 응용

22. 곡선 $y=x^3-6x^2+9x$와 직선 $y=ax$로 둘러싸인 두 영역의 넓이가 같을 때, 상수 a의 값을 구하여라.

23. 어떤 그릇에 물을 채우는데 물의 깊이 $x$cm와 부피 Vcm^3 사이에는 $V=x^3+4x^2+3x$인 관계가 성립한다. 물의 깊이가 2cm일 때, 수면의 넓이를 구하여라.

24. 어떤 그릇에 깊이가 $x$cm가 되도록 물을 넣으면 수면의 모양은 한 변의 길이가 $\sqrt{1+x^2}$cm인 정사각형이 된다고 한다. 물의 깊이가 6cm가 되도록 물을 넣을 때, 이 그릇에 담긴 물의 부피를 구하여라.

25. 반지름이 b인 구면의 지름을 통하여 반지름이 a인 원기둥을 깎아내었을 때, 남아있는 입체의 부피를 구하여라. (단, $b>a$)

26. 높이가 $x$cm일 때, 단면이 한 변의 길이가 $(x+2)$cm인 정사각형 모양이 되는 용기가 있다. 높이가 9cm인 이 용기에 물을 가득 채우고 밑면에 구멍을 뚫었더니 매초 7cm^{3}의 물이 흘러나왔다. 이 용기에서 물이 완전히 흘러나가는데 걸리는 시간을 구하여라.

27. 다음 그림과 같이 반지름 2인 두 원기둥 $y^2+z^2=4$, $x^2+z^2=4$와 세 좌표평면으로 둘러싸인 입체에 물이 가득 찬 상태에서 1 cm^3/sec의 속도로 물을 빨대로 빨아 마시고 있다. 이때, 수면의 높이를 xy평면에서 z축 방향으로 측정한다고 할 때 수면의 높이가 1 cm가 되는 순간에 수면의 높이가 내려가는 속도를 구하여라.

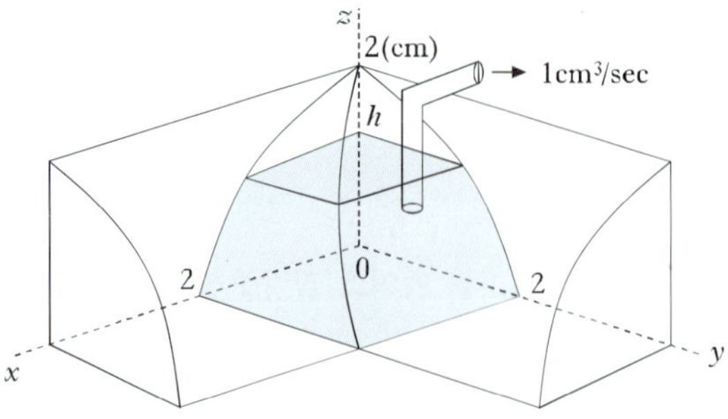

그림 7.20

28. 타원 $x = a\cos\theta$, $y = b\sin\theta$ $(a > b)$를 x축 둘레로 회전하여 얻은 곡면의 넓이를 구하여라.

29. 곡선 $x = \sqrt{a^2 - y^2}$ $(-a \le y \le a)$를 직선 $x = b$ $(0 \le a \le b)$를 중심으로 회전하였을 때 생기는 곡면의 넓이를 구하여라.

30. 어떤 자동차의 성능검사에서 처음에 정지하고 있던 자동차를 6초마다 시각 t초에서의 가속도가 $t(\mathrm{m/s^2})$가 되도록 속도를 증가시킨 다음 등속도로 계속 달리다가 마지막 3초 동안은 일정한 가속도로 감속하여 출발한지 30초 후에 정지하였다. 이때, 이 자동차가 달린 전체 거리를 구하여라.

31. 직선도로 위를 시속 80km의 일정한 속력으로 달리는 버스 뒤에서 80m의 거리를 유지하며 달리던 승용차가 속력을 올려 승용차의 속력이 시속 100km가 되는 순간 버스를 따라잡았다. 승용차가 속력을 올리기 시작하여 t시간 후의 속력 v가 $v = 80 + at$ (km/h)일 때, 승용차가 속력을 올리기 시작하여 버스를 따라잡는 순간까지 승용차가 달린 거리는 얼마인가? 단, a는 상수이고, 자동차와 버스의 길이는 무시한다.

32. 다음 그림과 같이 사다리꼴 영역에서 원판의 반을 제거한 영역 D가 있다. 균일한 질량분포를 갖는다고 할 때, 이 영역 D의 질량중심을 구하여라.

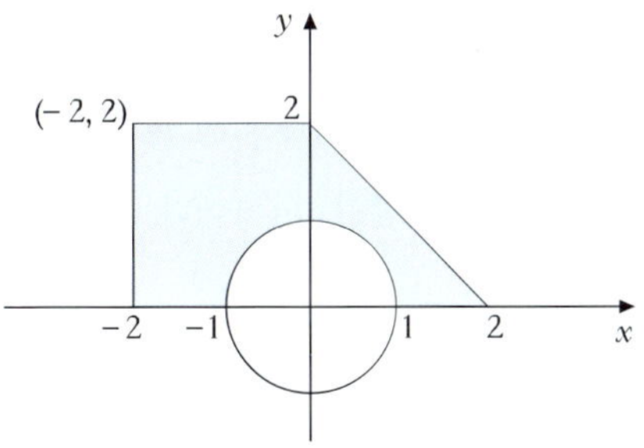

그림 7.21

33. 길이가 1m이고 용수철 상수가 $k=16$ (N/m)인 용수철을 0.75 m로 압축하는데 필요한 일의 양을 구하라.

34. 어떤 스프링을 원래의 길이에서 1cm 늘리는데 필요한 일이 10^5 erg라고 할 때, 1cm에서 원래의 길이보다 3cm만큼 늘이는데 필요한 일의 양을 구하여라.

35. 길이가 50피트이고, 양쪽 끝이 반지름 10피트인 반원으로 이루어진 물탱크가 있는데, 7피트 깊이로 물이 차 있다고 한다. 이 물을 물탱크 위로 퍼서 올릴 때의 일의 양을 구하여라. 단, 물의 비중량은 62.4 (pound/feet^3)이다.

36. 길이 2 m, 폭 1 m, 높이 1 m인 직육면체 모양의 유리 수조에 물이 가득 담겨져 있다. 이 물의 절반을 유리 수조 밖으로 뽑아낼 때, 필요한 일의 양을 구하여라. 단, 물의 밀도는 1,000 (kg/m^3)이다.

37. 다음 그림과 같이 밑면의 반지름이 4m이고 높이가 10m인 직원뿔 모양의 물통이 있다. 이 물통에 높이 8m 지점까지 물이 채워져 있다. 이 물통의 물을 전부 물통의 윗면까지 퍼 올리는 데 필요한 일의 양을 구하여라. 단, 물의 밀도는 1,000(kg/m^3)이다.

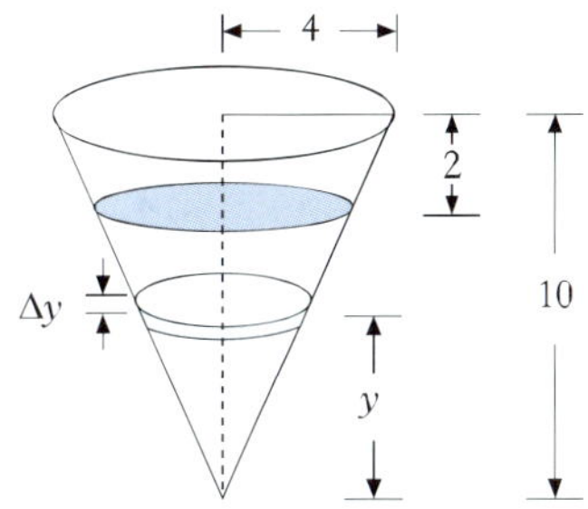

그림 7.22

38. 다음 그림과 같이 반경이 10피트인 반구형 모양의 탱크에 물이 가득 채워져 있다. 탱크 속의 모든 물을 탱크 꼭대기 위의 6피트까지 퍼 올리는데 필요한 일의 양 W를 구하여라. 단, 물의 비중량은 62.4 (pound/feet^3)이다.

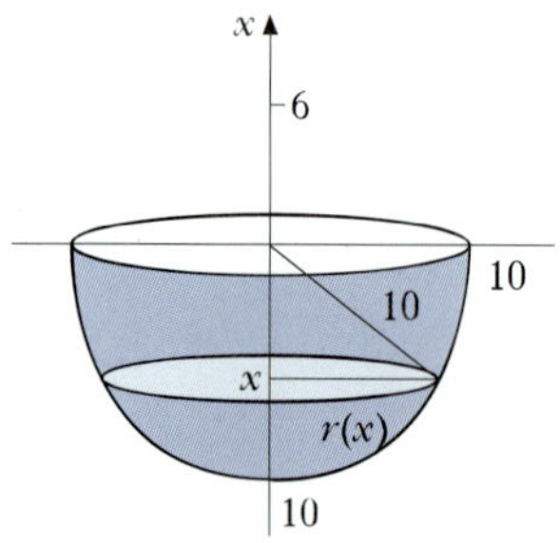

그림 7.23

39. 가로 6피트, 세로 4피트인 얇은 평면의 가로 부분이 수면과 일치하도록 물 속으로 4피트 수직으로 잠겨 있을 때, 한 쪽 평면이 받는 힘을 구하여라. 단, 물의 비중량은 62.4 (pound/feet^3)이다.

40. 반지름이 4 피트인 원판이 비중량이 33 (pound/feet^3)인 액체 속에 수직으로 4피트 만큼 잠겨 있을 때, 한 쪽 면이 받는 힘을 구하여라.

제8장

다변수함수와 편미분법

▶▷▶ 다변수함수에 대한 극한, 연속성 등의 기본개념을 2변수함수를 중심으로 알아보고, 1변수함수에 대한 미분법의 이해를 바탕으로, 다변수함수, 특히 2변수함수의 편도함수의 개념과 편미분법을 이해한다. 2변수함수의 편도함수의 개념은 곡면의 여러 가지 특성을 파악하는데 중요한 역할을 한다.

8.1 다변수함수의 극한과 연속

1) 다변수함수와 그래프

두 개의 독립변수를 갖는 함수를 2변수함수(function of two variables)라 하고 보통 $z=f(x,y)$의 형태로 나타낸다. 일반적으로, n개의 독립변수를 갖는 함수를 n변수함수(function of n variables)라 하고

$$z=f(x_1,\, x_2,\, \dots,\, x_n)$$

와 같이 표시한다. 이때, 함수 $z=f(x_1,\, x_2,\, \dots,\, x_n)$의 정의역 D는 함수가 정의되는 독립변수의 순서쌍 $(x_1,\, x_2,\, \dots,\, x_n)$의 범위로 보통 n차원 Euclid 공간 $\mathbb{R}^n$의 부분집합이고 공역은 실수의 집합이다. 특히, 함수의 정의역을 구체적으로 표시하지 않을 경우 함수를 나타내는 관계식이 정의될 수 있는 $\mathbb{R}^n$의 모든 점의 집합을 정의역으로 한다.

예제 8.1.1 함수 $f(x,y)=\sqrt{x^2+y^2-1}$ 에서 $x^2+y^2-1 \geq 0$를 만족하여야 한다. 따라서 $f(x,y)$의 정의역은 $D=\{(x,y) \mid x^2+y^2 \geq 1\}$이다. ◀

문제 8.1.1 다음 함수의 정의역을 구하여라.

(1) $f(x, y) = \sqrt{\dfrac{x-y}{x+y}}$ (2) $f(x, y, z) = \dfrac{1}{\sqrt{x^2+y^2+z^2-1}}$

예제 8.1.2 점 $(1, 4)$에서 함수 $f(x, y) = x^2 + 3y^2$의 값을 구하여라.

풀이 $f(1, 4) = 1^2 + 3 \cdot 4^2 = 49$ ◀

문제 8.1.2 점 $(0,\ 3,\ 4)$에서 함수 $f(x, y, z) = \sqrt{x^2+y^2+z^2}$ 의 값을 구하여라.

정의역이 D인 함수 $z = f(x_1, x_2, \dots, x_n)$에 대하여

$$G(f) = \{(x_1, x_2, \dots, x_n, z) \mid z = f(x_1, x_2, \dots, x_n),\ (x_1, x_2, \dots, x_n) \in D\}$$

를 함수 f의 그래프(graph)라 한다. 특히, 2변수함수 $z = f(x, y)$의 그래프

$$G(f) = \{(x,\ y,\ z) \mid z = f(x,\ y),\ (x,\ y) \in D\}$$

를 기하학적으로 나타내면 곡면이 된다.

예제 8.1.3 2변수함수 $f(x, y) = x^2 + y^2$의 그래프는 점 $(x,\ y,\ x^2+y^2)$들로 이루어지고, 이것은 그림 8.1과 같이 포물선의 회전면, 즉 포물면이다.

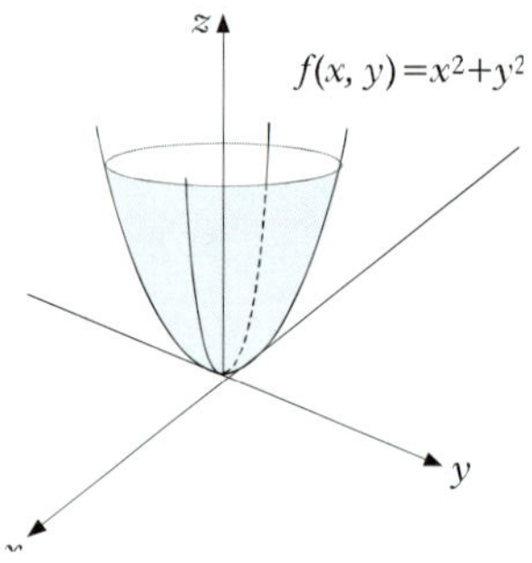

그림 8.1 ◀

문제 8.1.3 2변수함수 $z = \sqrt{1-x^2-y^2}$ 의 그래프를 그려라.

문제 8.1.4 2변수함수 $z = 1 - x - y$의 그래프를 그려라.

두 개 이상의 독립변수를 갖는 함수를 통틀어 다변수함수(function of several variables)라 한다. 2변수함수에 관한 대부분의 이론은 다변수함수에 대하여 일반화될 수 있으므로, 앞으로 2변수함수를 중심으로 다룬다.

2) 2변수함수의 극한

1변수함수 $f(x)$의 $x = a$에서 극한 $\lim_{x \to a} f(x) = L$은 x가 a에 충분히 가까워지면, $f(x)$가 일정한 실수 L에 한없이 가까워지는 것을 의미한다.

이러한 극한의 개념을 다변수함수에 대하여도 일반화하여 생각할 수 있다. 2변수함수 $f(x, y)$에 대하여 (x, y)가 주어진 점 (a, b)에 충분히 가까워지면 $f(x, y)$가 일정한 실수 L에 한없이 가까워질 때, 일정한 값 L을 점 (a, b)에서 $f(x, y)$의 극한(limit)이라 하고

$$\lim_{(x,y) \to (a,b)} f(x, y) = L$$

로 나타낸다. 이때, $f(x, y)$는 점 (a, b)에서 L에 수렴(convergence)한다고 한다.

이와 같은 극한의 직관적 정의는 1변수함수의 경우와 마찬가지로 $\epsilon - \delta$ 논법을 사용하여 보다 엄밀하게 정의할 수 있다. 사실, 점 (x, y)와 점 (a, b)의 거리는

$$\sqrt{(x-a)^2 + (y-b)^2}$$

이므로, $\lim_{(x,y) \to (a,b)} f(x, y) = L$을 다음과 같이 $\epsilon - \delta$ 논법을 사용하여 정의할 수 있다.

「임의의 양의 수 ϵ 에 대하여, $0 < \sqrt{(x-a)^2 + (y-b)^2} < \delta$이면
$|f(x, y) - L| < \epsilon$인 양의 수 δ가 존재한다.」

이러한 2변수함수에 대한 극한의 정의는 다변수함수에 대해서도 마찬가지 논법으로 일반화될 수 있다.

예제 8.1.4 $\lim_{(x,\ y)\to(a,b)} x = a$, $\lim_{(x,\ y)\to(a,b)} y = b$ 임을 보여라.

풀이 임의의 $\epsilon > 0$에 대하여, $\delta = \epsilon$으로 δ를 택하면

$$0 < \sqrt{(x-a)^2 + (y-b)^2} < \delta$$

일 때

$$|x-a| < \sqrt{(x-a)^2 + (y-b)^2} < \delta = \epsilon$$

이므로, $\lim_{(x,\ y)\to(a,b)} x = a$이다. 마찬가지로

$$|y-b| < \sqrt{(x-a)^2 + (y-b)^2} < \delta = \epsilon$$

이므로, $\lim_{(x,\ y)\to(a,b)} y = b$이다. ◀

다음 정리는 2변수함수의 극한에 관한 기본적인 성질로서 $\epsilon - \delta$ 논법으로 증명할 수 있으나, 1변수의 경우와 마찬가지로 직관적으로 쉽게 이해할 수 있으므로 그 증명은 생략한다.

정리 8.1

극한 $\lim_{(x,y)\to(a,b)} f(x,y)$와 $\lim_{(x,y)\to(a,b)} g(x,y)$가 모두 존재할 때

(1) $\lim_{(x,y)\to(a,b)} c\,f(x,y) = c \cdot \lim_{(x,y)\to(a,b)} f(x,y)$ (c는 상수)

(2) $\lim_{(x,y)\to(a,b)} \big(f(x,y)+g(x,y)\big) = \lim_{(x,y)\to(a,b)} f(x,y) + \lim_{(x,y)\to(a,b)} g(x,y)$

(3) $\lim_{(x,y)\to(a,b)} \big(f(x,y)\cdot g(x,y)\big) = \lim_{(x,y)\to(a,b)} f(x,y) \cdot \lim_{(x,y)\to(a,b)} g(x,y)$

(4) $\lim_{(x,\ y)\to(a,\ b)} g(x,\ y) \neq 0$일 때, $\lim_{(x,y)\to(a,b)} \dfrac{f(x,y)}{g(x,y)} = \dfrac{\lim_{(x,y)\to(a,b)} f(x,y)}{\lim_{(x,y)\to(a,b)} g(x,y)}$

(5) (a, b)의 근방에서 $f(x, y) \le g(x, y)$이면

$$\lim_{(x,y)\to(a,b)} f(x, y) \le \lim_{(x,y)\to(a,b)} g(x, y)$$

예제 8.1.5 $\displaystyle\lim_{(x,y)\to(-1,2)} \frac{x^3+y^3}{x^2+y^2}$를 구하여라.

풀이

$$\lim_{(x,y)\to(-1,2)} \frac{x^3+y^3}{x^2+y^2} = \frac{\displaystyle\lim_{(x,y)\to(-1,2)} (x^3+y^3)}{\displaystyle\lim_{(x,y)\to(-1,2)} (x^2+y^2)}$$

$$= \frac{\displaystyle\lim_{(x,y)\to(-1,2)} x^3 + \lim_{(x,y)\to(-1,2)} y^3}{\displaystyle\lim_{(x,y)\to(-1,2)} x^2 + \lim_{(x,y)\to(-1,2)} y^2}$$

$$= \frac{-1+8}{1+4} = \frac{7}{5}$$

◀

문제 8.1.5 다음 극한을 구하여라.

(1) $\displaystyle\lim_{(x,y)\to(0,0)} \frac{x^3y^2-4xy}{x+6xy^3}$ (2) $\displaystyle\lim_{(x,y)\to(0,0)} \frac{x^2-xy}{\sqrt{x}-\sqrt{y}}$

2변수함수에 대한 극한의 정의로부터 $\displaystyle\lim_{(x,y)\to(a,b)} f(x, y) = L$은 (x, y)가 주어진 점 (a, b)에 충분히 가까워질 때, 접근하는 경로에 관계없이 $f(x, y)$가 항상 일정한 실수 L에 한없이 가까워지는 것을 의미한다. 따라서 다음이 성립한다.

정리 8.2

$\displaystyle\lim_{(x,y)\to(a,b)} f(x, y) = L$이면

$$\lim_{x\to a}\left(\lim_{y\to b} f(x, y)\right) = \lim_{y\to b}\left(\lim_{x\to a} f(x, y)\right) = L$$

정리 8.2는 극한이 존재하지 않음을 보일 때에 특히 유용하다. 즉, 접근하는 순서를 달리한 두 극한이 같지 않으면 2변수함수의 극한이 존재하지 않음을 의미한다.

예제 8.1.6 2변수함수 $f(x,y)=\dfrac{x-y}{x+y}$는 원점 $(0,0)$에서 극한을 갖지 않음을 보여라.

풀이

$$\lim_{y\to 0}\left(\lim_{x\to 0}\frac{x-y}{x+y}\right)=\lim_{y\to 0}\left(-\frac{y}{y}\right)=-1,$$

$$\lim_{x\to 0}\left(\lim_{y\to 0}\frac{x-y}{x+y}\right)=\lim_{x\to 0}\left(\frac{x}{x}\right)=1$$

이므로, 극한 $\displaystyle\lim_{(x,y)\to(0,0)} f(x,y)$은 존재하지 않는다.

다른 방법으로, $y=mx$의 경로를 따라 $(x,y)\to(0,0)$일 때, $f(x,y)=\dfrac{1-m}{1+m}$ 이므로 m의 값에 따라 $f(x,y)$의 값이 다르다. 따라서 $f(x,y)$는 원점 $(0,0)$에서 극한을 갖지 않는다. ◀

예제 8.1.7 원점 $(0,0)$에서 다음 함수의 극한을 조사하여라.

$$f(x,y)=\begin{cases}\dfrac{x^2y}{x^4+y^2}, & (x,y)\neq(0,0)\\[2ex] 0, & (x,y)=(0,0)\end{cases}$$

풀이 점 (x,y)가 $y=x^2$를 따라 원점에 가까워질 때

$$\frac{x^2y}{x^4+y^2}=\frac{x^4}{x^4+x^4}\quad\to\quad\frac{1}{2}$$

이고, (x,y)가 $y=x$를 따라 원점에 가까워질 때

$$\frac{x^2y}{x^4+y^2}=\frac{x^3}{x^4+x^2}\quad\to\quad 0$$

이다. 따라서 주어진 함수는 원점에서 극한을 갖지 않는다. ◀

문제 8.1.6 원점 $(0, 0)$에서 다음 2변수함수의 극한을 조사하여라.

(1) $f(x, y) = \dfrac{\sin \pi x \cdot \sin \pi y}{\sin^2 \pi x + \sin^2 \pi y}$ (2) $f(x, y) = \dfrac{x^2 - y^2}{x^2 + y^2}$

다음으로, 극좌표를 이용하여 2변수함수의 극한을 구하는 방법에 대하여 생각해보자.

점 (x, y)와 점 (a, b)의 거리를 r이라하고 직선 $y = b$와 두 점 (x, y)와 (a, b)를 잇는 직선의 사이 각을 θ라 하면

$$r = \sqrt{(x-a)^2 + (y-b)^2}, \quad x = a + r\cos\theta, \quad y = b + r\sin\theta$$

이다. 이때, $(x, y) \to (a, b)$는 $r \to 0$을 의미하므로, $\lim\limits_{(x,y)\to(a,b)} f(x, y) = L$은 θ의 값에 관계없이 $\lim\limits_{r\to 0} f(a + r\cos\theta,\ b + r\sin\theta) = L$임을 의미한다. 특히, (a, b)가 원점일 때 이 식은 $\lim\limits_{r\to 0} f(r\cos\theta,\ r\sin\theta) = L$과 같이 간단하므로, 2변수함수의 원점에서 극한을 계산할 때 유용하게 쓰인다. 이것을 정리하면, 다음과 같다.

정리 8.3

2변수함수 $f(x, y)$에 대하여

$$\lim_{(x,y)\to(a,b)} f(x, y) = \lim_{r\to 0} f(a + r\cos\theta, b + r\sin\theta) \text{ } (\theta\text{의 값에 관계없이 일정})$$

특히, $\lim\limits_{(x,y)\to(0,0)} f(x, y) = \lim\limits_{r\to 0} f(r\cos\theta,\ r\sin\theta)$가 성립한다.

예제 8.1.8 원점 $(0, 0)$에서 2변수함수 $f(x, y) = \dfrac{x-y}{x+y}$의 극한을 조사하여라.

풀이 $\dfrac{x-y}{x+y} = \dfrac{r\cos\theta - r\sin\theta}{r\cos\theta + r\sin\theta} = \dfrac{\cos\theta - \sin\theta}{\cos\theta + \sin\theta}$는 $\theta = 0$이면 1이지만, $\theta = \dfrac{\pi}{4}$이면 0이므로, $r \to 0$일 때 일정한 값에 수렴하지 않는다. 따라서 $f(x, y) = \dfrac{x-y}{x+y}$는 원점에서 극한을 갖지 않는다. ◀

예제 8.1.9 원점 $(0,0)$에서 $f(x,y)=\dfrac{x^2y^2}{x^2+y^2}$의 극한을 구하여라.

풀이
$$\lim_{(x,y)\to(0,0)} f(x,y) = \lim_{r\to 0}\frac{r^2\cos^2\theta\cdot r^2\sin^2\theta}{r^2\cos^2\theta+r^2\sin^2\theta}$$
$$=\lim_{r\to 0} r^2\cos^2\theta\sin^2\theta=0$$
◀

문제 8.1.7 원점 $(0,0)$에서 다음 함수의 극한을 조사하여라.

(1) $f(x,\ y)=\dfrac{xy}{x^2+y^2}$

(2) $f(x,\ y)=\dfrac{xy(x^2-y^2)}{x^2+y^2}$

2변수함수 $f(x,y)$와 1변수함수 $g(z)$의 합성함수 $g(f(x,y))$는 2변수함수이다. $g(z)$가 연속일 때, 합성함수 $g(f(x,y))$의 극한을 생각하여 보자.

2변수함수 $f(x,y)$의 점 (a,b)에서 극한은 r에 관한 1변수함수로 보았을 때 $f(a+r\cos\theta, b+r\sin\theta)$의 $r=0$에서의 극한과 같으므로, 1변수함수의 합성함수의 극한에 관한 정리 2.6에 의하여 다음이 성립함을 알 수 있다.

정리 8.4

$\displaystyle\lim_{(x,y)\to(a,b)} f(x,y)=L$이고, $g(z)$가 $z=L$에서 극한을 가지면

$$\lim_{(x,y)\to(a,b)} g(f(x,\ y))=\lim_{z\to L} g(z)$$

특히, $g(z)$가 $z=L$에서 연속이면 다음이 성립한다.

$$\lim_{(x,y)\to(a,b)} g(f(x,\ y))=g\left(\lim_{(x,y)\to(a,b)} f(x,y)\right)=g(L)$$

예제 8.1.10 다음 극한을 구하여라.

(1) $\displaystyle\lim_{(x,y)\to(0,0)} \frac{\sin xy}{xy}$ (2) $\displaystyle\lim_{(x,y)\to(e,1)} \ln\left(\frac{x}{y}\right)$

풀이 (1) $g(z)=\dfrac{\sin z}{z}$, $z=xy$라 두면 $(x,y)\to(0,0)$일 때 $z\to 0$이므로, 정리 8.4로부터 $\displaystyle\lim_{(x,y)\to(0,0)} \frac{\sin xy}{xy} = \lim_{z\to 0}\frac{\sin z}{z} = 1$이다.

(2) $\displaystyle\lim_{(x,y)\to(e,1)} \frac{x}{y} = e$이고 $\ln z$는 $z=e$에서 연속이므로 정리 8.4에 의해서

$$\lim_{(x,y)\to(e,1)} \ln\left(\frac{x}{y}\right) = \ln\left(\lim_{(x,y)\to(e,1)} \frac{x}{y}\right) = \ln e = 1$$ ◀

문제 8.1.8 극한 $\displaystyle\lim_{(x,y)\to(\pi,1)} \left\{\sin\left(\frac{x}{y}\right)+\cos\left(\frac{x}{y}\right)\right\}$를 구하여라.

3) 2변수함수의 연속

1변수함수와 마찬가지로

$$\lim_{(x,y)\to(a,b)} f(x,y) = f(a,b)$$

일 때, 2변수함수 $f(x,y)$는 점 (a,b)에서 연속(continuous)이라고 한다. 특히, $f(x,y)$가 영역 D의 모든 점에서 연속일 때 $f(x,y)$는 D에서 연속이라 한다.

예제 8.1.11 원점 $(0,0)$에서 다음 함수의 연속성을 조사하여라.

$$f(x,y)=\begin{cases} \dfrac{x^2y}{x^4+y^2}, & (x,y)\neq(0,0) \\ 0, & (x,y)=(0,0) \end{cases}$$

풀이 예제 8.1.7에서 살펴본 것처럼, 주어진 함수는 원점에서 극한을 갖지 않으므로, 연속이 아니다. ◀

문제 8.1.9 원점 $(0,0)$에서 다음 함수의 연속성을 조사하여라.

(1) $f(x,y) = \begin{cases} \dfrac{xy(x^2-y^2)}{x^2+y^2}, & (x,y) \neq (0,0) \\ 0, & (x,y) = (0,0) \end{cases}$

(2) $f(x,\ y) = \begin{cases} x^2 \tan^{-1}\left(\dfrac{y}{x}\right), & x \neq 0 \\ 0, & x = 0 \end{cases}$

(3) $f(x,y) = \begin{cases} \dfrac{1}{x}\sin\dfrac{1}{y}, & xy \neq 0 \\ 0, & xy = 0 \end{cases}$

(4) $f(x,\ y) = \begin{cases} \dfrac{\sin(x+y)}{x+y}, & x+y \neq 0 \\ 1, & x+y = 0 \end{cases}$

1변수함수에서와 마찬가지로 2변수함수의 연속성에 관한 다음 성질이 성립한다.

정리 8.5

(1) 2변수함수 $f(x,y)$, $g(x,y)$가 점 (a,b)에서 연속일 때, $f(x,y)+g(x,y)$와 $f(x,y)\,g(x,y)$은 점 (a,b)에서 모두 연속이고, $g(a,b) \neq 0$이면 $\dfrac{f(x,y)}{g(x,y)}$도 점 (a,b)에서 연속이다.

(2) 2변수함수 $f(x,y)$가 점 (a,b)에서 연속이고 1변수함수 $g(z)$가 $z=f(a,b)$에서 연속이면 $g(f(x,y))$는 점 (a,b)에서 연속이다.

증명 정리 8.1과 정리 8.4에 의하여 성립한다. ▨

예제 8.1.12 2변수함수 $f(x,y) = \cos\left(\dfrac{2xy}{4+x^2+y^2}\right)$는 연속함수임을 보여라.

풀이 두 함수 $\cos z$와 $z = \dfrac{2xy}{4+x^2+y^2}$는 모두 연속함수이므로, 정리 8.5(2)에

의해서 합성함수 $f(x, y) = \cos\left(\dfrac{2xy}{4+x^2+y^2}\right)$도 연속함수이다. ◀

문제 8.1.10 다음 각 함수는 연속함수임을 보여라.

(1) $f(x, y) = x^3 e^{xy}$ (2) $f(x, y) = e^y \sin(xy^4 + 1)$

지금까지 살펴본 2변수함수에 대한 극한과 연속의 개념은 다변수함수에 대해서도 자연스럽게 일반화할 수 있다.

8.2 편도함수

1) 편미분계수

2변수함수 $z = f(x, y)$에서 두 번째 변수 y를 일정한 값 b로 바꾸면, $f(x, b)$는 x에 대한 1변수함수이다. 이 1변수함수 $f(x, b)$가 $x = a$에서 미분가능일 때, $f(x, y)$는 점 (a, b)에서 **x에 대하여 편미분가능**(partial differentiable with respect to x)이라 한다. 이때, 미분계수

$$\lim_{h \to 0} \frac{f(a+h, b) - f(a, b)}{h}$$

를 (a, b)에서 $f(x, y)$의 **x에 대한 편미분계수**(partial differential coefficient with respect to x)라 하며, $f_x(a, b)$로 나타낸다.

마찬가지로, 2변수함수 $z = f(x, y)$에서 변수 x를 일정한 값 a로 바꾸면, $f(a, y)$는 y에 관한 1변수함수이다. 이 1변수함수 $f(a, y)$가 $y = b$에서 미분가능일 때, $f(x, y)$는 점 (a, b)에서 **y에 대하여 편미분가능**(partial differentiable with respect to y)이라 한다. 이때, 미분계수

$$\lim_{k \to 0} \frac{f(a, b+k) - f(a, b)}{k}$$

를 (a, b)에서 $f(x, y)$의 **y에 대한 편미분계수**(partial differential coefficient with respect to y)라 하며, $f_y(a, b)$로 나타낸다.

함수 $z = f(x, y)$의 편미분계수를 나타낼 때, 다음 기호들을 사용한다.

$$f_x(a, b) = \frac{\partial f}{\partial x}(a, b) = \frac{\partial z}{\partial x}(a, b), \quad f_y(a, b) = \frac{\partial f}{\partial y}(a, b) = \frac{\partial z}{\partial y}(a, b)$$

2) 편미분계수의 기하학적 의미

2변수함수 $z = f(x, y)$의 그래프가 그림 8.2와 같은 곡면이라고 하자

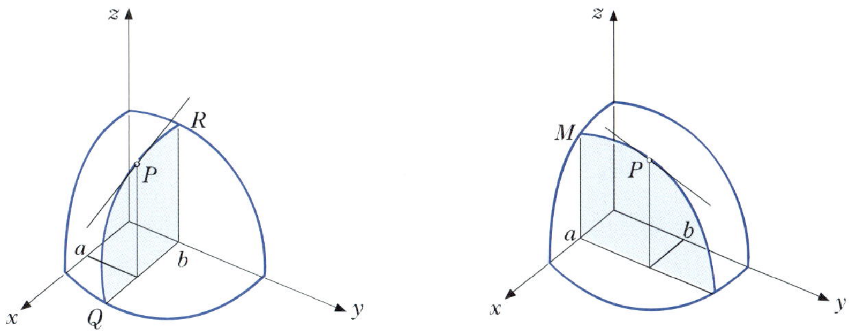

그림 8.2

y의 값을 $y = b$로 고정시키면 주어진 함수는 $z = f(x, b)$이고, 이 함수의 그래프는 $z = f(x, y)$를 평면 $y = b$로 잘라서 생긴 곡선 QPR이다. 그러므로 점 P에서의 곡선 QPR의 접선의 기울기는 $x = a$에서 $z = f(x, b)$의 x에 관한 미분계수이므로

$f_x(a, b)$는 점 P에서의 곡선 QPR의 접선의 기울기

이다. 마찬가지로

$f_y(a, b)$는 점 P에서의 곡선 LPM의 접선의 기울기

이다.

3) 편도함수

2변수함수 $f(x, y)$가 x에 대하여 편미분가능인 각 점 (a, b)에 대하여 함숫값을 편미분계수 $f_x(a, b)$로 정한 함수를 $f(x, y)$의 x에 대한 편도함수(partial derivative with respect to x)라 하며, 다음과 같이 $f_x(x, y)$로 나타낸다.

$$f_x(x, y) = \lim_{h \to 0} \frac{f(x+h, y) - f(x, y)}{h}$$

$f(x, y)$의 y에 대한 편도함수도 마찬가지 방법으로 정의한다. 즉, 2변수함수 $f(x, y)$가

y에 대하여 편미분가능인 각 점 (a, b)에 대하여 함숫값을 편미분계수 $f_y(a, b)$로 정한 함수를 $f(x, y)$의 **y에 대한 편도함수**(partial derivative with respect to y)라 하며, 다음과 같이 $f_y(x, y)$로 나타낸다.

$$f_y(x, y) = \lim_{k \to 0} \frac{f(x, y+k) - f(x, y)}{k}$$

결과적으로, x에 관한 편도함수는 다른 독립변수인 y를 상수로 보고 x에 관하여 미분한 것이고, y에 관한 편도함수는 다른 독립변수 x를 상수로 보고 y에 관하여 미분한 것이다.

다변수함수인 경우도 2변수일 때와 같은 방법으로 편도함수를 정의할 수 있다. 지금, 함수

$$z = f(x_1, x_2, \cdots, x_n)$$

에서 $x_1, \cdots, x_{i-1}, x_{i+1}, \cdots, x_n$을 상수로 보고 z를 x_i의 함수라고 생각하여 x_i에 관하여 미분한 것을 z의 **x_i에 대한 편도함수**라고 하고

$$\frac{\partial z}{\partial x_i}, \quad \frac{\partial}{\partial x_i} f(x_1, x_2, \cdots, x_n)$$

등으로 나타낸다.

편도함수를 구하는 방법을 **편미분법**(partial differentiation)이라 한다.

(1) 편도함수의 여러 가지 기호

x에 대한 편도함수 :

$$f_x(x, y),\ f_x,\ \frac{\partial}{\partial x} f(x, y),\ \frac{\partial f}{\partial x},\ \frac{\partial z}{\partial x},\ z_x,\ D_x f(x, y),\ D_x f,\ D_x z$$

y에 대한 편도함수 :

$$f_y(x, y),\ f_y,\ \frac{\partial}{\partial y} f(x, y),\ \frac{\partial f}{\partial y},\ \frac{\partial z}{\partial y},\ z_y,\ D_y f(x, y),\ D_y f,\ D_y z$$

예제 8.2.1 2변수함수 $f(x, y)=2x^3y^2+2y+4x$에 대하여, $f_x(1, 2)$, $f_y(1, 2)$를 구하여라.

풀이 $f_x(x, y)=6x^2y^2+4$, $f_y(x, y)=4x^3y+2$이므로

$$f_x(1, 2)=6\cdot 1^2\cdot 2^2+4=28, \quad f_y(1, 2)=4\cdot 1^3\cdot 2+2=10$$ ◀

문제 8.2.1 다음 2변수함수에 대하여, $f_x(1, 2)$, $f_y(1, 2)$를 구하여라.

(1) $f(x, y)=x^2+y^2$ (2) $f(x, y)=x^2y+3y^3$

예제 8.2.2 $z=f(g(x, y))$일 때, $\frac{\partial z}{\partial x}$, $\frac{\partial z}{\partial y}$를 구하여라.

풀이 $u=g(x, y)$라고 두면, $z=f(u)$이다. 따라서

$$\frac{\partial z}{\partial x}=\frac{dz}{du}\frac{\partial u}{\partial x}=f'(g(x, y))\cdot g_x(x, y)$$

$$\frac{\partial z}{\partial y}=\frac{dz}{du}\frac{\partial u}{\partial y}=f'(g(x, y))\cdot g_y(x, y)$$ ◀

문제 8.2.2 다음 2변수함수의 편도함수를 구하여라.

(1) $f(x, y)=x\sin(y-x)$ (2) $f(x, y)=\sin^{-1}\frac{y}{\sqrt{x^2+y^2}}$

(3) $f(x, y)=\frac{e^{xy}}{x^2+y^2}$ (4) $f(x, y)=\cot^{-1}\left(\frac{y}{x}\right)$

문제 8.2.3 $z=f\left(\frac{x}{y}\right)$일 때, $\frac{\partial z}{\partial x}$, $\frac{\partial z}{\partial y}$를 구하여라.

예제 8.2.3 $z=\dfrac{xy}{x+y}$일 때, $x\dfrac{\partial z}{\partial x}+y\dfrac{\partial z}{\partial y}=z$임을 보여라.

풀이 $\dfrac{\partial z}{\partial x}=\dfrac{y(x+y)-xy}{(x+y)^2}=\dfrac{y^2}{(x+y)^2}$, $\dfrac{\partial z}{\partial y}=\dfrac{x(x+y)-xy}{(x+y)^2}=\dfrac{x^2}{(x+y)^2}$

이므로

$$x\frac{\partial z}{\partial x}+y\frac{\partial z}{\partial y}=\frac{xy^2}{(x+y)^2}+\frac{x^2y}{(x+y)^2}=\frac{xy}{x+y}=z$$ ◀

문제 8.2.4 $f(x,y,z)=e^{x/y}+e^{y/z}+e^{z/x}$일 때, $xf_x+yf_y+zf_z=0$임을 보여라.

8.3 전미분과 고계편도함수

1) 전미분과 근삿값

보조정리 8.6

2변수함수 $z=f(x,y)$가 편미분가능이고 연속인 편도함수를 가질 때

$$\Delta z = \frac{\partial f}{\partial x}\Delta x + \frac{\partial f}{\partial y}\Delta y + \epsilon_1 \Delta x + \epsilon_2 \Delta y$$

여기서, $\lim_{(\Delta x, \Delta y)\to(0,0)} \epsilon_1 = 0$이고 $\lim_{(\Delta x, \Delta y)\to(0,0)} \epsilon_2 = 0$이다.

증명 평균값의 정리에 의해

$$f(x+\Delta x,\, y+\Delta y) - f(x,\, y+\Delta y)$$

$$= \Delta x\, f_x(x+\theta_1 \Delta x,\, y+\Delta y) \quad (0<\theta_1<1)$$

이고

$$f(x,\ y+\Delta y) - f(x,\ y) = \Delta y\, f_y(x,\, y+\theta_2 \Delta y) \quad (0<\theta_2<1)$$

이므로, 두 식의 양변을 더하여 다음을 얻는다.

$$\Delta z = f_x(x+\theta_1 \Delta x,\, y+\Delta y)\Delta x + f_y(x,\, y+\theta_2 \Delta y)\Delta y$$

한편

$$\epsilon_1 = f_x(x+\theta_1 \Delta x,\, y+\Delta y) - f_x(x,y)$$
$$\epsilon_2 = f_y(x,\, y+\theta_2 \Delta y) - f_y(x,y)$$

와 같이 정의하면, 이 편도함수들이 연속이므로

$$\lim_{(\Delta x, \Delta y)\to(0,0)} \epsilon_1 = 0, \quad \lim_{(\Delta x, \Delta y)\to(0,0)} \epsilon_2 = 0$$

따라서

$$\Delta z = \frac{\partial f}{\partial x}\Delta x + \frac{\partial f}{\partial y}\Delta y + \epsilon_1 \Delta x + \epsilon_2 \Delta y$$ ▨

보조정리 8.6의 식에서 Δx, Δy를 충분히 작게 택하면, 근사식

(*) $$\Delta z \approx \frac{\partial z}{\partial x}\Delta x + \frac{\partial z}{\partial y}\Delta y$$

를 얻는다. 근사식 (*)의 오른쪽을 dz로 표시하고, 이것을 z 또는 $f(x, y)$의 전미분(total differential)이라 정의한다. $z = x$, $z = y$일 때는 $dx = \Delta x$, $dy = \Delta y$이므로, 함수 z의 전미분은

$$dz = \frac{\partial z}{\partial x}dx + \frac{\partial z}{\partial x}dy$$

로 표시된다. 근사식 (*)로부터 $dx = \Delta x$, $dy = \Delta y$가 충분히 작으면 $\Delta z \approx dz$이다.

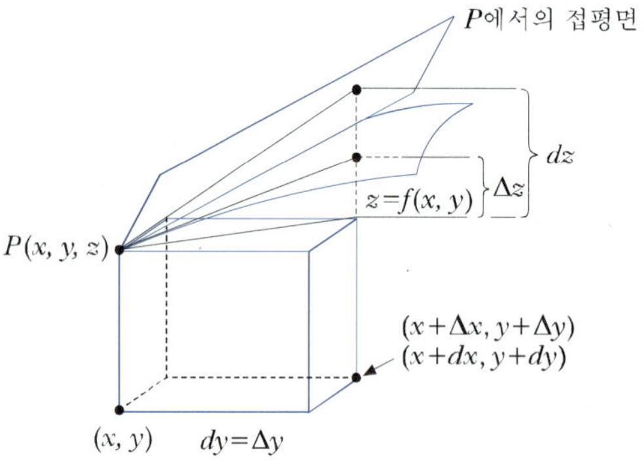

그림 8.3

독립변수가 3개 이상인 함수에 대해서도 전미분을 같은 방법으로 정의한다. 예를 들어, $u = f(x, y, z)$일 경우에는 다음과 같다.

$$du = \frac{\partial u}{\partial x}dx + \frac{\partial u}{\partial y}dy + \frac{\partial u}{\partial z}dz$$

예제 8.3.1 다음 2변수함수의 전미분을 구하여라.

(1) $z = x^{\sin y}$ (2) $z = \sqrt{x^2+y^2}$

풀이 (1) $\dfrac{\partial z}{\partial x} = x^{-1+\sin y} \cdot \sin y, \quad \dfrac{\partial z}{\partial y} = x^{\sin y} \cdot \ln x \cdot \cos y$이므로

$$dz = \left(x^{-1+\sin y} \cdot \sin y\right)dx + \left(x^{\sin y} \cdot \ln x \cdot \cos y\right)dy$$

(2) $\dfrac{\partial z}{\partial x} = \dfrac{x}{\sqrt{x^2+y^2}}, \quad \dfrac{\partial z}{\partial y} = \dfrac{y}{\sqrt{x^2+y^2}}$ 이므로

$$dz = \frac{x}{\sqrt{x^2+y^2}}\,dx + \frac{y}{\sqrt{x^2+y^2}}\,dy$$ ◀

문제 8.3.1 다음 2변수함수의 전미분을 구하여라.

(1) $z = (x^2+y^2)^3$ (2) $z = \dfrac{x-y}{x+y}$

(3) $z = \ln(4x-5y)$ (4) $z = \sin^{-1}\left(\dfrac{y}{x}\right)$

예제 8.3.2 2변수함수 $z = 2x^2 + y^2$에 대하여 x가 1에서 1.2로 y가 2에서 1.9로 변하였을 때, 전미분 dz를 구하고 실제 변화한 Δz와 비교하여라.

풀이 $dz = \dfrac{\partial z}{\partial x}\Delta x + \dfrac{\partial z}{\partial y}\Delta y = 4x\Delta x + 2y\Delta y$이므로, $x=1,\ y=2,$ $\Delta x = 0.2,\ \Delta y = -0.1$을 대입하면 $dz = 0.4$이다. 실제로, 변화한 Δz는

$$\Delta z = f(x+\Delta x,\ y+\Delta y) - f(x,\ y)$$

에서 $\Delta z = 0.49$임을 알 수 있다. ◀

예제 8.3.3 $\sqrt{(3.012)^2 + (3.997)^2}$ 의 근삿값을 구하여라.

풀이 $f(x,y) = \sqrt{x^2+y^2}$ 이라 두면

$$f_x(x,y) = \frac{x}{\sqrt{x^2+y^2}}, \quad f_y(x,y) = \frac{y}{\sqrt{x^2+y^2}}$$

이고

$$f_x(3,4)=\frac{3}{5},\quad f_y(3,4)=\frac{4}{5}$$

이다. 이때, $a=3,\ b=4,\quad \Delta x=0.012,\ \Delta y=-0.003$으로 생각하여 다음을 얻는다.

$$\begin{aligned} f(3.012, 3.997)-f(3,4) &\approx f_x(3,4)(0.012)+f_y(3,4)(-0.003) \\ &=\frac{3}{5}\cdot 0.012+\frac{4}{5}\cdot(-0.003)=0.0048 \end{aligned}$$

따라서

$$\sqrt{(3.012)^2+(3.997)^2}=f(3.012, 3.997)\approx f(3,4)+0.0048=5.0048 \quad ◀$$

예제 8.3.4 반지름이 5 cm 이고, 높이가 13 cm 인 원기둥이 있다고 하자. 원기둥의 반지름과 높이가 각각 0.03, −0.1만큼 변할 때, 원기둥의 부피의 변화량의 근삿값을 구하여라.

풀이 원기둥의 부피는 $V=\pi r^2 h$이고, 변화량을 계산하기 위해서 다음의 식을 이용한다.

$$\Delta V \approx V_r \cdot \Delta r + V_h \cdot \Delta h$$

한편, $V_r=2\pi rh,\ V_h=\pi r^2$이므로, $r=5,\ h=13,\ \Delta r=0.03,\ \Delta h=-0.1$ 일 때

$$\Delta V \approx 2\pi\times 5\times 13\times 0.03+\pi\times 5^2\times(-0.1)=1.4\pi$$

따라서 구하는 근삿값은 $1.4\pi\,(\mathrm{cm}^3)$이다. ◀

문제 8.3.2 다음 물음에 답하여라.

(1) 직원기둥 모양의 깡통의 안쪽 높이가 12cm, 안쪽 반지름이 4cm, 두께가 0.2cm 이다. 재료비가 $1\mathrm{cm}^3$당 5원이라면 깡통 하나를 만드는데 필요한 재료비의 근삿값을 전미분을 이용하여 구하여라.

(2) 삼각형의 두 변이 이루는 각이 6, 8과 30°에서 각각 6.2, 8.1과 29°로 변하였을 때, 전미분을 이용하여 넓이의 변화량을 근삿값으로 구하여라.

2) 고계편도함수

2변수함수 $z=f(x, y)$의 편도함수 $\frac{\partial f}{\partial x}$, $\frac{\partial f}{\partial y}$ 역시 x와 y의 함수이므로, 이 편도함수들의 편미분을 다시 생각할 수 있다. 편도함수 $\frac{\partial f}{\partial x}$, $\frac{\partial f}{\partial y}$의 편도함수들을 제2계 편도함수(second-order partial derivative)라 하고, 각각 다음과 같은 기호로 표시한다.

$$\frac{\partial}{\partial x}\left(\frac{\partial f}{\partial x}\right)=\frac{\partial^2 f}{\partial x^2}=f_{xx}=\frac{\partial^2}{\partial x^2}f(x, y)=f_{xx}(x, y)=\frac{\partial^2 z}{\partial x^2}=z_{xx}$$

$$\frac{\partial}{\partial y}\left(\frac{\partial f}{\partial x}\right)=\frac{\partial^2 f}{\partial y\partial x}=f_{xy}=\frac{\partial^2}{\partial y\partial x}f(x, y)=f_{xy}(x, y)=\frac{\partial^2 z}{\partial y\partial x}=z_{xy}$$

$$\frac{\partial}{\partial x}\left(\frac{\partial f}{\partial y}\right)=\frac{\partial^2 f}{\partial x\partial y}=f_{yx}=\frac{\partial^2}{\partial x\partial y}f(x, y)=f_{yx}(x, y)=\frac{\partial^2 z}{\partial x\partial y}=z_{yx}$$

$$\frac{\partial}{\partial y}\left(\frac{\partial f}{\partial y}\right)=\frac{\partial^2 f}{\partial y^2}=f_{yy}=\frac{\partial^2}{\partial y^2}f(x, y)=f_{yy}(x, y)=\frac{\partial^2 z}{\partial y^2}=z_{yy}$$

제2계 편도함수들이 편미분가능하면 제2계 편도함수들을 편미분하여 얻은 함수들을 제3계 편도함수(third-order partial derivative)라고 한다. 마찬가지로 n회 편미분하여 얻은 함수를 제n계 편도함수(nth-order partial derivative)라고 하며, 2계 이상의 편도함수를 통틀어 고계편도함수(higher-order partial derivative)라 한다.

예제 8.3.5 2변수함수 $f(x, y)=x^2y^3+x^4y$의 제2계 편도함수를 모두 구하라.

풀이 $f_x=2xy^3+4x^3y$, $f_y=3x^2y^2+x^4$에서

$$f_{xx}=2y^3+12x^2y,\quad f_{xy}=6xy^2+4x^3$$

$$f_{yx}=6xy^2+4x^3,\quad f_{yy}=6x^2y$$

◀

예제 8.3.6 2변수함수 $f(x, y)=\sin xy^2$의 제2계 편도함수를 모두 구하여라.

풀이 $f_x(x, y)=y^2\cos xy^2$, $f_y(x, y)=2xy\cos xy^2$이므로

$$f_{xx}(x,y) = -y^4 \sin xy^2$$
$$f_{xy}(x,y) = 2y\cos xy^2 - 2xy^3 \sin xy^2$$
$$f_{yx}(x,y) = 2y\cos xy^2 - 2xy^3 \sin xy^2$$
$$f_{yy}(x,y) = 2x\cos xy^2 - 4x^2y^2 \sin xy^2$$
◀

문제 8.3.3 다음 2변수함수의 제2계 편도함수를 모두 구하여라.

(1) $f(x,y) = \dfrac{x^2-y^2}{x^2+y^2}$　　(2) $f(x,y) = \sin 3x \cos 4y$

(3) $f(x,y) = \tan^{-1}\left(\dfrac{y}{x}\right)$　　(4) $f(x,y) = e^x \cos y$

(5) $f(x,y) = e^{x-y^2}$　　(6) $f(x,y) = \ln\left(x+\sqrt{x^2+y^2}\right)$

예제 8.3.7 $z = e^x \sin y + e^y \cos x$일 때, $\dfrac{\partial^2 z}{\partial x^2} + \dfrac{\partial^2 z}{\partial y^2} = 0$임을 보여라.

풀이 $\dfrac{\partial z}{\partial x} = e^x \sin y - e^y \sin x$, $\dfrac{\partial z}{\partial y} = e^x \cos y + e^y \cos x$이므로

$$\frac{\partial^2 z}{\partial x^2} = e^x \sin y - e^y \cos x, \quad \frac{\partial^2 z}{\partial y^2} = -e^x \sin y + e^y \cos x$$

이다. 따라서 $\dfrac{\partial^2 z}{\partial x^2} + \dfrac{\partial^2 z}{\partial y^2} = 0$이다. ◀

문제 8.3.4 다음 2변수함수에서 $\dfrac{\partial^2 z}{\partial x^2} + \dfrac{\partial^2 z}{\partial y^2} = 0$임을 보여라.

(1) $z = \ln(x^2+y^2)$　　(2) $z = \tan^{-1}\left(\dfrac{y}{x}\right)$

예제 8.3.8 2변수함수 $f(x,y) = \sin^{-1}\left(\dfrac{y}{x}\right)$에 대하여, $f_{xy}(x,y) = f_{yx}(x,y)$임을 보여라.

풀이 $-x < y < x$일 때

$$f_x = -\frac{y}{x\sqrt{x^2-y^2}}, \quad f_y = \frac{1}{\sqrt{x^2-y^2}}$$

이므로

$$f_{xy} = -\frac{x}{(x^2-y^2)\sqrt{x^2-y^2}}, \quad f_{yx} = -\frac{x}{(x^2-y^2)\sqrt{x^2-y^2}}$$

같은 방법으로, $x < y < -x$일 때

$$f_{xy} = \frac{x}{(x^2-y^2)\sqrt{x^2-y^2}}, \quad f_{yx} = \frac{x}{(x^2-y^2)\sqrt{x^2-y^2}}$$

따라서 어느 경우나 $f_{xy}(x, y) = f_{yx}(x, y)$이다. ◀

문제 8.3.5 2변수함수 $f(x, y) = (x^2 + y^2)^{3/2}$에 대하여, $f_{xy}(x, y) = f_{yx}(x, y)$임을 보여라.

제2계 편도함수 f_{xy}와 f_{yx}의 차이는 x와 y의 어느 쪽으로 먼저 편미분하는가의 순서의 차이이다. 다음 정리는 그 순서를 바꿀 수 있는 충분조건을 제시한다.

정리 8.7 (Schwarz의 정리)

f_x, f_y, f_{xy}가 존재하고 연속이면, f_{yx}도 존재하고 $f_{yx}(x, y) = f_{xy}(x, y)$이다.

다음은 Schwarz의 정리의 조건을 만족하지 않는 경우로 결과가 성립하지 않는 한 예이다.

예제 8.3.9 $x \neq 0$일 때 $f(x, y) = x^2 \tan^{-1}\left(\dfrac{y}{x}\right)$, $f(0, y) = 0$로 정의된 2변수함수 $f(x, y)$에 대하여, $f_{xy}(0,0) \neq f_{yx}(0,0)$임을 보여라.

풀이 먼저, $f_x(0, y)$를 계산하면

$$f_x(0,y) = \lim_{h \to 0} \frac{f(h, y) - f(0, y)}{h} = \lim_{h \to 0} \frac{h^2 \tan^{-1}\left(\dfrac{y}{h}\right) - 0}{h} = 0$$

따라서

$$f_{xy}(0, 0) = \lim_{k \to 0} \frac{f_x(0, k) - f_x(0, 0)}{k} = 0$$

한편, $f_y(0, 0) = \displaystyle\lim_{k \to 0} \frac{f(0, k) - f(0, 0)}{k} = 0$이고, $x \neq 0$일 때

$f(x, y) = x^2 \tan^{-1}\left(\dfrac{y}{x}\right)$이므로 $f_y(x,y) = \dfrac{x^3}{x^2 + y^2}$이다. 따라서 $f_y(x,0) = x$

이므로

$$f_{yx}(0, 0) = \lim_{h \to 0} \frac{f_y(h, 0) - f_y(0, 0)}{h} = \lim_{h \to 0} \frac{h - 0}{h} = 1$$

결과적으로, $f_{xy}(0,0) \neq f_{yx}(0,0)$이다. ◀

2변수함수 $f(x, y)$가 편미분가능일 때, 편미분연산자 기호를 사용하는 것이 편리하다.

제1 계 편미분연산자 $h\dfrac{\partial}{\partial x} + k\dfrac{\partial}{\partial y}$을 다음과 같이 정의한다.

$$\left(h\frac{\partial}{\partial x} + k\frac{\partial}{\partial y}\right) f(x, y) = h\, f_x(x, y) + k\, f_y(x, y)$$

제2 계 편미분연산자 $m\dfrac{\partial^2}{\partial x^2} + p\dfrac{\partial^2}{\partial x \partial y} + q\dfrac{\partial^2}{\partial y \partial x} + n\dfrac{\partial^2}{\partial y^2}$을 다음과 같이 정의한다.

$$\left(m\frac{\partial^2}{\partial x^2}+p\frac{\partial^2}{\partial x\partial y}+q\frac{\partial^2}{\partial y\partial x}+n\frac{\partial^2}{\partial y^2}\right)f(x,y)$$
$$=m\,f_{xx}(x,y)+p\,f_{yx}(x,y)+q\,f_{xy}(x,y)+n\,f_{yy}(x,y)$$

또한, $h\frac{\partial}{\partial x}+k\frac{\partial}{\partial y}$와 $h\frac{\partial}{\partial x}+k\frac{\partial}{\partial y}$의 합성연선자를 $\left(h\frac{\partial}{\partial x}+k\frac{\partial}{\partial y}\right)^2$로 나타내면

$$\left(h\frac{\partial}{\partial x}+k\frac{\partial}{\partial y}\right)^2 f(x,y)=\left(h\frac{\partial}{\partial x}+k\frac{\partial}{\partial y}\right)\left\{\left(h\frac{\partial}{\partial x}+k\frac{\partial}{\partial y}\right)f(x,y)\right\}$$

예제 8.3.10 2변수함수 $f(x,y)$의 제2계 편도함수 f_{xy}가 연속일 때, 상수 h, k에 대하여 다음을 보여라.

$$\left(h\frac{\partial}{\partial x}+k\frac{\partial}{\partial y}\right)^2 f(x,y)=\left(h^2\frac{\partial^2}{\partial x^2}+2hk\frac{\partial^2}{\partial x\partial y}+k^2\frac{\partial^2}{\partial y^2}\right)f(x,y)$$

풀이

$$\begin{aligned}\left(h\frac{\partial}{\partial x}+k\frac{\partial}{\partial y}\right)^2 f(x,y)&=\left(h\frac{\partial}{\partial x}+k\frac{\partial}{\partial y}\right)\big(h\,f_x(x,y)+k\,f_y(x,y)\big)\\&=h\frac{\partial}{\partial x}\big(h\,f_x(x,y)+k\,f_y(x,y)\big)\\&\quad+k\frac{\partial}{\partial y}\big(h\,f_x(x,y)+k\,f_y(x,y)\big)\\&=h^2 f_{xx}(x,y)+2hk\,f_{xy}(x,y)+k^2 f_{yy}(x,y)\\&=\left(h^2\frac{\partial^2}{\partial x^2}+2hk\frac{\partial^2}{\partial x\partial y}+k^2\frac{\partial^2}{\partial y^2}\right)f(x,y)\end{aligned}$$ ◀

문제 8.3.7 다음 2변수함수 $f(x,y)$에 대하여, $\left(\frac{\partial}{\partial x}+\frac{\partial}{\partial y}\right)^2 f(x,y)$를 구하여라.

(1) $f(x,y)=\dfrac{x-y}{x+y}$　　(2) $f(x,y)=\ln\sqrt{x^2+y^2}$

8.4 합성함수의 편미분법

2변수함수의 여러 가지 합성함수의 미분법에 대하여 알아보자.

먼저, 2변수함수 $z=f(x,y)$에서 x, y가 각각 다른 변수 t의 함수일 때, z는 t만의 함수가 된다. 따라서 z의 t에 대한 도함수를 생각할 수 있다.

정리 8.8

2변수함수 $z=f(x,y)$가 연속인 편도함수를 갖고 x와 y는 모두 t에 관해서 미분가능일 때, z는 t에 관해서 미분가능이고

$$\frac{dz}{dt}=\frac{\partial f}{\partial x}\frac{dx}{dt}+\frac{\partial f}{\partial y}\frac{dy}{dt}$$

증명 t의 증분 Δt에 관한 x, y, z의 증분을 각각 Δx, Δy, Δz라 하면, 보조 정리 8.6으로부터

$$\Delta z=\frac{\partial f}{\partial x}\Delta x+\frac{\partial f}{\partial y}\Delta y+\epsilon_1\Delta x+\epsilon_2\Delta y$$

즉

$$\frac{\Delta z}{\Delta t}=\frac{\partial f}{\partial x}\frac{\Delta x}{\Delta t}+\frac{\partial f}{\partial y}\frac{\Delta y}{\Delta t}+\epsilon_1\frac{\Delta x}{\Delta t}+\epsilon_2\frac{\Delta y}{\Delta t}$$

또한, $\Delta t\to 0$일 때, $(\Delta x,\Delta y)\to(0,0)\}$이므로

$$\lim_{\Delta t\to 0}\epsilon_1=0,\quad \lim_{\Delta t\to 0}\epsilon_2=0$$

따라서

$$\frac{dz}{dt}=\frac{\partial f}{\partial x}\frac{dx}{dt}+\frac{\partial f}{\partial y}\frac{dy}{dt}$$ ▨

예제 8.4.1 $z = x^2 - y^2$, $x = (1+t)^2$, $y = e^t$일 때, $\dfrac{dz}{dt}$를 구하여라.

풀이 $\dfrac{\partial z}{\partial x} = 2x$, $\dfrac{\partial z}{\partial y} = 2y$, $\dfrac{dx}{dt} = 2(1+t)$, $\dfrac{dy}{dt} = e^t$이므로

$$\frac{dz}{dt} = 2x \cdot 2(1+t) + 2ye^t = 4t(1+t)^3 + 2e^{2t}$$ ◀

문제 8.4.1 다음 각 경우에 대하여 $\dfrac{dz}{dt}$를 구하라.

(1) $z = x^2y - y^2x$, $x = \cos t$, $y = \sin t$

(2) $z = x \ln y$, $x = t^2$, $y = e^t$

예제 8.4.2 $z = f(x, y)$, $x = a + ht$, $y = b + kt$일 때, $\dfrac{d^2z}{dt^2}$를 구하여라. 단, $f(x, y)$의 제2계 편도함수는 모두 연속이고, a, b, h, k는 상수이다.

풀이 $$\frac{dz}{dt} = \frac{\partial z}{\partial x}\frac{dx}{dt} + \frac{\partial z}{\partial y}\frac{dy}{dt} = \frac{\partial z}{\partial x}h + \frac{\partial z}{\partial y}k = \left(h\frac{\partial}{\partial x} + k\frac{\partial}{\partial y}\right)z$$

$$\frac{d^2z}{dt^2} = \frac{d}{dt}\left(\frac{dz}{dt}\right) = \left(h\frac{\partial}{\partial x} + k\frac{\partial}{\partial y}\right)\frac{dz}{dt} = \left(h\frac{\partial}{\partial x} + k\frac{\partial}{\partial y}\right)^2 z$$

$$= h^2\frac{\partial^2 z}{\partial x^2} + 2hk\frac{\partial^2 z}{\partial x \partial y} + k^2\frac{\partial^2 z}{\partial y^2}$$

$$= h^2 f_{xx}(a+ht, b+kt)$$

$$+ 2hkf_{xy}(a+ht, b+kt) + k^2 f_{yy}(a+ht, b+kt)$$ ◀

특히, $z = f(x, y)$, $y = y(x)$일 때 z는 x만의 함수이다. 이 경우는 정리 8.8에서 $t = x$로 택하면, 다음이 성립한다.

$$\frac{dz}{dx} = \frac{\partial z}{\partial x} + \frac{\partial z}{\partial y}\frac{dy}{dx}$$

문제 8.4.2 $z = x^3 + y^3$ 이고 $y = \sin x - e^x$ 일 때, $\dfrac{dz}{dx}$ 를 구하여라.

따름정리 8.9

3변수함수 $w = f(x, y, z)$가 연속인 편도함수를 갖고, x, y와 z가 각각 t에 대하여 미분가능일 때

$$\frac{dw}{dt} = \frac{\partial f}{\partial x}\frac{dx}{dt} + \frac{\partial f}{\partial y}\frac{dy}{dt} + \frac{\partial f}{\partial z}\frac{dz}{dt}$$

문제 8.4.3 $w = xy + z$, $x = \cos t$, $y = \sin t$, $z = t$ 일 때, $\dfrac{dw}{dt}$ 를 구하여라.

다음에는 두 2변수함수의 합성함수의 편미분법인 연쇄법칙(chain rule)을 살펴보자.

정리 8.10

2변수함수 $z = f(x, y)$가 연속인 편도함수를 갖고, $x = \phi(s, t)$, $y = \psi(s, t)$가 각각 s와 t에 관하여 연속인 편도함수를 가질 때

(1) $\dfrac{\partial z}{\partial s} = \dfrac{\partial f}{\partial x}\dfrac{\partial x}{\partial s} + \dfrac{\partial f}{\partial y}\dfrac{\partial y}{\partial s}$

(2) $\dfrac{\partial z}{\partial t} = \dfrac{\partial f}{\partial x}\dfrac{\partial x}{\partial t} + \dfrac{\partial f}{\partial y}\dfrac{\partial y}{\partial t}$

증명 (1) ϕ, ψ에서 t를 상수로 보고 s만의 함수로 생각하여, 정리 8.8을 적용한다.
(2) ϕ, ψ에서 s를 상수로 보고 t만의 함수로 생각하여, 정리 8.8을 적용한다. ▨

예제 8.4.3 $z = x^2 + xy + y^2$, $x = s^2 + t^2$, $y = st$ 일 때 $\dfrac{\partial z}{\partial s}$, $\dfrac{\partial z}{\partial t}$ 를 구하여라.

풀이 $\dfrac{\partial z}{\partial x} = 2x + y$, $\dfrac{\partial z}{\partial y} = x + 2y$, $\dfrac{\partial x}{\partial s} = 2s$, $\dfrac{\partial x}{\partial t} = 2t$, $\dfrac{\partial y}{\partial s} = t$, $\dfrac{\partial y}{\partial t} = s$ 이므로

$$\frac{\partial z}{\partial s} = (2x+y)\cdot 2s + (x+2y)\cdot t$$

$$= 2s(2(s^2+t^2)+st)+t(s^2+t^2+2st)$$

$$= 4s^3+3s^2t+6st^2+t^3$$

이고

$$\frac{\partial z}{\partial t} = (2x+y)\cdot 2t + (x+2y)\cdot s$$

$$= 2t(2(s^2+t^2)+st)+s(s^2+t^2+2st)$$

$$= 4t^3+3t^2s+6ts^2+s^3$$

◀

문제 8.4.4 다음 각 경우에 대하여, $\frac{\partial z}{\partial s}$, $\frac{\partial z}{\partial t}$를 구하여라.

(1) $z = 8x^2y - 2x + 3y$, $x = st$, $y = s - t$

(2) $z = \tan^{-1}(x^2+y^2)$, $x = e^s \sin t$, $y = e^s \cos t$

(3) $z = e^{xy}$, $x = \ln\sqrt{s^2+t^2}$, $y = \tan^{-1}\left(\frac{t}{s}\right)$

예제 8.4.4 $z = f(x, y)$, $x = r\cos\theta$, $y = r\sin\theta$일 때, 다음을 증명하여라.

$$\left(\frac{\partial z}{\partial x}\right)^2 + \left(\frac{\partial z}{\partial y}\right)^2 = \left(\frac{\partial z}{\partial r}\right)^2 + \frac{1}{r^2}\left(\frac{\partial z}{\partial \theta}\right)^2$$

풀이 $\frac{\partial x}{\partial r} = \cos\theta$, $\frac{\partial x}{\partial \theta} = -r\sin\theta$, $\frac{\partial y}{\partial r} = \sin\theta$, $\frac{\partial y}{\partial \theta} = r\cos\theta$이므로

$$\frac{\partial z}{\partial r} = \frac{\partial z}{\partial x}\cos\theta + \frac{\partial z}{\partial y}\sin\theta$$

$$\frac{\partial z}{\partial \theta} = \frac{\partial z}{\partial x}(-r\sin\theta) + \frac{\partial z}{\partial y}(r\cos\theta)$$

두 식의 양변을 제곱하여 정리하면

$$\left(\frac{\partial z}{\partial x}\right)^2 + \left(\frac{\partial z}{\partial y}\right)^2 = \left(\frac{\partial z}{\partial r}\right)^2 + \frac{1}{r^2}\left(\frac{\partial z}{\partial \theta}\right)^2$$

◀

문제 8.4.5 $z=f(x,y)$, $x=r\cos\theta$, $y=r\sin\theta$일 때, 다음을 증명하여라.

(1) $\dfrac{\partial z}{\partial x}=\dfrac{\partial z}{\partial r}\cos\theta-\dfrac{1}{r}\dfrac{\partial z}{\partial \theta}\sin\theta$ (2) $\dfrac{\partial z}{\partial y}=\dfrac{\partial z}{\partial r}\sin\theta+\dfrac{1}{r}\dfrac{\partial z}{\partial \theta}\cos\theta$

예제 8.4.5 가로와 세로의 길이가 각각 3(m/sec), 2(m/sec)의 속도로 커지는 직사각형의 도형이 있다. 가로와 세로의 길이가 각각 10m, 15m일 때, 이 도형의 넓이가 커지는 속도를 구하여라.

풀이 x, y, S, t를 각각 가로, 세로, 넓이, 시간을 나타내는 변수라 하자. 여기서 $x=10$, $y=15$, $\dfrac{dx}{dt}=3$, $\dfrac{dy}{dt}=2$일 때 $\dfrac{dS}{dt}$를 구하는 문제이다. $S=xy$이므로

$$\frac{dS}{dt}=\frac{\partial S}{\partial x}\frac{dx}{dt}+\frac{\partial S}{\partial y}\frac{dy}{dt}=y\frac{dx}{dt}+x\frac{dy}{dt}=3y+2x$$

따라서 $x=10$, $y=15$일 때, $\dfrac{dS}{dt}=3\cdot 15+2\cdot 10=65$이므로, 도형의 넓이는 $65(\mathrm{m}^2/\mathrm{sec})$의 속도로 증가한다. ◀

정리 8.10의 결과는 다변수함수에 대하여 일반화된다. 3변수함수에 대하여, 다음과 같이 정리할 수 있다.

정리 8.11

3변수함수 $\omega=f(x,y,z)$가 연속인 편도함수를 갖고, x, y 및 z가 각각 s, t의 함수로서 연속인 편도함수를 가질 때

(1) $\dfrac{\partial \omega}{\partial s}=\dfrac{\partial f}{\partial x}\dfrac{\partial x}{\partial s}+\dfrac{\partial f}{\partial y}\dfrac{\partial y}{\partial s}+\dfrac{\partial f}{\partial z}\dfrac{\partial z}{\partial s}$

(2) $\dfrac{\partial \omega}{\partial t}=\dfrac{\partial f}{\partial x}\dfrac{\partial x}{\partial t}+\dfrac{\partial f}{\partial y}\dfrac{\partial y}{\partial t}+\dfrac{\partial f}{\partial z}\dfrac{\partial z}{\partial t}$

예제 8.4.6 $w=\sqrt{\cos^2 s+\sin^2 t+(s+t)^2}$일 때, $\dfrac{\partial w}{\partial s}$를 구하여라.

풀이 $x=\cos s$, $y=\sin t$, $z=s+t$라 두면, $w=\sqrt{x^2+y^2+z^2}$이다. 또한

$$\frac{\partial \omega}{\partial x}=\frac{x}{\sqrt{x^2+y^2+z^2}},\quad \frac{\partial \omega}{\partial y}=\frac{y}{\sqrt{x^2+y^2+z^2}},\quad \frac{\partial \omega}{\partial z}=\frac{z}{\sqrt{x^2+y^2+z^2}}$$

$$\frac{\partial x}{\partial s}=-\sin s,\quad \frac{\partial y}{\partial s}=0,\quad \frac{\partial z}{\partial s}=1$$

이므로

$$\begin{aligned}\frac{\partial w}{\partial s}&=\frac{1}{\sqrt{x^2+y^2+z^2}}[x\cdot(-\sin s)+y\cdot 0+z\cdot 1]\\&=\frac{-\cos s\sin s+s+t}{\sqrt{\cos^2 s+\sin^2 t+(s+t)^2}}\end{aligned}$$

◀

문제 8.4.6 $w=x+2y+z^2$, $x=\dfrac{r}{s}$, $y=r^2+\ln s$, $z=2r$일 때, $\dfrac{\partial w}{\partial r}$, $\dfrac{\partial w}{\partial s}$를 구하여라.

신비로운 수의 마술

수를 곱하고 더할 때, 우리는 뜻하지 않게 아름다운 수식의 배열을 발견할 때가 있다. 특히, 숫자 9는 다양한 연산에서 다음의 아름다운 수식들을 보여준다.

$$1 \times 9 + 2 = 11$$
$$12 \times 9 + 3 = 111$$
$$123 \times 9 + 4 = 1111$$
$$1234 \times 9 + 5 = 11111$$
$$12345 \times 9 + 6 = 111111$$
$$123456 \times 9 + 7 = 1111111$$
$$1234567 \times 9 + 8 = 11111111$$
$$12345678 \times 9 + 9 = 111111111$$

아울러, 숫자 9와 관련된 다음 수식들도 만족한다.

$$9 \times 9 = 81$$
$$99 \times 99 = 9801$$
$$999 \times 999 = 998001$$
$$9999 \times 9999 = 99980001$$
$$99999 \times 99999 = 9999800001$$
$$999999 \times 999999 = 999998000001$$
$$9999999 \times 9999999 = 99999980000001$$

$$9 \times 9 + 7 = 88$$
$$98 \times 9 + 6 = 888$$
$$987 \times 9 + 5 = 8888$$
$$9876 \times 9 + 4 = 88888$$
$$98765 \times 9 + 3 = 888888$$
$$987654 \times 9 + 2 = 8888888$$
$$9876543 \times 9 + 1 = 88888888$$

다음으로, 회생의 숫자에 대해 알아보자.

인도의 한 수학자는 6174가 다음에 설명하는 아주 특별한 성질을 갖는 수임을 발견하였다. 먼저, 다음 순서대로 연산을 실행해보자.

① 숫자가 모두 같지는 않는 임의의 4자리 수를 택한다. 즉, 4자리가 모두 같은 수는 제외한다.
② 선택한 숫자를 크기가 같거나 작아지는 순서로 다시 배열한다.
③ 선택한 숫자를 크기가 같거나 커지는 순서로 배열, 즉 ②의 역순으로 배열한다.
④ ②에서 ③을 뺀다.
⑤ 6174가 나올 때까지 ②~④의 과정을 반복 시행한다.

위와 같은 연산과정을 반복적으로 시행하면 8회 이내에는 반드시 6174가 나오는데, 이러한 의미에서 6174를 회생의 숫자라고 한다.

이를 예로서 확인해보자. 먼저, 1234를 선택하였다면 숫자의 크기가 작아지는 순서와 커지는 순서에 따라 재배열하여 4321과 1234를 얻는다. 따라서 그 차는

$$4321 - 1234 = 3087$$

이다. 같은 방법으로 계속하면, 다음과 같이 3번째 계산에서 6174를 얻는다.

$$8730 - 0378 = 8352$$

$$8532 - 2358 = 6174$$

이번에는 7878을 택하였다면, 숫자의 크기가 작아지는 순서와 커지는 순서에 따라 배열하면 8877과 7788이다. 따라서 그 차는

8877 - 7788 = 1089

이고, 연산을 계속하면, 다음과 같이 4번째 계산에서 6174를 얻는다.

9810 - 0189 = 9621

9621 - 1269 = 8352

8532 - 2358 = 6174

실제로, 6174 자기 자신도 7641 - 1467 = 6174이므로, 역시 성립함을 확인할 수 있다. 이와 유사한 성질을 가지는 3자리 회생의 숫자로는 495가 있다.

8장 종합문제

1) 기본 · 연습

1. $f(x,\ y,\ z) = x^2 + \sin(2y+3z)$일 때, $f\left(\frac{1}{\sqrt{2}},\ \frac{\pi}{4},\ -\frac{\pi}{12}\right)$를 구하여라.

2. $f(x,y) = \frac{\sqrt{x+y+1}}{x-1}$ 의 정의역을 구하여라.

3. $(0,0)$ 에서 다음 함수의 극한을 조사하여라.

(1) $f(x,y) = \frac{x^2}{(x^2+1)(y^2+1)}$

(2) $f(x,y) = \frac{3x^2+5y^2}{\sqrt{x^2+y^2}}$

(3) $f(x,y) = \frac{x}{x^2+y^2}$

(4) $f(x,y) = \frac{xy^2}{x^2+y^2+y^4}$

4. $f(x,y) = \sin\frac{xy}{1+x^2+y^2}$ 는 연속함수임을 보여라.

5. 편도함수의 정의를 사용하여, 함수 $f(x,y) = 2x^2 - xy + y^2$의 편도함수 $f_x(x,y)$와 $f_y(x,y)$를 구하여라.

6. 다음 각 함수의 편도함수를 구하고 주어진 점에서 편미분계수를 구하여라.

(1) $f(x,y) = \ln\sqrt{x^2+y^2}$, $(4,3)$

(2) $f(x,y) = y\sqrt{x^2+y^2}$, $(1,2)$

(3) $f(x,y) = e^{-x}\sin(x+2y)$, $\left(0, \frac{\pi}{4}\right)$

(4) $f(x,\ y) = \ln(x^2y - xy^2)$, $(3,2)$

7. 다음 함수의 편도함수를 구하여라.

(1) $f(x,y)=\dfrac{x+y}{x-y}$ (2) $f(x,y)=\sqrt{a^2-x^2-y^2}$

(3) $f(x,y)=e^{xy}\sin(4y^2)$ (4) $z=x^3\ln\left(1+xy^{-\frac{3}{5}}\right)$

(5) $f(x,y)=y^{-\frac{3}{2}}\tan^{-1}\left(\dfrac{x}{y}\right)$ (6) $u=\ln\sqrt{x^2+y^2+z^2}$

8. 다음을 증명하여라.

(1) $z=\dfrac{x^3-y^3}{xy}$ 이면, $x\dfrac{\partial z}{\partial x}+y\dfrac{\partial z}{\partial y}=z$ 이다.

(2) $z=e^{-y}\cos(x-y)$ 일 때, $z_x+z_y+z=0$ 이다.

(3) $z=\dfrac{e^{x+y}}{e^x+e^y}$ 일 때, $\dfrac{\partial z}{\partial x}+\dfrac{\partial z}{\partial y}=z$ 이다.

9. 다음 함수의 전미분을 구하여라.

(1) $z=3x^3+4x^2y-2y^3$ (2) $z=x\sin y-y\sin x$

(3) $z=x^2\cos y$ (4) $f(x,y,z)=e^{2x}\cos z+e^{2y}\sin z$

10. 다음에 주어진 변수의 값과 변수의 증분에 대하여, 각 함수의 증분과 미분을 구하여라.

(1) $z=x^2-2xy+3y^2,\quad x=2,\ y=1,\ \Delta y=0.1,\ \Delta x=0.3.$

(2) $z=x\sqrt{x-y},\quad x=6,\ y=2,\ \Delta x=\Delta y=\dfrac{1}{4}$

(3) $w=x^2yz^3,\quad x=y=1,\ z=2,\quad \Delta x=\Delta z=0.1,\quad \Delta y=-0.2$

11. 주축의 $\dfrac{1}{2}$ 이 x,y 인 타원의 넓이를 z 라고 하자. x,y 의 변화량 Δx, Δy 에 따라서 변하는 z 의 변화량의 근삿값을 dz 라고 할 때, 다음 등식을 증명하여라.

$$\frac{dz}{z}=\frac{dx}{x}+\frac{dy}{y}$$

12. 지름과 높이가 각각 5, 8인 직원기둥이 있다. 이들 수치에 ± 0.1의 오차가 있다고 가정하고 이 수치를 이용하여 원기둥의 부피를 계산할 때, 최대한 얼마의 상대오차가 있을 수 있는가?

13. 직사각형의 두 변이 기껏해야 3%, 5%의 오차로 측정되었을 때, 넓이는 최대 몇 %의 오차가 있겠는가?

14. 다음 함수의 제2계 편도함수를 모두 구하여라.

(1) $f(x,\ y) = 4x^2 - 8xy^4 + 7y^5 - 3$ (2) $f(x,y) = x^m y^n$

(3) $f(x,\ y) = \ln(4x - 5y)$ (4) $f(x,\ y) = \sqrt{x^2 + y^2}$

15. 다음 $f(x, y, z)$에 대하여, $f_{xx} + f_{yy} + f_{zz} = 0$임을 보여라.

(1) $f(x,\ y,\ z) = 2z^3 - 3(x^2 + y^2)z$ (2) $f(x, y, z) = \dfrac{1}{\sqrt{x^2 + y^2 + z^2}}$

16. 다음 각 함수에 대하여 $f_{xx}(x,\ y,\ z) + f_{yy}(x,\ y,\ z) + f_{zz}(x,\ y,\ z)$를 구하여라.

(1) $f(x,\ y) = x^2 + y^2 + z^2$ (2) $f(x,\ y) = \sqrt{x^2 + y^2 + z^2}$

17. 다음 함수에서 $\dfrac{dz}{dt}$를 구하여라.

(1) $z = x^2 - 2xy + y^2;\ x = (t+1)^2,\ y = (t-1)^2$

(2) $z = x^2 + 3xy + 5y^2;\quad x = \sin t,\ y = \cos t$

(3) $z = 3\cos x - \sin xy;\ x = \dfrac{1}{t},\ y = 3t$

(4) $z = x\sin y;\ x = \dfrac{1}{t},\ y = \tan^{-1} t$

(5) $z = e^{1-xy};\ x = t^{\frac{1}{3}},\ y = t^3$

(6) $z = \ln(x^2 + y^2);\quad x = e^{-t},\ y = e^t$

18. 다음 함수에서 $\frac{\partial z}{\partial s}$, $\frac{\partial z}{\partial t}$를 구하여라.

(1) $z = x^2 + xy + y^2$; $x = 2t + s$, $y = t - 2s$

(2) $z = \frac{x}{y}$; $x = 2\cos s$, $y = 3\sin t$

(3) $z = e^{x^2 y}$; $x = \sqrt{st}$, $y = \frac{1}{t}$

(4) $z = e^x \sin y$; $x = ts^2$, $y = t + 2s$

19. $w = \sqrt{x} + y^2 z^3$, $x = 1 + s^2 + t^2$, $y = st$, $z = 3s$일 때, $\frac{\partial w}{\partial s}$, $\frac{\partial w}{\partial t}$를 구하여라.

20. $x^3 + y^3 = 2xy$일 때, $\frac{dy}{dx}$를 구하여라.

21. $z = xy + \frac{e^y}{x^2 + 1}$일 때, z_x, z_{xy}, z_y, z_{yx}를 구하고 $z_{xy} = z_{yx}$임을 보여라.

22. $z = 2xy$, $x = \sin t$, $y = \cos t$일 때 $t = \frac{\pi}{4}$에서의 $\frac{dz}{dt}$를 구하여라.

2) 심화 · 응용

23. 함수 $f(x, y) = x + y$가 점 $(1, 1)$에서 2에 수렴함을 $\epsilon - \delta$ 논법을 이용하여 증명하여라.

24. 함수

$$f(x, y) = \begin{cases} (x+y)\sin\frac{1}{x}\sin\frac{1}{y}, & xy \neq 0 \\ 0, & xy = 0 \end{cases}$$

에 대하여 점 $(0,0)$에서의 연속성을 조사하여라.

25. $z = f(x + 2y)$가 편미분가능하면, $2\frac{\partial z}{\partial x} - \frac{\partial z}{\partial y} = 0$가 성립함을 보여라.

26. $z=f(xy)$가 편미분가능하면, $x\dfrac{\partial z}{\partial x}-y\dfrac{\partial z}{\partial y}=0$임을 보여라.

27. $z=f\left(\dfrac{y-mz}{x-mz}\right)$일 때, $(x-mz)\dfrac{\partial z}{\partial x}+(y-mz)\dfrac{\partial z}{\partial y}=0$를 증명하여라.

28. 직원기둥의 부피 $V=\pi r^2 h$는 r와 h의 값에 의해 결정된다. r이 오차 2%, h가 오차 0.5% 이내에서 측정된다고 하자. V를 계산할 때 발생할 수 있는 백분율 오차를 구하여라.

29. $z=xf(ax+by)+yg(ax+by)$이면, $b^2\dfrac{\partial^2 z}{\partial x^2}-2ab\dfrac{\partial^2 z}{\partial x\partial y}+a^2\dfrac{\partial^2 z}{\partial y^2}=0$임을 보여라.

30. 다음 각 함수의 $f_{xy}(0,0)$와 $f_{yx}(0,0)$가 존재하면, 그것을 구하여라.

(1) $f(x,y)=\begin{cases}\dfrac{2xy}{x^2+y^2}, & (x,y)\neq(0,0)\\ 0, & (x,y)=(0,0)\end{cases}$

(2) $f(x,y)=\begin{cases}\dfrac{x^2y^2}{x^4+y^4}, & (x,y)\neq(0,0)\\ 0, & (x,y)=(0,0)\end{cases}$

31. 다음 함수 $f(x,y)$에 대하여 $f_{xy}(0,0)=-1$, $f_{yx}(0,0)=1$임을 보여라.

$$f(x,y)=\begin{cases}\dfrac{xy(x^2-y^2)}{x^2+y^2}, & (x,y)\neq(0,0)\\ 0, & (x,y)=(0,0)\end{cases}$$

32. $z=f(u-v,\ v-u)$일 때, $\dfrac{\partial z}{\partial u}+\dfrac{\partial z}{\partial v}=0$임을 보여라.

33. $z=f(x,y)$에서 $x=r\cos\theta,\ \ y=r\sin\theta$일 때, 다음을 보여라

$$\frac{\partial^2 z}{\partial x^2}+\frac{\partial^2 z}{\partial y^2}=\frac{\partial^2 z}{\partial r^2}+\frac{1}{r^2}\frac{\partial^2 z}{\partial \theta^2}+\frac{1}{r}\frac{\partial z}{\partial r}$$

34. $\dfrac{x^2}{a^2}+\dfrac{y^2}{b^2}+\dfrac{z^2}{c^2}=1$에서 $\dfrac{\partial z}{\partial x}$, $\dfrac{\partial^2 z}{\partial x^2}$를 구하여라.

제9장

편미분의 응용

▶▷▶ 이 장에서는 편미분을 이용한 여러 가지 응용을 살펴보고 활용할 수 있도록 한다. 주요한 응용으로 음함수표시 함수의 (편)미분법과 일변수함수의 극댓값과 극솟값, 접평면의 방정식을 구할 수 있다. 또한, 기울기벡터와 방향도함수의 개념을 이해하고, 2변수함수의 Taylor 전개를 이용하여 2변수함수의 극댓값과 극솟값을 구한다.

9.1 음함수표시 함수에 대한 응용

편미분을 이용한 음함수표시 함수의 미분법과 극대·극소 등의 응용에 대하여 알아보자.

1) 음함수표시 함수의 미분법

음함수표시의 함수 $f(x, y) = 0$는 y가 x에 관한 일변수함수임을 나타낸다. 그 도함수 $\dfrac{dy}{dx}$를 구하기 위하여, $y = g(x)$, $z = f(x, g(x))$라 두면 $z = 0$이므로 $\dfrac{dz}{dx} = 0$이고, 정리 8.8로부터

$$\frac{dz}{dx} = \frac{\partial f}{\partial x}\frac{dx}{dx} + \frac{\partial f}{\partial y}\frac{dy}{dx} = 0$$

여기서 $\dfrac{dx}{dx} = 1$이므로, $\dfrac{\partial f}{\partial x} + \dfrac{\partial f}{\partial y}\dfrac{dy}{dx} = 0$이다. 따라서

$$\frac{dy}{dx} = -\frac{\dfrac{\partial f}{\partial x}}{\dfrac{\partial f}{\partial y}}$$

이 결과를 정리하면, 다음과 같다.

정리 9.1

$f(x,y)=0$일 때

$$\frac{dy}{dx}=-\frac{\dfrac{\partial f}{\partial x}}{\dfrac{\partial f}{\partial y}}=-\frac{f_x}{f_y}$$

예제 9.1.1 $x\sin y+y\cos x=1$일 때, $\dfrac{dy}{dx}$를 구하여라.

풀이 $f(x,y)=x\sin y+y\cos x-1$로 두면, $f(x,y)=0$이고

$$f_x=\sin y-y\sin x,\quad f_y=x\cos y+\cos x$$

이므로, 다음 결과를 얻는다.

$$\frac{dy}{dx}=-\frac{\sin y-y\sin x}{x\cos y+\cos x}$$ ◀

문제 9.1.1 다음 각각에 대하여 $\dfrac{dy}{dx}$를 구하여라.

(1) $2x^3+3x^2y-y^3=1$

(2) $x^3+y^3-3axy=0$

(3) $x\sin y+y\cos x=0$

(4) $3x^2-5xy+\tan xy=0$

(5) $x^y y^x=1$

(6) $e^x+e^y=e^{x+y}$

정리 9.1과 같은 원리로, 음함수표시 2변수함수에 대한 다음의 결과를 얻는다.

정리 9.2

$f(x, y, z) = 0$일 때

$$\frac{\partial z}{\partial x} = -\frac{\dfrac{\partial f}{\partial x}}{\dfrac{\partial f}{\partial z}} = -\frac{f_x}{f_z}, \quad \frac{\partial z}{\partial y} = -\frac{\dfrac{\partial f}{\partial y}}{\dfrac{\partial f}{\partial z}} = -\frac{f_y}{f_z}$$

증명 $z = g(x, y)$, $w = f(x, y, g(x, y))$라 두면 $w = 0$이므로 $\dfrac{\partial w}{\partial x} = 0$, $\dfrac{\partial w}{\partial y} = 0$

이고, 정리 8.11로부터

$$\frac{\partial w}{\partial x} = \frac{\partial f}{\partial x}\frac{\partial x}{\partial x} + \frac{\partial f}{\partial y}\frac{\partial y}{\partial x} + \frac{\partial f}{\partial z}\frac{\partial z}{\partial x},$$

$$\frac{\partial w}{\partial y} = \frac{\partial f}{\partial x}\frac{\partial x}{\partial y} + \frac{\partial f}{\partial y}\frac{\partial y}{\partial y} + \frac{\partial f}{\partial z}\frac{\partial z}{\partial y}$$

여기서 $\dfrac{\partial x}{\partial x} = 1$, $\dfrac{\partial y}{\partial x} = 0$, $\dfrac{\partial y}{\partial y} = 1$이므로

$$\frac{\partial f}{\partial x} + \frac{\partial f}{\partial z}\frac{\partial z}{\partial x} = 0, \quad \frac{\partial f}{\partial y} + \frac{\partial f}{\partial z}\frac{\partial z}{\partial y} = 0$$

따라서 정리가 성립한다. ▨

예제 9.1.2 $x^2 + y^2 + z^2 + 2ax + 2by + 2cz = 1$일 때, $\dfrac{\partial z}{\partial x}$ 및 $\dfrac{\partial z}{\partial y}$를 구하여라. 단, a, b, c는 상수이다.

풀이 $f(x, y, z) = x^2 + y^2 + z^2 + 2ax + 2by + 2cz - 1$라 두면, $f(x, y, z) = 0$ 이고

$$f_x = 2(x + a), \quad f_y = 2(y + b), \quad f_z = 2(z + c)$$

이므로

$$\frac{\partial z}{\partial x} = -\frac{f_x}{f_z} = -\frac{2(x+a)}{2(z+c)} = -\frac{x+a}{z+c}$$

$$\frac{\partial z}{\partial y} = -\frac{f_y}{f_z} = -\frac{2(y+b)}{2(z+c)} = -\frac{y+b}{z+c}$$ ◀

문제 9.1.2 다음 각각에 대하여 $\frac{\partial z}{\partial x}, \frac{\partial z}{\partial y}$를 구하여라. 단, a, b, c는 상수이다.

(1) $\frac{x^2}{a^2} + \frac{y^2}{b^2} + \frac{z^2}{c^2} = 1$ (2) $x^3 + y^3 + z^3 + 3xyz = 0$

문제 9.1.3 연립방정식 $\begin{cases} f(x,y,z) = 0 \\ g(x,y,z) = 0 \end{cases}$를 만족하는 x에 관한 함수 y, z에 대하여

$$D = \begin{vmatrix} f_y & f_z \\ g_y & g_z \end{vmatrix} \neq 0$$

일 때, 다음이 성립함을 보여라.

$$\frac{dy}{dx} = -\frac{1}{D}\begin{vmatrix} f_x & f_z \\ g_x & g_z \end{vmatrix}, \quad \frac{dz}{dx} = -\frac{1}{D}\begin{vmatrix} f_y & f_x \\ g_y & g_x \end{vmatrix}$$

2) 음함수표시 함수의 극대 · 극소

편미분을 이용하여, 음함수표시 일변수함수의 극댓값과 극솟값을 구하여 보자.

음함수표시의 함수 $f(x,y) = 0$는 y가 x에 관한 일변수함수임을 나타낸다. $f(x,y)$의 제2계 편도함수가 연속일 때, x에 관한 이 함수 y의 극값을 구하기 위하여, y의 제2계 도함수를 편미분을 사용하여 나타내보자.

$$\frac{\partial f}{\partial x} + \frac{\partial f}{\partial y}\frac{dy}{dx} = 0$$

이므로, 정리 8.8로부터

$$\frac{\partial}{\partial x}\left(\frac{\partial f}{\partial x}+\frac{\partial f}{\partial y}\frac{dy}{dx}\right)+\frac{\partial}{\partial y}\left(\frac{\partial f}{\partial x}+\frac{\partial f}{\partial y}\frac{dy}{dx}\right)\frac{dy}{dx}=0$$

따라서

$$\frac{\partial^2 f}{\partial x^2}+2\frac{\partial^2 f}{\partial x\partial y}\cdot\frac{dy}{dx}+\frac{\partial^2 f}{\partial y^2}\cdot\left(\frac{dy}{dx}\right)^2+\frac{\partial f}{\partial y}\cdot\frac{d^2y}{dx^2}=0$$

여기서, $\dfrac{dy}{dx}=-\dfrac{f_x}{f_y}$ 를 대입하여 정리하면 다음을 얻는다.

$$\frac{d^2y}{dx^2}=-\frac{f_{xx}f_y^2-2f_{xy}f_xf_y+f_{yy}f_x^2}{f_y^3}$$

특히, $f_x(a,b)=0$, $f_y(a,b)\neq 0$인 점 (a,b)에 대하여

$$\frac{d^2y}{dx^2}=-\frac{f_{xx}(a,b)}{f_y(a,b)}$$

이 결과를 이용하여, $f(x,y)$의 제2계 편도함수가 연속일 때, 음함수표시 $f(x,y)=0$로 주어진 함수 y의 극값은 다음 절차에 의하여 구할 수 있다. 즉

(1) 연립방정식

$$\begin{cases} f(x,y)=0 \\ f_x(x,y)=0 \end{cases}$$

를 만족하는 점 (a,b)를 구한다.

(2) $f_y(a,b)\neq 0$일 때

$\dfrac{d^2y}{dx^2}=-\dfrac{f_{xx}(a,b)}{f_y(a,b)}>0$이면, $y=b$는 극솟값이고

$\dfrac{d^2y}{dx^2}=-\dfrac{f_{xx}(a,b)}{f_y(a,b)}<0$이면, $y=b$는 극댓값이다.

주의 $f_y(a,\, b)=0$인 경우는 이 방법으로 극값을 구할 수 없다.

예제 9.1.3 $y^3 - y + 4x^4 + 2x^2 = 0$로 정의되는 함수 y의 극값을 구하여라.

풀이 $f(x, y) = y^3 - y + 4x^4 + 2x^2$라 두면

$$f_x(x, y) = 16x^3 + 4x = 4x(4x^2 + 1)$$

이므로, 연립방정식

$$\begin{cases} y^3 - y + 4x^4 + 2x^2 = 0 \\ 4x(4x^2 + 1) = 0 \end{cases}$$

을 풀면 i) $x = 0,\ y = 0$, (ii) $x = 0,\ y = 1$, (iii) $x = 0,\ y = -1$을 얻는다. 한편, $f_y = 3y^2 - 1,\ f_{xx} = 48x^2 + 4$이므로

$$\frac{d^2y}{dx^2} = -\frac{48x^2 + 4}{3y^2 - 1}$$

따라서

i) $x = 0,\ y = 0$인 경우는 $\dfrac{d^2y}{dx^2} = 4 > 0$이므로, $y = 0$는 극솟값이다.

ii) $x = 0,\ y = 1$인 경우는 $\dfrac{d^2y}{dx^2} = -2 < 0$이므로 $y = 1$은 극댓값이다.

iii) $x = 0,\ y = -1$인 경우에도 $\dfrac{d^2y}{dx^2} = -2 < 0$ 이므로 $y = -1$ 은 극댓값이다.

◀

문제 9.1.4 다음 방정식으로 정의되는 x의 함수 y의 극값을 구하여라.

(1) $x^2 + xy + y^2 - 4x - 2y = 0$ (2) $x^4 + 2x^2 + y^3 - y = 0$

9.2 접평면, 기울기벡터와 방향도함수

1) 접평면의 방정식

그림 9.1에서와 같이 곡면 S의 한 점 P_0를 지나는 곡선들을 생각하자. 이때, P_0를 지나는 모든 곡선들의 접선을 포함하는 한 평면이 존재하면 이평면을 점 P_0에서 곡면 S의 접평면(tangent plane)이라 한다. 또한, P_0을 지나고 접평면에 수직인 직선을 곡면 S의 점 P_0에서 법선(normal line)이라 한다.

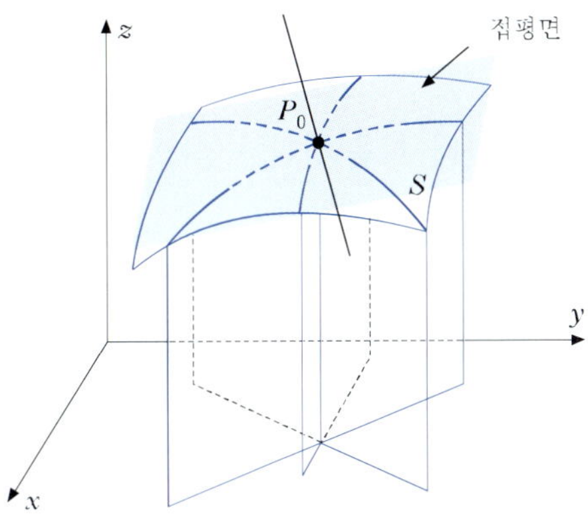

그림 9.1

곡면 $F(x, y, z) = 0$의 접평면을 생각하자. 주어진 점 (a, b, c)를 지나는 이 곡면의 한 곡선이 매개변수방정식 $x = x(t),\ y = y(t),\ z = z(t)$로 표시될 때

$$F(x(t), y(t), z(t)) = 0$$

함수 $F(x, y, z)$가 연속인 편도함수를 가지고 $x(t),\ y(t),\ z(t)$가 각각 미분가능일 때, 연쇄율을 사용하여 t에 관해 미분하면 다음을 얻는다.

$$(*) \qquad \frac{\partial F}{\partial x}\frac{dx}{dt} + \frac{\partial F}{\partial y}\frac{dy}{dt} + \frac{\partial F}{\partial z}\frac{dz}{dt} = 0$$

이때, 벡터 $\left(\frac{\partial F}{\partial x}, \frac{\partial F}{\partial y}, \frac{\partial F}{\partial z}\right)$를 간단히 ∇F로 나타내면, 즉

$$\nabla F = (F_x, F_y, F_z)$$

이때, (*)는 곡선의 벡터방정식 $\mathbf{r}(t) = (x(t), y(t), z(t))$에 대한 벡터도함수 표시로 다음과 같이 나타낼 수 있다.

$$\nabla F \cdot \frac{d\mathbf{r}}{dt} = 0$$

여기서, $\dfrac{d\mathbf{r}}{dt} = (x'(t), y'(t), z'(t))$는 주어진 곡선의 접선벡터, $\cdot$ 는 벡터의 내적을 나타낸다.

참고 벡터에 관련된 자세한 사항은 제11장 참조

지금까지 살펴본 내용으로부터, 다음 정리를 얻는다.

정리 9.3

함수 $F(x, y, z)$의 모든 편도함수가 연속일 때

(1) $\nabla F(a, b, c) = \big(F_x(a, b, c),\ F_y(a, b, c),\ F_z(a, b, c)\big)$는 곡면 $F(x, y, z) = 0$ 위의 점 (a, b, c)에서 곡선의 접선에 수직인 벡터이다.

(2) 점(a, b, c)에서 곡면 $F(x, y, z) = 0$의 접평면의 방정식은

$$F_x(a, b, c)(x-a) + F_y(a, b, c)(y-b) + F_z(a, b, c)(z-c) = 0$$

예제 9.2.1 점 $(2, 1, 4)$에서 곡면 $xyz = x + y + z$의 접평면의 방정식과 법선의 방정식을 구하여라.

풀이 $f(x, y, z) = xyz - x - y - z$라 두면

$$f_x(x, y, z) = yz - 1,\ f_y(x, y, z) = xz - 1,\ f_z(x, y, z) = xy - 1$$

이므로

$$f_x(2, 1, 4) = 3,\ f_y(2, 1, 4) = 7,\ f_z(2, 1, 4) = 1$$

따라서 구하는 접평면의 방정식은

$$3(x-2)+7(y-1)+(z-4)=0$$

이고, 법선의 방정식은

$$\frac{x-2}{3}=\frac{y-1}{7}=\frac{z-4}{1}$$ ◀

문제 9.2.1 점 $(-3, 0, 4)$에서 곡면 $x^2+y^2+z^2=25$의 접평면의 방정식과 법선의 방정식을 구하여라.

2) 기울기벡터

2변수함수 $f(x, y)$의 편도함수가 모두 점(a, b)의 근방에서 연속일 때, 벡터

$$\nabla f(a, b)=\left(f_x(a, b),\ f_y(a, b)\right)$$

를 점 (a, b)에서 $f(x, y)$의 기울기벡터(gradient vector)라 한다.

정리 9.4

2변수함수 $f(x, y)$의 모든 편도함수가 점 (a, b)의 근방에서 연속일 때, 점 (a, b)에서 곡면 $z=f(x, y)$의 접평면의 방정식은

$$z=f(a, b)+\nabla f(a, b)\cdot(x-a, y-b)$$

증명 $F(x, y, z)=z-f(x, y)$라 두면, $F(x, y, z)=0$이고

$$F_x(a, b, c)=-f_x(a, b),\ \ F_y(a, b, c)=-f_y(a, b),\ \ F_z(a, b, c)=1$$

이므로, 정리 9.3의 (2)로부터 접평면의 방정식은

$$-f_x(a, b)(x-a)-f_y(a, b)(y-b)+(z-c)=0$$

또한, $F(a,b,c)=0$이므로 $c=f(a,b)$이다. 따라서 접평면의 방정식은

$$z=f(a,b)+f_x(a,b)(x-a)+f_y(a,b)(y-b)$$ ▨

예제 9.2.2 점 $(1,0,1)$에서 곡면 $z=xe^{-y}$의 접평면의 방정식과 법선의 방정식을 구하여라.

풀이 $f(x,y)=xe^{-y}$라 두면

$$f_x=e^{-y},\quad f_y=-xe^{-y}$$

이므로

$$\nabla f(x,y)=(e^{-y},-xe^{-y})$$

따라서 $\nabla f(1,0)=(1,-1)$이므로

$$z=f(1,0)+\nabla f(1,0)\cdot(x-1,y)=1+(x-1)-y=x-y$$

즉, 구하는 접평면의 방정식은 $x-y-z=0$이다. 한편, $(1,-1,-1)$이 접평면의 법선벡터이므로, 구하는 법선의 방정식은

$$\frac{x-1}{1}=\frac{y}{-1}=\frac{z-1}{-1}$$

이것을 정리하면, $x-1=-y=1-z$이다. ◀

문제 9.2.2 곡면 $z=ax^2+by^2$의 점 $(-1,1,a+b)$에서 접평면의 방정식을 구하여라. 단, a, b는 상수이다.

문제 9.2.3 곡면 $z=x^2-2xy-y^2-8x+4y$의 접평면이 수평인 점을 모두 구하여라.

2변수함수 $f(x,y)$가 점 (a,b)의 근방에서 연속인 편도함수들을 가질 때, 곡면 $z=f(x,y)$의 등위곡선 $f(x,y)=f(a,b)$의 점 (a,b)에서 접선의 방정식은

$$\nabla f(a,b)\cdot(x-a,y-b)=0$$

이것은 점 (a, b)에서 등위곡선의 접선과 기울기벡터는 서로 수직임을 의미한다.

정리 9.5

2변수함수 $f(x, y)$가 점(a, b)의 근방에서 연속인 편도함수들을 가질 때, 점 (a, b)에서 $z = f(x, y)$의 등위곡선 $f(x, y) = f(a, b)$의 접선과 기울기벡터 $\nabla f(a, b)$는 서로 수직이다.

제약조건 $g(x, y) = 0$ 아래에서 $z = f(x, y)$의 최댓값과 최솟값을 생각해 보자. $f(x, y)$가 연속인 편도함수를 가질 때, (a, b)에서 최댓값이나 최솟값을 갖는다고 하자. 이러한 점은 곡선 $g(x, y) = 0$와 등위곡선 $f(x, y) = f(a, b)$가 서로 접하는 점으로 공통접선을 갖고, 기울기벡터 $\nabla f(a, b)$와 $\nabla g(a, b)$는 각각 이 접선과 수직이다. 결과적으로, $\nabla f(a, b)$와 $\nabla g(a, b)$는 평행한 벡터이므로

$$\nabla f(a, b) = \lambda \nabla g(a, b)$$

인 상수 λ가 존재한다. 이 상수 λ를 Lagrange 승수(Lagrange's multiplier)라고 한다

Lagrange 승수를 이용하여 제약조건 $g(x, y) = 0$ 아래에서 $z = f(x, y)$의 최댓값과 최솟값을 다음 정리의 결과를 이용하여 구할 수 있다.

정리 9.6 (Lagrange 승수법)

2변수함수 $f(x, y)$와 $g(x, y)$가 각각 연속인 편도함수들을 가질 때, 제약조건 $g(x, y) = 0$ 아래에서 $f(x, y)$가 최댓값이나 최솟값을 갖는 점 (a, b)와 Lagrange 승수 λ는 다음 연립방정식을 만족한다.

$$\begin{cases} \nabla f(x, y) = \lambda \nabla g(x, y) \\ g(x, y) = 0 \end{cases}$$

예제 9.2.3 Lagrange 승수법을 이용하여, 제약조건 $4x+2y=60$ 아래에서 $f(x,y)=xy+2x$의 최댓값을 구하여라.

풀이 $g(x,y)=4x+2y-60$이라 두면

$$f_x(x,y)=y+2,\ \ f_y(x,y)=x,\ \ g_x(x,y)=4,\ \ g_y(x,y)=2$$

로부터, 연립방정식

$$\begin{cases} y+2=4\lambda \\ x=2\lambda \\ 4x+2y=60 \end{cases}$$

를 풀면, $x=8$, $y=14$, $\lambda=4$이므로, Lagrange 승수는 $\lambda=4$이고 $f(x,y)$는 점 $(8,14)$에서 최댓값 128을 갖는다. ◀

문제 9.2.4 Lagrange 승수법을 이용하여, 대각선의 길이가 2인 직사각형의 넓이의 최댓값을 구하여라.

3) 방향도함수

단위벡터 $\mathbf{u}=(u,v)$에 대하여, 점 (a,b)에서 $\mathbf{u}$와 같은 방향으로의 2변수함수 $f(x,y)$의 순간변화율을 (a,b)에서 $f(x,y)$의 $\mathbf{u}$에 대한 방향미분계수(directional differential coefficient)라고 하고, 기호로 $D_{\mathbf{u}}f(a,b)$로 나타낸다. 즉

$$D_{\mathbf{u}}f(a,b)=\lim_{s\to 0}\frac{f(a+su,\ b+sv)-f(a,b)}{s}$$

또한, $D_{\mathbf{u}}f(x,y)$를 $\mathbf{u}$에 대한 방향도함수(directional derivative)라 한다.

방향도함수의 개념은 편도함수의 개념을 일반화한 것이다. 실제로, $\mathbf{u}=(1,0)$일 때 $D_{\mathbf{u}}f(x,y)$는 $\dfrac{\partial f}{\partial x}$이고, $\mathbf{u}=(0,1)$일 때 $D_{\mathbf{u}}f(x,y)$는 $\dfrac{\partial f}{\partial y}$이다. 또한, 다변수함수에 대하여도 방향도함수는 같은 방법으로 정의된다.

예제 9.2.4 $f(x,y)=x^2+y^2$의 단위벡터 $\mathbf{u}=(\cos\theta, \sin\theta)$에 대한 방향도함수를 구하여라.

풀이
$$\begin{aligned}\frac{f(x+su,\, y+sv)-f(x,y)}{s} &= \frac{(x+s\cos\theta)^2+(y+s\sin\theta)^2-(x^2+y^2)}{s} \\ &= \frac{2s(x\cos\theta+y\sin\theta)+s^2}{s} \\ &= 2(x\cos\theta+y\sin\theta)+s\end{aligned}$$

이므로

$$D_{\mathbf{u}} f(x,y) = 2(x\cos\theta+y\sin\theta)$$ ◀

다음 정리는 방향도함수와 기울기벡터와의 관계를 나타내며, 이 결과는 실제로 방향도함수를 구하는데 효과적으로 이용될 수 있다.

정리 9.7

2변수함수 $z=f(x,y)$의 편도함수가 모두 연속이면, 단위벡터 $\mathbf{u}$에 대하여

$$D_{\mathbf{u}} f(x,y) = \nabla f(x,y)\cdot \mathbf{u}$$

증명 $\mathbf{u}=(u,v)$, $g(s)=f(a+su,\, b+sv)$라 두면

$$\frac{f(a+su,\, b+sv)-f(a,b)}{s} = \frac{g(s)-g(0)}{s}$$

이므로, 그 극한은 $g'(0)$이 된다. 즉, $D_{\mathbf{u}} f(a,b)=g'(0)$이다. 한편, 합성함수의 연쇄법칙을 사용하면

$$\begin{aligned} g'(s) &= \frac{\partial f}{\partial x}(a+su,\, b+sv)u+\frac{\partial f}{\partial y}(a+su,\, b+sv)v \\ &= \nabla f(a+su,\, b+sv)\cdot \mathbf{u}\end{aligned}$$

따라서

$$D_{\mathbf{u}} f(a,b) = g'(0) = \nabla f(a,b) \cdot \mathbf{u}$$ ▨

예제 9.2.5 $f(x,y) = e^{-x}\cos y$일 때, 점 $\left(0, \frac{\pi}{3}\right)$에서 원점 방향으로의 단위벡터 $\mathbf{u}$에 대한 방향미분계수를 구하여라.

풀이 $f_x = -e^{-x}\cos y,\quad f_y = -e^{-x}\sin y$이므로

$$\nabla f\left(0, \frac{\pi}{3}\right) = \left(-\frac{1}{2}, -\frac{\sqrt{3}}{2}\right)$$

한편, $\left(0, \frac{\pi}{3}\right)$에서 원점 방향으로의 단위벡터는 $\mathbf{u} = (0, -1)$이므로, 구하는 방향미분계수는

$$D_{\mathbf{u}} f\left(0, \frac{\pi}{3}\right) = \nabla f\left(0, \frac{\pi}{3}\right) \cdot \mathbf{u} = \left(-\frac{1}{2}, -\frac{\sqrt{3}}{2}\right) \cdot (0, -1) = \frac{\sqrt{3}}{2}$$ ◀

문제 9.2.5 다음 물음에 답하여라.

(1) $f(x, y) = e^{3y}\sin 3x$일 때, 점 $\left(\frac{\pi}{6}, 0\right)$에서 점 $\left(\frac{\pi}{3}, 1\right)$로의 방향으로의 단위벡터 $\mathbf{u}$에 대한 방향도함수를 구하여라.

(2) $f(x, y) = xy + y^2$일 때, $\mathbf{u} = \frac{\sqrt{3}}{2}\mathbf{i} + \frac{1}{2}\mathbf{j}$에 대한 방향도함수를 구하여라.

(3) $f(x, y, z) = z\cos x + z\sin y$일 때, $\mathbf{u} = \frac{2}{3}\mathbf{i} - \frac{1}{3}\mathbf{j} + \frac{2}{3}\mathbf{k}$에 대한 방향도함수를 구하여라.

정리 9.8

함수 $f(x, y)$는 점 (a, b)에서 $\nabla f(a, b)$의 방향으로 가장 크게 증가한다.

증명 $\nabla f(a, b) \cdot \mathbf{u} = |\nabla f(a, b)||\mathbf{u}|\cos\theta$이고 $|\mathbf{u}| = 1$이므로

$$D_{\mathbf{u}} f(a,b) = |\nabla f(a,b)| \cos\theta$$

따라서 $D_{\mathbf{u}} f(a,b)$는 $\mathbf{u}$가 $\nabla f(a,b)$와 같은 방향일 때, $D_{\mathbf{u}} f(a,b) = |\nabla f(a,b)|$로 최대가 된다. ▨

예제 9.2.6 점 (x,y)에서 온도가 $T = e^{xy} - xy^2 - x^2y$인 균질한 물체가 있다. 점 $(1,-1)$에서 온도가 가장 크게 감소하는 방향을 구하여라.

풀이 점 $(1,-1)$에서 온도가 가장 크게 감소하는 방향은 그 점에서 ∇T의 반대방향이고

$$\nabla T = (ye^{xy} - y^2 - 2xy,\ xe^{xy} - 2xy - x^2)$$

이므로, $-\nabla T(1,-1) = (e^{-1} - 1, -e^{-1} - 1)$이다. 따라서 점 $(1,-1)$에서 벡터 $(e^{-1} - 1, -e^{-1} - 1)$ 방향으로 온도가 가장 크게 감소한다. ◀

문제 9.2.6 원점을 중심으로 갖는 어떤 구의 점 (x,y,z)에서 온도가 다음과 같다.

$$T(x,y,z) = \frac{2000}{5 + x^2 + y^2 + z^2}$$

$(1,-1,1)$에서 온도가 최대로 증가하는 방향의 단위벡터를 구하여라.

9.3 2변수함수의 전개와 극대 · 극소

2변수함수에 대한 Taylor 전개에 대하여 살펴보자. 먼저, 필요한 기호의 정의부터 알아보자.

상수 h, k에 대하여, 제1 계 편미분연산자 $h\dfrac{\partial}{\partial x}+k\dfrac{\partial}{\partial y}$를 8.3절에서 다음과 같이 정의하였다.

$$\left(h\frac{\partial}{\partial x}+k\frac{\partial}{\partial y}\right)f(x,y)=h\,f_x(x,y)+k\,f_y(x,y)$$

편미분연산자 $h\dfrac{\partial}{\partial x}+k\dfrac{\partial}{\partial y}$를 n번 합성한 연산자를 $\left(h\dfrac{\partial}{\partial x}+k\dfrac{\partial}{\partial y}\right)^n$으로 나타낸다. 또한, 점 (a,b)에서 $\left(h\dfrac{\partial}{\partial x}+k\dfrac{\partial}{\partial y}\right)^n f(x,y)$의 함숫값은 $\left(h\dfrac{\partial}{\partial x}+k\dfrac{\partial}{\partial y}\right)^n f(a,b)$로 나타낸다.

예를 들어, $f(x,y)$의 제2 계 편도함수 f_{xy}가 점 (a,b)에서 연속일 때

$$\left(h\frac{\partial}{\partial x}+k\frac{\partial}{\partial y}\right)^2 f(a,b)=h^2 f_{xx}(a,b)+2hk\,f_{xy}(a,b))+k^2 f_{yy}(a,b)$$

2변수함수에 대한 Taylor 전개를 정리하면 다음과 같다.

정리 9.9 (Taylor 전개)

2변수함수 $f(x,y)$의 n계 편도함수가 모두 점 (a,b)의 근방에서 연속일 때

$$\begin{aligned}f(a+h,b+k)&=f(a,b)+\frac{1}{1!}\left(h\frac{\partial}{\partial x}+k\frac{\partial}{\partial y}\right)f(a,b)\\&\quad+\frac{1}{2!}\left(h\frac{\partial}{\partial x}+k\frac{\partial}{\partial y}\right)^2 f(a,b)+\cdots\\&\quad+\frac{1}{(n-1)!}\left(h\frac{\partial}{\partial x}+k\frac{\partial}{\partial y}\right)^{n-1} f(a,b)+R_n\end{aligned}$$

여기서, $R_n=\dfrac{1}{n!}\left(h\dfrac{\partial}{\partial x}+k\dfrac{\partial}{\partial y}\right)^n f(a+\theta h,\,b+\theta k)$ $(0<\theta<1)$이다.

증명 $F(t) = f(a+ht,\ b+kt)$라 두면, $F(t)$는 $f(x, y)$와 $x = a+ht$, $y = b+kt$의 합성함수로 t에 관한 함수이다. 정리 8.8에 의해서

$$F^{(r)}(t) = \left(h\frac{\partial}{\partial x} + k\frac{\partial}{\partial y}\right)^r f(a+ht,\ b+kt) \qquad (r = 1,\ 2, \ldots,\ n)$$

따라서

$$F^{(r)}(0) = \left(h\frac{\partial}{\partial x} + k\frac{\partial}{\partial y}\right)^r f(a, b) \qquad (r = 1,\ 2, \ldots,\ n-1)$$

$$F^{(n)}(\theta) = \left(h\frac{\partial}{\partial x} + k\frac{\partial}{\partial y}\right)^n f(a+\theta h,\ b+\theta k)$$

한편, $F(t)$는 n번 계속 미분가능이므로, 1변수함수의 Maclaurin 전개로부터

$$F(t) = F(0) + \frac{F'(0)}{1!}t + \frac{F''(0)}{2!}t^2 + \cdots + \frac{F^{(n-1)}(0)}{(n-1)!}t^{(n-1)} + \frac{F^{(n)}(\theta t)}{n!}t^n \quad (0 < \theta < 1)$$

이므로, $t = 1$이라 두면 정리가 증명된다. ▨

특히, $a = 0,\ b = 0$일 때, 2변수함수의 Taylor 전개를 Maclaurin 전개라 부르고 다음과 같이 나타낼 수 있다.

따름정리 9.10 (Maclaurin 전개)

$$f(x, y) = f(0, 0) + \frac{1}{1!}\left(x\frac{\partial}{\partial x} + y\frac{\partial}{\partial y}\right) f(0, 0) + \frac{1}{2!}\left(x\frac{\partial}{\partial x} + y\frac{\partial}{\partial y}\right)^2 f(0, 0) + \cdots$$

$$+\frac{1}{(n-1)!}\left(x\frac{\partial}{\partial x}+y\frac{\partial}{\partial y}\right)^{n-1} f(0,\,0)$$

$$+\frac{1}{n!}\left(x\frac{\partial}{\partial x}+y\frac{\partial}{\partial y}\right)^{n} f(\theta x,\,\theta y) \quad (0<\theta<1)$$

예제 9.3.1 $f(x,y)=x^2+4xy+3y^2+2x+4y+1$을 $x-1$ 및 $y-2$의 다항식으로 나타내어라.

풀이 제1계 편도함수는

$$f_x = 2x+4y+2, \quad f_y = 4x+6y+4$$

이고, 제2계 편도함수는

$$f_{xx}=2, \quad f_{xy}=f_{yx}=4, \quad f_{yy}=6$$

이고, 제3계 편도함수는

$$f_{xxx}=f_{xxy}=f_{xyy}= \ \cdots =0$$

이므로, 다음을 얻을 수 있다.

$$f(1,2)=32, \quad f_x(1,2)=12, \quad f_y(1,2)=20$$

$$f_{xx}(1,2)=2, \quad f_{xy}(1,2)=4, \quad f_{yy}(1,2)=6$$

이를 이용하면

$$\begin{aligned} f(x,y) &= f(1,2)+\left(f_x(1,2)(x-1)+f_y(1,2)(y-2)\right) \\ &\quad +\frac{1}{2}\left(f_{xx}(1,2)(x-1)^2+2f_{xy}(1,\,2)(x-1)(y-2)+f_{yy}(1,2)(y-2)^2\right) \\ &= 32+12(x-1)+20(y-2) \\ &\quad +\frac{1}{2}\left(2(x-1)^2+8(x-1)(y-2)+6(y-2)^2\right) \\ &= 32+12(x-1)+20(y-2)+(x-1)^2+4(x-1)(y-2)+3(y-2)^2 \end{aligned}$$

◀

문제 9.3.1 $f(x,\ y) = x^2 + 2xy^2$을 $(x-1)$과 $(y-1)$의 다항식으로 나타내어라.

이제, 2변수함수의 극대 · 극소에 대하여 살펴보자.

연속인 2변수함수의 그래프는 곡면으로 나타낼 수 있다. 곡면에서는 언덕의 꼭짓점에서 극댓값을 갖고 계곡의 꼭짓점에서 극솟값을 갖는다. 이러한 2변수함수의 극대 · 극소를 보다 명확하게 정의하여 보자.

2변수함수 $f(x,y)$가 한 점 (a,b)의 근방의 모든 점 (x,y)에 대하여

$$f(x,y) \leq f(a,b)$$

일 때, 점 (a,b)에서 $f(x,y)$는 극대(local maximum)이고, $f(a,b)$를 $f(x,y)$의 극댓값(local maximal value)이라 한다. 마찬가지로

$$f(x,y) \geq f(a,b)$$

일 때, 점 (a,b)에서 $f(x,y)$는 극소(local minimum)이고, $f(a,b)$를 $f(x,y)$의 극솟값(local minimum value)이라 한다. 극댓값과 극솟값을 통틀어 극값(extreme value)이라 한다.

함수 $f(x,y)$의 정의역의 모든 점 (x,y)에 대하여

$$f(x,y) \leq f(a,b)$$

일 때, 점 (a,b)에서 $f(x,y)$는 최대(maximum)이고, $f(a,b)$를 $f(x,y)$의 최댓값(maximum value)이라 한다. 마찬가지로

$$f(x,y) \geq f(a,b)$$

일 때, 점 (a,b)에서 $f(x,y)$는 최소(minimum)이고 $f(a,b)$를 $f(x,y)$의 최솟값(minimum value)이라 한다.

편미분가능인 2변수함수 $f(x,y)$가 극값을 가질 필요조건을 정리하면, 다음과 같다.

정리 9.11

2변수함수 $z = f(x, y)$가 점 (a, b)의 근방에서 연속이고 $f_x(a, b)$, $f_y(a, b)$가 존재할 때, $f(x, y)$가 점 (a, b)에서 극값을 가지면

$$f_x(a, b) = f_y(a, b) = 0$$

증명 $f(x, y)$가 $x = a,\ y = b$에서 극값을 가지면, x에 관한 1변수함수 $f(x, b)$는 $x = a$에서 극값을 갖는다. 이것은 $F(x) = f(x, b)$일 때 $F'(a) = 0$, 즉 $f_x(a, b) = 0$임을 의미한다. y에 관한 1변수함수 $f(a, y)$에 대하여도 같은 결과가 성립하므로 $f_y(a, b) = 0$임을 알 수 있다. ▨

정리 9.11은

$$f_x(a, b) = f_y(a, b) = 0$$

를 만족하는 점 (a, b)가 2변수함수 $z = f(x, y)$의 극대 또는 극소점일 필요조건임을 나타낸다. 이러한 조건을 만족하는 점 (a, b)를 $z = f(x, y)$의 임계점(critical point)이라 한다.

정리 9.11의 역은 성립하지 않는다. 예를 들어, 함수 $f(x, y) = y^2 - x^2$을 생각해보자.

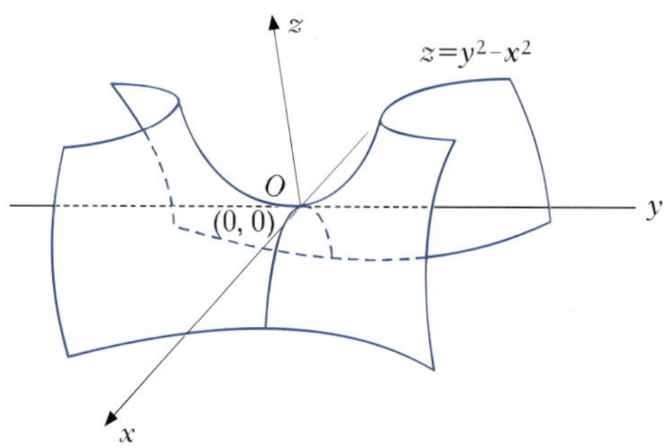

그림 9.2

점 $(0, 0)$에서 $f(x, y) = y^2 - x^2$는 $f_x(0, 0) = f_y(0, 0) = 0$이지만, $(0, 0)$에서 극값을 갖지 않는다. 사실, y축 위의 점에 대하여, $y \neq 0$이면 $f(0, y) > 0$이고, x축 위의 점에서 $x \neq 0$이면 $f(x, 0) < 0$이므로, 원점을 중심으로 하는 임의의 근방에는 $f(x, y) > 0$인 점도 있고 $f(x, y) < 0$인 점도 있다. 따라서 $f(x, y)$는 점 $(0, 0)$에서 극대도 극소도 아니다. 즉, 극대도 극소도 아닌 이러한 임계점을 안장점(saddle point)이라 한다.

2변수함수의 Taylor 전개를 이용한 2변수함수의 극대 · 극소와 안장점에 관한 판정법은 다음과 같다.

정리 9.12

2변수함수 $f(x, y)$에 대하여 제2계 편도함수가 모두 점 (a, b)의 근방에서 연속이고, $f_x(a, b) = 0$, $f_y(a, b) = 0$일 때

$$\Delta(x, y) = f_{xx} f_{yy} - {f_{xy}}^2$$

라 두자.

(1) $\Delta(a, b) > 0$일 때

i) $f_{xx}(a, b) < 0$이면 $f(x, y)$는 점 (a, b)에서 극대이다.

ii) $f_{xx}(a, b) > 0$이면 $f(x, y)$는 점 (a, b)에서 극소이다.

(2) $\Delta(a, b) < 0$일 때 점 (a, b)는 $f(x, y)$의 안장점이다.

증명 $f_x(a, b) = 0$, $f_y(a, b) = 0$이므로, $P(a, b)$의 근방에 속하는 점 $Q(a+h,\ b+k)$에 대해서, Taylor의 정리를 적용하면

$$\begin{aligned} f(a+h\ \ b+k) - f(a,\ b) = \frac{1}{2!}\{ & f_{xx}(a+\theta h, b+\theta k)h^2 \\ & + 2f_{xy}(a+\theta h,\ b+\theta k)hk \\ & + f_{yy}(a+\theta h,\ b+\theta k)k^2\} \quad (0 < \theta < 1) \end{aligned}$$

f_{xx}, f_{xy}, f_{yy}의 연속성으로부터

$$f_{xx}(a+\theta h,\ b+\theta k) = f_{xx}(a,\ b) + \epsilon_1$$
$$f_{xy}(a+\theta h,\ b+\theta k) = f_{xy}(a,\ b) + \epsilon_2$$
$$f_{yy}(a+\theta h,\ b+\theta k) = f_{yy}(a,\ b) + \epsilon_3$$

라 두면, $(h, k) \to (0, 0)$일 때 $\epsilon_1 \to 0,\ \ \epsilon_2 \to 0,\ \ \epsilon_3 \to 0$이므로

$$f(a+h, b+k) - f(a, b) \approx \frac{1}{2}(h^2 A + 2hkB + k^2 C)$$

여기서

$$A = f_{xx}(a,\ b),\ \ B = f_{xy}(a,\ b),\ \ C = f_{yy}(a,\ b)$$

따라서 $f(a+h,\ b+k) - f(a,\ b)$와 $h^2 A + 2hkB + k^2 C$는 h, k의 절댓값이 충분히 작을 때 같은 부호를 갖는다. 여기서 $E = h^2 A + 2hkB + k^2 C$라 두면

$$AE = h^2 A^2 + 2hkAB + k^2 AC = (hA + kB)^2 + k^2(AC - B^2)$$

이다. 그러므로 다음이 성립한다.

(1) $\Delta(a, b) = AC - B^2 > 0$일 때, $A = f_{xx}(a,\ b) \neq 0$이면 h, k가 동시에 0이 아니면 $AE > 0$이다. 따라서 E는 A와 같은 부호를 갖는다. 그러므로 $A > 0$이면 $f(a, b)$는 극솟값이고, $A < 0$이면 $f(a, b)$는 극댓값이다.

(2) $\Delta(a, b) = AC - B^2 < 0$일 때는 h, k의 값에 따라 AE는 양의 값도 되고 음의 값도 된다. 예를 들어, $h \neq 0, k = 0$일 때 $AE = h^2 A^2 > 0$이고, $hA + kB = 0, k \neq 0$일 때 $AE = -k^2(B^2 - AC) < 0$이므로 E는 일정한 부호를 갖지 않는다. 따라서 $f(a, b)$는 극값이 아니다. ▨

참고 $\Delta(a, b) = 0$일 때, 점 (a, b)에서 $f(x, y)$의 극대, 극소를 판정하려면 정리 9.12의 증명과정에서 $E = h^2 A + 2hkB + k^2 C$의 부호를 조사해 보아야 한다. 예로, $A = B = C = 1$일 때, $\Delta(a, b) = 0$이지만 $E = (h+k)^2 > 0$이므로 $f(a, b)$는 극솟값이고, $A = B = C = -1$일 때도 $\Delta(a, b) = 0$이지만 $E = -(h+k)^2 < 0$이므로 $f(a, b)$는 극댓값이다.

정리 9.12를 다음 예제에 적용해 보자.

예제 9.3.2 함수 $f(x, y) = x^3 - 3xy + y^3$의 극값을 구하여라.

풀이
$$f_x(x, y) = 3x^2 - 3y, \quad f_y(x, y) = -3x + 3y^2$$

$$f_{xx}(x, y) = 6x, \quad f_{xy}(x, y) = -3, \quad f_{yy}(x, y) = 6y$$

또한, $f_x(x, y) = f_y(x, y) = 0$에서 임계점 $(0, 0)$, $(1, 1)$을 얻는다. 그리고

$$\Delta(1, 1) = f_{xx}(1, 1)\ f_{yy}(1, 1) - f_{xy}(1, 1)^2 = 27 > 0$$

$f_{xx}(1, 1) = 6 > 0$이므로, $f(1, 1) = -1$은 $f(x, y)$의 극솟값이고,

$$\Delta(0, 0) = f_{xx}(0, 0)\ f_{yy}(0, 0) - f_{xy}(0, 0)^2 = -9 < 0$$

이므로, 점 $(0, 0)$은 안장점이다. ◀

문제 9.3.2 다음 2변수함수의 극값을 구하여라.

(1) $f(x,\ y) = 2x^2 + 2y^2 - x^4 - x^2y^2$

(2) $f(x, y) = xy - x^2 - y^2 - 2x - 2y + 4$

문제 9.3.3 반지름 r인 원에 내접하는 삼각형의 최대 넓이를 구하여라.

정리 9.12의 조건을 보다 효과적으로 판정하는 방법을 다음 정리를 통해 알아보자.

정리 9.13

2변수함수 $f(x, y)$에 대하여, 제2계 편도함수가 모두 점 (a, b)의 근방에서 연속이고 $f_x(a,\ b) = 0$, $f_y(a,\ b) = 0$일 때

$$H = \begin{pmatrix} f_{xx}(a, b) & f_{xy}(a, b) \\ f_{xy}(a, b) & f_{yy}(a, b) \end{pmatrix}$$

라 두자.

i) H의 두 고윳값이 모두 양수이면, $f(x, y)$는 점 (a, b)에서 극소이다.

ii) H의 두 고윳값이 모두 음수이면, $f(x, y)$는 점 (a, b)에서 극대이다.

iii) H의 두 고윳값이 서로 다른 부호이면, 점 (a, b)는 $f(x, y)$의 안장점이다.

증명 $\Delta(a, b) = \det(H)$이므로 (i) H의 두 고윳값이 모두 양수이면 $\Delta(a, b) > 0$이고 $f_{xx}(a, b) > 0$ 또는 $f_{yy}(a, b) > 0$이다. 따라서 정리 9.12에 의하여, 점 (a, b)는 극소점이다. (ii) H의 두 고윳값이 모두 음수이면 $\Delta(a, b) > 0$이고 $f_{xx}(a, b) < 0$ 또는 $f_{yy}(a, b) < 0$이다. 따라서 점 (a, b)는 극대점이다. (iii) H의 두 고윳값이 서로 다른 부호이면 $\Delta(a, b) < 0$이므로 점 (a, b)는 안장점이다.

행렬 $H = \begin{pmatrix} f_{xx}(a, b) & f_{xy}(a, b) \\ f_{xy}(a, b) & f_{yy}(a, b) \end{pmatrix}$를 2변수함수 점 (a, b)에서 $f(x, y)$의 Hesse 행렬(Hessian matrix)이라고 한다.

예제 9.3.3 2변수함수 $f(x, y) = x^3 + y^2 - 3x$의 극값을 구하여라.

풀이 $f_x = 3(x^2 - 1)$, $f_y = 2y$, $f_{xx} = 6x$, $f_{xy} = 0$, $f_{yy} = 2$에서 $f_x = 0$와 $f_y = 0$를 연립하여 풀면, 임계점 $(1, 0)$, $(-1, 0)$를 얻는다.

i) 점 $(1, 0)$에서 Hesse 행렬 $H = \begin{pmatrix} 6 & 0 \\ 0 & 2 \end{pmatrix}$의 두 고윳값 6, 2는 모두 양수이므로, $f(1, 0) = -2$는 극솟값이다.

ii) 점 $(-1, 0)$에서 Hesse 행렬 $H = \begin{pmatrix} -6 & 0 \\ 0 & 2 \end{pmatrix}$의 두 고윳값 -6, 2는 서로 다른 부호이므로, 점 $(-1, 0)$는 안장점이다. ◀

문제 9.3.4 다음 함수의 극값을 구하여라.

(1) $f(x, y) = -x^3 + 4xy - 2y^2 + 1$

(2) $f(x,\ y) = \sin x + \sin y,\ 0 < x < \pi,\ 0 < y < \pi$

쉬어가는 코너

숫자 탄생의 역사

6,000여년 전, 지금의 이라크의 티그리스 강과 유프라테스 강 사이에 위치한 메소포타미아에 살고 있던 수메르 인들은 신전을 만들고 신에게 소를 제물로 바쳤다고 한다. 그들은 소에 ∨표를 하나씩 하면서 소의 수를 세었는데, 옆으로 누운 모양인 〈은 10을 나타내었다. 이 모양이 쐐기와 같다고 하여 쐐기문자라고 한다. 이집트인들은 막대기 모양인 I을 1이라 하고 막대기를 하나씩 늘려가며 9까지 나타내었으며, 10은 손잡이 모양인 ∩으로 나타내었다. 그리고 다음과 같이 100은 야자나무의 잎, 1,000은 연꽃을 본떠서 만들었다고 한다.

100(백)	1,000(천)
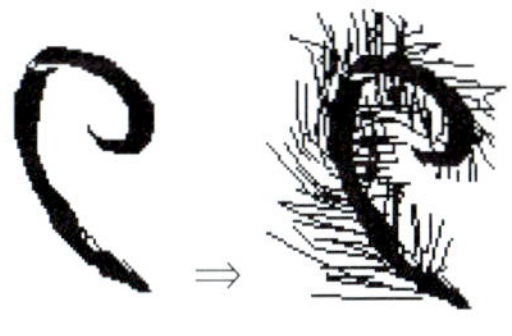	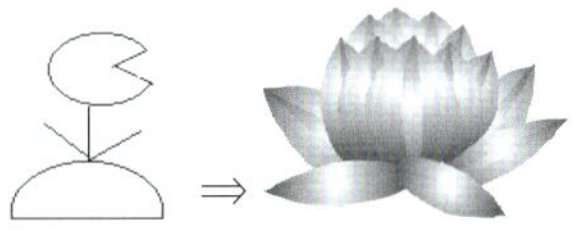
야자나무 잎	연꽃

그밖에도 이집트인들은 다음 그림에서와 같이 주변에서 흔히 볼 수 있는 사물의 모습이나 형태에서 숫자를 만들어 사용하였다.

10,000(만)	100,000(십만)	1,000,000(백만)	10,000,000(천만)
			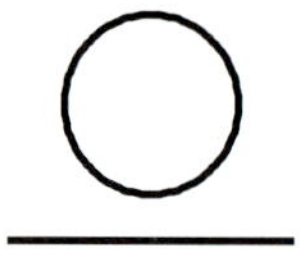
손가락을 구부려 별을 가리키는 모양	올챙이	사람이 놀라는 모습	태양신

우리가 현재 사용하고 있는 아라비아 숫자는 인도에서 처음 만들었으나, 아라비아 상인들에 의해 유럽으로 전해져 전 세계에서 사용하게 되었다. 아라비아 숫자는 다음과 같이 막대기의 개수에 따라

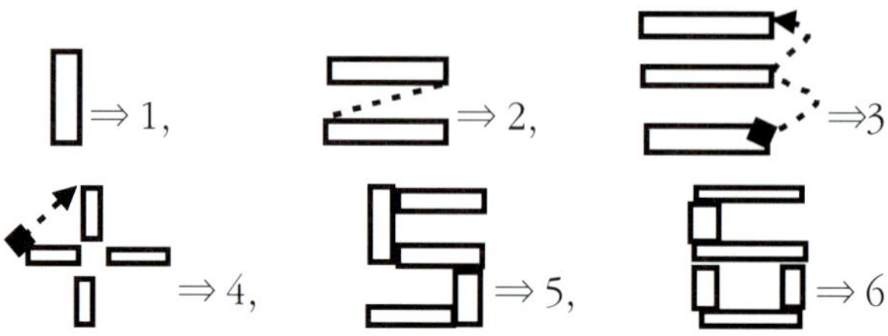

등의 방법으로 만들어졌다고 한다. 아라비아 숫자의 가장 큰 발견은 0이라 할 수 있다. 왜냐하면, 0이 있음으로 해서 10과 1을 쉽게 구별할 수 있게 되었기 때문이다.

우리나라 수학은 언제 어떻게 시작되고 발전되었을까? 중국에서는 약 2,000여년 전, 한나라 시대에 이미 〈구장산술〉이라는 수학 책이 있었는데, 이 책에는 넓이 계산, 나눗셈, 비례식, 제곱근, 연립방정식, 방정식, 직각삼각형 문제 등이 해답과 함께 기술되어 있었다고 한다. 그 후, 당나라 때에는 원주율의 값을 3.1415927로 사용하였다고 전한다. 우리나라에서는 중국의 발달된 수학이 신라에 전해져 신라시대부터 정식으로 수학교육을 실시하게 되었는데, 다음 표에서 보는 바와 같이 일, 이, 삼, … 등과 같이 숫자를 읽는 방법과 숫자를 표시하는 방법도 중국의 영향을 많이 받았다.

	一	二	三	四	五	六	七	八	九
중국	이	알	산	스	우	류	치	바	츄
한국	일	이	삼	사	오	육	칠	팔	구

9장 종합문제

1) 기본 · 연습

1. 다음 음함수표시 함수에 대하여, $\dfrac{dy}{dx}$ 를 구하여라.

(1) $y - xe^{y} = 0$ (2) $\cos(x+y) + \cos(x-y) = 1$

2. 다음 각 함수에 대하여 $\dfrac{\partial z}{\partial x}$, $\dfrac{\partial z}{\partial y}$ 를 구하여라.

(1) $e^{x} + e^{y} + e^{z} = e^{x+y+z}$ (2) $xy + yz + zx = 4xyz$ (3) $x^2 + y^2 + z^2 = 9$

3. $f(x, y, z, u) = 0$ 일 때, $\dfrac{\partial u}{\partial x} \cdot \dfrac{\partial x}{\partial y} \cdot \dfrac{\partial y}{\partial z} \cdot \dfrac{\partial z}{\partial u} = 1$ 임을 보여라

4. 다음 곡면의 주어진 점 P에서 접평면의 방정식과 법선의 방정식을 구하여라.

(1) $x^2 + 4y^2 = 4z$, $P(2, 1, 2)$

(2) $xy + yz + zx = 11$, $P(1, 2, 3)$

(3) $4x^2 + 3y^2 + z^2 = 8$, $P\left(\dfrac{1}{2}, 1, 2\right)$

(4) $9x^2 + 4y^2 + z^2 - 29 = 0$, $P(1, 2, -2)$

5. 다음 방정식으로 정의되는 x의 함수 y의 극값을 구하여라.

(1) $x^2 + xy + y^2 - 4x - 2y = 0$

(2) $x^3 + y^3 - 3xy = 0$

(3) $y^3 - y + 4x^4 + 2x^2 = 0$

6. 다음 각 곡면에 주어진 점 P에서 접평면의 방정식을 구하여라.

(1) $z = x^2y - xy^2$, $P(-2, 3, 30)$

(2) $x^2y^3z = 4 + x$, $P(1, 1, 5)$

(3) $z = \cos \pi x \sin \pi y + \sin 2\pi y$, $P\left(-1, \frac{1}{2}, -1\right)$

7. $f(x, y, z) = 2x^2y + 3z$일 때, 점 $(2, -1, 2)$에서 이 점과 원점을 잇는 방향의 단위벡터 $\mathbf{u}$에 대해 $D_{\mathbf{u}} f(2, -1, 2)$를 구하여라.

8. 다음에 주어진 함수, 점과 주어진 방향의 단위벡터에 대한 방향미분계수를 구하여라.

(1) $f(x, y) = e^{2x+3y}$, $(0, 0)$, 원점에서 $\left(\frac{3}{5}, -\frac{4}{5}\right)$로의 방향

(2) $f(x, y) = 2xy$, $(-1, 0)$, $(-1, 0)$에서 $(1, -2)$로의 방향

(3) $f(x, y, z) = e^x \sin(y + z)$, $(0, 0, 0)$, 원점에서 $(-1, 2, -2)$로의 방향

(4) $f(x, y, z) = \ln xyz^2$, $(1, 2, 1)$, 원점에서 $\left(\frac{1}{3}, -\frac{2}{3}, \frac{2}{3}\right)$로의 방향

9. 함수 $f(x, y) = x^2y + 3y - 2$을 $(x - 1)$과 $(y + 2)$의 다항식으로 나타내어라.

10. $f(x, y) = e^{x+y}$의 Maclaurin 전개와 나머지항 R_n을 구하여라.

11. $f(x, y) = \dfrac{1}{\sqrt{1 - x - y}}$의 점 $(0, 0)$에서 Taylor 전개를 구하여라.

12. 다음 각 함수의 극값을 구하여라.

(1) $f(x, y) = x^2 - xy + y^2 - 4x - y + 1$

(2) $f(x, y) = 4x + 6y - x^2 - y^2$

(3) $f(x, y) = (x - y)^2 + x^4$

(4) $f(x, y) = xy + \dfrac{1}{x} + \dfrac{1}{y}$

13. 다음 함수의 임계점에서 Hesse 행렬을 구하고 극값을 조사하여라.

(1) $f(x, y) = 3x^2 + 2xy + y^2$

(2) $f(x, y) = y^2 + xy + 3y + 2x + 3$

(3) $f(x, y) = x^2 + y^2 + \dfrac{2}{xy}$

(4) $f(x, y) = e^{-(x^2 + y^2 + 2x)}$

14. 평면에 주어진 세 점 $A(x_1, y_1)$, $B(x_2, y_2)$, $C(x_3, y_3)$에 이르는 거리의 제곱의 합이 최소가 되는 점을 구하여라.

15. 원점과 곡면 $z^2 = x^2y + 4$ 사이의 최단거리를 구하여라.

16. 점 $(1, 2, 3)$에서 평면 $2x + 2y + z = 5$까지의 최단거리를 구하여라.

2) 심화 · 응용

17. 등고선 $f(x, y) = c$ 위의 점 (a, b)에서의 접선의 방정식을 구하여라.

18. 함수 $f(x, y) = -\sqrt{a^2 - x^2 - y^2}$ $(a > 0)$의 극값을 구하여라.

19. 공간에 주어진 네 점에 이르는 거리의 제곱의 합이 최소가 되는 점을 구하여라.

20. 다음 그림과 같이 직육면체 모양의 상자를 길이가 l인 노끈으로 매듭이 없이 묶을 때, 이 상자의 최대 부피를 구하여라.

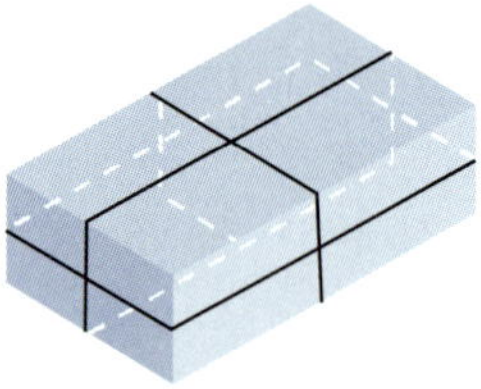

21. 일정한 부피를 갖는 직육면체에서 겉넓이가 최소인 것을 구하여라.

22. 영역 $x^2 + y^2 \le 1$의 점 (x, y)에서 온도가 섭씨로 $T = 16x^2 + 24x + 40y^2$일 때, 이 영역에서 가장 높은 온도와 가장 낮은 온도를 구하여라.

23. 직육면체의 모서리의 길이의 합이 일정할 때, 그 부피가 최대인 때는 언제인가?

24. 곡면 $f(x,\ y,\ z) = x^2 + y^2 - 2 = 0$와 $g(x,\ y,\ z) = x + z - 4 = 0$가 만나면 타원이 된다. 점 $P_0(1, 1, 3)$에서 타원에 대한 접선의 방정식을 구하여라.

25. 타원 $\dfrac{x^2}{8} + \dfrac{y^2}{2} = 1$ 위에서 함수 $f(x,\ y) = xy$의 최댓값과 최솟값을 구하여라.

제10장

중적분과 응용

▶▷▶ 중적분은 연속함수에 대한 정적분을 다변수함수에 대하여 일반화한 개념이다. 이 장에서는 2변수함수의 적분인 이중적분을 중심으로 중적분의 개념과 여러 성질을 이해하여 이중적분을 계산할 수 있도록 한다. 또한, 입체의 부피, 곡면의 넓이 등 중적분의 여러 가지 응용을 살펴보고 활용할 수 있게 한다.

10.1 이중적분의 정의 및 성질

1) 이중적분의 정의

평면 위의 유계인 영역 D에서 정의된 2변수함수 $f(x, y)$를 생각하자. 영역 D를 n개의 부분영역 $A_1, A_2, \dots, A_n$으로 분할하여 각 부분영역 A_i에서 한 점씩을 택하여 (x_i, y_i)라 하고, A_i의 넓이를 ΔA_i로 나타내어 다음의 합을 얻을 수 있다.

$$\sum_{i=1}^{n} f(x_i, y_i)\,\Delta A_i$$

각 부분영역 A_i의 임의의 두 점 사이의 거리의 최댓값을 $\delta(A_i)$라 두고, $\delta = \max \delta(A_i)$라 하자. 이 δ가 0에 한없이 접근하도록 D를 분할하면 $\sum_{i=1}^{n} f(x_i, y_i)\,\Delta A_i$가 일정한 값에 수렴할 때, 이 극한을 D에서 $f(x, y)$의 이중적분(double integral)이라 하고

$$\iint_D f(x, y)\,dA \quad \text{또는} \quad \iint_D f(x, y)\,dx\,dy$$

로 나타낸다. 즉

$$\iint_D f(x, y)\,dx\,dy = \lim_{\delta \to 0} \sum_{i=1}^{n} f(x_i,\ y_i)\,\Delta A_i$$

일반적으로, 영역 D가 유계인 닫힌 영역이고 함수 $f(x, y)$가 D에서 연속일 때, D에서 $f(x, y)$의 이중적분이 존재함은 잘 알려져 있다. 이와 같이 이중적분이 존재할 때, $f(x, y)$는 D에서 적분가능(integrable)이라고 한다.

2) 이중적분의 기하학적 의미

평면에서 도형의 넓이를 1변수함수의 정적분으로 나타낼 수 있는 것처럼 입체의 부피는 2변수함수의 이중적분으로 나타낼 수 있다.

정리 10.1

$f(x, y)$가 유계인 닫힌 영역 D에서 연속이고 $f(x, y) \geq 0$일 때, 영역 D의 둘레를 지나고 z축에 나란한 선으로 이루어진 주면과 xy평면, 곡면 $z = f(x, y)$에 의해서 둘러싸인 입체의 부피 V는

$$V = \iint_D f(x,\ y)\,dx\,dy$$

특히

$$(D\text{의 넓이}) = \iint_D 1\,dx\,dy$$

증명 D의 각 부분영역 A_i에 대응하는 부분의 입체의 부피를 ΔV_i라 하자. 각 A_i에서 $f(x, y)$의 최솟값을 m_i, 최댓값을 M_i라 하면

$$m_i\,\Delta A_i \leq \Delta V_i \leq M_i\,\Delta A_i$$

이므로

$$\sum_{i=1}^{n} m_i \, \Delta A_i \le \sum_{i=1}^{n} \Delta V_i \le \sum_{i=1}^{n} M_i \, \Delta A_i$$

또한, $f(x, y)$가 영역 D에서 연속이므로, 모든 i에 대하여

$$\Delta A_i \to 0 \text{일 때, } m_i \to f(x_i, y_i) \text{이고 } M_i \to f(x_i, y_i)$$

이므로

$$V = \lim_{\delta \to 0} \sum_{i=1}^{n} m_i \, \Delta A_i = \lim_{\delta \to 0} \sum_{i=1}^{n} M_i \, \Delta A_i = \lim_{\delta \to 0} \sum_{i=1}^{n} f(x_i, y_i) \Delta A_i$$

이고 따라서

$$V = \iint_D f(x, y) \, dx \, dy$$

한편, 밑면이 D이고 높이가 1인 입체의 부피 V는

$$V = (D\text{의 넓이}) \cdot 1$$

이므로, D에서 함수 $f(x, y) = 1$의 이중적분은 D의 넓이와 같다. 따라서

$$(D\text{의 넓이}) = \iint_D 1 \, dx \, dy$$ ▨

예제 10.1.1 $D = \{(x, y) \mid 0 \le x \le 1, \ 0 \le y \le 2\}$일 때, $\iint_D 3 \, dx \, dy$를 구하여라.

풀이 영역 D의 넓이는 2이므로, D와 평면 $z = 3$에 의해 결정되는 사각기둥의 부피는 6이다. 따라서

$$\iint_D 3 \, dx dy = 6$$ ◀

문제 10.1.1 $D = \{(x, y) \mid x \ge 0, \ y \ge 0, \ x + y \le 1\}$일 때, $\iint_D (1 - x - y) \, dx \, dy$를 구하여라.

3) 이중적분의 성질

D가 유계인 닫힌 영역이고 2변수함수 $f(x, y)$와 $g(x, y)$가 D에서 연속일 때, 다음의 기본성질이 성립한다. 이 성질들은 대응하는 정적분의 기본성질들의 자연스런 일반화로 이해될 수 있으므로 그 증명은 생략한다.

정리 10.2

(1) D가 두 닫힌 영역 D_1과 D_2로 분할될 때

$$\iint_D f(x, y)\,dx\,dy = \iint_{D_1} f(x, y)\,dx\,dy + \iint_{D_2} f(x, y)\,dx\,dy$$

(2) a, b가 상수일 때

$$\iint_D \big(af(x, y) + bg(x, y)\big)\,dx\,dy$$

$$= a\iint_D f(x, y)\,dx\,dy + b\iint_D g(x, y)\,dx\,dy$$

(3) $f(x, y) \le g(x, y)$이면 $\iint_D f(x, y)\,dx\,dy \le \iint_D g(x, y)\,dx\,dy$

(4) $\left|\iint_D f(x, y)\,dx\,dy\right| \le \iint_D |f(x, y)|\,dx\,dy$

(5) (평균값의 정리)

$$\iint_D f(x, y)\,dx\,dy = f(x_0,\, y_0) \times (D\text{의 넓이})$$

를 만족하는 D의 점 $(x_0,\, y_0)$가 존재한다.

10.2 이중적분의 계산

1) 반복적분

2변수함수 $f(x, y)$는 y를 상수로 보면 x에 관한 1변수함수가 되고, 이것의 x에 관한 정적분 $\int_a^b f(x, y)\,dx$는 y의 함수가 됨을 알 수 있다. 이 함수의 y에 관한 정적분 $\int_c^d \left(\int_a^b f(x, y)\,dx \right) dy$를 $\int_c^d \int_a^b f(x, y)\,dx\,dy$로 간단히 나타낸다. 즉

$$\int_c^d \int_a^b f(x, y)\,dx\,dy = \int_c^d \left(\int_a^b f(x, y)\,dx \right) dy$$

마찬가지로

$$\int_a^b \int_c^d f(x, y)\,dy\,dx = \int_a^b \left(\int_c^d f(x, y)\,dy \right) dx$$

이와 같은 표현을 반복적분(iterated integral)이라 하며, 이중적분의 계산에 많이 사용된다.

예제 10.2.1 다음 반복적분을 구하여라.

(1) $\int_1^2 \int_0^3 (1 + 8xy)\,dx\,dy$　　　　(2) $\int_1^{\ln 2} \int_0^{3y} e^{x+y}\,dx\,dy$

풀이 (1) $$\int_1^2 \int_0^3 (1 + 8xy)\,dx\,dy = \int_1^2 \left[x + 4x^2 y \right]_0^3 dy = \int_1^2 (3 + 36y)\,dy = 57$$

(2) $$\int_1^{\ln 2} \int_0^{3y} e^{x+y}\,dx\,dy = \int_1^{\ln 2} \left[e^{x+y} \right]_0^{3y} dy = \int_1^{\ln 2} (e^{4y} - e^y)\,dy = 2 - \frac{1}{4}e^4 + e$$ ◀

문제 10.2.1 다음 반복적분을 구하여라.

(1) $\int_0^1 \int_0^{\frac{\pi}{2}} r\cos\theta \, d\theta \, dr$ (2) $\int_1^2 \int_0^{2y} x^3 y \, dx \, dy$

2) 직사각형 영역에서의 이중적분

다음 정리는 직사각형 영역에서의 이중적분은 반복적분으로 구할 수 있고, 또한 반복적분의 적분순서를 바꾸어서 계산할 수 있음을 보여준다.

정리 10.3

함수 $z = f(x, y)$가 $D = \{(x, y) \mid a \le x \le b,\ c \le y \le d\}$에서 연속이면

$$\iint_D f(x, y)\, dx\, dy = \int_a^b \int_c^d f(x, y)\, dy\, dx = \int_c^d \int_a^b f(x, y)\, dx\, dy$$

증명 먼저, 영역 D에서 $f(x, y) \ge 0$인 경우, 이중적분 $\iint_D f(x, y)\, dx\, dy$는 영역 D의 둘레를 지나는 z축에 평행인 선으로 이루어진 주면과 xy평면, 곡면 $z = f(x, y)$에 의해서 둘러싸인 입체의 부피 V와 같음을 앞에서 살펴보았다. 즉

$$V = \iint_D f(x, y)\, dx\, dy$$

이 입체를 x축에 수직인 평면으로 잘랐을 때, 단면의 넓이를 $A(x)$라 하면 입체의 부피는

$$V = \int_a^b A(x)\, dx$$

한편, 단면의 넓이 $A(x)$는

$$A(x) = \int_c^d f(x, y)\, dy$$

이므로

$$\iint_D f(x,y)\,dx\,dy = V = \int_a^b \int_c^d f(x,y)\,dy\,dx$$

또한, x축 대신에 y축에 수직인 평면으로 잘랐을 때의 단면의 넓이를 생각하여 같은 방법으로

$$\iint_D f(x,y)\,dx\,dy = V = \int_c^d \int_a^b f(x,y)\,dx\,dy$$

임을 보일 수 있다.

이 결과는 직사각형 영역 D에서 $f(x,\ y) \geq 0$라는 가정아래 얻어졌지만, 이러한 가정 없이도 일반적으로 성립함을 보일 수 있다. ▨

예제 10.2.2 $D = \{(x,y) \mid 0 \leq x \leq 1,\ 1 \leq y \leq 2\}$일 때, $\iint_D 3(x^2+y^2)\,dx\,dy$를 구하여라.

풀이

$$\iint_D 3(x^2+y^2)\,dx\,dy = \int_1^2 \int_0^1 3(x^2+y^2)\,dx\,dy$$

$$= \int_1^2 (1+3y^2)\,dy = 8$$

또는

$$\iint_D 3(x^2+y^2)\,dx\,dy = \int_0^1 \int_1^2 3(x^2+y^2)\,dy\,dx$$

$$= \int_0^1 (3x^2+7)\,dy = 8$$

◀

문제 10.2.2 $D = \{(x,y) \mid 0 \leq x \leq 2,\ 0 \leq y \leq 4\}$일 때, $\iint_D x^3\,dx\,dy$를 구하여라.

예제 10.2.3 $0 \leq x \leq 1,\ 0 \leq y \leq 2$와 $0 \leq z \leq 4-x-y$에 의하여 결정되는 입체의 부피를 구하여라.

풀이 $D = \{(x, y) \mid 0 \le x \le 1,\ 0 \le y \le 2\}$라 두면, 주어진 입체는 영역 D와 평면 $z = 4 - x - y$에 의하여 결정된다. 따라서 구하는 입체의 부피 V는 다음과 같다.

$$V = \iint_D (4 - x - y)\,dx\,dy = \int_0^2 \int_0^1 (4 - x - y)\,dx\,dy$$

$$= \int_0^2 \left(\frac{7}{2} - y\right) dy = 5$$ ◀

3) 일반영역에서의 이중적분

보다 일반적인 형태의 영역에 대한 이중적분의 계산에 대하여 알아보자. 그림 10.1과 같은 두 가지 형태의 영역을 생각하자.

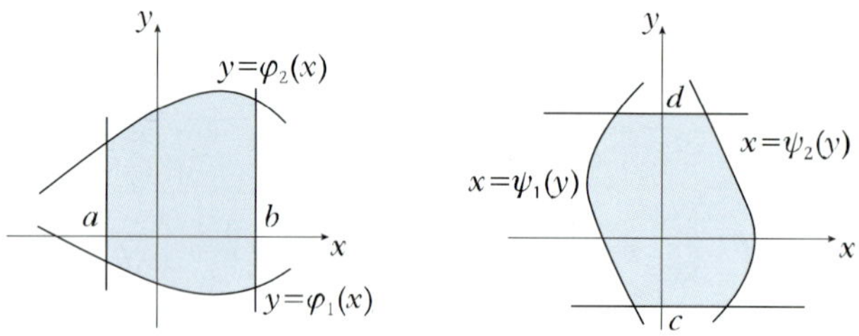

그림 10.1

그림 10.1에서 왼쪽 그림의 영역 D는 $a \le x \le b$, $\varphi_1(x) \le y \le \varphi_2(x)$에 의하여 결정된 영역으로, $\varphi_1(x)$와 $\varphi_2(x)$는 $a \le x \le b$에서 연속이고 $\varphi_1(x) \le \varphi_2(x)$이다. 이 경우에도 직사각형 영역에 대해서와 같은 원리로 정리 10.4에서와 같이 D에서 연속함수의 이중적분을 반복적분으로 계산할 수 있다.

오른쪽 그림의 영역 D는 $\psi_1(y) \le x \le \psi_2(y)$, $c \le y \le d$에 의하여 결정된 영역으로, $\psi_1(y)$와 $\psi_2(y)$는 $c \le y \le d$에서 연속이고 $\psi_1(y) \le \psi_2(y)$이다. 이 경우도 마찬가지로 D에서 연속함수의 이중적분을 반복적분으로 계산할 수 있다.

정리 10.4

함수 $z = f(x, y)$가 영역 D에서 연속이라고 하자.

(I) D가 $a \le x \le b$, $\varphi_1(x) \le y \le \varphi_2(x)$에 의하여 결정된 영역으로, $\varphi_1(x)$와 $\varphi_2(x)$가 $a \le x \le b$에서 연속이고 $\varphi_1(x) \le \varphi_2(x)$이면

$$\iint_D f(x, y)\,dx\,dy = \int_a^b \int_{\varphi_1(x)}^{\varphi_2(x)} f(x, y)\,dy\,dx$$

(II) D가 $\psi_1(y) \le x \le \psi_2(y)$, $c \le y \le d$에 의하여 결정된 영역으로, $\psi_1(y)$와 $\psi_2(y)$가 $c \le y \le d$에서 연속이고 $\psi_1(y) \le \psi_2(y)$이면

$$\iint_D f(x, y)\,dx\,dy = \int_c^d \int_{\psi_1(y)}^{\psi_2(y)} f(x, y)\,dx\,dy$$

예제 10.2.4 $D = \left\{(x, y) \mid \frac{\pi}{2} \le x \le \pi,\ 0 \le y \le x\right\}$일 때, $\iint_D \frac{\sin x}{x}\,dx\,dy$를 구하여라.

풀이

$$\iint_D \frac{\sin x}{x}\,dx\,dy = \int_{\frac{\pi}{2}}^{\pi} \int_0^x \frac{\sin x}{x}\,dy\,dx$$

$$= \int_{\frac{\pi}{2}}^{\pi} \left[y\,\frac{\sin x}{x}\right]_0^x dx = \int_{\frac{\pi}{2}}^{\pi} \sin x\,dx = 1$$ ◀

문제 10.2.3 $D = \{(x, y) \mid 0 \le x \le 2,\ 0 \le y \le \sqrt{x}\}$일 때, 다음을 구하여라.

(1) $\iint_D x^2 y\,dx\,dy$　　　(2) $\iint_D y^3\,dx\,dy$

예제 10.2.5 직선 $x = y + 2$와 포물선 $x = y^2$로 둘러싸인 영역의 넓이를 구하여라.

풀이 직선 $x = y + 2$와 포물선 $x = y^2$로 둘러싸인 영역을 D라 하면

$$D:\ -1 \le y \le 2,\quad y^2 \le x \le y + 2$$

이므로

$$(D\text{의 넓이}) = \iint_D 1\,dx\,dy = \int_{-1}^{2}\int_{y^2}^{y+2} 1\,dx\,dy$$
$$= \int_{-1}^{2} (y+2-y^2)\,dy = \frac{31}{6}$$ ◀

문제 10.2.4 이중적분을 사용하여, 두 곡선 $y = x^4$, $y = 4-3x^2$로 둘러싸인 평면 도형의 넓이를 구하여라.

예제 10.2.6 반지름이 모두 1이고 중심선이 수직으로 만나는 두 원기둥으로 둘러싸인 입체의 부피를 구하여라.

풀이 두 원기둥의 방정식은 각각 $x^2+y^2=1$, $x^2+z^2=1$으로 나타낼 수 있다. 영역 D를 다음과 같이 주어진 직각삼각형 영역이라 하면

$$D:\ 0 \le x \le 1,\quad 0 \le y \le x$$

이므로, 구하는 부피 V는

$$V = 16\iint_D \sqrt{1-x^2}\,dx\,dy = 16\int_0^1\int_0^x \sqrt{1-x^2}\,dy\,dx$$
$$= 16\int_0^1 x\sqrt{1-x^2}\,dx = \frac{16}{3}$$

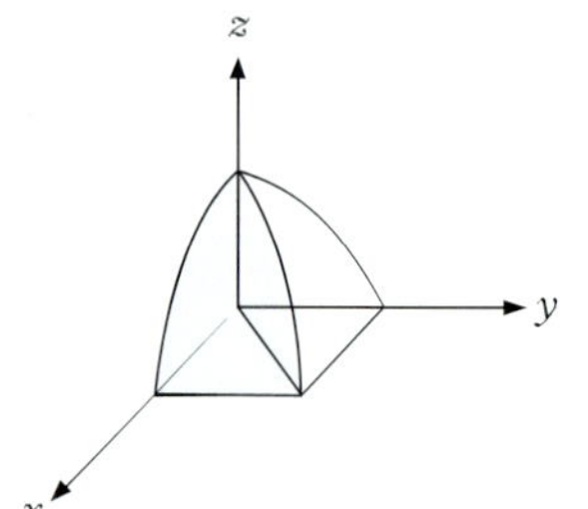

그림 10.2 ◀

예제 10.2.7 타원체 $\frac{x^2}{a^2}+\frac{y^2}{b^2}+\frac{z^2}{c^2} \le 1$의 부피를 구하여라.

풀이 $\dfrac{x^2}{a^2}+\dfrac{y^2}{b^2}+\dfrac{z^2}{c^2}=1$로부터

$$z=\pm c\sqrt{1-\frac{x^2}{a^2}-\frac{y^2}{b^2}}=\pm\frac{c}{b}\sqrt{\frac{b^2}{a^2}(a^2-x^2)-y^2}=\pm\frac{c}{b}\sqrt{A^2-y^2}$$

여기서, $A=\dfrac{b}{a}\sqrt{a^2-x^2}$ 이다. D를 타원 $\dfrac{x^2}{a^2}+\dfrac{y^2}{b^2}=1$로 둘러싸인 영역이라 하면

$$D:\ -a\le x\le a,\quad -A\le y\le A$$

이므로 구하는 타원체의 부피 V는

$$\begin{aligned}V&=2\iint_D c\sqrt{1-\frac{x^2}{a^2}-\frac{y^2}{b^2}}\,dx\,dy\\&=2\int_{-a}^{a}\int_{-A}^{A}\frac{c}{b}\sqrt{A^2-y^2}\,dy\,dx\\&=\frac{2c}{b}\int_{-a}^{a}\frac{\pi}{2}\left(\frac{b}{a}\sqrt{a^2-x^2}\right)^2dx=\frac{4}{3}\pi abc\end{aligned}$$ ◀

문제 10.2.5 밑면이 $y=x^2$, $x=2$, $y=0$로 둘러싸인 영역 D이고, D의 점 (x,y)에서 높이가 $3xy$인 입체의 부피를 구하여라.

4) 적분순서의 변경

함수 $z=f(x,y)$가 $D=\{(x,y)\mid a\le x\le b,\ \varphi_1(x)\le y\le\varphi_2(x)\}$에서 연속일 때, D를 다르게 표시하여 $D=\{(x,y)\mid \psi_1(y)\le x\le\psi_2(y),\ c\le y\le d\}$로 나타낼 수 있다면

$$\int_a^b\int_{\varphi_1(x)}^{\varphi_2(x)}f(x,y)\,dy\,dx=\iint_D f(x,y)\,dx\,dy=\int_c^d\int_{\psi_1(x)}^{\psi_2(x)}f(x,y)\,dx\,dy$$

임을 이용하여, 반복적분의 순서를 바꾸어 계산할 수 있다.

예제 10.2.8 적분순서를 바꾸어, 다음을 구하여라.

(1) $\int_0^{\sqrt{\pi}} \int_x^{\sqrt{\pi}} \sin(y^2)\, dy\, dx$　　　　(2) $\int_0^1 \int_y^1 e^{x^2}\, dx\, dy$

풀이 (1) $D: 0 \le x \le \sqrt{\pi},\ x \le y \le \sqrt{\pi}$ 는

$D: 0 \le x \le y,\ 0 \le y \le \sqrt{\pi}$ 로 나타낼 수 있으므로

$$\int_0^{\sqrt{\pi}} \int_x^{\sqrt{\pi}} \sin(y^2)\, dy\, dx = \iint_D \sin(y^2)\, dx dy = \int_0^{\sqrt{\pi}} \int_0^y \sin(y^2)\, dx\, dy$$

$$= \int_0^{\sqrt{\pi}} y \sin(y^2)\, dy = 1$$

(2) $D: y \le x \le 1,\ 0 \le y \le 1$는 $D: 0 \le x \le 1,\ 0 \le y \le x$로 나타낼 수 있으므로

$$\int_0^1 \int_y^1 e^{x^2}\, dx\, dy = \iint_D e^{x^2}\, dx\, dy = \int_0^1 \int_0^x e^{x^2}\, dy\, dx$$

$$= \int_0^1 x e^{x^2}\, dx = \frac{e-1}{2}$$

◀

문제 10.2.6 적분순서를 바꾸어, 다음을 구하여라.

(1) $\int_0^1 \int_y^1 \frac{\sin x}{x}\, dx\, dy$

(2) $\int_0^a \int_0^{\sqrt{a^2-x^2}} \sqrt{a^2-y^2}\, dy\, dx$ (단, $a > 0$)

문제 10.2.7 $\int_0^1 \cos^{-1}\sqrt{x}\, dx = \int_0^1 \int_0^{\cos^{-1}\sqrt{x}} 1 dy\, dx$를 이용하여 $\int_0^1 \cos^{-1}\sqrt{x}\, dx$를 구하여라.

10.3 좌표변환과 이중적분의 계산

영역 D를 극좌표의 r과 θ를 직교좌표축으로 하는 $r\theta$평면에 나타낸 영역을 $D_{r,\theta}$라 하자. 예를 들어, 다음 그림과 같이 주어진 영역 D를 생각하자.

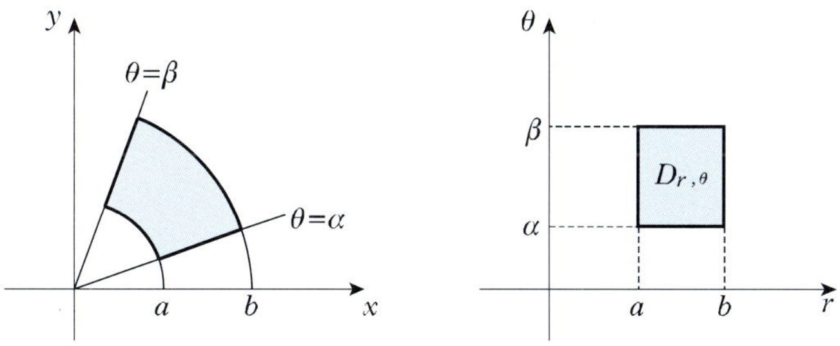

그림 10.3

$D_{r,\theta}$를 그림으로 나타내면 위의 오른쪽 그림과 같은 직사각형 영역이 된다. 이것은 관계식

$$x = r\cos\theta, \quad y = r\sin\theta$$

에 의한 좌표변환에 의하여 영역 $D_{r,\theta}$가 D로 바뀐 것으로 볼 수 있다. 이때

$$(D\text{의 넓이}) = \frac{1}{2}(b^2-a^2)(\beta-\alpha) = \int_\alpha^\beta \int_a^b r\,dr\,d\theta = \iint_{D_{r,\theta}} r\,dr\,d\theta$$

한편, $(D\text{의 넓이}) = \iint_D 1\,dx\,dy$이므로

$$\iint_D 1\,dx\,dy = \iint_{D_{r,\theta}} r\,dr\,d\theta$$

임을 의미한다.

일반적으로, 좌표변환 $\Lambda : \begin{pmatrix} u \\ v \end{pmatrix} \mapsto \begin{pmatrix} x \\ y \end{pmatrix}$는 관계식

$$x = x(u,v), \quad y = y(u,v)$$

에 의하여 정의되는 $\mathbb{R}^2$에서 $\mathbb{R}^2$로의 변환이다. 이때, $D = \Lambda(D_{u,v})$인 영역 D의 넓이

를 영역 $D_{u,v}$의 넓이에 관하여 나타내보자. 먼저

$$J = \begin{pmatrix} \dfrac{\partial x}{\partial u} & \dfrac{\partial x}{\partial v} \\ \dfrac{\partial y}{\partial u} & \dfrac{\partial y}{\partial v} \end{pmatrix}$$

라 두면, Tayor 전개를 이용하여

$$\Lambda\begin{pmatrix} u' \\ v' \end{pmatrix} \approx \Lambda\begin{pmatrix} u \\ v \end{pmatrix} + J\begin{pmatrix} u'-u \\ v'-v \end{pmatrix}$$

임을 알 수 있다. 또한, $x' = x(u', v')$, $y' = y(u', v')$라 두면

$$\begin{pmatrix} x'-x \\ y'-y \end{pmatrix} = \Lambda\begin{pmatrix} u' \\ v' \end{pmatrix} - \Lambda\begin{pmatrix} u \\ v \end{pmatrix} \approx J\begin{pmatrix} u'-u \\ v'-v \end{pmatrix}$$

이므로

$$\begin{pmatrix} u'-u \\ v'-v \end{pmatrix} \mapsto \begin{pmatrix} x'-x \\ y'-y \end{pmatrix}$$

는 국소적으로 $\begin{pmatrix} x'-x \\ y'-y \end{pmatrix} = J\begin{pmatrix} u'-u \\ v'-v \end{pmatrix}$인 선형변환으로 볼 수 있다.

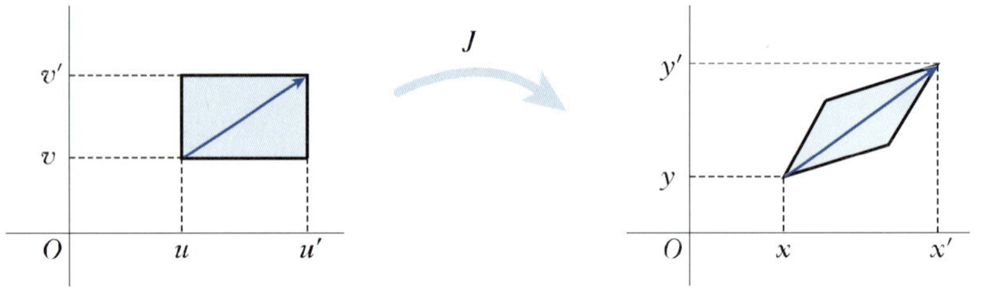

그림 10.4

따라서 $D = \Lambda(D_{u,v})$일 때

$$(D\text{의 넓이}) = \iint_{\Lambda(D_{u,v})} 1\, dx\, dy = \iint_{D_{u,v}} |\det(J)|\, du\, dv$$

일반적으로, $f(x, y)$가 D에서 연속일 때

$$\iint_D f(x,y)\,dx\,dy = \iint_{D_{u,v}} f(x(u,v),\, y(u,v)) \left| \frac{\partial(x,y)}{\partial(u,v)} \right| du\,dv$$

가 성립한다. 여기서 $\dfrac{\partial(x,y)}{\partial(u,v)} = \det(J)$를 Jacobi 행렬식(Jacobian determinant)이라 한다.

특히, $x = r\cos\theta,\ y = r\sin\theta$인 경우에는 다음이 성립함을 알 수 있다.

정리 10.5

D가 유계인 닫힌 영역이고 $f(x,y)$가 D에서 연속이면

$$\iint_D f(x,y)\,dx\,dy = \iint_{D_{r,\theta}} f(r\cos\theta,\, r\sin\theta)|r|\,dr\,d\theta$$

증명 $x = r\cos\theta,\ y = r\sin\theta$에서 $\Lambda : \begin{pmatrix} r \\ \theta \end{pmatrix} \mapsto \begin{pmatrix} x \\ y \end{pmatrix}$라 두면, $\Lambda(D_{r,\theta}) = D$이고

$$\frac{\partial(x,y)}{\partial(r,\theta)} = \begin{vmatrix} \cos\theta & -r\sin\theta \\ \sin\theta & r\cos\theta \end{vmatrix} = r$$

이므로, 정리가 성립한다. ▨

예제 10.3.1 $D = \{(x,y) \mid x^2 + y^2 - 2x \le 0\}$일 때, $\displaystyle\iint_D (x^2+y^2)^{\frac{3}{2}}\,dx\,dy$를 구하여라.

풀이 $r^2 - 2r\cos\theta \le 0$이므로, $-\dfrac{\pi}{2} \le \theta \le \dfrac{\pi}{2}$일 때 $0 \le r \le 2\cos\theta$이다.

$$D_{r,\theta} : 0 \le r \le 2\cos\theta,\ -\frac{\pi}{2} \le \theta \le \frac{\pi}{2}$$

이므로

$$\iint_D (x^2+y^2)^{\frac{3}{2}}\,dx\,dy = \iint_{D_{r,\theta}} r^3 \cdot r\,dr\,d\theta = \int_{-\frac{\pi}{2}}^{\frac{\pi}{2}} \int_0^{2\cos\theta} r^3 \cdot r\,dr\,d\theta$$

$$= \frac{32}{5}\int_{-\frac{\pi}{2}}^{\frac{\pi}{2}} \cos^5\theta\,d\theta = \frac{64}{5} \cdot \frac{4}{5} \cdot \frac{2}{3} = \frac{512}{75}$$ ◀

주의 곡선 $x^2+y^2-2x=0$는 극방정식 $r=2\cos\theta\,(0\le\theta\le\pi)$로 나타낼 수 있다. 그러나 $\int_0^{\pi}\int_0^{2\cos\theta} r^3\cdot r\,dr\,d\theta=0$이다. 이것은

$$\iint_D (x^2+y^2)^{\frac{3}{2}}\,dx\,dy \neq \int_0^{\pi}\int_0^{2\cos\theta} r^3\cdot r\,dr\,d\theta$$

임을 의미한다. 예제 10.3.1의 풀이와 비교하여 그 이유를 설명하여라.

예제 10.3.2 $D=\{(x,y)\,|\,\theta\le r\le 2\theta,\ 0\le\theta\le 3\pi\}$일 때, $\iint_D \sqrt{x^2+y^2}\,dx\,dy$를 구하여라.

풀이 $\iint_D \sqrt{x^2+y^2}\,dx\,dy=\iint_{D_{r,\theta}} r\cdot r\,dr\,d\theta$

$$=\int_0^{3\pi}\int_{\theta}^{2\theta} r^2\,dr\,d\theta=\frac{189}{4}\pi^4$$ ◀

문제 10.3.1 다음 물음에 답하여라.

(1) $D=\{(x,y)\,|\,1\le x^2+y^2\le 4,\ 0\le y\le\sqrt{3}\,x\}$일 때, $\iint_D \sqrt{x^2+y^2}\,dx\,dy$를 구하라.

(2) $D=\{(x,y)\,|\,0\le\theta\le\pi,\ 1\le r\le 2\}$일 때, $\iint_D (3x+4y^2)\,dx\,dy$를 구하여라.

예제 10.3.3 원기둥 $x^2+y^2=4$와 평면 $y+z=4$, $z=0$에 의해 둘러싸인 입체의 부피를 구하여라.

풀이 원 $x^2+y^2=4$로 둘러싸인 영역을 D라 하면

$$D_{r,\theta}:\ -\pi\le\theta\le\pi,\ 0\le r\le 2$$

이므로, 구하는 입체의 부피 V는

$$V = \iint_D (4-y)\,dx\,dy = \iint_{D_{r,\theta}} (4-r\sin\theta)\,r\,dr\,d\theta$$

$$= \int_{-\pi}^{\pi}\int_0^2 (4-r\sin\theta)\,r\,dr\,d\theta$$

$$= \int_{-\pi}^{\pi}\left(8-\frac{8}{3}\sin\theta\right)d\theta = 16\pi$$ ◀

문제 10.3.2 다음 물음에 답하여라.

(1) xy평면의 위쪽과 평면 $z=x$의 아래쪽에 있는 원기둥 $x^2+y^2=a^2$ $(a>0)$ 부분의 부피를 구하여라.

(2) 원 $r=2a\cos\theta$의 내부와 원 $r=a$의 외부에 있는 영역의 넓이를 구하여라.

예제 10.3.4 지름이 20m인 원형의 수영장에 물이 가득 들어있다. 깊이는 동서방향으로는 일정하고, 남북방향으로는 남쪽 끝이 1m이고, 북쪽 끝이 2m로 일정하게 증가한다. 수영장 안에 있는 물의 부피를 구하여라.

풀이 $D=\{(x,y)\mid x^2+y^2\le 100\}$라 하면, 구하는 물의 부피 V는

$$V = \iint_D \left(\frac{3}{2}+\frac{x}{20}\right)dx\,dy = \int_0^{10}\int_0^{2\pi}\left(\frac{3}{2}+\frac{1}{20}r\cos\theta\right)r\,d\theta\,dr$$

$$= 3\pi\int_0^{10} r\,dr = 150\pi$$ ◀

문제 10.3.3 D가 곡선 $r=a\cos\theta$에 의하여 둘러싸인 평면 영역일 때, 중심이 원점이고 반지름이 a인 구에서 영역 D 위에 위치한 부분의 부피를 구하여라.

예제 10.3.5 $D=\{(x,y)\mid 0\le x^2+y^2\le a^2,\ 0\le x,\ 0\le y\}$일 때 $\iint_D e^{-(x^2+y^2)}\,dx\,dy$를 구하여라.

풀이 $D_{r,\theta}: 0\le r\le a,\ 0\le\theta\le\frac{\pi}{2}$이므로

$$\iint_D e^{-(x^2+y^2)}\,dx\,dy = \iint_{D_{r,\theta}} e^{-r^2}\cdot r\,dr\,d\theta$$

$$= \int_0^{\frac{\pi}{2}}\int_0^a e^{-r^2}\cdot r\,dr\,d\theta = \frac{\pi}{4}\left(1-e^{-a^2}\right)$$ ◀

예제 10.3.6 $I=\displaystyle\int_0^{\infty} e^{-x^2}dx$를 구하여라.

풀이 $D_1=\{(x,\,y)\,|\,0\le x^2+y^2\le a^2,\ 0\le x,\ 0\le y\}$

$D_2=\{(x,\,y)\,|\,0\le x^2+y^2\le 2a^2,\ 0\le x,\ 0\le y\}$

$R=\{(x,\,y)\,|\,0\le x\le a,\ 0\le y\le a\}$

라 두면

$$\iint_{D_1} e^{-(x^2+y^2)}\,dx\,dy \le \iint_R e^{-(x^2+y^2)}\,dx\,dy \le \iint_{D_2} e^{-(x^2+y^2)}\,dx\,dy$$

한편

$$\iint_R e^{-(x^2+y^2)}\,dx\,dy = \left(\int_0^a e^{-x^2}dx\right)^2$$

$$\iint_{D_1} e^{-(x^2+y^2)}\,dx\,dy = \frac{\pi}{4}\left(1-e^{-a^2}\right)$$

$$\iint_{D_2} e^{-(x^2+y^2)}\,dx\,dy = \frac{\pi}{4}\left(1-e^{-2a^2}\right)$$

이므로

$$\frac{\pi}{4}\left(1-e^{-a^2}\right) \le \left(\int_0^a e^{-x^2}dx\right)^2 \le \frac{\pi}{4}\left(1-e^{-2a^2}\right)$$

이 성립한다. 또한

$$\lim_{a\to\infty}\frac{\pi}{4}\left(1-e^{-a^2}\right) = \lim_{a\to\infty}\frac{\pi}{4}\left(1-e^{-2a^2}\right) = \frac{\pi}{4}$$

이므로, $I=\dfrac{\sqrt{\pi}}{2}$ 임을 알 수 있다. ◀

예제 10.3.7 D가 타원 $\dfrac{x^2}{4}+y^2=1$으로 둘러싸인 영역일 때, $\displaystyle\iint_D (1-x^2)\,dx\,dy$를 구하여라.

풀이 $x=2u\cos v,\ y=u\sin v$로 좌표변환하면

$$D_{u,v}: 0 \le u \le 1,\ 0 \le v \le 2\pi$$

이고

$$\frac{\partial(x,y)}{\partial(u,v)}=\begin{vmatrix} 2\cos v & \sin v \\ -2u\sin v & u\cos v \end{vmatrix}=2u$$

이므로

$$\iint_D (1-x^2)\,dx\,dy=\iint_{D_{u,v}}(1-4u^2\cos^2 v)2u\,du\,dv$$

$$=\int_0^{2\pi}\int_0^1 (1-4u^2\cos^2 v)2u\,du\,dv=0 \quad ◀$$

예제 10.3.8 D가 $x^2-y^2=1,\ \ x^2-y^2=9,\ xy=2,\ xy=4$로 둘러싸인 제1사분면의 영역일 때, $\displaystyle\iint_D (x^2+y^2)\,dx\,dy$를 구하여라.

풀이 $u=x^2-y^2,\ \ v=xy$라 두면 $D_{u,v}: 1 \le u \le 9,\ 2 \le v \le 4$이고

$$\frac{\partial(u,v)}{\partial(x,y)}=\begin{vmatrix} 2x & -2y \\ y & x \end{vmatrix}=2(x^2+y^2)$$

이므로

$$\frac{\partial(x,y)}{\partial(u,v)}=\frac{1}{2(x^2+y^2)}$$

따라서

$$\iint_D (x^2+y^2)\,dx\,dy=\iint_{D_{u,v}}\frac{1}{2}\,du\,dv=\int_2^4\int_1^9\frac{1}{2}\,du\,dv=8 \quad ◀$$

문제 10.3.4 D가 점 $(1,0),\ (0,1),\ (-1,0),\ (0,-1)$을 꼭짓점으로 하는 정사각형 영역일 때, 다음을 구하여라.

(1) $\displaystyle\iint_D (x+y)^2 e^{x-y}\,dx\,dy$ (2) $\displaystyle\iint_D (x^2-y^2)\,dx\,dy$

10.4 이중적분의 응용

1) 회전체의 부피

함수 $\phi_1(x)$, $\phi_2(x)$가 구간 $[a,b]$에서 연속이고 $0 \le \phi_1(x) \le \phi_2(x)$일 때, 영역 $D = \{(x,y) \mid a \le x \le b,\ \phi_1(x) \le y \le \phi_2(x)\}$를 x축 둘레로 회전하여 생기는 회전체의 부피 V를 구해보자.

이 회전체를 x축에 수직인 평면으로 잘랐을 때 생기는 단면의 넓이는

$$\pi\left(\phi_2(x)^2 - \phi_1(x)^2\right)$$

이므로, 회전체의 부피는

$$\begin{aligned} V &= \pi\int_a^b \left(\phi_2(x)^2 - \phi_1(x)^2\right)dx \\ &= 2\pi\int_a^b\int_{\phi_1(x)}^{\phi_2(x)} y\,dy\,dx = 2\pi\iint_D y\,dx\,dy \end{aligned}$$

즉

$$V = 2\pi\iint_D y\,dx\,dy$$

예제 10.4.1 곡선 $y = x^3$, $y = \sqrt{x}$로 둘러싸인 영역 D를 x축 둘레로 회전하여 생기는 입체의 부피 V를 구하여라.

풀이

$$\begin{aligned} V &= 2\pi\iint_D y\,dx\,dy = 2\pi\int_0^1\int_{x^3}^{\sqrt{x}} y\,dy\,dx \\ &= \pi\int_0^1 (x - x^6)\,dx = \frac{5}{14}\pi \end{aligned}$$ ◀

예제 10.4.2 심장형 $r = a(1+\cos\theta)$ $(a>0)$에 의해 둘러싸인 영역을 x축 둘레로 회전하여 생기는 입체의 부피를 구하여라.

풀이 구하는 입체의 부피를 V라고 하고, x축과 심장형 곡선의 위 부분으로 둘러싸인 영역을 D라고 하면

$$V = 2\pi \iint_D y\, dx\, dy = 2\pi \iint_{D_{r,\theta}} r \sin\theta \cdot r\, dr\, d\theta$$

$$= 2\pi \int_0^{\pi} \int_0^{a(1+\cos\theta)} r^2 \sin\theta\, dr\, d\theta = \frac{2}{3}\pi a^3 \int_0^{\pi} (1+\cos\theta)^3 \sin\theta\, d\theta$$

$$= \frac{\pi}{6} a^3 \left[-(1+\cos\theta)^4 \right]_0^{\pi} = \frac{8}{3}\pi a^3$$ ◀

2) 곡면의 넓이

D가 직사각형 영역이고 함수 $f(x, y)$가 D에서 연속일 때, D에 대응하는 $z = f(x, y)$로 결정되는 곡면의 넓이 S를 구해보자.

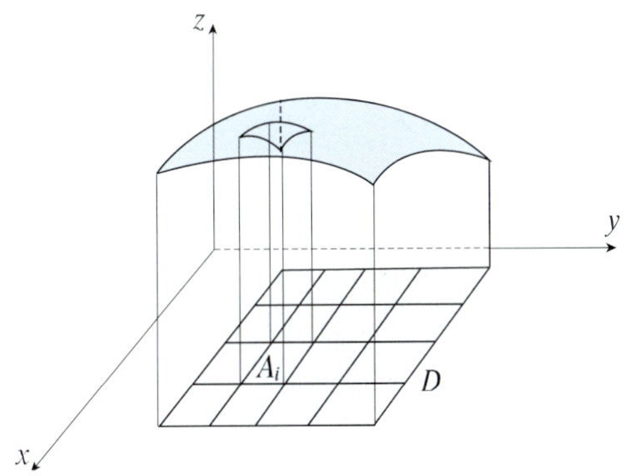

그림 10.5

영역 D를 n개의 직사각형 부분영역 A_1, A_2, …, A_n으로 분할하여, 각 A_i의 넓이를 ΔA_i하자. 각 부분영역 A_i에서 한 점 (x_i, y_i)를 선택하여 $z_i = f(x_i, y_i)$라 두고, 곡면 위의 점 $P_i(x_i, y_i, z_i)$에서 접평면을 생각하여 각 부분영역 A_i에 대응하는 접평면의 부분영역의 넓이를 ΔB_i라고 하자. 점 P_i에서 곡면의 법선이 z축과 이루는 각을 θ_i라고 하면

$$\Delta B_i \cos\theta_i = \Delta A_i$$

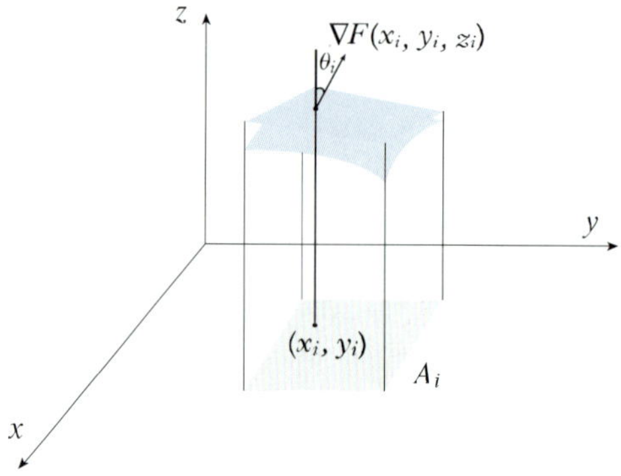

그림 10.6

또한, $F(x, y, z) = z - f(x, y)$라 두면

$$\nabla F(x_i, y_i, z_i) = (-f_x(x_i, y_i), -f_y(x_i, y_i), 1)$$

은 점 P_i에서 곡면 $z = f(x, y)$의 법선에 평행한 벡터이다. 따라서

$$\frac{1}{\cos\theta_i} = \sqrt{1 + f_x(x_i, y_i)^2 + f_y(x_i, y_i)^2}$$

한편, 극한

$$\lim_{\delta \to 0} \sum_{i=1}^{n} \Delta B_i = \lim_{\delta \to 0} \sum_{i=1}^{n} \sqrt{1 + f_x(x_i, y_i)^2 + f_y(x_i, y_i)^2}\ \Delta A_i$$

는 곡면의 넓이 S와 같으므로, 이중적분의 정의로부터

$$S = \iint_D \sqrt{1 + f_x^{\ 2} + f_y^{\ 2}}\ dx\, dy$$

를 얻는다.

일반적으로, D가 유계인 닫힌 영역일 때 직사각형 영역이 아니라도 같은 결과를 얻을 수 있다.

정리 10.6

D가 유계인 닫힌 영역이고 함수 $f(x, y)$가 D에서 연속일 때, D에 대응하는 $z = f(x, y)$의 곡면의 넓이 S는

$$S = \iint_D \sqrt{1 + {f_x}^2 + {f_y}^2}\, dx\, dy$$

예제 10.4.3 평면 $\frac{x}{a} + \frac{y}{b} + \frac{z}{c} = 1$에서 세 좌표평면으로 둘러싸인 부분의 넓이를 구하여라.

풀이 $z = c\left(1 - \frac{x}{a} - \frac{y}{b}\right)$이고 $\frac{\partial z}{\partial x} = -\frac{c}{a}$, $\frac{\partial z}{\partial y} = -\frac{c}{b}$이므로

$$S = \iint_D \sqrt{1 + \left(\frac{\partial z}{\partial x}\right)^2 + \left(\frac{\partial z}{\partial y}\right)^2}\, dx\, dy$$

$$= \int_0^a \int_0^{b\left(1 - \frac{x}{a}\right)} \sqrt{1 + \frac{c^2}{a^2} + \frac{c^2}{b^2}}\, dy\, dx$$

$$= \frac{1}{2}\sqrt{a^2b^2 + b^2c^2 + a^2c^2}$$ ◀

문제 10.4.1 다음 물음에 답하여라.

(1) 곡면 $z = x^2 + y^2$에서 평면 $z = 9$ 아래 부분의 넓이를 구하여라.

(2) 반지름이 a인 구면 $x^2 + y^2 + z^2 = a^2$의 원기둥 $x^2 + y^2 = ax$로 둘러싸인 부분의 넓이를 구하여라.

10.5 삼중적분

함수 $f(x, y, z)$가 유계인 입체영역 V에서 연속이면 이중적분의 개념을 그대로 일반화하여 삼중적분을 다음과 같이 정의할 수 있다.

입체영역 V를 부분영역 $V_1,\ V_2,\ \cdots,\ V_n$으로 분할하고 각 V_i에 속하는 임의의 한 점 (x_i, y_i, z_i)를 택하고, V_i의 부피를 ΔV_i라 하자. 이때, V_i의 임의의 두 점 사이의 거리의 최댓값을 $\delta(V_i)$라 두고, $\delta = \max \delta(V_i)$라 하자. 이 δ가 0에 한없이 접근하도록 D를 분할할 때

$$\lim_{\delta \to 0} \sum_{i=1}^{n} f(x_i, y_i, z_i)\, \Delta V_i$$

는 영역의 분할방법과 부분영역의 점 (x_i, y_i, z_i)의 선택에 관계없이 일정한 값을 갖는다. 이 극한을 V에서 $f(x, y, z)$의 삼중적분(triple integral)이라 하고

$$\iiint_V f(x, y, z)\, dx\, dy\, dz$$

로 나타낸다.

특히, $f(x, y, z)$가 V의 점 (x, y, z)에서 밀도를 나타내는 함수일 때 이 적분은 V의 질량을 나타내고, $f(x, y, z) = 1$일 때 V의 부피를 나타낸다. 즉

$$(V\text{의 질량}) = \iiint_V f(x, y, z)\, dx\, dy\, dz$$

$$(V\text{의 부피}) = \iiint_V 1\, dx\, dy\, dz$$

xy평면 위의 유계인 닫힌 영역 D에 대하여, V를 다음과 같이 정의된 입체영역이라 하자.

$$V = \left\{(x, y, z) \in \mathbb{R}^3 \mid (x, y) \in D,\ \ g_1(x, y) \le z \le g_2(x, y)\right\}$$

여기서, $z = g_1(x,y)$, $z = g_2(x,y)$는 D에서 연속이고 $g_1(x,y) \le g_2(x,y)$일 때, V의 부피는 이중적분을 사용하여 다음과 같이 계산된다.

$$(V\text{의 부피}) = \iint_D \left(g_2(x,y) - g_1(x,y)\right) dx\,dy = \iint_D \left(\int_{g_1(x,y)}^{g_2(x,y)} 1\,dz\right) dx\,dy$$

결과적으로

$$\iiint_V 1\,dx\,dy\,dz = \iint_D \left(\int_{g_1(x,y)}^{g_2(x,y)} 1\,dz\right) dx\,dy$$

일반적으로, 다음 정리가 성립한다.

정리 10.7 삼중적분의 계산

D를 xy평면 위의 유계인 닫힌 영역이고, V를 다음과 같은 입체영역이라 하자.

$$V = \left\{(x,y,z) \in \mathbb{R}^3 \mid (x,y) \in D,\quad g_1(x,y) \le z \le g_2(x,y)\right\}$$

여기서, $g_1(x,y)$, $g_2(x,y)$는 D에서 연속이며 $g_1(x,y) \le g_2(x,y)$이고, $f(x,y,z)$가 V에서 연속일 때

$$\iiint_V f(x,y,z)\,dx\,dy\,dz = \iint_D \left(\int_{g_1(x,y)}^{g_2(x,y)} f(x,y,z)\,dz\right) dx\,dy$$

따름정리 10.8

$a \le x \le b$, $c \le y \le d$에서 $g_1(x,y)$, $g_2(x,y)$가 연속이고

$g_1(x,y) \le g_2(x,y)$일 때, V를 다음과 같이 정의되는 입체영역이라고 하자.

$$V = \left\{(x,y,z) \in \mathbb{R}^3 \mid a \le x \le b,\quad c \le y \le d,\quad g_1(x,y) \le z \le g_2(x,y)\right\}$$

이고, 함수 $f(x,y,z)$가 V에서 연속일 때

$$\iiint_V f(x,y,z)\,dx\,dy\,dz = \int_a^b \int_c^d \int_{g_1(x,y)}^{g_2(x,y)} f(x,y,z)\,dz\,dy\,dx$$

예제 10.5.1 $V=\{(x,y,z)\mid 0\le x,\ 0\le y,\ 0\le z,\ x+y+z\le 1\}$일 때, $\iiint_V (x+y+z)\,dx\,dy\,dz$를 구하여라.

풀이 $D: 0\le x\le 1,\ 0\le y\le 1-x$라 두면

$$\iiint_V (x+y+z)\,dx\,dy\,dz = \iint_D\left(\int_0^{1-x-y}(x+y+z)\,dz\right)dx\,dy$$

$$=\int_0^1\int_0^{1-x}\left(\frac{1}{2}-\frac{1}{2}(x+y)^2\right)dy\,dx=\frac{1}{8}$$ ◀

예제 10.5.2 원기둥 $x^2+z^2=1$과 평면 $y=x,\ y=0,\ z=0$로 둘러싸이고 제1팔분 공간에 놓인 입체의 부피를 구하여라.

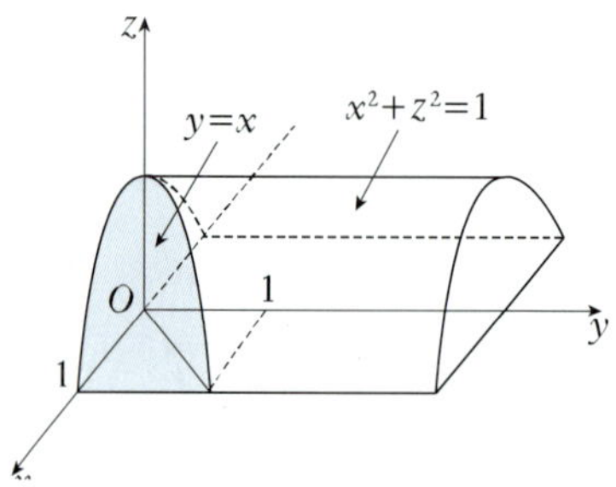

그림 10.7

풀이 주어진 입체 V를 xy평면에 정사영한 영역 D는 $D: 0\le x\le 1,\ 0\le y\le x$이므로 $V: 0\le x\le 1,\ 0\le y\le x,\ 0\le z\le\sqrt{1-x^2}$이다. 따라서 V의 부피는

$$\iiint_V 1\,dx\,dy\,dz = \iint_D\int_0^{\sqrt{1-x^2}}1\,dz\,dy\,dx$$

$$=\int_0^1\int_0^x\sqrt{1-x^2}\,dy\,dx=\int_0^1 x\sqrt{1-x^2}\,dx=\frac{1}{3}$$ ◀

극좌표를 이용하여 이중적분을 효과적으로 구할 수 있는 것처럼, 삼중적분도 원기둥좌표나 구면좌표를 이용하여 구할 수 있다.

1) 원기둥좌표

그림 10.8과 같이

$$x = r\cos\theta,\ \ y = r\sin\theta$$

일 때, $(r,\ \theta,\ z)$를 점 (x, y, z)의 원기둥좌표(cylindrical coordinate)라고 한다.

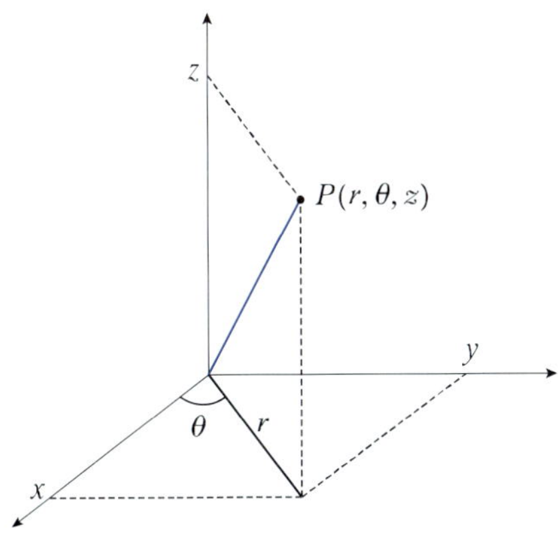

그림 10.8

입체영역 V를 $r,\ \theta,\ z$를 직교좌표축으로 하는 $r\theta z$-좌표계에 나타낸 영역을 $V_{r,\theta,z}$라 하자.

$$\frac{\partial(x, y, z)}{\partial(r, \theta, z)} = \begin{vmatrix} x_r & x_\theta & x_z \\ y_r & y_\theta & y_z \\ z_r & z_\theta & z_z \end{vmatrix} = \begin{vmatrix} \cos\theta & -r\sin\theta & 0 \\ \sin\theta & r\cos\theta & 0 \\ 0 & 0 & 1 \end{vmatrix} = r$$

이므로, 이중적분에 대한 좌표변환과 같은 원리로 다음을 얻는다.

정리 10.9 원기둥좌표계에서의 삼중적분

$f(x,\ y,\ z)$가 입체영역 V에서 연속일 때

$$\iiint_V f(x, y, z)\, dx\, dy\, dz = \iiint_{V_{r,\theta,z}} f(r\cos\theta,\ r\sin\theta,\ z)\, r\, dr\, d\theta\, dz$$

예제 10.5.3 원기둥좌표를 이용하여, 반지름 a인 구의 부피를 구하여라.

풀이 반지름 a인 구 V를 원기둥좌표계를 이용하여 나타내면

$$V_{r,\theta,z} : 0 \le \theta \le 2\pi,\ 0 \le r \le a,\ -\sqrt{a^2 - r^2} \le z \le \sqrt{a^2 - r^2}$$

따라서

$$(V\text{의 부피}) = \iiint_{V_{r,\theta,z}} r\, dr\, d\theta\, dz$$

$$= \int_0^{2\pi}\int_0^a\int_{-\sqrt{a^2-r^2}}^{\sqrt{a^2-r^2}} r\, dz\, dr\, d\theta = \frac{4}{3}\pi a^3$$

◀

문제 10.5.1 반지름이 각각 3과 4이고 중심이 z축인 두 동심원기둥과 평면 $z=0$, $z=3$으로 둘러싸인 입체영역 V에 대하여 $\iiint_V x^2\, dx\, dy\, dz$의 값을 구하여라.

2) 구면좌표

그림 10.9와 같이

$$x = \rho\sin\phi\cos\theta,\ \ y = \rho\sin\phi\sin\theta,\ \ z = \rho\cos\phi$$

일 때, (ρ, θ, ϕ)를 점 (x, y, z)의 구면좌표(spherical coordinate)라 한다.

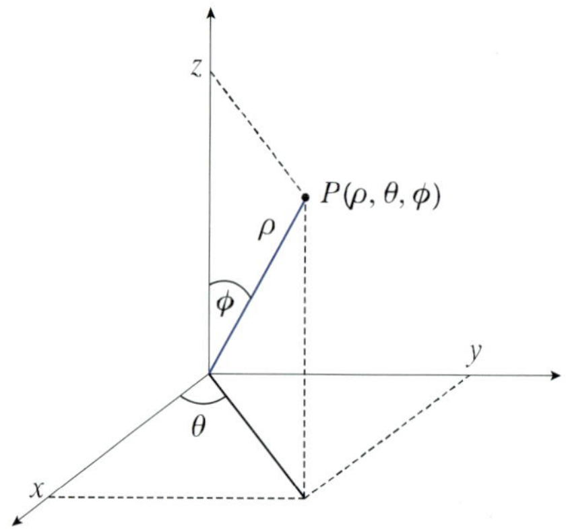

그림 10.9

입체영역 V를 ρ, θ, ϕ를 직교좌표축으로 하는 $\rho\theta\phi$-좌표계에 나타낸 영역을 $V_{\rho,\theta,\phi}$라 하자. 구면좌표변환은

$$x = r\cos\theta,\ \ y = r\sin\theta\text{와 } r = \rho\sin\phi,\ \ z = \rho\cos\phi$$

의 합성변환으로 볼 수 있으므로

$$\frac{\partial(x,y,z)}{\partial(\rho,\theta,\phi)} = \frac{\partial(x,y,z)}{\partial(r,\theta,z)} \cdot \frac{\partial(r,\theta,z)}{\partial(\rho,\theta,\phi)} = r\rho = \rho^2 \sin\phi$$

따라서 2변수함수의 좌표변환에 대한 정리와 같은 원리로 다음을 얻는다.

정리 10.10 구면좌표계에서의 삼중적분

$f(x, y, z)$가 입체영역 V에서 연속일 때

$$\iiint_V f(x,y,z)\, dx\, dy\, dz$$

$$= \iiint_{V_{\rho,\theta,\phi}} f(\rho\sin\phi\cos\theta,\ \rho\sin\phi\sin\theta,\ \rho\cos\phi)\, \rho^2 \sin\phi\, d\rho\, d\theta\, d\phi$$

예제 10.5.4 구면좌표를 이용하여, 반지름 a인 구의 부피를 구하여라.

풀이 반지름 a인 구 V를 구면좌표계를 이용하여 나타내면

$$V_{\rho,\theta,\phi}:\ 0 \le \rho \le a,\ 0 \le \theta \le 2\pi,\ 0 \le \phi \le \pi$$

따라서

$$(V\text{의 부피}) = \iiint_V 1\, dx\, dy\, dz = \iiint_{V_{\rho,\theta,\phi}} \rho^2 \sin\phi\, d\rho\, d\theta\, d\phi$$

$$= \int_0^{\pi}\int_0^{2\pi}\int_0^{a} \rho^2 \sin\phi\, d\rho\, d\theta\, d\phi = \frac{4}{3}\pi a^3$$ ◀

예제 10.5.5 원뿔 $z = \sqrt{x^2+y^2}$의 위쪽과 구 $x^2+y^2+z^2 = z$의 아래쪽에 놓인 입체의 부피를 구하여라.

풀이 주어진 구의 방정식 $x^2+y^2+z^2 = z$를 구면좌표계를 이용하여 나타내면

$$\rho^2 = \rho\cos\phi \ \text{ 즉, } \rho = \cos\phi$$

이다. 또한, 원뿔은

$$\rho\cos\phi = \sqrt{\rho^2\sin^2\phi\cos^2\theta + \rho^2\sin^2\phi\sin^2\theta} = \rho\sin\phi$$

즉, $\sin\phi = \cos\phi$이므로 $\phi = \dfrac{\pi}{4}$으로 나타낼 수 있다. 따라서 입체 V를 구면좌표계를 이용하여 나타내면

$$V_{\rho,\theta,\phi}:\ 0 \le \rho \le \cos\phi,\ 0 \le \theta \le 2\pi,\ 0 \le \phi \le \frac{\pi}{4}$$

이므로, 입체 V의 부피는

$$\begin{aligned}\iiint_V 1\,dx\,dy\,dz &= \iiint_{V_{\rho,\theta,\phi}} \rho^2 \sin\phi\,d\rho\,d\theta\,d\phi \\ &= \int_0^{2\pi}\int_0^{\frac{\pi}{4}}\int_0^{\cos\phi} \rho^2 \sin\phi\ d\rho\,d\phi\,d\theta \\ &= \frac{1}{3}\int_0^{2\pi}\int_0^{\frac{\pi}{4}} \sin\phi\cos^3\phi\ d\phi\,d\theta \\ &= \frac{1}{3}\int_0^{2\pi}\left[-\frac{\cos^4\phi}{4}\right]_0^{\frac{\pi}{4}} d\theta = \frac{\pi}{8}\end{aligned}$$

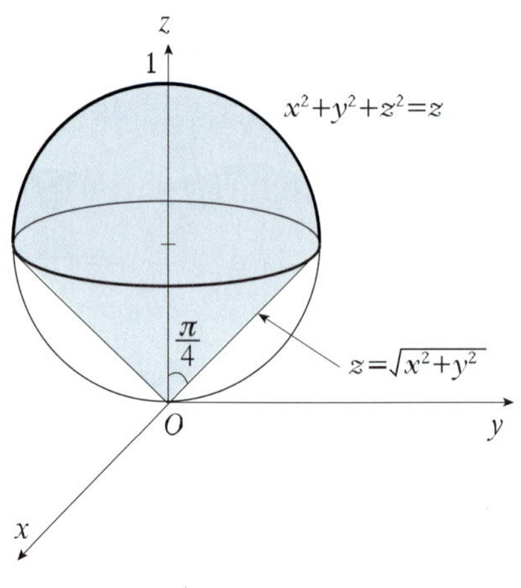

그림 10.10 ◀

문제 10.5.2 V가 반지름 a인 구로 둘러싸인 입체영역일 때, 다음을 구하여라.

$$\iiint_V \left(x^2+y^2+z^2\right) dx\,dy\,dz$$

문제 10.5.3 원점을 중심으로 반지름 6인 구와 원점을 꼭지점으로 하고 z축과 이루는 각이 $\frac{\pi}{6}$인 원뿔로 둘러싸인 아이스크림콘 모양의 입체의 부피를 구하여라.

문제 10.5.4 반지름이 1인 구가 있다. 중심에서 거리가 ρ인 점에서 밀도가 $\frac{1}{1+\rho^2}$일 때, 이 구의 질량을 구하여라.

평면영역의 질량중심을 이중적분을 사용하여 나타내보자.
평면 위의 두 직선 $x=a$, $x=b$와 두 곡선 $y=f(x)$, $y=g(x)$로 둘러싸인 영역 D의 질량중심 (x^*, y^*)는 정적분으로 다음과 같이 구할 수 있음을 살펴보았다.

$$x^* = \frac{\int_a^b x\left(f(x)-g(x)\right)dx}{\int_a^b \left(f(x)-g(x)\right)dx}, \quad y^* = \frac{\frac{1}{2}\int_a^b \left(f(x)^2-g(x)^2\right)dx}{\int_a^b \left(f(x)-g(x)\right)dx}$$

여기서, 분모의 $m = \int_a^b \left(f(x)-g(x)\right)dx$는 D의 넓이를, 분자의

$$M_y = \int_a^b x\left(f(x)-g(x)\right)dx$$

$$M_x = \frac{1}{2}\int_a^b \left(f(x)^2-g(x)^2\right)dx$$

는 각각 y축과 x축에 대한 총 모멘트를 나타낸다. 이때, 각 적분을 이중적분으로 나타내면 다음과 같다.

$$m = \int_a^b \left(f(x)-g(x)\right)dx = \int_a^b \int_{g(x)}^{f(x)} 1\,dy\,dx = \iint_D 1\,dx\,dy$$

$$M_y = \int_a^b x\left(f(x)-g(x)\right)dx = \int_a^b \int_{g(x)}^{f(x)} x\,dy\,dx = \iint_D x\,dx\,dy$$

$$M_x = \frac{1}{2}\int_a^b \left(f(x)^2-g(x)^2\right)dx = \int_a^b \int_{g(x)}^{f(x)} y\,dy\,dx = \iint_D y\,dx\,dy$$

따라서

$$x^* = \frac{\iint_D x\,dx\,dy}{\iint_D 1\,dx\,dy}, \quad y^* = \frac{\iint_D y\,dx\,dy}{\iint_D 1\,dx\,dy}$$

임을 알 수 있다.

일반적으로, 평면영역의 질량중심과 입체영역의 질량중심을 구하는 공식은 다음과 같다.

3) 질량중심

평면영역 D 의 질량중심 (x^*, y^*)는 다음과 같다.

$$x^* = \frac{\iint_D x\,dx\,dy}{\iint_D 1\,dx\,dy}, \quad y^* = \frac{\iint_D y\,dx\,dy}{\iint_D 1\,dx\,dy}$$

입체영역 W의 질량중심을 (x^*, y^*, z^*)는 다음과 같다.

$$x^* = \frac{\iiint_W x\,dx\,dy\,dz}{\iiint_W 1\,dx\,dy\,dz}, \quad y^* = \frac{\iiint_W y\,dx\,dy\,dz}{\iiint_W 1\,dx\,dy\,dz}, \quad z^* = \frac{\iiint_W z\,dx\,dy\,dz}{\iiint_W 1\,dx\,dy\,dz}$$

예제 10.5.6 곡선 $y = \sin x\ (0 \le x \le \pi)$와 x축으로 이루어진 영역을 D라 할 때, D의 질량중심을 구하여라.

풀이 영역 D는 직선 $x = \frac{\pi}{2}$에 대칭이므로, 질량중심의 x좌표는 $x^* = \frac{\pi}{2}$이다. 한편

$$\iint_D 1\,dx\,dy = \int_0^{\pi}\int_0^{\sin x} 1\,dy\,dx = \int_0^{\pi} \sin x\,dx = 2$$

$$\iint_D y\,dx\,dy = \int_0^{\pi}\int_0^{\sin x} y\,dy\,dx = \frac{1}{2}\int_0^{\pi} \sin^2 x\,dx = \frac{\pi}{4}$$

이므로, $y^* = \frac{\pi/4}{2} = \frac{\pi}{8}$이다. 따라서 질량중심은 $\left(\frac{\pi}{2}, \frac{\pi}{8}\right)$이다. ◀

문제 10.5.5 직선 $y = 2x$와 포물선 $y = x^2$로 둘러싸인 영역의 질량중심을 구하여라.

문제 10.5.6 꼭짓점이 $(0, 0, 0)$, $(1, 0, 0)$, $(0, 1, 0)$, $(0, 0, 1)$인 사면체의 질량중심을 구하여라.

쉬어가는 코너

수학에서는 지구의 자전방향이 왜 양의 방향일까?

고대 이집트에서부터 오늘에 이르기까지 수학사에 이름을 남긴 수학자들은 대부분 북반구에서 태어났다. 왜 일까? 이에 대한 해답은 여러 이유가 있을 수 있겠지만, 바다에 대한 육지의 비가 남반부보다 북반구가 더 크다는 것과 문명발생의 지리적 요인, 즉 고대 4대문명의 중심이 바다보다는 큰 강을 따라 형성되었다는 점이다.

수학적 해답은 다음과 같이 생각할 수 있다. 북반구에서는 지구의 북극을 그 축으로 지구의 자전방향이 시계의 반대방향을 따라 서에서 동으로 움직이지만, 남반구에서는 남극을 축으로 볼 때 완전히 정반대, 즉 시계방향으로 회전한다. 이러한 지구의 자전방향은 고대문명의 부흥과 더불어 북반구에 살고 있었던 옛 자연철학자 또는 수학자들에 의하여 오늘날 수학에서 말하는 '양의 방향'이 자연스럽게 반시계방향으로 정해졌을 것으로 생각한다. 오늘날 육상경기의 트랙을 도는 방향은 어떠한가? 분명히 북반구에서는 반시계방향인 지구의 자전방향이다. 아마도 이는 수학과 마찬가지로 올림픽 역시 북반구에서 시작되었기 때문일 것이다. 가능한 선수들의 좋은 기록을 위한 순리, 즉 지구의 자전방향을 따라 트랙을 도는 것으로 정해졌으리라 추측한다. 만약 고대문명의 시작과 부흥이 북반구보다 남반구가 그 중심이 되고 그리하여 수학과 올림픽이 그곳에서 시작되고 부흥되었다면, 남반구에 살고 있는 사람들에게는 순리이지만 북반구에 살고 있는 우리들에게는 역리가 되어 인류의 역사도 아마 크게 달라지지 않았을까? 하고 추론해 본다.

자연현상에도 이러한 원리가 숨겨져 있다. 프랑스 Jan de Bont 감독에 의하여 1996년에 제작된 영화 「트위스트」에 여러 번 등장하는 토네이도의 회전방향을 자세히 관찰해 보면, 모든 토네이도가 일정하게 반시계방향으로 돌고 있음을 발견할 것이다. 왜냐하면, 이 영화가 제작된 곳 역시 북반구이기 때문이다. 북반구에서는 지구의 자전에 의하여 토네이도가 항상 반시계방향으로 회전하지만, 남반구에서 발생하는 회오리바람은 시계방향으로 소용돌이친다. 보다 쉽게 지구 자전의 원리를 살펴볼 수 있는 현상은 고층 아파트의 긴 배관을 따라 흘러내려오는 물의 소용돌이를 관찰해 보는 것이다.

이러한 지구자전에 따른 이론을 처음 과학적으로 연구한 사람은 프랑스 공학자 G. G. Coriolis(1792~1843)이다. 그는 탄도학을 연구하면서 '일정하게 회전하고 있는 회전좌표계에서는 회전중인 물체에 원심력이 생기지만, 만약 물체가 운동하고 있으면 원심력뿐만 아니라, 운동의 방향에 수직한 속도에 비례하여 생겨나는 전향력'(이를 'Coriolis 힘(Coriolis force)'이라 함)을 발견하였다. 특히, 이러한 이론을 근거로 그는 1835년 당구에 관한 수학적 원리를 최초로 밝혔다고 전해온다. 그렇다면 북반구에서 당구의 감각과 기본원리를 잘 익힌 당구선수가 남반구에 가서 경기를 하면 어떻게 될까?

10장 종합문제

1) 기본 · 연습

1. 다음을 구하여라.

(1) $\int_0^a \int_0^{\sqrt{a^2-x^2}} (x+y)\,dydx$

(2) $\int_1^{\sqrt{3}} \int_y^{y^2} \frac{y}{x^2+y^2}\,dxdy$

(3) $\int_2^4 \int_{\frac{x}{2}}^{\sqrt{x}} xy\,dy\,dx$

2. 다음을 구하여라.

(1) $\int_0^1 \int_0^x e^{x+y}\,dydx$

(2) $\int_0^3 \int_0^{\sqrt{9-y^2}} y\,dxdy$

(3) $\int_0^1 \int_y^{5y} \sqrt{xy-y^2}\,dxdy$

3. 다음을 구하여라.

(1) $\int_0^1 \int_0^1 \int_0^1 (x^2+y^2+z^2)\,dz\,dy\,dx$

(2) $\int_0^1 \int_0^{\pi} \int_0^{\pi} y\sin z\,dx\,dy\,dz$

(3) $\int_0^1 \int_0^{2-x} \int_0^{2-x-y} 1\,dz\,dy\,dx$

4. 다음을 구하여라.

(1) $\int_0^3 \int_0^{\sqrt{9-x^2}} \int_0^{\sqrt{9-x^2}} 1\,dz\,dy\,dx$

(2) $\int_0^{\pi} \int_0^{\pi} \int_0^{\pi} \cos(x+y+z)\,dx\,dy\,dz$

5. 주어진 영역 D에서, 다음을 구하여라.

(1) $\iint_D (x+y)\,dx\,dy$, $D=\{(x,\ y)\mid 0\le x\le 1, 0\le y\le 2\}$

(2) $\iint_D \sin(x+y)\,dx\,dy$, $D=\{(x,\ y)\mid 0\le x\le 1,\ 0\le y\le 2\}$

6. 주어진 영역 D에서, 다음을 구하여라.

(1) $\iint_D (x+y)\,dx\,dy$, $D=\{(x,\ y)\mid 2+x\ \ge\ y\ge x^2\}$

(2) $\iint_D xy\,dx\,dy$, $D=\{(x,\ y)\mid x\ge 0,\ y\ge 0,\ x^2+y^2\le 1\}$

(3) $\iint_D \dfrac{1}{1+x^2}\,dx\,dy$, $D=\{(x,\ y)\mid y\ge x,\ x\ge 0,\ y\le 1\}$

(4) $\iint_D \ln\left(\dfrac{x}{y^2}\right)dx\,dy$, $D=\{(x,\ y)\mid 1\le y\le x\le 2\}$

7. 주어진 영역 D에서, 다음을 구하여라.

(1) $\iint_D x^2y\,dx\,dy$, $D=\{(x,\ y)\mid 0\le y\le 1,\ 2y^2\ \le x\le 2y\}$

(2) $\iint_D (x^2+y^2)\,dx\,dy$, $D=\{(x,\ y)\mid x\ge 0,\ y\ge 0,\ x+y\le 1\}$

8. 이중적분을 사용하여, 평면 $z=4-4x-2y$와 세 좌표평면으로 둘러싸인 사면체의 부피를 구하여라.

9. 다음 각 입체의 부피를 구하여라.

(1) 곡면 $z=y^2$과 xy평면, 평면 $x=0,\ x=1,\ y=-1$과 $y=1$로 둘러싸인 입체

(2) 세 점 $(1,0,0)$, $(0,2,0)$과 $(0,0,3)$을 통과하는 평면과 세 좌표평면으로 둘러싸인 입체

(3) 타원포물면 $x^2+2y^2+z=16$과 평면 $x=2,\ x=0,\ y=0,\ z=0$ 및 $y=2$으로 둘러싸인 입체

10. 다음 각 입체의 부피를 구하여라.

(1) 세 좌표평면과 평면 $y+z=2$, 원기둥 $x=4-y^2$으로 둘러싸인 입체

(2) 타원기둥 입체 $x^2+4y^2 \le 4$를 xy평면과 평면 $z=x+2$로 절단한 입체

11. 적분순서를 바꾸어, 다음을 구하여라.

(1) $\int_0^9 \int_{\sqrt{y}}^3 \sin\pi x^3 \, dx\, dy$　　(2) $\int_0^2 \int_{x^2}^{2x} f(x,y)\, dy\, dx$

12. 극좌표를 사용하여, 다음을 구하여라.

(1) $\iint_D x\, dx\, dy,\ D=\{(x,y)\mid x^2+y^2 \le 4x\}$

(2) $\iint_D (x^2+y^2)\, dx\, dy,\ D=\{(x,y)\mid \theta \le r \le 2\theta,\ 0 \le \theta \le 3\pi\}$

13. 극좌표를 사용하여, 다음을 구하여라.

(1) $\iint_D (x^2+y^2)\, dx\, dy,\ \ D=\{(x,y)\mid 0 \le x \le 2,\ 0 \le y \le \sqrt{4-x^2}\}$

(2) $\iint_D (3x+4y^2)\, dx\, dy,\ \ D=\{(x,y)\mid 1 \le x^2+y^2 \le 4,\ y \ge 0\}$

14. 극좌표를 이용하여, 다음을 구하여라.

(1) $\int_{-1}^1 \int_0^{\sqrt{1-x^2}} (x^2+y^2)^{\frac{3}{2}}\, dy\, dx$　　(2) $\int_0^a \int_0^{\sqrt{a^2-x^2}} e^{(x^2+y^2)}\, dy\, dx$

(3) $\int_0^a \int_0^{\sqrt{a^2+x^2}} \dfrac{1}{(1+x^2+y^2)^{\frac{3}{2}}}\, dy\, dx$

15. 이중적분과 극좌표를 이용하여, $x^2+y^2=4x$으로 둘러싸인 영역 D와 곡면 $z=x^2+y^2$으로 결정된 입체의 부피를 구하여라.

16. 원기둥 $r=\cos\theta$, 원뿔 $z=16-\sqrt{x^2+y^2}$ 및 xy평면으로 둘러싸인 입체의 부피를 구하여라.

17. 포물면 $z = x^2 + y^2$ 아래, xy평면 위, 원기둥 $x^2 + y^2 = 2x$으로 둘러싸인 입체의 부피를 구하여라.

18. 극좌표를 사용하여, 다음을 구하여라.

$$\iint_D \sqrt{\frac{1-x^2-y^2}{1+x^2+y^2}}\,dxdy,\quad D = \{(x,y) \mid x^2+y^2 \le 1\}$$

19. D가 $r = 2$인 원의 외부와 심장형 $r = 2(1+\cos\theta)$의 내부에 있는 제 1사분면의 영역일 때, D의 넓이를 구하여라.

20. 이중적분을 이용하여, 원 $r = 3$의 외부와 원 $r = 2\sqrt{3}\sin\theta$의 내부에 있는 영역의 넓이를 구하여라.

21. 영역 $D = \{(x,y) \mid 0 \le x \le 3,\ 0 \le y \le 2\}$에서 $f(x,y) = \frac{2}{3}\sqrt{x^3}$가 만드는 곡면의 넓이를 구하여라.

22. 다음을 구하여라.

(1) $\displaystyle\int_{-2}^{2}\int_{-\sqrt{4-x^2}}^{\sqrt{4-x^2}}\int_{\sqrt{x^2+y^2}}^{2}(x^2+y^2)\,dzdydx$

(2) $\displaystyle\int_{0}^{2}\int_{0}^{\sqrt{4-x^2}}\int_{0}^{\sqrt{4-x^2-y^2}}\frac{1}{\sqrt{x^2+y^2+z^2}}\,dzdydx$

(3) $\displaystyle\int_{0}^{1}\int_{0}^{\sqrt{1-x^2}}\int_{0}^{\sqrt{1-x^2-y^2}}\frac{z}{\sqrt{x^2+y^2}}\,dz\,dy\,dx$

23. 다음을 구하여라.

(1) $\displaystyle\int_{0}^{2\pi}\int_{0}^{1}\int_{r}^{\sqrt{2-r^2}} r\,dz\,dr\,d\theta$ (2) $\displaystyle\int_{0}^{2\pi}\int_{0}^{1}\int_{r}^{\frac{1}{\sqrt{2-r^2}}} 3r\,dz\,dr\,d\theta$

(3) $\displaystyle\int_{0}^{2\pi}\int_{0}^{3}\int_{0}^{\frac{z}{3}} r^3\,dr\,dz\,d\theta$ (4) $\displaystyle\int_{0}^{1}\int_{0}^{\sqrt{z}}\int_{0}^{2\pi}(r^2\cos^2\theta + z^2)\,r\,d\theta\,dr\,dz$

24. 다음을 구하여라.

(1) $\int_0^{2\pi}\int_0^{\frac{\pi}{3}}\int_{\sec\phi}^{2} 3\rho^2\sin\phi\, d\rho\, d\phi\, d\theta$

(2) $\int_0^{2\pi}\int_{-\pi}^{0}\int_{\frac{\pi}{4}}^{\frac{\pi}{2}} \rho^3\ \sin 2\phi\, d\phi\, d\theta\, d\rho$

(3) $\int_0^{\pi}\int_0^{\pi}\int_0^{2\sin\phi} \rho^2\sin\phi\, d\rho\, d\phi\, d\theta$

(4) $\int_0^{1}\int_0^{\pi}\int_0^{\frac{\pi}{4}} 2\rho\sin^2\phi\ \ d\phi\, d\theta\, d\rho$

25. 포물면 $z = 1 - x^2 - y^2$와 xy평면으로 둘러싸인 입체의 부피를 구하여라.

2) 심화·응용

26. $f(x, y) = x\cos\pi y$일 때, $I = \int_0^1\int_{\frac{y}{4}}^{\sqrt{y}} f(x, y)\, dx\, dy + \int_1^4\int_{\frac{y}{4}}^{1} f(x, y)\, dx\, dy$를 구하여라.

27. 적분순서를 적당히 바꾸어, $\int_0^4\int_0^1\int_{2y}^2 \frac{4\cos(x^2)}{2\sqrt{z}}dx\ dy\, dz$를 구하여라.

28. 삼중적분을 이용하여, 원기둥 $z = x^2 + y^2$와 평면 $y = x,\ x = 2,\ y = 0,\ z = 0$로 둘러싸인 입체의 부피를 구하여라.

29. 다음 각 입체의 부피를 구하여라.

(1) 구 $\rho \le 2$를 평면 $z = 1$로 잘랐을 때, 작은 부분의 부피를 구하여라.

(2) 원기둥 $x^2 + y^2 = 4$와 평면 $z = 0$과 $y + z = 4$로 둘러싸인 입체의 부피를 구하여라.

30. 삼중적분을 이용하여, 주어진 입체의 부피를 구하여라.

(1) 주면 $x=y^2$과 평면 $z=0,\ x+z=1$로 둘러싸인 입체

(2) 제1팔분공간에서 원기둥 $y^2+z^2=1$을 평면 $y=x$와 $x=1$로 자른 부분

31. 평면 $z=0$ 위와 원뿔 $z^2=4x^2+4y^2$의 아래에 있고 원기둥 $x^2+y^2=1$으로 둘러싸인 입체의 부피를 구하여라.

32. 두 포물면 $z=x^2+y^2$과 $z=36-3x^2-3y^2$로 둘러싸인 입체의 부피를 구하여라.

33. 다음을 구하여라.

(1) $\iint_D e^{\frac{x+y}{x-y}}\,dxdy$, D는 꼭짓점이 $(1,0),(2,0),(0,-2),(0,-1)$인 사다리꼴 영역

(2) $\iint_D (3x+4y)\,dxdy$, D는 직선 $y=x,\ y=x-2,\ y=-2x,\ y=3-2x$로 둘러싸인 영역

34. 곡면 $(x^2+y^2+z^2)^2=2z(x^2+y^2)$로 둘러싸인 입체의 부피를 구하여라.

35. 밀도가 다음과 같을 때, 반지름이 R이고 높이가 h인 원기둥의 질량을 구하여라.

(1) 밑면에서부터 거리에 비례

(2) 원기둥의 중심축에서부터 거리의 제곱근에 비례

(3) 옆면으로부터의 거리의 제곱에 비례

36. $\int_0^1\int_{\sqrt{x}}^1\int_0^{1-x} f(x,y,z)\,dz\,dy\,dx$의 적분순서를 바꾸어, 5가지의 다른 표현으로 나타내어라.

제11장

벡터해석

▶▷▶ 벡터의 개념은 이공학 분야의 다방면에서 응용되고 있다. 특히, 벡터함수의 미분과 적분을 근간으로 하는 벡터해석은 역학이나 전자기학 등에서 필수적인 개념이다. 이 장에서는 벡터함수의 미분과 적분, 벡터장의 발산과 회전, 선적분과 면적분, Green의 정리, 발산정리, Stokes의 정리에 이르기까지 기본적인 내용을 다룬다.

11.1 벡터의 연산

선분의 길이, 도형의 넓이, 질량, 온도나 두 직선이 이루는 각의 크기와 같이 단위에 따라 그 크기를 하나의 수 값으로 나타낼 수 있는 양을 스칼라(scalar)라고 하고, 이에 비하여, 변위, 속도, 가속도, 힘 등과 같이 크기와 방향에 의하여 정해지므로 하나의 수 값으로 나타낼 수 없는 양을 벡터(unit vector)라고 한다.

벡터는 화살표를 사용하여 나타내고, $\overrightarrow{AB}$와 같이 표시한다. 이때, 선분 AB의 길이는 벡터의 크기(length)를 나타내고 화살표의 방향은 이 벡터의 방향(directon)을 나타낸다. 또한, 점 A와 B를 각각 벡터 $\overrightarrow{AB}$의 **시점**(initial point)과 종점(terminal point)이라고 한다. 벡터를 하나의 문자로 표시할 때는 주로 $\mathbf{a}$, $\mathbf{b}$, $\mathbf{c}$ 등과 같이 나타낸다. 벡터를 나타내는 화살표의 위치가 다르더라도 크기와 방향이 같은 두 벡터는 같다(equal)고 한다.

좌표공간에서 점 P에 대해 원점 O를 시점, 점 P를 종점으로 갖는 벡터 $\overrightarrow{OP}$를 점 P의 위치벡터(position vector)라 한다. 공간의 임의의 점 P는 그 위치벡터와 일대일대응이 되므로, 때로는 서로 동일시하기도 한다. 즉, 점 $P(a,b,c)$의 위치벡터를 (a,b,c)와 같이 나타내기도 한다. 특히, xy평면의 위치벡터는 평면벡터(planar vector)라고 한다.

평면벡터만 따로 취급할 때는 $(a, b, 0)$는 간단히 (a, b)로 나타낸다.

벡터 $\boldsymbol{a}$의 크기는 $|\boldsymbol{a}|$로 나타내고 특히, 크기가 0인 벡터를 $\mathbf{0}$으로 나타내고 영벡터(zero vector)라 한다. 또한, 크기가 1인 벡터를 단위벡터(unit vector)라 한다. 벡터 $\boldsymbol{a}$와 크기가 같고 방향이 반대인 벡터를 $-\boldsymbol{a}$로 나타내고 음벡터(negative vector)라 한다.

그림 11.1에서와 같이 x, y, z축 방향의 단위벡터를 기본벡터(elementary vector)라 하고 각각 $\boldsymbol{i}$, $\boldsymbol{j}$, $\boldsymbol{k}$로 나타낸다.

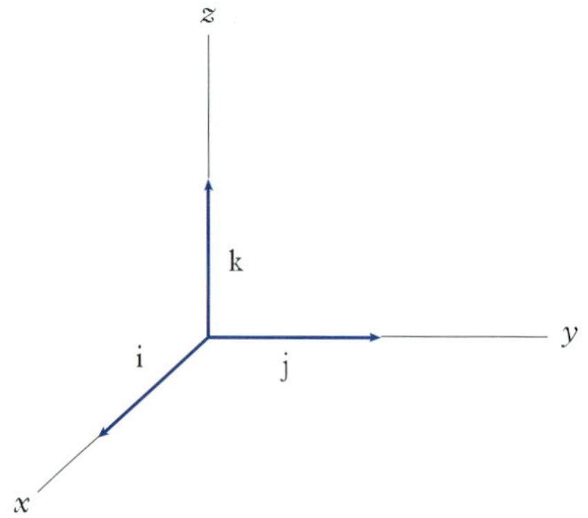

그림 11.1

1) 벡터의 합과 스칼라배

벡터에 관한 기본연산인 덧셈과 스칼라배에 대하여 살펴보자.
먼저, 두 벡터 $\boldsymbol{a}$, $\boldsymbol{b}$의 합 $\boldsymbol{a}+\boldsymbol{b}$는 다음과 같이 정의한다.

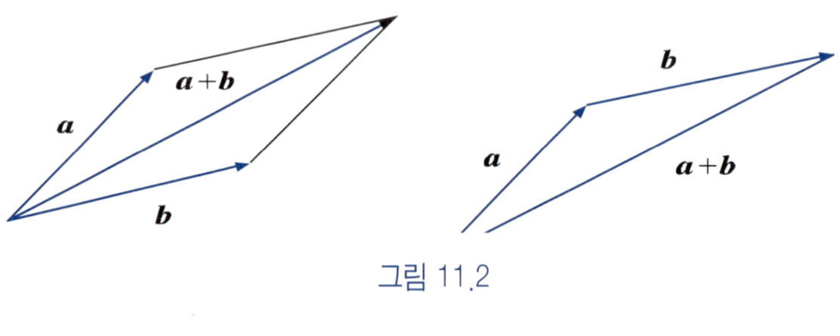

그림 11.2

그림 11.2의 왼쪽 그림과 같이, 벡터 $\boldsymbol{a}$, $\boldsymbol{b}$, $\boldsymbol{a}+\boldsymbol{b}$를 모두 원점 O에서 시작하는 화살표로 생각하면, $\boldsymbol{a}+\boldsymbol{b}$는 $\boldsymbol{a}$, $\boldsymbol{b}$에 의해 생성되는 평행사변형의 대각선에 대응한다. 한편, 벡터의 합은 꼬리에서 머리로 향하는 화살표의 합으로도 설명할 수 있다. 그림 11.2의 오른쪽 그림과 같이, $\boldsymbol{b}$를 원점 O를 시점으로 갖는 벡터로 택하는 대신 $\boldsymbol{a}$의 종점에서 시작

하는 벡터로 택하면, $\boldsymbol{a}+\boldsymbol{b}$는 $\boldsymbol{a}$와 같은 시점을 갖고 $\boldsymbol{b}$와 같은 종점을 갖는 벡터가 된다.

두 벡터 $\boldsymbol{a}, \boldsymbol{b}$에 대하여, $\boldsymbol{a}=\overrightarrow{OA}, \boldsymbol{b}=\overrightarrow{OB}$가 되도록 세 점 O, A, B를 잡고 사각형 $OAPB$가 평형사변형이 되도록 점 P를 잡으면

$$\boldsymbol{a}+\boldsymbol{b}=\overrightarrow{OP}=\boldsymbol{b}+\boldsymbol{a}$$

이므로, 벡터의 덧셈에 대하여 교환법칙이 성립함을 알 수 있다. 마찬가지로, 세 벡터 $\boldsymbol{a}, \boldsymbol{b}, \boldsymbol{c}$에 대하여

$$(\boldsymbol{a}+\boldsymbol{b})+\boldsymbol{c}=\boldsymbol{a}+(\boldsymbol{b}+\boldsymbol{c})$$

이므로, 결합법칙이 성립한다.

또한, 스칼라 α와 벡터 $\boldsymbol{a}$에 대하여 $\boldsymbol{a}$의 α배는 다음과 같이 정의한다.

벡터 $\boldsymbol{a}$에 0이 아닌 실수 α를 곱하면 $\alpha\boldsymbol{a}$는 그 크기가 $\boldsymbol{a}$의 크기의 $|\alpha|$배이고, $\alpha>0$이면 $\boldsymbol{a}$와 같은 방향, $\alpha<0$이면 $\boldsymbol{a}$와 반대 방향이다. $\boldsymbol{0}$이 아닌 임의의 벡터 $\boldsymbol{a}$에 대하여, $\frac{1}{|\boldsymbol{a}|}\boldsymbol{a}$는 $\boldsymbol{a}$와 같은 방향의 단위벡터이다.

점 $P(a, b, c)$의 위치벡터 $\overrightarrow{OP}$는

$$a\boldsymbol{i}+b\boldsymbol{j}+c\boldsymbol{k}$$

로 나타낼 수 있다. 두 벡터 $\boldsymbol{a}=a_1\boldsymbol{i}+a_2\boldsymbol{j}+a_3\boldsymbol{k}, \boldsymbol{b}=b_1\boldsymbol{i}+b_2\boldsymbol{j}+b_3\boldsymbol{k}$의 합 $\boldsymbol{a}+\boldsymbol{b}$는

$$\boldsymbol{a}+\boldsymbol{b}=(a_1+b_1)\boldsymbol{i}+(a_2+b_2)\boldsymbol{j}+(a_3+b_3)\boldsymbol{k}$$

로 나타낼 수 있고, 스칼라 α에 대하여 벡터 $\boldsymbol{a}=(a_1, a_2, a_3)$의 α배는

$$\alpha\boldsymbol{a}=(\alpha a_1)\boldsymbol{i}+(\alpha a_2)\boldsymbol{j}+(\alpha a_3)\boldsymbol{k}$$

로 나타낼 수 있다. 필요에 따라 $\alpha\boldsymbol{a}$를 $\boldsymbol{a}\alpha$로 나타내기도 한다.

벡터의 덧셈과 스칼라배에 대한 분배법칙과 스칼라배에 대한 결합법칙이 성립함을 쉽게 알 수 있다. 벡터의 덧셈과 스칼라배에 대한 연산법칙과 함께 기본적인 연산법칙을 정리하면 다음과 같다.

정리 11.1

임의의 스칼라 α, β와 벡터 $\boldsymbol{x}$, $\boldsymbol{y}$, $\boldsymbol{z}$에 대하여

(1) $\boldsymbol{x}+\boldsymbol{y}=\boldsymbol{y}+\boldsymbol{x}$ (2) $(\boldsymbol{x}+\boldsymbol{y})+\boldsymbol{z}=\boldsymbol{x}+(\boldsymbol{y}+\boldsymbol{z})$

(3) $\boldsymbol{x}+\boldsymbol{0}=\boldsymbol{x}=\boldsymbol{0}+\boldsymbol{x}$ (4) $\boldsymbol{x}+(-\boldsymbol{x})=\boldsymbol{0}=(-\boldsymbol{x})+\boldsymbol{x}$

(5) $1\boldsymbol{x}=\boldsymbol{x}$ (6) $(\alpha\beta)\boldsymbol{x}=\alpha(\beta\boldsymbol{x})$

(7) $(\alpha+\beta)\boldsymbol{x}=\alpha\boldsymbol{x}+\beta\boldsymbol{x}$ (8) $\alpha(\boldsymbol{x}+\boldsymbol{y})=\alpha\boldsymbol{x}+\alpha\boldsymbol{y}$

2) 내적과 외적

벡터의 합과 스칼라배는 벡터이다. 그러나 두 벡터의 곱은 일반적으로 벡터가 아니다. 두 벡터의 곱은 그 결과가 스칼라가 되는 경우의 내적과 벡터가 되는 경우의 외적이 있다.

① 내적

두 벡터 $\boldsymbol{a}$, $\boldsymbol{b}$에 대해서

$$\boldsymbol{a}\cdot\boldsymbol{b}=|\boldsymbol{a}||\boldsymbol{b}|\cos\theta$$

를 $\boldsymbol{a}$와 $\boldsymbol{b}$의 내적(scalar product 또는 inner product)이라 한다. 여기서, θ는 $\boldsymbol{a}$와 $\boldsymbol{b}$가 이루는 각이다.

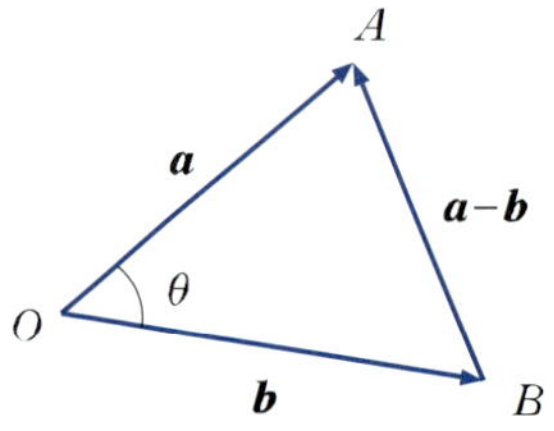

그림 11.3

0이 아닌 임의의 두 벡터 $\boldsymbol{a}$, $\boldsymbol{b}$에 대하여, 그림 11.3에서 처럼 $\boldsymbol{a}$와 $\boldsymbol{b}$의 시점을 $O(0,0,0)$, 종점을 각각 $A(a_1, a_2, a_3)$, $B(b_1, b_2, b_3)$라 하면 $\overrightarrow{AB}=\boldsymbol{b}-\boldsymbol{a}$이다.

삼각형 OAB에 제2 cosine법칙을 적용하면

$$|\boldsymbol{a}-\boldsymbol{b}|^2=|\boldsymbol{a}|^2+|\boldsymbol{b}|^2-2\cos\theta\,|\boldsymbol{a}|\,|\boldsymbol{b}|$$

이 식으로부터

$$(a_1 - b_1)^2 + (a_2 - b_2)^2 + (a_3 - b_3)^2 = (a_1^2 + a_2^2 + a_3^2) + (b_1^2 + b_2^2 + b_3^2) - 2(\boldsymbol{a} \cdot \boldsymbol{b})$$

이므로, 다음이 성립함을 알 수 있다.

$$\boldsymbol{a} \cdot \boldsymbol{b} = a_1 b_1 + a_2 b_2 + a_3 b_3$$

임의의 벡터 $\boldsymbol{x}, \boldsymbol{y}, \boldsymbol{z}$와 실수 α, β에 대하여, 다음의 내적에 관한 성질이 성립함을 알 수 있다.

정리 11.2

(1) $\boldsymbol{x} \cdot \boldsymbol{x} \geq 0$ 단, 등호는 $\boldsymbol{x} = 0$일 때만 성립한다.

(2) $|\boldsymbol{x}| = \sqrt{\boldsymbol{x} \cdot \boldsymbol{x}}$

(3) $\boldsymbol{x} \cdot \boldsymbol{y} = \boldsymbol{y} \cdot \boldsymbol{x}$

(4) $(\alpha \boldsymbol{x} + \beta \boldsymbol{y}) \cdot \boldsymbol{z} = \alpha(\boldsymbol{x} \cdot \mathbf{z}) + \beta(\boldsymbol{y} \cdot \boldsymbol{z})$

정의로부터 0이 아닌 두 벡터 $\boldsymbol{a}, \boldsymbol{b}$가 수직일 필요충분조건은

$$\boldsymbol{a} \cdot \boldsymbol{b} = 0$$

임을 알 수 있다.

문제 11.1.1 두 벡터 $\boldsymbol{a} = \boldsymbol{i} - 2\boldsymbol{j} - 2\boldsymbol{k}$, $\boldsymbol{b} = \boldsymbol{i} - \boldsymbol{j}$에 대하여, $\boldsymbol{a}$와 $\boldsymbol{b}$가 이루는 각의 크기 θ와 $\boldsymbol{a}$와 $\boldsymbol{b}$에 수직인 단위벡터를 구하여라.

② 외적

두 벡터 $\boldsymbol{a}, \boldsymbol{b}$와 수직이고, $\boldsymbol{a}$를 180° 이하로 $\boldsymbol{b}$에 겹치는 쪽으로 회전할 때 오른나사의 진행방향과 같은 방향을 갖고, $\boldsymbol{a}$와 $\boldsymbol{b}$가 만드는 평행사변형의 넓이와 같은 크기를 갖는 벡터를 $\boldsymbol{a}$와 $\boldsymbol{b}$의 외적(vector product)이라 하고

$$\boldsymbol{a} \times \boldsymbol{b}$$

로 나타낸다.

기본벡터 $\boldsymbol{i}$, $\boldsymbol{j}$, $\boldsymbol{k}$에 관한 외적은 다음과 같다.

$$\boldsymbol{i}\times\boldsymbol{i}=0,\quad \boldsymbol{j}\times\boldsymbol{j}=0,\quad \boldsymbol{k}\times\boldsymbol{k}=0$$

$$\boldsymbol{j}\times\boldsymbol{k}=\boldsymbol{i},\quad \boldsymbol{k}\times\boldsymbol{i}=\boldsymbol{j},\quad \boldsymbol{i}\times\boldsymbol{j}=\boldsymbol{k}$$

두 벡터 $\boldsymbol{a}=a_1\boldsymbol{i}+a_2\boldsymbol{j}+a_3\boldsymbol{k}$, $\boldsymbol{b}=b_1\boldsymbol{i}+b_2\boldsymbol{j}+b_3\boldsymbol{k}$의 외적은

$$\boldsymbol{a}\times\boldsymbol{b}=(a_2b_3-a_3b_2)\boldsymbol{i}+(a_3b_1-a_1b_3)\boldsymbol{j}+(a_1b_2-a_2b_1)\boldsymbol{k}$$

임을 알 수 있고, 형식적으로

$$\boldsymbol{a}\times\boldsymbol{b}=\begin{vmatrix} a_2 & a_3 \\ b_2 & b_3 \end{vmatrix}\boldsymbol{i}+\begin{vmatrix} a_3 & a_1 \\ b_3 & b_1 \end{vmatrix}\boldsymbol{j}+\begin{vmatrix} a_1 & a_2 \\ b_1 & b_2 \end{vmatrix}\boldsymbol{k}=\begin{vmatrix} \boldsymbol{i} & \boldsymbol{j} & \boldsymbol{k} \\ a_1 & a_2 & a_3 \\ b_1 & b_2 & b_3 \end{vmatrix}$$

로 나타낼 수 있다.

외적에 대해서 다음 성질이 성립한다.

(1) $\boldsymbol{a}\times\boldsymbol{a}=0$ (2) $\boldsymbol{a}\times\boldsymbol{b}=-(\boldsymbol{b}\times\boldsymbol{a})$

(3) $\boldsymbol{a}\times(\boldsymbol{b}+\boldsymbol{c})=(\boldsymbol{a}\times\boldsymbol{b})+(\boldsymbol{a}\times\boldsymbol{c})$ (4) $(\alpha\boldsymbol{a})\times\boldsymbol{b}=\alpha(\boldsymbol{a}\times\boldsymbol{b})$

③ 삼중적

세 벡터 $\boldsymbol{a}$, $\boldsymbol{b}$, $\boldsymbol{c}$에 관해서, $\boldsymbol{a}\cdot(\boldsymbol{b}\times\boldsymbol{c})$를 스칼라 삼중적(scalar triple product)이라 한다.

$\boldsymbol{a}=a_1\boldsymbol{i}+a_2\boldsymbol{j}+a_3\boldsymbol{k}$, $\boldsymbol{b}=b_1\boldsymbol{i}+b_2\boldsymbol{j}+b_3\boldsymbol{k}$, $\boldsymbol{c}=c_1\boldsymbol{i}+c_2\boldsymbol{j}+c_3\boldsymbol{k}$에 대하여

$$\boldsymbol{b}\times\boldsymbol{c}=\begin{vmatrix} b_2 & b_3 \\ c_2 & c_3 \end{vmatrix}\boldsymbol{i}+\begin{vmatrix} b_3 & b_1 \\ c_3 & c_1 \end{vmatrix}\boldsymbol{j}+\begin{vmatrix} b_1 & b_2 \\ c_1 & c_2 \end{vmatrix}\boldsymbol{k}$$

로 나타내면

$$\boldsymbol{a}\cdot(\boldsymbol{b}\times\boldsymbol{c})=a_1\begin{vmatrix} b_2 & b_3 \\ c_2 & c_3 \end{vmatrix}+a_2\begin{vmatrix} b_3 & b_1 \\ c_3 & c_1 \end{vmatrix}+a_3\begin{vmatrix} b_1 & b_2 \\ c_1 & c_2 \end{vmatrix}=\begin{vmatrix} a_1 & a_2 & a_3 \\ b_1 & b_2 & b_3 \\ c_1 & c_2 & c_3 \end{vmatrix}$$

로 나타낼 수 있다. 이때, 다음이 성립함을 알 수 있다.

$$\boldsymbol{a}\cdot(\boldsymbol{b}\times\boldsymbol{c})=\boldsymbol{c}\cdot(\boldsymbol{a}\times\boldsymbol{b})=\boldsymbol{b}\cdot(\boldsymbol{c}\times\boldsymbol{a})$$

문제 11.1.2 다음을 증명하여라.

$$(\boldsymbol{a}\times\boldsymbol{b})\times\boldsymbol{c}=(\boldsymbol{a}\cdot\boldsymbol{c})\boldsymbol{b}-(\boldsymbol{b}\cdot\boldsymbol{c})\boldsymbol{a}$$

11.2 벡터함수의 미분과 적분

1) 벡터함수의 미분

실수 t에 대해서 하나의 벡터 $\boldsymbol{u}(t)$가 결정되면, $\boldsymbol{u}(t)$를 t의 벡터함수(vector function)라 한다. 특히, 벡터 $\boldsymbol{u}(t)$가 t의 값에 관계없이 일정할 때 상수벡터(constant vector)라 한다.

이제, 벡터함수

$$\boldsymbol{u}(t) = u_1(t)\boldsymbol{i} + u_2(t)\boldsymbol{j} + u_3(t)\boldsymbol{k}$$

의 미분에 대하여 알아보자.

벡터함수 $\boldsymbol{u}(t)$와 벡터 $\boldsymbol{a}$에 대해서

$$\lim_{t \to t_0} |\boldsymbol{u}(t) - \boldsymbol{a}| = 0$$

일 때, 벡터 $\boldsymbol{a}$를 $t = t_0$에서 $\boldsymbol{u}(t)$의 극한(limit)이라고 하고 다음과 같이 나타낸다.

$$\lim_{t \to t_0} \boldsymbol{u}(t) = \boldsymbol{a}$$

정리 11.3

$$\boldsymbol{u}(t) = u_1(t)\boldsymbol{i} + u_2(t)\boldsymbol{j} + u_3(t)\boldsymbol{k},\ \boldsymbol{a} = a_1\boldsymbol{i} + a_2\boldsymbol{j} + a_3\boldsymbol{k}$$

일 때, $\lim_{t \to t_0} \boldsymbol{u}(t) = \boldsymbol{a}$이기 위한 필요충분조건은 $\lim_{t \to t_0} u_i(t) = a_i \ (i = 1, 2, 3)$이다.

증명 $|\boldsymbol{u}(t) - \boldsymbol{a}| = |(u_1(t) - a_1)\boldsymbol{i} + (u_2(t) - a_2)\boldsymbol{j} + (u_3(t) - a_3)\boldsymbol{k}|$

$$= \sqrt{(u_1(t) - a_1)^2 + (u_2(t) - a_2)^2 + (u_3(t) - a_3)^2}$$

이므로, $\lim_{t \to t_0} |\boldsymbol{u}(t) - \boldsymbol{a}| = 0$이면 각 $i = 1, 2, 3$에 대하여 $\lim_{t \to t_0} u_i(t) = a_i$이다.

역도 분명하다. ▨

벡터함수 $\boldsymbol{u} = \boldsymbol{u}(t)$에 대해서 $t = t_0$에서 극한

$$\lim_{h \to 0} \frac{\boldsymbol{u}(t_0 + h) - \boldsymbol{u}(t_0)}{h}$$

가 존재할 때, 이 극한을

$$\boldsymbol{u}'(t_0)$$

로 나타내고 $\boldsymbol{u}(t)$는 $t = t_0$에서 미분가능(differentiable)이라 한다.

어떤 구간 내의 각 점에서 $\boldsymbol{u}(t)$가 미분가능일 때, 그 구간의 임의의 점 t에 $\boldsymbol{u}'(t)$가 대응되는 벡터함수를 $\boldsymbol{u} = \boldsymbol{u}(t)$의 도함수(derivative)라 하고

$$\boldsymbol{u}'(t),\ \boldsymbol{u}',\ \frac{d\boldsymbol{u}}{dt},\ \frac{d}{dt}\boldsymbol{u}(t)$$

등으로 표시한다.

$\boldsymbol{u}(t) = u_1(t)\boldsymbol{i} + u_2(t)\boldsymbol{j} + u_3(t)\boldsymbol{k}$이면, 정리 11.1에 의해서

$$\frac{d\boldsymbol{u}}{dt} = \frac{du_1}{dt}\boldsymbol{i} + \frac{du_2}{dt}\boldsymbol{j} + \frac{du_3}{dt}\boldsymbol{k}$$

벡터함수의 미분도, 스칼라 함수의 미분과 마찬가지로 다음이 성립한다.

$$\boldsymbol{a}' = 0 \ (\boldsymbol{a}\text{는 상수벡터})$$
$$(\boldsymbol{u} + \boldsymbol{v})' = \boldsymbol{u}' + \boldsymbol{v}'$$
$$(f(t)\boldsymbol{u})' = f'(t)\boldsymbol{u} + f(t)\boldsymbol{u}'$$
$$(\boldsymbol{u} \cdot \boldsymbol{v})' = \boldsymbol{u}' \cdot \boldsymbol{v} + \boldsymbol{u} \cdot \boldsymbol{v}'$$
$$(\boldsymbol{u} \times \boldsymbol{v})' = \boldsymbol{u}' \times \boldsymbol{v} + \boldsymbol{u} \times \boldsymbol{v}'$$

또한, $\boldsymbol{u} = \boldsymbol{u}(t),\ t = g(s)$일 때, 다음이 성립한다.

$$\frac{d\boldsymbol{u}}{ds} = \frac{d\boldsymbol{u}}{dt}\frac{dt}{ds}$$

이것은

$$\begin{aligned}\frac{d\boldsymbol{u}}{ds} &= \frac{du_1}{ds}\boldsymbol{i} + \frac{du_2}{ds}\boldsymbol{j} + \frac{du_3}{ds}\boldsymbol{k} \\ &= \frac{du_1}{dt}\frac{dt}{ds}\boldsymbol{i} + \frac{du_2}{dt}\frac{dt}{ds}\boldsymbol{j} + \frac{du_3}{dt}\frac{dt}{ds}\boldsymbol{k} \\ &= \frac{d\boldsymbol{u}}{dt}\frac{dt}{ds}\end{aligned}$$

로부터 알 수 있다.

스칼라함수의 미분과 마찬가지로, 벡터함수 $\boldsymbol{u} = \boldsymbol{u}(t)$의 미분(differential) $d\boldsymbol{u}$는

$$d\boldsymbol{u} = du_1\boldsymbol{i} + du_2\boldsymbol{j} + du_3\boldsymbol{k}$$

로 정의한다.

다음으로, 다변수 벡터함수에 대해 살펴보자. 2변수 벡터함수

$$\boldsymbol{u} = \boldsymbol{u}(s,t) = u_1(s,t)\boldsymbol{i} + u_2(s,t)\boldsymbol{j} + u_3(s,t)\boldsymbol{k}$$

에 대한 편도함수는

$$\frac{\partial \boldsymbol{u}}{\partial s} = \frac{\partial u_1}{\partial s}\boldsymbol{i} + \frac{\partial u_2}{\partial s}\boldsymbol{j} + \frac{\partial u_3}{\partial s}\boldsymbol{k}, \quad \frac{\partial \boldsymbol{u}}{\partial t} = \frac{\partial u_1}{\partial t}\boldsymbol{i} + \frac{\partial u_2}{\partial t}\boldsymbol{j} + \frac{\partial u_3}{\partial t}\boldsymbol{k}$$

이고, 제2계 편도함수는

$$\frac{\partial^2 \boldsymbol{u}}{\partial s^2} = \frac{\partial}{\partial s}\left(\frac{\partial \boldsymbol{u}}{\partial s}\right), \frac{\partial^2 \boldsymbol{u}}{\partial t^2} = \frac{\partial}{\partial t}\left(\frac{\partial \boldsymbol{u}}{\partial t}\right), \frac{\partial^2 \boldsymbol{u}}{\partial s\,\partial t} = \frac{\partial}{\partial s}\left(\frac{\partial \boldsymbol{u}}{\partial t}\right), \frac{\partial^2 \boldsymbol{u}}{\partial t\,\partial s} = \frac{\partial}{\partial t}\left(\frac{\partial \boldsymbol{u}}{\partial s}\right)$$

이다. 스칼라함수의 경우와 같이 $\frac{\partial^2 \boldsymbol{u}}{\partial s\,\partial t}$, $\frac{\partial^2 \boldsymbol{u}}{\partial t\,\partial s}$가 연속이면

$$\frac{\partial^2 \boldsymbol{u}}{\partial s\,\partial t} = \frac{\partial^2 \boldsymbol{u}}{\partial t\,\partial s}$$

이다.

s, t가 w의 함수 $s=\phi(w)$, $t=\psi(w)$이고 미분가능일 때, $\boldsymbol{u}=\boldsymbol{u}(s,\ t)$는 w에 대한 1변수 벡터함수가 되고

$$\frac{d\boldsymbol{u}}{dw}=\frac{\partial \boldsymbol{u}}{\partial s}\frac{ds}{dw}+\frac{\partial \boldsymbol{u}}{\partial t}\frac{dt}{dw}$$

이다. 이것을 성분으로 나타내면, 다음과 같다.

$$\frac{d\boldsymbol{u}}{dw}=\left(\frac{\partial u_1}{\partial s}\boldsymbol{i}+\frac{\partial u_2}{\partial s}\boldsymbol{j}+\frac{\partial u_3}{\partial s}\boldsymbol{k}\right)\frac{ds}{dw}+\left(\frac{\partial u_1}{\partial t}\boldsymbol{i}+\frac{\partial u_2}{\partial t}\boldsymbol{j}+\frac{\partial u_3}{\partial t}\boldsymbol{k}\right)\frac{dt}{dw}$$

예제 11.2.1 $\boldsymbol{u}(s,t)=\sin t\cos s\,\boldsymbol{i}+\sin s\sin t\,\boldsymbol{j}+\cos t\,\boldsymbol{k}$일 때

$$\frac{\partial \boldsymbol{u}}{\partial s}\cdot\frac{\partial \boldsymbol{u}}{\partial s}+\frac{\partial \boldsymbol{u}}{\partial t}\cdot\frac{\partial \boldsymbol{u}}{\partial t}$$

를 구하여라.

풀이 $$\frac{\partial \boldsymbol{u}}{\partial s}=-\sin s\sin t\,\boldsymbol{i}+\cos s\sin t\,\boldsymbol{j}$$

$$\frac{\partial \boldsymbol{u}}{\partial t}=\cos s\cos t\,\boldsymbol{i}+\sin s\cos t\,\boldsymbol{j}-\sin t\,\boldsymbol{k}$$

이므로

$$\begin{aligned}\frac{\partial \boldsymbol{u}}{\partial s}\cdot\frac{\partial \boldsymbol{u}}{\partial s}+\frac{\partial \boldsymbol{u}}{\partial t}\cdot\frac{\partial \boldsymbol{u}}{\partial t}&\\&=(\sin^2 s+\cos^2 s)\sin^2 t+(\cos^2 s+\sin^2 s)\cos^2 t+\sin^2 t\\&=\sin^2 t+\cos^2 t+\sin^2 t=1+\sin^2 t.\end{aligned}$$ ◀

문제 11.2.1 $\boldsymbol{u}(t)=t\boldsymbol{i}+(t^2+3)\boldsymbol{j}+2t^3\boldsymbol{k}$, $\boldsymbol{v}(t)=\sin t\boldsymbol{i}+2\cos t\boldsymbol{j}-t^2\boldsymbol{k}$일 때, 다음을 구하여라.

(1) $\boldsymbol{u}'$ (2) $(\boldsymbol{u}\cdot\boldsymbol{v})'$ (3) $(\boldsymbol{u}\times\boldsymbol{v})'$

벡터함수 미분의 기하학적 의미를 살펴보자. 먼저, 벡터 $\boldsymbol{r}$을 원점에 대한 점 P의 위치벡터로 생각하면, 벡터함수 $\boldsymbol{r}(t)=x(t)\boldsymbol{i}+y(t)\boldsymbol{j}+z(t)\boldsymbol{k}$는 t의 변화에 따라 $\boldsymbol{r}(t)$의

종점을 연결하는 곡선 C를 나타낸다. 이때, 함수 $x(t)$, $y(t)$, $z(t)$가 연속이면 이 곡선은 연속이다.

여기서, Δt를 t의 증분이라 하면 위치벡터 $\boldsymbol{r}(t)$와 $\boldsymbol{r}(t+\Delta t)$가 나타내는 두 점을 잇는 벡터는 $\Delta \boldsymbol{r} = \boldsymbol{r}(t+\Delta t) - \boldsymbol{r}(t)$이다. 이때, $\Delta t \to 0$일 때

$$\frac{\Delta \boldsymbol{r}}{\Delta t} = \frac{\boldsymbol{r}(t+\Delta t) - \boldsymbol{r}(t)}{\Delta t}$$

의 극한 $\boldsymbol{r}'(t)$를 곡선 $\boldsymbol{r} = \boldsymbol{r}(t)$의 접선벡터(tangent vector)라 한다. 크기가 1인 접선벡터, 즉 단위접선벡터는 $\boldsymbol{r}'(t) \neq 0$인 경우 다음과 같이 주어진다.

$$\boldsymbol{T}(t) = \frac{\boldsymbol{r}'(t)}{|\boldsymbol{r}'(t)|}$$

곡선 C의 점 $\boldsymbol{r}(t)$에서 접선의 방정식은 접선의 점의 위치벡터를 $\boldsymbol{X}$라 할 때

$$\boldsymbol{X} - \boldsymbol{r}(t) = s\,\boldsymbol{r}'(t)$$

또는

$$\frac{X - x(t)}{x'(t)} = \frac{Y - y(t)}{y'(t)} = \frac{Z - z(t)}{z'(t)}$$

이다. 이것으로부터 $x'(t)$, $y'(t)$, $z'(t)$가 동시에 0인 경우, 즉 $\boldsymbol{r}' = 0$일 때는 접선을 결정할 수 없다. 이와 같은 점을 C의 특이점(singular point)이라 한다.

2) 벡터함수의 적분

벡터함수 $\boldsymbol{v}(t)$가 벡터함수 $\boldsymbol{u}(t)$의 도함수, 즉

$$\frac{d}{dt}\boldsymbol{u}(t) = \boldsymbol{v}(t)$$

일 때

$$\int \boldsymbol{v}(t)\,dt = \boldsymbol{u}(t) + \boldsymbol{c}$$

로 나타내고, 이것을 $\boldsymbol{v}(t)$의 부정적분(indefinite integral)이라고 한다.

$\boldsymbol{v}(t) = v_1(t)\boldsymbol{i} + v_2(t)\boldsymbol{j} + v_3(t)\boldsymbol{k}$이면

$$\int \boldsymbol{v}(t)dt = \int v_1(t)dt\,\boldsymbol{i} + \int v_2(t)dt\,\boldsymbol{j} + \int v_3(t)dt\,\boldsymbol{k}$$

임은 정의에서 분명하다.

벡터함수의 부정적분에 대해서 다음이 성립한다. 여기서, α는 상수, $\boldsymbol{a}$는 상수벡터이다.

$$\int (\boldsymbol{u}+\boldsymbol{v})\,dt = \int \boldsymbol{u}\,dt + \int \boldsymbol{v}\,dt$$

$$\int \alpha\boldsymbol{v}\,dt = \alpha\int \boldsymbol{v}\,dt$$

$$\int \boldsymbol{a}\cdot\boldsymbol{v}\,dt = \boldsymbol{a}\cdot\int \boldsymbol{v}\,dt$$

$$\int \boldsymbol{a}\times\boldsymbol{v}\,dt = \boldsymbol{a}\times\int \boldsymbol{v}\,dt$$

예제 11.2.2 $\boldsymbol{a}$가 상수벡터일 때

$$\frac{d\boldsymbol{u}}{dt}\times\boldsymbol{a} = 0$$

를 만족하는 벡터 $\boldsymbol{u}$를 구하여라.

풀이 $\dfrac{d\boldsymbol{u}}{dt}\times\boldsymbol{a} = 0$이면 $\dfrac{d\boldsymbol{u}}{dt}$는 $\boldsymbol{a}$와 평행이므로, 스칼라함수 $f(t)$에 대하여 방정식

$$\frac{d\boldsymbol{u}}{dt} = f(t)\boldsymbol{a}$$

를 만족하는 벡터함수 $\boldsymbol{u}=\boldsymbol{u}(t)$를 구하면 된다. $F'(t)=f(t)$인 스칼라함수 $F(t)$와 임의의 상수벡터 $\boldsymbol{c}$에 대하여 $\boldsymbol{u}=F(t)\boldsymbol{a}+\boldsymbol{c}$는 방정식 $\dfrac{d\boldsymbol{u}}{dt}=f(t)\boldsymbol{a}$의 해이다. 또한 $\boldsymbol{v}$가 방정식 $\dfrac{d\boldsymbol{u}}{dt}=f(t)\boldsymbol{a}$의 임의의 해라면 $\dfrac{d}{dt}(\boldsymbol{v}-F(t)\boldsymbol{a})=0$이므로, $\boldsymbol{v}=F(t)\boldsymbol{a}+\boldsymbol{c}$이다. 여기서 $\boldsymbol{c}$는 상수벡터이다. 결과적으로 $F'(t)=f(t)$인 하나의 스칼라함수 $F(t)$와 임의의 상수벡터 $\boldsymbol{c}$에 대하여. $\boldsymbol{u}=F(t)\boldsymbol{a}+\boldsymbol{c}$가 구하는 벡터이다. ◀

문제 11.2.2 $\boldsymbol{u}(t)=e^t\boldsymbol{i}+2t\boldsymbol{j}+\ln t\boldsymbol{k},\ \boldsymbol{v}(t)=\sin t\boldsymbol{i}+\cos t\boldsymbol{j}-3t\boldsymbol{k}$일 때, 다음을 구하여라.

(1) $\int \boldsymbol{u}\,dt$　　(2) $\int \boldsymbol{v}\,dt$　　(3) $\int \boldsymbol{u}\cdot\boldsymbol{v}\,dt$

예제 11.2.3 다음 부정적분을 구하여라.

(1) $\int \boldsymbol{v}\cdot\dfrac{d\boldsymbol{v}}{dt}dt$　　(2) $\int \boldsymbol{v}\times\dfrac{d^2\boldsymbol{v}}{dt^2}dt$

풀이 (1) $\dfrac{d}{dt}(\boldsymbol{v}\cdot\boldsymbol{v})=2\boldsymbol{v}\cdot\dfrac{d\boldsymbol{v}}{dt}$이므로

$$\int \boldsymbol{v}\cdot\frac{d\boldsymbol{v}}{dt}dt=\frac{1}{2}|\boldsymbol{v}|^2+c\ \ (c\text{는 상수})$$

(2) $\dfrac{d}{dt}\left(\boldsymbol{v}\times\dfrac{d\boldsymbol{v}}{dt}\right)=\dfrac{d\boldsymbol{v}}{dt}\times\dfrac{d\boldsymbol{v}}{dt}+\boldsymbol{v}\times\dfrac{d^2\boldsymbol{v}}{dt^2}=\boldsymbol{v}\times\dfrac{d^2\boldsymbol{v}}{dt^2}$이므로

$$\int \boldsymbol{v}\times\frac{d^2\boldsymbol{v}}{dt^2}dt=\boldsymbol{v}\times\frac{d\boldsymbol{v}}{dt}+\boldsymbol{c}\ \ (\boldsymbol{c}\text{는 상수벡터})$$ ◀

문제 11.2.3 스칼라함수 $f(t)$와 벡터함수 $\boldsymbol{u}(t),\ \boldsymbol{v}(t)$에 관한 다음 공식을 증명하여라.

(1) $\int f(t)\dfrac{d\boldsymbol{u}}{dt}dt=f(t)\boldsymbol{u}-\int f'(t)\boldsymbol{u}\,dt$

(2) $\int \boldsymbol{u}\cdot\dfrac{d\boldsymbol{v}}{dt}dt=\boldsymbol{u}\cdot\boldsymbol{v}-\int\dfrac{d\boldsymbol{u}}{dt}\cdot\boldsymbol{v}\,dt$

(3) $\int \boldsymbol{u}\times\dfrac{d\boldsymbol{v}}{dt}dt=\boldsymbol{u}\times\boldsymbol{v}-\int\dfrac{d\boldsymbol{u}}{dt}\times\boldsymbol{v}\,dt$

벡터함수 $\boldsymbol{v}(t)=v_1(t)\boldsymbol{i}+v_2(t)\boldsymbol{j}+v_3(t)\boldsymbol{k}$의 정적분을 다음과 같이 정의한다.

$$\int_a^b \boldsymbol{v}(t)\,dt=\int_a^b v_1(t)dt\,\boldsymbol{i}+\int_a^b v_2(t)dt\,\boldsymbol{j}+\int_a^b v_3(t)dt\,\boldsymbol{k}$$

벡터함수의 정적분에 대해서 다음이 성립한다.

$$\int_a^b f(t)\boldsymbol{a}\,dt=\int_a^b f(t)\,dt\,\boldsymbol{a}\ \ (\boldsymbol{a}\text{는 상수벡터})$$

$$\int_a^b \boldsymbol{u}(t)+\boldsymbol{v}(t)\,dt = \int_a^b \boldsymbol{u}(t)\,dt + \int_a^b \boldsymbol{v}(t)\,dt$$

$$\left|\int_a^b \boldsymbol{u}\,dt\right| \le \int_a^b |\boldsymbol{u}|\,dt$$

벡터함수에 대하여, 다음 기본정리가 성립한다.

정리 11.4

연속인 벡터함수 $\boldsymbol{v}(t)$가 벡터함수 $\boldsymbol{u}(t)$의 도함수일 때

$$\int_a^b \boldsymbol{v}(t)\,dt = \boldsymbol{u}(b) - \boldsymbol{u}(a)$$

증명 $\boldsymbol{v}(t) = v_1(t)\boldsymbol{i} + v_2(t)\boldsymbol{j} + v_3(t)\boldsymbol{k}$, $\boldsymbol{u}(t) = u_1(t)\boldsymbol{i} + u_2(t)\boldsymbol{j} + u_3(t)\boldsymbol{k}$라 하면

$$\frac{d}{dt}u_1(t) = v_1(t),\quad \frac{d}{dt}u_2(t) = v_2(t),\quad \frac{d}{dt}u_3(t) = v_3(t)$$

이므로, 미적분학의 기본정리로부터

$$\int_a^b v_1(t)dt = u_1(b) - u_1(a),\quad \int_a^b v_2(t)dt = u_2(b) - u_2(a),$$

$$\int_a^b v_3(t)dt = u_3(b) - u_3(a)$$

따라서

$$\begin{aligned}\int_a^b \boldsymbol{v}(t)\,dt &= \int_a^b v_1(t)dt\,\boldsymbol{i} + \int_a^b v_2(t)dt\,\boldsymbol{j} + \int_a^b v_3(t)dt\,\boldsymbol{k}\\ &= (u_1(b)-u_1(a))\boldsymbol{i} + (u_2(b)-u_2(a))\boldsymbol{j} + (u_3(b)-u_3(a))\boldsymbol{k}\\ &= \boldsymbol{u}(b) - \boldsymbol{u}(a)\end{aligned}$$

▨

예제 11.2.4 $u(t) = (1+e^{2t})i + (t-t^2)j - 2t^2k$일 때, $\int_1^2 u(t)dt$를 구하여라.

풀이 $$\int_1^2 u(t)dt = \left[(t+2e^{2t})i + \left(\frac{t^2}{2} - \frac{t^3}{3}\right)j - \frac{2}{3}t^3k\right]_1^2$$

$$= \left(1 + \frac{1}{2}e^4 - \frac{1}{2}e^2\right)i - \frac{5}{6}j - \frac{14}{3}k$$ ◀

예제 11.2.5 $u(t) = ti - 3j + 2tk$, $v(t) = i - 2j + 2k$, $w(t) = 3i + tj - k$일 때, $\int_0^1 u \times (v \times w)\, dt$를 구하여라.

풀이 $$u \times (v \times w) = (u \cdot w) \cdot v - (v \cdot u) \cdot w$$

$$= (3t - 3t - 2t)(i - 2j + 2k) - (t + 6 + 4t)(3i + tj - k)$$

$$= -(17t + 18)i - (5t^2 + 2t)j + (t+6)k$$

이므로

$$\int_0^1 u \times (v \times w)\, dt = \left[-(17t+18)i - (5t^2+2t)j + (t+6)k\right]_0^1$$
$$= -17i - 7j + k$$ ◀

문제 11.2.4 $a(t)$는 $2 \le t \le 3$에서 정의된 벡터함수이고, $a(2) = i - j + 2k$, $a(3) = 4i - 2j + 3k$일 때

$$\int_2^3 a \cdot \frac{da}{dt}\, dt$$

를 구하여라.

평면영역 D에서 정의된 2변수 벡터함수 $x(u, v)$의 중적분은

$$\iint_D x(u,\, v)dudv = \iint_D x(u,\, v)dudv\, i + \iint_D y(u,\, v)dudv\, j + \iint_D z(u,\, v)dudv\, k$$

로 정의한다.

2변수 스칼라함수에 대한 중적분의 성질은 2변수 벡터함수에 대해서도 자연스럽게 일반화될 수 있다.

11.3 벡터장의 발산과 회전

공간의 부분집합 D의 각 점 P에서 정의된 스칼라함수 $f = f(P)$를 스칼라장(scalar field)이라 하고, D의 각 P점에서 정의된 벡터함수 $\boldsymbol{v} = \boldsymbol{v}(P)$를 벡터장(vector field)이라 한다. 예컨대, 온도분포 질량분포는 스칼라장이고, 중력장, 속도분포 등은 벡터장이다. 또한, 접선벡터, 속도벡터, 가속도벡터는 곡선 또는 궤도에 따라 정의되는 벡터장이다.

벡터장 $\boldsymbol{v}$에 대해서, 한 곡선 $\boldsymbol{r} = \boldsymbol{r}(t)$의 각 점 P에서의 접선벡터 $\boldsymbol{r}'$가 $\boldsymbol{v}(P)$와 항상 같은 방향을 가질 때, 이 곡선을 벡터장 $\boldsymbol{v}$의 유선(stream line)이라 한다. 자력계에서 자력선은 유선의 예이다.

직교좌표계에서 스칼라장은 $f = f(x, y, z)$와 같이 나타내고, 벡터장은 스칼라함수 $v_1(x, y, z)$, $v_2(x, y, z)$, $v_3(x, y, z)$를 성분으로 하는

$$\boldsymbol{v} = v_1(x, y, z)\boldsymbol{i} + v_2(x, y, z)\boldsymbol{j} + v_3(x, y, z)\boldsymbol{k}$$

로 나타낼 수 있다.

스칼라장 f의 기울기벡터(gradiant vector)는

$$\nabla f = \left(\frac{\partial f}{\partial x}, \frac{\partial f}{\partial y}, \frac{\partial f}{\partial z}\right) = \frac{\partial f}{\partial x}\boldsymbol{i} + \frac{\partial f}{\partial y}\boldsymbol{j} + \frac{\partial f}{\partial z}\boldsymbol{k}$$

와 같이 정의된 하나의 벡터장이다. 여기서 ∇를 미분연산자로 생각하여

$$\nabla = \frac{\partial}{\partial x}\boldsymbol{i} + \frac{\partial}{\partial y}\boldsymbol{j} + \frac{\partial}{\partial z}\boldsymbol{k}$$

와 같이 표시할 수 있다.

벡터장 $\boldsymbol{v} = v_1\boldsymbol{i} + v_2\boldsymbol{j} + v_3\boldsymbol{k}$에 대하여, 스칼라장

$$\operatorname{div} \boldsymbol{v} = \frac{\partial v_1}{\partial x} + \frac{\partial v_2}{\partial y} + \frac{\partial v_3}{\partial z}$$

를 $\boldsymbol{v}$의 발산(divergence)이라 하고, 이를 미분연산자 ∇를 사용하여

$$\operatorname{div} \boldsymbol{v} = \nabla \cdot \boldsymbol{v}$$

와 같이 나타낸다.

또한, 벡터장 $\boldsymbol{v}=v_1\boldsymbol{i}+v_2\boldsymbol{j}+v_3\boldsymbol{k}$에 대하여, 벡터장

$$\operatorname{curl}\boldsymbol{v}=\left(\frac{\partial v_3}{\partial y}-\frac{\partial v_2}{\partial z}\right)\boldsymbol{i}+\left(\frac{\partial v_1}{\partial z}-\frac{\partial v_3}{\partial x}\right)\boldsymbol{j}+\left(\frac{\partial v_2}{\partial x}-\frac{\partial v_1}{\partial y}\right)\boldsymbol{k}$$

를 $\boldsymbol{v}$의 회전(curl, rotation)이라 하고, 이를 기호로

$$\operatorname{curl}\boldsymbol{v}=\nabla\times\boldsymbol{v}=\begin{vmatrix}\boldsymbol{i}&\boldsymbol{j}&\boldsymbol{k}\\ \dfrac{\partial}{\partial x}&\dfrac{\partial}{\partial y}&\dfrac{\partial}{\partial z}\\ v_1&v_2&v_3\end{vmatrix}$$

와 같이 나타낸다.

한편, 미분연산자

$$\nabla^2=\nabla\cdot\nabla=\frac{\partial^2}{\partial x^2}+\frac{\partial^2}{\partial y^2}+\frac{\partial^2}{\partial z^2}$$

를 Laplace의 연산자(Laplacian operator)라고 한다. 이때, 스칼라장 f와 벡터장 $\boldsymbol{v}=v_1\boldsymbol{i}+v_2\boldsymbol{j}+v_3\boldsymbol{k}$에 대하여

$$\nabla^2 f=\frac{\partial^2 f}{\partial x^2}+\frac{\partial^2 f}{\partial y^2}+\frac{\partial^2 f}{\partial z^2}$$

이고

$$\nabla^2\boldsymbol{v}=\nabla^2 v_1\boldsymbol{i}+\nabla^2 v_2\boldsymbol{j}+\nabla^2 v_3\boldsymbol{k}$$

이다.

예제 11.3.1 $\boldsymbol{v}=x^2yz\,\boldsymbol{i}-xy^2z\,\boldsymbol{j}+xyz^2\boldsymbol{k}$에 대하여, $\operatorname{div}\boldsymbol{v}$와 $\operatorname{curl}\boldsymbol{v}$를 구하여라.

풀이 $\operatorname{div}\boldsymbol{v}=\nabla\cdot\boldsymbol{v}=\dfrac{\partial(x^2yz)}{\partial x}-\dfrac{\partial(xy^2z)}{\partial y}+\dfrac{\partial(xyz^2)}{\partial z}$

$$\operatorname{curl} \boldsymbol{v} = \begin{vmatrix} \boldsymbol{i} & \boldsymbol{j} & \boldsymbol{k} \\ \dfrac{\partial}{\partial x} & \dfrac{\partial}{\partial y} & \dfrac{\partial}{\partial z} \\ x^2yz & -xy^2z & xyz^2 \end{vmatrix} = (xz^2 + xy^2)\boldsymbol{i} - (yz^2 - x^2y)\boldsymbol{j} - (y^2z + x^2z)\boldsymbol{k}$$

$$= x(y^2 + z^2)\boldsymbol{i} + y(x^2 - z^2)\boldsymbol{j} - z(x^2 + y^2)\boldsymbol{k}$$ ◀

문제 11.3.1 다음을 답하시오.

(1) $\boldsymbol{u} = xy\boldsymbol{i} - yz^2\boldsymbol{j} + zx^3\boldsymbol{k}$에 대해서 점 $(1, 1, -1)$에서의 $\operatorname{div} \boldsymbol{u}$와 $\operatorname{curl} \boldsymbol{u}$를 구하여라.

(2) $\boldsymbol{u} = x\cos z\, \boldsymbol{i} + y\sin x\, \boldsymbol{j} - z^2\boldsymbol{k}$의 $\operatorname{div} \boldsymbol{u}$와 $\operatorname{curl} \boldsymbol{u}$를 구하여라.

예제 11.3.2 제2계 편도함수가 연속인 벡터장 $\boldsymbol{v}$에 대하여

$$\nabla \cdot (\nabla \times \boldsymbol{v}) = 0$$

즉, $\operatorname{div}(\operatorname{curl} \boldsymbol{v}) = 0$임을 보여라.

풀이 $\boldsymbol{v} = v_1\boldsymbol{i} + v_2\boldsymbol{j} + v_3\boldsymbol{k}$라 두면

$$\nabla \cdot (\nabla \times \boldsymbol{v}) = \frac{\partial}{\partial x}\left(\frac{\partial v_3}{\partial y} - \frac{\partial v_2}{\partial z}\right) + \frac{\partial}{\partial y}\left(\frac{\partial v_1}{\partial z} - \frac{\partial v_3}{\partial x}\right) + \frac{\partial}{\partial z}\left(\frac{\partial v_2}{\partial x} - \frac{\partial v_1}{\partial y}\right)$$

$$= \left(\frac{\partial^2 v_3}{\partial x \partial y} - \frac{\partial^2 v_3}{\partial y \partial x}\right) + \left(\frac{\partial^2 v_1}{\partial y \partial z} - \frac{\partial^2 v_1}{\partial z \partial y}\right) + \left(\frac{\partial^2 v_2}{\partial z \partial x} - \frac{\partial^2 v_2}{\partial x \partial z}\right)$$

$$= 0$$ ◀

문제 11.3.2 $\boldsymbol{r} = x\boldsymbol{i} + y\boldsymbol{j} + z\boldsymbol{k}$, $r = |\boldsymbol{r}|$일 때 다음을 보여라.

(1) $\nabla r = \dfrac{1}{r}\boldsymbol{r}$ (2) $\nabla f(r) = \dfrac{df}{dr}\dfrac{1}{r}\boldsymbol{r}$

다음은 발산과 회전에 관한 공식을 ∇를 포함하는 형태로 나열한 것이다. 여기서, f, g는 스칼라장, $\boldsymbol{u}$, $\boldsymbol{v}$는 벡터장이다.

(1) $\nabla(f + g) = \nabla f + \nabla g$

(2) $\nabla(fg) = (\nabla f)g + f(\nabla g)$

(3) $\nabla \cdot (u+v) = \nabla \cdot u + \nabla \cdot v$

(4) $\nabla \times (u+v) = \nabla \times u + \nabla \times v$

(5) $\nabla \cdot (fu) = \nabla f \cdot u + f \nabla \cdot u$

(6) $\nabla \times (fu) = \nabla f \times u + f(\nabla \times u)$

(7) $\nabla \cdot (u+v) = (\nabla \times u) \cdot v - u \cdot (\nabla \times v)$

(8) $\nabla \times (u \times v) = (v \cdot \nabla)u - (u \cdot \nabla)v + (\nabla \cdot v)u - (\nabla \cdot u)v$

(9) $\nabla (u \cdot v) = (v \cdot \nabla)u + (u \cdot \nabla)v + v \times (\nabla \times u) + u \times (\nabla \times v)$

(10) $\nabla \times (\nabla \times u) = \nabla(\nabla \cdot u) - \nabla^2 u$

문제 11.3.3 제2계 편도함수가 연속인 스칼라장 f에 대하여 다음을 증명하여라.

(1) $\nabla \cdot (\nabla f) = \nabla^2 f$

(2) $\nabla \times (\nabla f) = 0$

11.4 선적분과 면적분

1) 선적분

벡터방정식 $\boldsymbol{r}=\boldsymbol{r}(t)$ $(a \le t \le b)$로 주어진 곡선 C에 대하여, $\boldsymbol{r}(a)$로부터 $\boldsymbol{r}(t)$까지의 호의 길이 $s=s(t)$는

$$s=\int_a^t \sqrt{\left(\frac{dx}{dt}\right)^2+\left(\frac{dy}{dt}\right)^2+\left(\frac{dz}{dt}\right)^2}\,dt=\int_a^t \left|\frac{d\boldsymbol{r}}{dt}\right| dt$$

로 주어진다. 이때, $\dfrac{ds}{dt}=\left|\dfrac{d\boldsymbol{r}}{dt}\right|>0$이므로 s는 t의 증가함수이다. 따라서 역함수 $t=t(s)$가 존재하고 이것을 $\boldsymbol{r}=\boldsymbol{r}(t)$에 대입하면 $\boldsymbol{r}=\boldsymbol{r}(t(s))$가 된다. 그러므로 곡선 C를 호의 길이 s의 함수로도 나타낼 수 있다. 보통 $\boldsymbol{r}$의 s에 관한 도함수를 $\boldsymbol{r}'$로 나타내고, t에 관한 도함수를 $\dot{\boldsymbol{r}}$로 구별하여 나타낸다. 곡선 $\boldsymbol{r}=\boldsymbol{r}(t(s))$에 대하여

$$\boldsymbol{r}'=\frac{d\boldsymbol{r}}{ds}=\frac{d\boldsymbol{r}}{dt}\frac{dt}{ds}=\dot{\boldsymbol{r}}\frac{dt}{ds}$$

는 접선방향의 벡터이다.

$$|\boldsymbol{r}'|=|\dot{\boldsymbol{r}}|\frac{dt}{ds}=\frac{ds}{dt}\frac{dt}{ds}=1$$

이므로 벡터 $\boldsymbol{r}'$는 단위접선벡터가 된다. 벡터 $\boldsymbol{r}'$를 간단하게 $\boldsymbol{T}=\boldsymbol{T}(s)$로 나타낸다.

이제, 공간에 있는 점 A에서 점 B를 잇는 곡선 C 위에 정의된 스칼라장 $f=f(P)$의 선적분에 대하여 살펴보자.

공간에 있는 점 A에서 점 B를 잇는 곡선 C가 주어졌을 때, 그림 11.4과 같이 곡선 C를 작은 부분곡선으로 분할하고, 각 부분곡선에서 한 개씩의 점 $P_i{}^*$를 택하여 함숫값 $f(P_i{}^*)$와 부분곡선의 두 끝점 사이의 길이 Δs_i에 대한 다음의 합을 생각하자.

$$\sum_{i=1}^{n} f(P_i{}^*)\,\Delta s_k$$

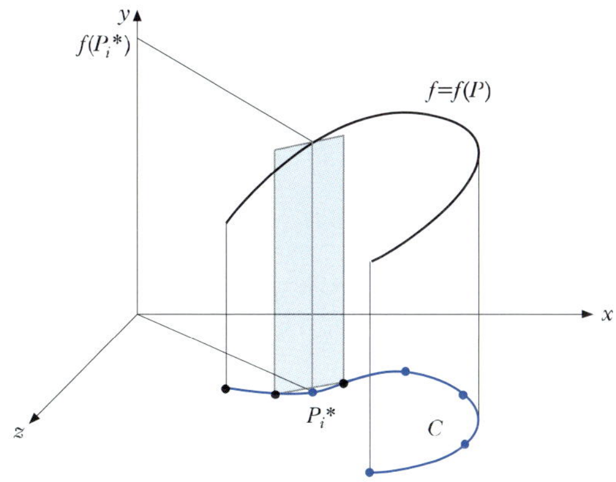

그림 11.4

각 부분 곡선의 길이가 0이 되도록 곡선 C를 무수히 분할할 때, 이 합의 극한이 존재하면 그 극한을 $\int_C f\,ds$로 나타내고, 곡선 C에 따르는 스칼라장 f의 선적분(line integral)이라 한다. 또한, 점 A에서 점 B를 잇는 곡선 C에 따르는 선적분 $\int_C f\,ds$에 대해서, 점 B에서 점 A를 잇는 곡선 $-C$에 따르는 선적분은 $\int_{-C} f\,ds = -\int_C f\,ds$이다. C가 폐곡선인 경우, 선적분 $\int_C f\,ds$를 $\oint_C f\,ds$로 나타낸다.

만일, 곡선 C의 시작점 A에서 C의 임의의 점 P까지 곡선의 길이를 $s=s(P)$라 하고 C의 전체길이를 L이라 하면, 곡선 C의 s에 대한 매개변수방정식이 $\boldsymbol{r}=\boldsymbol{r}(s)$일 때, 곡선 C에 따르는 스칼라장 f의 선적분은

$$\int_0^L f(\boldsymbol{r}(s))\,ds$$

이고, 이 곡선 C가 매개변수방정식이 $\boldsymbol{r}=\boldsymbol{r}(t)\ (a \le t \le b)$일 때, $ds=\left|\frac{d\boldsymbol{r}}{dt}\right|dt$이므로 곡선 C에 따르는 스칼라장 f의 선적분은

$$\int_a^b f(\boldsymbol{r}(t))\left|\frac{d\boldsymbol{r}}{dt}\right|dt$$

가 된다.

다음으로, 공간에 있는 점 A에서 점 B를 잇는 곡선 C에 따르는 벡터장 $\boldsymbol{v}$의 선적분에 대하여 알아보자. 곡선 C에 따르는 벡터장 $\boldsymbol{v}$의 선적분은 스칼라장 $\boldsymbol{v}\cdot\boldsymbol{T}$의 선적분으로 정의하고, $\int_C \boldsymbol{v}\cdot d\boldsymbol{r}$로 나타낸다. 즉

$$\int_C \boldsymbol{v}\cdot d\boldsymbol{r} = \int_C \boldsymbol{v}\cdot\boldsymbol{T}\,ds$$

곡선 C의 매개변수방정식이 $\boldsymbol{r}=\boldsymbol{r}(t)\ (a\le t\le b)$일 때,

$$\int_C \boldsymbol{v}\cdot d\boldsymbol{r} = \int_a^b \boldsymbol{v}(\boldsymbol{r}(t))\cdot\frac{d\boldsymbol{r}}{dt}\,dt$$

와 같이 계산된다.

벡터장 $\boldsymbol{v}$가 $\boldsymbol{v}=v_1\boldsymbol{i}+v_2\boldsymbol{j}+v_3\boldsymbol{k}$로 주어지면 $d\boldsymbol{r}=dx\,\boldsymbol{i}+dy\,\boldsymbol{j}+dz\,\boldsymbol{k}$이므로, $\boldsymbol{v}$의 선적분 $\int_C \boldsymbol{v}\cdot d\boldsymbol{r}$은 흔히

$$\int_C v_1\,dx+v_2\,dy+v_3\,dz$$

로 나타내기도 한다.

또한, 벡터 값을 갖는 선적분을 다음과 같이 정의한다.

$$\int_C f\,d\boldsymbol{r} = \int_C f\,dx\,\boldsymbol{i}+\int_C f\,dy\,\boldsymbol{j}+\int_C f\,dz\,\boldsymbol{k}$$

$$\int_C \boldsymbol{v}\,ds = \int_C v_1\,ds\,\boldsymbol{i}+\int_C v_2\,ds\,\boldsymbol{j}+\int_C v_3\,ds\,\boldsymbol{k}$$

$$\int_C \boldsymbol{v}\times d\boldsymbol{r} = \left(\int_C v_2\,dz-v_3\,dy\right)\boldsymbol{i}+\left(\int_C v_3\,dx-v_1\,dz\right)\boldsymbol{j}+\left(\int_C v_1\,dy-v_2\,dx\right)\boldsymbol{k}$$

곡선 C에 따른 선적분의 의미를 살펴보면 다음과 같다.

1) xy평면의 점 A에서 점 B를 잇는 평면곡선 C에서 함수 $f(x,y)$가 항상 음이 아닌 함숫값을 가진다면 곡선 C에 따르는 함수 $f(x,y)$의 선적분 $\int_C f\,ds$는 그림 11.4와 같

이 xy평면에 놓인 곡선 C 위에 세워진 곡면 S의 넓이를 나타낸다. 또 $\int_C f\,dx$는 그림 11.5와 같은 경우에 곡면 S의 xz평면 위로의 정사영 $\overline{S}$의 넓이를 나타낸다. 또한 보통의 정적분은 C가 선분인 선적분의 특수한 경우이다.

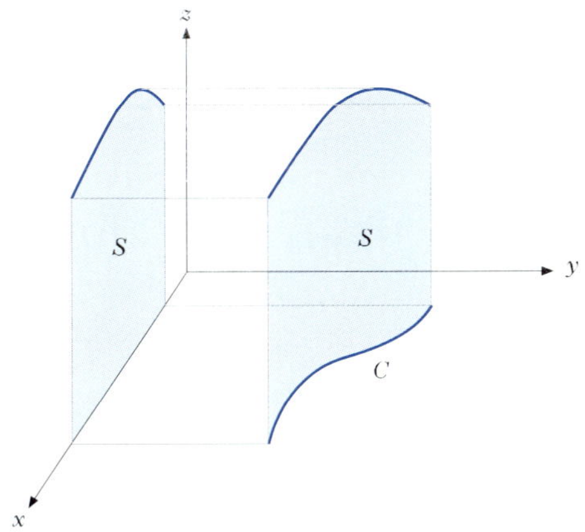

그림 11.5

2) 공간에 있는 점 A에서 점 B를 잇는 곡선 C를 따르는 벡터함수 v의 선적분 $\int_C v \cdot dr$은 힘의 벡터장 v에 의하여 입자가 공간곡선 C 위를 움직일 때 한 일을 나타낸다.

예제 11.4.1 다음에 주어진 선분 C에 따르는 선적분 $\int_C xy\,dx - y\,dy + dz$를 구하여라.

(1) 점 $(0, 0, 0)$에서 점 $(1, 1, 1)$을 잇는 선분

(2) 점 $(0, 0, 0)$에서 점 $(1, 2, 3)$을 잇는 선분

풀이 (1) C가 $x = y = z = t\ (0 \le t \le 1)$이므로

$$\int_0^1 (t^2 - t + 1)\,dt = \frac{5}{6}$$

(2) C가 $x = t,\ y = 2t,\ z = 3t\ (0 \le t \le 1)$이므로

$$\int_0^1 (2t^2 - 4t + 3)dt = \frac{5}{3}$$

◀

문제 11.4.1 다음 각각의 경우에 선적분 $\int_C xz\,dx + xy\,dy - yz\,dz$을 구하여라.

(1) $C: (0,0,1), (1,0,0), (0,1,0)$을 차례로 잇는 절선

(2) $C: (0,0,0), (1,0,0), (1,2,3)$을 차례로 잇는 절선

(3) $C: x = t+1,\ y = 2t^3,\ z = t^2 \quad (0 \le t \le 1)$

예제 11.4.2 스칼라장 f의 정의역 D에 속하는 2점 P, Q에 대해서 P에서 Q를 잇는 임의의 곡선 C에 대해서

$$\int_C \nabla f \cdot d\boldsymbol{r} = f(Q) - f(P)$$

가 성립함을 증명하여라.

풀이 점 P에서 Q를 잇는 곡선 C의 방정식을

$$\boldsymbol{r}(t) = x(t)\boldsymbol{i} + y(t)\boldsymbol{j} + z(t)\boldsymbol{k} \quad (a \le t \le b)$$

라 하면

$$\frac{d\boldsymbol{r}}{dt} = \frac{dx}{dt}\boldsymbol{i} + \frac{dy}{dt}\boldsymbol{j} + \frac{dz}{dt}\boldsymbol{k}$$

이므로

$$\nabla f \cdot \frac{d\boldsymbol{r}}{dt} = \frac{\partial f}{\partial x}\frac{dx}{dt} + \frac{\partial f}{\partial y}\frac{dy}{dt} + \frac{\partial f}{\partial z}\frac{dz}{dt} = \frac{d}{dt}f(x(t), y(t), z(t))$$

따라서

$$\int_C \nabla f \cdot d\boldsymbol{r} = \int_a^b \frac{d}{dt}f(x(t), y(t), z(t))\,dt = f(Q) - f(P)$$ ◀

문제 11.4.2 $\boldsymbol{v} = x\boldsymbol{i} - y\boldsymbol{j} + z\boldsymbol{k}$일 때, 다음 경우에 대해서 $\int_C \boldsymbol{v} \cdot d\boldsymbol{r}$을 구하여라.

(1) $C:\ \boldsymbol{r} = t^3\boldsymbol{i} + t^2\boldsymbol{j} + t\boldsymbol{k} \quad (0 \le t \le 2)$

(2) $C:\ x = \cos t,\ y = \sin t,\ z = t \quad (0 \le t \le \pi/2)$

2) 면적분

매개변수 u, v에 대한 2변수함수로 주어진 벡터함수

$$\boldsymbol{r} = x(u,v)\boldsymbol{i} + y(u,v)\boldsymbol{j} + z(u,v)\boldsymbol{k}, \quad (u,v) \in D$$

는 일반적으로 공간의 곡면 Σ를 정의한다. uv평면의 닫힌 영역 D가 유계이고, 함수 $x(u,v)$, $y(u,v)$, $z(u,v)$가 D에서 편미분가능이라 하자. 지금 v의 값을 고정하고 u만 변화시키면 점 P는 곡면 Σ 위에서 하나의 곡선(u곡선)을 얻는다. 따라서 점 $P(x(u,v),\ y(u,v),\ z(u,v))$에서 이 곡선의 접선벡터는 $\boldsymbol{r}_u = \dfrac{\partial \boldsymbol{r}}{\partial u}$이다. 마찬가지로, u의 값을 고정하고 v만 변화시키면 점 P는 곡면 Σ 위에서 또 하나의 곡선(v곡선)을 얻는다. 이 곡선의 접선벡터는 $\boldsymbol{r}_v = \dfrac{\partial \boldsymbol{r}}{\partial v}$이다. 이들이 항상 1차독립일 때, 벡터 $\boldsymbol{r}_u$, $\boldsymbol{r}_v$는 한 평면을 결정한다. 그 평면을 점 P에서 곡면 Σ의 접평면(tangent plane)이라 한다. 또 접평면에 수직인 벡터는 $\boldsymbol{r}_u \times \boldsymbol{r}_v$이고, 그 단위벡터

$$\boldsymbol{n} = \frac{1}{|\boldsymbol{r}_u \times \boldsymbol{r}_v|}(\boldsymbol{r}_u \times \boldsymbol{r}_v)$$

를 점 P에서 곡면 Σ의 단위법선벡터(unit normal vector)라 한다.

이제, 곡면 Σ 위에서 스칼라장 f의 면적분에 대하여 살펴보자. 곡면 Σ를 작은 부분곡면으로 분할하고, 각 부분곡면에서 한 개씩의 점 $P_i{}^*$를 택하여 함숫값 $f(P_i{}^*)$와 부분곡면의 넓이 $\Delta S_i\ (i = 1,\ \ldots,\ n)$의 곱에 대한 다음의 합을 생각하자.

$$\sum_{i=1}^{n} f(P_i{}^*)\Delta S_i$$

각 부분곡면의 두 점 사이의 거리가 모두 0이 되도록 곡면 Σ를 무수히 분할할 때, 이 합의 극한이 존재하면 그 극한을 $\iint_{\Sigma} f\, dS$로 나타내고, 곡면 Σ 위에서 스칼라장 f의 면적분(surface integral)이라 한다.

곡면 Σ의 분할에 대하여, $\Delta S_i \approx \left|\dfrac{\partial \boldsymbol{r}}{\partial u} \times \dfrac{\partial \boldsymbol{r}}{\partial v}\right| \Delta u \Delta v$이므로

$$\sum_{i=1}^{n} f(P_i{}^*)\Delta S_i \approx \sum_{i=1}^{n} f(P_i{}^*)\left|\frac{\partial \boldsymbol{r}}{\partial u} \times \frac{\partial \boldsymbol{r}}{\partial v}\right| \Delta u \Delta v$$

따라서

$$\iint_{\Sigma} f\,dS = \iint_{D} f(x(u,v),\, y(u,v),\, z(u,v))\left|\frac{\partial \boldsymbol{r}}{\partial u}\times\frac{\partial \boldsymbol{r}}{\partial v}\right| du\,dv$$

또한

$$D^* = \{\,(x,y)\mid x = x(u,v),\ y = y(u,v),\ (u,v)\in D\}$$

로 정의된 xy평면의 영역 D^*에 대하여, Σ가 $z = g(x,y)$, $(x,y)\in D^*$에 의하여 정의되는 곡면일 때

$$\left|\frac{\partial \boldsymbol{r}}{\partial u}\times\frac{\partial \boldsymbol{r}}{dv}\right| = \sqrt{1+\left(\frac{\partial g}{\partial x}\right)^2+\left(\frac{\partial g}{\partial y}\right)^2}\,\left|\frac{\partial(x,y)}{\partial(u,v)}\right|$$

이므로

$$\iint_{\Sigma} f\,dS = \iint_{D^*} f(x,y,g(x,y))\sqrt{1+\left(\frac{\partial g}{\partial x}\right)^2+\left(\frac{\partial g}{\partial y}\right)^2}\,dxdy$$

임을 알 수 있다. 한편

$$\iint_{\Sigma} 1\,dS = \iint_{D^*}\sqrt{1+\left(\frac{\partial g}{\partial x}\right)^2+\left(\frac{\partial g}{\partial y}\right)^2}\,dxdy$$

이므로, $\iint_{\Sigma} 1\,dS$는 곡면 Σ의 넓이를 나타낸다.

벡터장 $\boldsymbol{v} = \boldsymbol{v}(x,y,z)$가 매끄러운 곡면 Σ에서 정의된 연속함수라고 하자. 이때, 곡면 Σ에서 벡터장 $\boldsymbol{v} = \boldsymbol{v}(x,y,z)$의 면적분(surface integral) $\iint_{\Sigma}\boldsymbol{v}\cdot d\boldsymbol{S}$를 Σ에서 스칼라장 $\boldsymbol{v}\cdot\boldsymbol{n}$의 면적분으로 정의한다. 즉

$$\iint_{\Sigma}\boldsymbol{v}\cdot d\boldsymbol{S} = \iint_{\Sigma}\boldsymbol{v}\cdot\boldsymbol{n}\,dS$$

곡면 Σ에서 벡터장 $\boldsymbol{v}$의 면적분은

$$\iint_{\Sigma}\boldsymbol{v}\cdot d\boldsymbol{S} = \iint_{D}\boldsymbol{v}(\boldsymbol{r}(u,v))\cdot(\boldsymbol{r}_u\times\boldsymbol{r}_v)\,dudv$$

로 계산되고, Σ가 $z=g(x,y)$, $(x,y)\in D^*$에 의하여 정의되는 곡면일 때

$$\iint_{\Sigma} \boldsymbol{v}\cdot d\boldsymbol{S} = \iint_{D^*} \boldsymbol{v}(x,y,g(x,y))\cdot\left(-\frac{\partial g}{\partial x}\boldsymbol{i}-\frac{\partial g}{\partial y}\boldsymbol{j}+\boldsymbol{k}\right)dxdy$$

로 계산된다. 특히, $\boldsymbol{v}$가 유체의 속도 벡터장일 때, 이 면적분은 $\boldsymbol{v}$ 아래서 곡면 Σ를 지나는 유동(flux)을 나타낸다.

선적분의 경우와 같이, 벡터 값을 갖는 면적분을 다음과 같이 생각할 수 있다.

$$\iint_{\Sigma} \boldsymbol{v}\,dS = \iint_{\Sigma} v_1\,dS\,\boldsymbol{i} + \iint_{\Sigma} v_2\,dS\,\boldsymbol{j} + \iint_{\Sigma} v_3\,dS\,\boldsymbol{k},$$

$$\iint_{\Sigma} f\,d\boldsymbol{S} = \iint_{\Sigma} f\boldsymbol{n}\,dS$$

$$\iint_{\Sigma} \boldsymbol{v}\times d\boldsymbol{S} = \iint_{\Sigma} \boldsymbol{v}\times\boldsymbol{n}\,dS$$

예제 11.4.3 $\boldsymbol{v}=x\boldsymbol{i}+y\boldsymbol{j}+z\boldsymbol{k}$일 때, 주면 $x^2+y^2=4$ $(0\le z\le 3)$의 측면 Σ 위에서 벡터장 $\boldsymbol{v}$의 면적분을 구하여라.

풀이 곡면 Σ의 $x\ge 0$인 부분에 대한 방정식은

$$\boldsymbol{r}=\sqrt{4-y^2}\,\boldsymbol{i}+y\boldsymbol{j}+z\boldsymbol{k}\quad(-2\le y\le 2,\ 0\le z\le 3)$$

이므로

$$\frac{\partial \boldsymbol{r}}{\partial y}=-\frac{y}{\sqrt{4-y^2}}\boldsymbol{i}+\boldsymbol{j},\quad \frac{\partial \boldsymbol{r}}{\partial z}=\boldsymbol{k}$$

이고

$$\frac{\partial \boldsymbol{r}}{\partial y}\times\frac{\partial \boldsymbol{r}}{\partial z}=\boldsymbol{i}+\frac{y}{\sqrt{4-y^2}}\boldsymbol{j},\qquad \left|\frac{\partial \boldsymbol{r}}{\partial y}\times\frac{\partial \boldsymbol{r}}{\partial z}\right|=\frac{2}{\sqrt{4-y^2}}$$

이므로

$$\boldsymbol{n}=\frac{\sqrt{4-y^2}}{2}\boldsymbol{i}+\frac{y}{2}\boldsymbol{j}$$

를 얻는다. 따라서

$$\iint_{\Sigma} \boldsymbol{v} \cdot \boldsymbol{n}\, dS = \iint_{D} \frac{4}{\sqrt{4-y^2}} dz dy = \int_0^3 \int_{-2}^{2} \frac{4}{\sqrt{4-y^2}}\, dy\, dz = 12\pi \quad ◀$$

별해 곡면 Σ의 방정식은

$$\boldsymbol{r} = 2\cos\theta\, \boldsymbol{i} + 2\sin\theta\, \boldsymbol{j} + u\boldsymbol{k} \quad (0 \le \theta \le 2\pi,\ 0 \le u \le 3)$$

이므로

$$\frac{\partial \boldsymbol{r}}{\partial \theta} = -2\sin\theta\, \boldsymbol{i} + 2\cos\theta\, \boldsymbol{j}, \quad \frac{\partial \boldsymbol{r}}{\partial u} = \boldsymbol{k}$$

$$\frac{\partial \boldsymbol{r}}{\partial \theta} \times \frac{\partial \boldsymbol{r}}{\partial u} = 2\cos\theta\, \boldsymbol{i} + 2\sin\theta\, \boldsymbol{j}, \quad \left| \frac{\partial \boldsymbol{r}}{\partial \theta} \times \frac{\partial \boldsymbol{r}}{\partial u} \right| = 2$$

이고 $\boldsymbol{n} = \cos\theta\, \boldsymbol{i} + \sin\theta\, \boldsymbol{j}$이므로

$$\iint_{\Sigma} \boldsymbol{v} \cdot \boldsymbol{n}\, dS = \iint_{D} 4\, du\, d\theta = \int_0^3 \int_0^{2\pi} 4\, d\theta\, du = 24\pi$$

문제 11.4.3 $\boldsymbol{v} = z\boldsymbol{i} + x\boldsymbol{j} - y^2\boldsymbol{k}$일 때, 곡면 $\Sigma: x^2 + y^2 = 16$ $(x \ge 0,\ y \ge 0,\ 0 \le z \le 3)$ 위에서 벡터장 $\boldsymbol{v}$의 면적분을 구하여라.

스칼라장 $f(x, y, z)$가 입체영역 V에서 정의된 연속함수일 때, V 위에서 $f(x, y, z)$의 삼중적분 $\iiint_V f(x, y, z)\, dx\, dy\, dz$를 V 위에서 $f(x, y, z)$의 체적분(volume integral)이라고도 한다.

11.5 주요 정리

이 절에서는 선적분, 이중적분, 면적분 및 체적분 사이의 관계를 보여주는 Green의 정리, 발산정리, Stokes의 정리 등 벡터해석에서 중요한 결과를 살펴본다.

1) Green의 정리

다음 Green의 정리와 함께, 평면에서 선적분과 이중적분과의 관계에 대하여 알아보자.

정리 11.5

유계인 평면영역 D가 그림 11.6과 같이 조각마다 매끄러운 단순 닫힌곡선 C_i $(i=1, \ldots, k)$로 둘러싸여 있고, $C_i\,(2 \leq i \leq k)$가 D에서 서로 분리되어 있다. 이때, D와 $C = C_1 \cup \cdots \cup C_k$를 포함하는 열린집합에서 벡터장 $P(x,y)$, $Q(x,y)$ 및 $\dfrac{\partial P}{\partial y}$, $\dfrac{\partial Q}{\partial x}$가 연속일 때, 다음이 성립한다.

$$\int_C P(x,y)\,dx + Q(x,y)\,dy = \iint_D \left(\frac{\partial Q}{\partial x} - \frac{\partial P}{\partial y}\right) dxdy$$

단, 경계곡선 C의 방향은 D를 왼쪽에 두고 진행하는 방향이다.

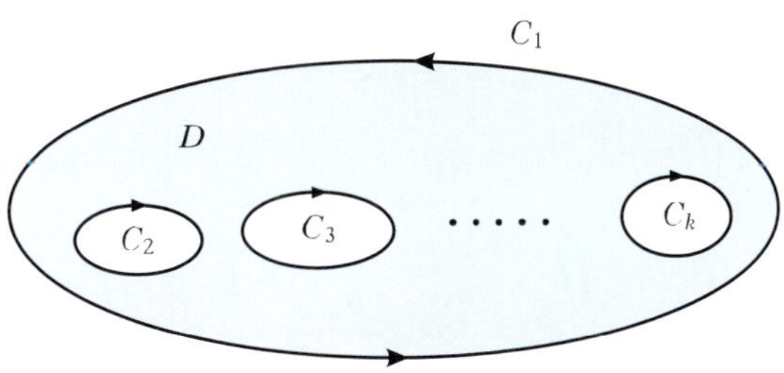

그림 11.6

증명 먼저 $k=1$일 때, 증명하자.

$D: a \leq x \leq b,\ f_1(x) \leq y \leq f_2(x)$일 때

$$-\iint_D \frac{\partial P}{\partial y} dxdy = -\int_a^b \int_{f_1(x)}^{f_2(x)} \frac{\partial P}{\partial y} dy\,dx = -\int_a^b \left(P(x, f_2(x)) - P(x, f_1(x))\right) dx$$

$$= \int_a^b P(x, f_1(x))dx - \int_a^b P(x, f_2(x))dx = \int_C P(x, y)dx$$

이고, 같은 방법으로 $D : g_1(y) \le y \le g_2(y),\ c \le x \le d$일 때

$$\iint_D \frac{\partial Q}{\partial x} dxdy = \int_c^d \int_{g_1(y)}^{g_2(y)} \frac{\partial Q}{\partial x} dxdy = \int_c^d \left(Q(g_2(y), y) - Q(g_1(y), y)\right) dy$$

$$= \int_c^d Q(g_2(y), y)\,dy - \int_c^d Q(g_1(y), y)\,dy = \int_C Q(x, y)dy$$

따라서 두 결과를 더하여, 구하는 식을 얻는다.

일반적인 영역의 경우에는 주어진 영역을 그림 11.7의 (a)와 같이 위의 형태로 나눌 수 있으므로, 각 분할된 영역에서도 위와 같은 방법으로 증명을 완성할 수 있다.

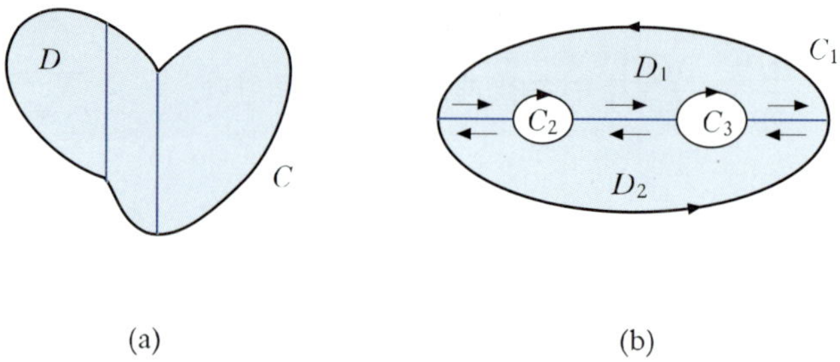

그림 11.7

$k > 1$인 경우에는 그림 11.7의 (b)와 같이 분할하여 각 분할된 영역이 단순 연결된 영역이 되도록 나누고, 각 영역에 대해 그림 (a)의 경우의 방법을 적용한다. 특히, $k = 3$인 경우에 다음을 얻는다.

$$\iint_D \left(\frac{\partial Q}{\partial x} - \frac{\partial P}{\partial y}\right) dxdy = \iint_{D_1} \left(\frac{\partial Q}{\partial x} - \frac{\partial P}{\partial y}\right) dxdy + \iint_{D_2} \left(\frac{\partial Q}{\partial x} - \frac{\partial P}{\partial y}\right) dxdy$$

$$= \int_{C_1} Pdx + Qdy + \int_{C_2} Pdx + Qdy + \int_{C_3} Pdx + Q\,dy$$

$$= \int_C P(x, y)dx + Q(x, y)dy$$

▨

예제 11.5.1 곡선 C가 제1사분면에서 $y=x^2$과 $y=x^3$로 둘러싸인 영역 D의 경계일 때, Green의 정리를 이용하여 다음 선적분을 구하여라.

$$\int_C (x^2-y^2)dx+(2y-x)dy$$

풀이 $P(x,y)=x^2-y^2,\ Q(x,y)=2y-x$이므로, $\dfrac{\partial P}{\partial y}=-2y,\ \dfrac{\partial Q}{\partial x}=-1$

이다. 따라서

$$\int_C (x^2-y^2)dx+(2y-x)dy=\iint_\Omega (-1+2y)dxdy$$

$$=\int_0^1\int_{x^3}^{x^2}(-1+2y)dydx=-\frac{11}{420} \quad ◀$$

문제 11.5.1 점 $A(2,1)$, $B(0,1)$에 대하여, C가 $\triangle OAB$의 변일 때 $\int_C x^2y\,dx+(y-x^2)dy$을 구하여라.

2) 발산정리

면적분과 체적분의 관계를 보여주는 발산정리(divergence theorem)를 다음 정리에서 살펴보자.

정리 11.6 (발산정리)

닫힌곡면 Σ로 둘러싸인 입체영역 V와 벡터장 $\boldsymbol{v}$에 대하여 다음이 성립한다.

$$\iint_\Sigma \boldsymbol{v}\cdot\boldsymbol{n}\,dS=\iiint_V \operatorname{div}\boldsymbol{v}\,dx\,dy\,dz$$

단 $\boldsymbol{n}$은 Σ에서 V의 바깥으로 향하는 단위법선벡터를 나타낸다.

증명 벡터장을 $\boldsymbol{v}=v_1\boldsymbol{i}+v_2\boldsymbol{j}+v_3\boldsymbol{k}$라 두고, 그림 11.8에서와 같이 곡면 Σ는 z축

에 평행한 직선과 꼭 한 점에서만 만나는 곡면 Σ_1과 Σ_2로 나눌 수 있다고 가정하자. 이때

$$\begin{aligned}\iiint_V \frac{\partial v_1}{\partial z}\,dx\,dy\,dz &= \iint_D \left(\int_{z_1}^{z_2} \frac{\partial v_1}{\partial z}dz\right)dxdy \\ &= \iint_D \big(v_1(x,\, y,\, z_2) - v_1(x,\, y,\, z_1)\big)\,dxdy\end{aligned}$$

여기서, $z_1 = z_1(x,\, y)$, $z_2 = z_2(x,\, y)$는 각각 곡면 Σ_1, Σ_2를 나타내는 방정식이고, D는 닫힌곡면 Σ를 xy평면에 정사영하여 생기는 영역이다. 이때, 곡면 Σ_1, Σ_2의 벡터방정식은

$$\boldsymbol{r}_1 = x\boldsymbol{i} + y\boldsymbol{j} + z_1(x,\, y)\boldsymbol{k},\ \ \boldsymbol{r}_2 = x\boldsymbol{i} + y\boldsymbol{j} + z_2(x,\, y)\boldsymbol{k}\ \ ((x,\, y) \in D)$$

로 주어진다.

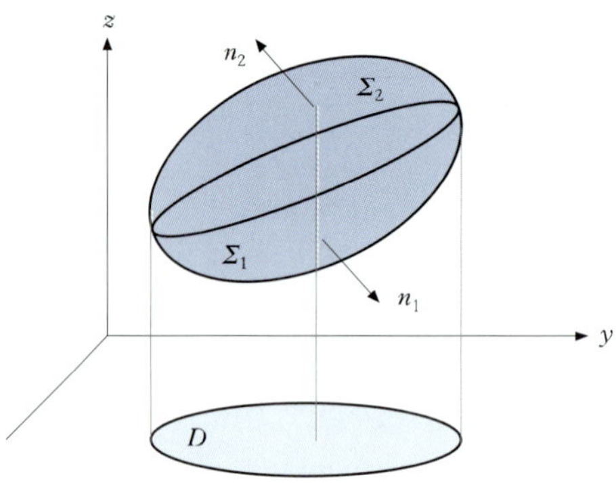

그림 11.8

Σ에서 V의 바깥으로 향하는 단위법선벡터를 곡면 Σ_1에서 $\boldsymbol{n}_1$, 곡면 Σ_2에서 $\boldsymbol{n}_2$라 하면

$$\frac{\partial \boldsymbol{r}_2}{\partial x} = \boldsymbol{i} + \frac{\partial z_2}{\partial x}\boldsymbol{k}, \qquad \frac{\partial \boldsymbol{r}_2}{\partial y} = \boldsymbol{j} + \frac{\partial z_2}{\partial y}\boldsymbol{k}$$

로부터

$$\boldsymbol{n}_2 = \frac{1}{\left|\frac{\partial \boldsymbol{r}_2}{\partial x} \times \frac{\partial \boldsymbol{r}_2}{\partial y}\right|} \frac{\partial \boldsymbol{r}_2}{\partial x} \times \frac{\partial \boldsymbol{r}_2}{\partial y}$$

$$= \frac{1}{\sqrt{1+\left(\frac{\partial z_2}{\partial x}\right)^2 + \left(\frac{\partial z_2}{\partial y}\right)^2}} \left(-\frac{\partial z_2}{\partial x}\boldsymbol{i} - \frac{\partial z_2}{\partial y}\boldsymbol{j} + \boldsymbol{k}\right)$$

이다. 또, 곡면 Σ_1에서 x곡선, y곡선의 접선벡터는 각각 $\frac{\partial \boldsymbol{r}_1}{\partial x}$, $\frac{\partial \boldsymbol{r}_1}{\partial y}$이나, 법선벡터 $\boldsymbol{n}_1$의 방향은 $\frac{\partial \boldsymbol{r}_1}{\partial x} \times \frac{\partial \boldsymbol{r}_1}{\partial y}$의 방향과 반대이므로

$$\boldsymbol{n}_1 = \frac{-1}{\sqrt{1+\left(\frac{\partial z_1}{\partial x}\right)^2 + \left(\frac{\partial z_1}{\partial y}\right)^2}} \left(-\frac{\partial z_1}{\partial x}\boldsymbol{i} - \frac{\partial z_1}{\partial y}\boldsymbol{j} + \boldsymbol{k}\right)$$

따라서 곡면 Σ의 단위법선벡터를 $\boldsymbol{n} = \alpha\boldsymbol{i} + \beta\boldsymbol{j} + \gamma\boldsymbol{k}$라 하면 Σ_2에서

$$\frac{1}{\sqrt{1+\left(\frac{\partial z_2}{\partial x}\right)^2 + \left(\frac{\partial z_2}{\partial y}\right)^2}} = \gamma$$

이고, Σ_1에서

$$\frac{-1}{\sqrt{1+\left(\frac{\partial z_1}{\partial x}\right)^2 + \left(\frac{\partial z_1}{\partial y}\right)^2}} = \gamma$$

이므로

$$\iint_D v_1(x, y, z_2(x, y))\,dxdy - \iint_D v_1(x, y, z_1(x, y))\,dxdy$$

$$= \iint_{\Sigma_2} \frac{v_1(x, y, z_2)}{\sqrt{1+\left(\frac{\partial z_2}{\partial x}\right)^2 + \left(\frac{\partial z_2}{\partial y}\right)^2}}\,dS - \iint_{\Sigma_1} \frac{v_1(x, y, z_1)}{\sqrt{1+\left(\frac{\partial z_1}{\partial x}\right)^2 + \left(\frac{\partial z_1}{\partial y}\right)^2}}\,dS$$

$$= \iint_{\Sigma_2} v_1\gamma\,dS + \iint_{\Sigma_1} v_1\gamma\,dS = \iint_{\Sigma} v_1\gamma\,dS$$

따라서

$$\iiint_V \frac{\partial v_1}{\partial z} dxdydz = \iint_\Sigma v_1 \gamma \, dS$$

마찬가지로

$$\iiint_V \frac{\partial v_2}{\partial x} dxdydz = \iint_\Sigma v_2 \alpha \, dS, \quad \iiint_V \frac{\partial v_3}{\partial y} dxdydz = \iint_\Sigma v_3 \beta \, dS$$

가 성립한다. 이 세 식을 변끼리 더하면

$$\iiint_V \mathrm{div}\boldsymbol{v} \, dxdydz = \iint_\Sigma (v_1\alpha + v_2\beta + v_3\gamma) \, dS = \iint_\Sigma \boldsymbol{v} \cdot \boldsymbol{n} \, dS$$

곡면 Σ가 복잡한 형태 예컨대, 그림 11.9의 (a)에서와 같이 z축에 평행한 직선과 네 점에서 만나는 경우는, 곡면 Σ를 곡면 K로 분해해서 Σ_1과 Σ_2라고 하면 Σ_1과 K로 되는 곡면과 Σ_2와 K로 되는 곡면에 대해서 위의 공식 등이 성립하고, 쌍방에 공통인 곡면 K에서 각각 법선벡터가 반대로 향하기 때문에 면적분의 값은 상쇄된다. 따라서 곡면 Σ에 대해서도 위의 공식 등이 성립한다. 또한, 그림 11.9의 (b)와 같은 형태의 곡면은 두 개의 곡면 K_1, K_2으로 분해하면 된다.

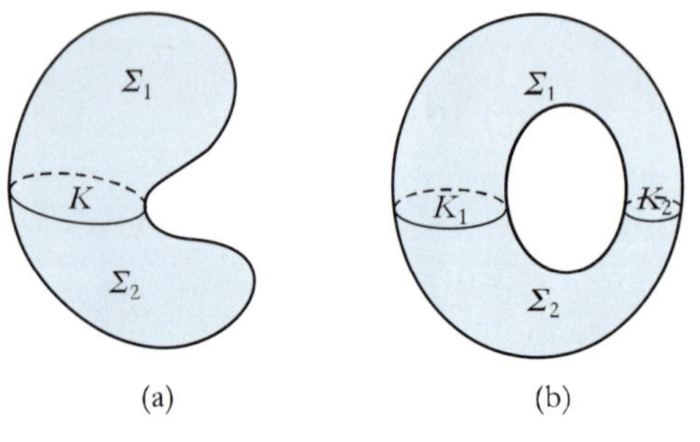

그림 11.9

Green의 정리의 결과 식을 바꾸어 나타내면

$$\int_C -Q(x,y)\,dx + P(x,y)\,dy = \iint_D \left(\frac{\partial P}{\partial x} + \frac{\partial Q}{\partial y}\right) dxdy$$

여기서, $\boldsymbol{v} = P(x, y)\boldsymbol{i} + Q(x, y)\boldsymbol{j}$, $\operatorname{div}\boldsymbol{v} = \dfrac{\partial P}{\partial x} + \dfrac{\partial Q}{\partial y}$라 두면 곡선 C의 단위법선벡터 $\boldsymbol{n} = \dfrac{dy}{ds}\boldsymbol{i} - \dfrac{dx}{ds}\boldsymbol{j}$에 대하여, $\boldsymbol{v} \cdot \boldsymbol{n}ds = -Q(x, y)\,dx + P(x, y)\,dy$이므로

$$\int_C \boldsymbol{v} \cdot \boldsymbol{n}\, ds = \iint_D \operatorname{div}\boldsymbol{v}\, dx\, dy$$

따라서 Green의 정리의 공간에 대한 일반화가 발산정리임을 알 수 있다.

예제 11.5.2 구면 $\Sigma: x^2 + y^2 + z^2 = a^2$에서 벡터장 $\boldsymbol{v} = x\boldsymbol{i} + y\boldsymbol{j} + z\boldsymbol{k}$의 면적분을 구하고, 발산정리를 확인하여라.

풀이 구면의 방정식을

$$\boldsymbol{r} = a\sin u\cos v\,\boldsymbol{i} + a\sin u\sin v\,\boldsymbol{j} + a\cos u\,\boldsymbol{k} \quad (0 \le u \le \pi,\ 0 \le v \le 2\pi)$$

라 두면, 편도함수 $\boldsymbol{r}_u$, $\boldsymbol{r}_v$는

$$\boldsymbol{r}_u = a\cos u\cos u\,\boldsymbol{i} + a\cos u\sin v\,\boldsymbol{j} - a\sin u\,\boldsymbol{k}$$

$$\boldsymbol{r}_v = -a\sin u\sin v\,\boldsymbol{i} + a\sin u\cos v\,\boldsymbol{j}$$

따라서

$$\boldsymbol{r}_u \times \boldsymbol{r}_v = a^2\sin^2 u\cos v\,\boldsymbol{i} + a^2\sin^2 u\sin v\,\boldsymbol{j} + a^2\sin u\cos u\,\boldsymbol{k}$$

$$|\boldsymbol{r}_u \times \boldsymbol{r}_v| = a^2\sqrt{\sin^4 u + \sin^2 u\cos^2 u} = a^2\sin u$$

이고

$$\boldsymbol{n} = \sin u\cos v\,\boldsymbol{i} + \sin u\sin v\,\boldsymbol{j} + \cos u\,\boldsymbol{k}$$

$$\boldsymbol{v} \cdot \boldsymbol{n} = a(\sin^2 u\cos^2 v + \sin^2 u\sin^2 v + \cos^2 u) = a$$

이므로, Σ에서 벡터장 $\boldsymbol{v}$의 면적분은

$$\iint_\Sigma \boldsymbol{v} \cdot \boldsymbol{n}\, dS = \iint_D a^3\sin u\, du dv$$

$$= \int_0^{2\pi}\int_0^{\pi} a^3\sin u\, du\, dv = 4\pi a^3$$

다음으로, 구면으로 둘러싸인 입체를 V라 하면

$$\iiint_V \operatorname{div} \boldsymbol{v}\, dx\, dy\, dz = 3\iiint_V 1\, dx\, dy\, dz = 4\pi a^3$$

따라서

$$\iint_\Sigma \boldsymbol{v} \cdot \boldsymbol{n}\, dS = \iiint_V \operatorname{div} \boldsymbol{v}\, dx\, dy\, dz$$

가 성립함을 알 수 있다.

공간에서 선적분과 면적분의 관계를 보여주는 다음 Stokes의 정리를 살펴보자.

3) Stokes의 정리

정리 11.7

단힌곡선 C를 경계로 갖는 곡면 Σ에서 정의된 벡터장 $\boldsymbol{v}$가 Σ를 포함하는 열린 영역에서 연속인 편도함수를 가지고, curl $\boldsymbol{v}$가 연속이면

$$\int_C \boldsymbol{v} \cdot d\boldsymbol{r} = \iint_\Sigma \operatorname{curl} \boldsymbol{v} \cdot \boldsymbol{n}\, dS$$

증명 먼저, 경계곡선 C가 단일곡선일 때, Σ에서 정의된 스칼라장 v_1에 대해서

$$\iint_\Sigma \left(\frac{\partial v_1}{\partial z}\beta - \frac{\partial v_1}{\partial y}\gamma\right) dS = \int_C v_1 dx$$

가 성립하는 것을 보이자. 곡면 Σ는 z축에 평행인 직선과 꼭 한 점에서만 만난다고 하고, 그 방정식을 $z = g(x, y)$라 하자. 또 그림 11.10에서 보는 것처럼, xy평면에 대한 곡면 Σ의 정사영을 D라 하고 그 경계곡선을 C'라 하자.

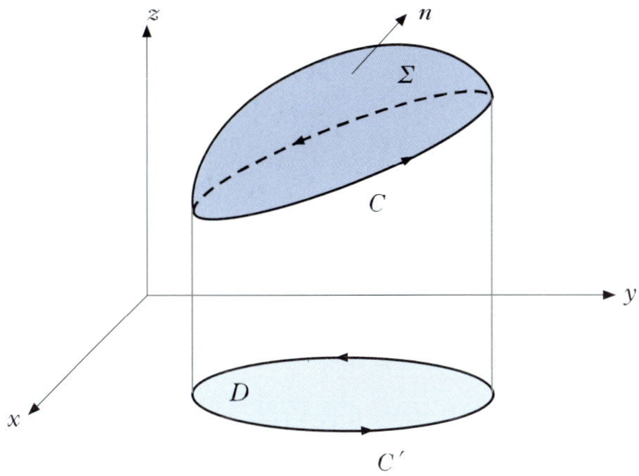

그림 11.10

곡면 Σ의 벡터방정식은 $\boldsymbol{r} = x\,\boldsymbol{i} + y\,\boldsymbol{j} + g(x, y)\,\boldsymbol{k}$이므로

$$\boldsymbol{r}_x = \boldsymbol{i} + g_x\,\boldsymbol{k}, \quad \boldsymbol{r}_y = \boldsymbol{j} + g_y\,\boldsymbol{k}$$

가 되어 Σ의 단위법선벡터는

$$\boldsymbol{n} = \frac{-g_x}{\sqrt{1+g_x^2+g_y^2}}\,\boldsymbol{i} + \frac{-g_y}{\sqrt{1+g_x^2+g_y^2}}\,\boldsymbol{j} + \frac{1}{\sqrt{1+g_x^2+g_y^2}}\,\boldsymbol{k}$$

여기서

$$\alpha = \frac{-g_x}{\sqrt{1+g_x^2+g_y^2}}, \ \beta = \frac{-g_y}{\sqrt{1+g_x^2+g_y^2}}, \ \gamma = \frac{1}{\sqrt{1+g_x^2+g_y^2}}$$

라 두면

$$\begin{aligned}
&\iint_{\Sigma}\left(\frac{\partial v_1}{\partial z}\beta - \frac{\partial v_1}{\partial y}\gamma\right)dS \\
&= \iint_{D}\left[\frac{\partial v_1}{\partial z}\left(\frac{-g_y}{\sqrt{1+g_x^2+g_y^2}}\right) - \frac{\partial v_1}{\partial y}\left(\frac{1}{\sqrt{1+g_x^2+g_y^2}}\right)\right]\sqrt{1+g_x^2+g_y^2}\,dxdy \\
&= -\iint_{D}\left(\frac{\partial v_1}{\partial z}\frac{\partial z}{\partial y} + \frac{\partial v_1}{\partial y}\right)dxdy
\end{aligned}$$

이다. 그런데 $v_1(x, y, g(x, y)) = f(x, y)$라 두면

$$\frac{\partial f}{\partial y} = \frac{\partial v_1}{\partial z}\frac{\partial z}{\partial y} + \frac{\partial v_1}{\partial y}$$

이고, 또한 Green의 정리를 이용하면

$$-\iint_D \left(\frac{\partial v_1}{\partial z}\frac{\partial z}{\partial y} + \frac{\partial v_1}{\partial y}\right) dxdy = -\iint_D \frac{\partial f}{\partial z}\,dxdy = \int_{C'} f(x,y)\,dx$$

여기서, 곡면의 경계 C와 xy평면에 대한 정사영 C'에 대해서, 대응하는 점 (x, y)에서 $f(x,\ y) = v_1(x,\ y,\ z)$이고, 곡면 C를 따라 $f(x, y)$를 변수 x로 적분하는 것이나, C'를 따라 같은 변수 x로 적분하는 것이나 같기 때문에

$$\int_{C'} f\,dx = \int_{C'} v_1\,dx$$

가 성립한다. 마찬가지로

$$\iint_\Sigma \left(\frac{\partial v_2}{\partial x}\gamma - \frac{\partial v_2}{\partial z}\alpha\right) dS = \int_C v_2\,dy$$

$$\iint_\Sigma \left(\frac{\partial v_3}{\partial y}\alpha - \frac{\partial v_3}{\partial x}\beta\right) dS = \int_C v_3\,dz$$

여기서

$$\text{curl}\,\boldsymbol{v}\cdot\boldsymbol{n} = \left(\frac{\partial v_3}{\partial y} - \frac{\partial v_2}{\partial z}\right)\alpha + \left(\frac{\partial v_1}{\partial z} - \frac{\partial v_3}{\partial x}\right)\beta + \left(\frac{\partial v_2}{\partial x} - \frac{\partial v_1}{\partial y}\right)\gamma$$

이므로, 세 개의 식을 더하면

$$\iint_\Sigma \text{curl}\,\boldsymbol{v}\cdot\boldsymbol{n}\,dS = \int_C \boldsymbol{v}\cdot d\boldsymbol{r}$$

곡면 Σ가 복잡한 경우는 곡면을 적당히 분해하여 생각하면 된다. 또한, 그림 11.11에서와 같이, 경계가 두 개의 폐곡선 $C_1,\ C_2$일 때는 곡면 Σ 위의 곡선 L로 곡선 $C_1,\ C_2$를 맺고 이들을 하나의 경계로 보면, 곡선 L에서 두 개의 선적분의 값은 서로 소거된다. 따라서 이 경우도 Stokes의 정리가 성립하는 것을 알 수 있다.

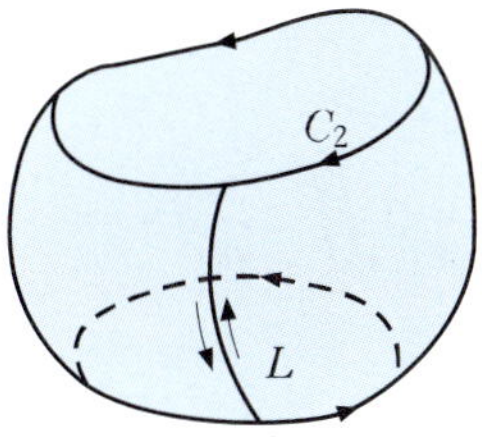

그림 11.11

평면영역 D의 경계곡선 C와 벡터장 $\boldsymbol{v}=v_1\boldsymbol{i}+v_2\boldsymbol{j}$에 대하여, D의 단위법선벡터는 $\boldsymbol{n}=\boldsymbol{k}$이므로 $\operatorname{curl}\boldsymbol{v}\cdot\boldsymbol{n}=\dfrac{\partial v_2}{\partial x}-\dfrac{\partial v_1}{\partial y}$이다. 따라서 Stokes의 정리를 적용하면

$$\int_C \boldsymbol{v}\cdot d\boldsymbol{r}=\iint_D\left(\frac{\partial v_2}{\partial x}-\frac{\partial v_1}{\partial y}\right)dxdy$$

여기서 $\int_C \boldsymbol{v}\cdot d\boldsymbol{r}=\int_C v_1\,dx+v_2\,dy$이므로

$$\int_C v_1\,dx+v_2\,dy=\iint_D\left(\frac{\partial v_2}{\partial x}-\frac{\partial v_1}{\partial y}\right)dxdy$$

결과적으로, Stokes의 정리는 Green의 정리의 확장임을 알 수 있다.

예제 11.5.3 방정식 $z=\sqrt{a^2-x^2-y^2}$ 으로 주어지는 상반구면 Σ와 벡터장 $\boldsymbol{v}=2y\boldsymbol{i}-x\boldsymbol{j}+z\boldsymbol{k}$에 대해서, Stokes의 정리가 성립하는 것을 보여라.

풀이 $\boldsymbol{r}=x\boldsymbol{i}+y\boldsymbol{j}+z(x,\ y)\boldsymbol{k}$에서

$$\boldsymbol{r}_x=\boldsymbol{i}+z_x\boldsymbol{k},\quad \boldsymbol{r}_y=\boldsymbol{j}+z_y\boldsymbol{k}$$

이고, $\sqrt{1+z_x^2+z_y^2}=\dfrac{a}{z}$ 이므로 단위법선벡터는

$$\boldsymbol{n}=-\frac{z_x}{\sqrt{1+z_x^2+z_y^2}}\boldsymbol{i}-\frac{z_y}{\sqrt{1+z_x^2+z_y^2}}\boldsymbol{j}+\frac{1}{\sqrt{1+z_x^2+z_y^2}}\boldsymbol{k}$$

$$=\frac{x}{a}\boldsymbol{i}+\frac{y}{a}\boldsymbol{j}+\frac{z}{a}\boldsymbol{k}$$

또한, $\operatorname{curl}\boldsymbol{v} = -3\boldsymbol{k}$이므로

$$\iint_{\Sigma} \operatorname{curl}\boldsymbol{v} \cdot \boldsymbol{n}\,dS = -3\iint_{\Sigma} \frac{z}{a}\,dS = -3\iint_{D} 1\,dxdy = -3\pi a^2$$

여기서, D는 Σ의 xy평면에 대한 정사영이다. 한편, Σ의 경계곡선 C는 반지름 a인 원이므로 매개변수방정식은

$$x = a\cos\theta,\ y = a\sin\theta,\ z = 0\ \ (0 \le \theta \le 2\pi)$$

이고, 곡선 C를 따르는 벡터장 $\boldsymbol{v} = 2y\boldsymbol{i} - x\boldsymbol{j} + z\boldsymbol{k}$의 선적분은

$$\begin{aligned}\int_C \boldsymbol{v} \cdot d\boldsymbol{r} &= \int_C 2y\,dx - x\,dy + z\,dz \\ &= -\int_0^{2\pi} a^2(2\sin^2\theta + \cos^2\theta)\,d\theta = -3\pi a^2\end{aligned}$$

이므로

$$\iint_S \operatorname{curl}\boldsymbol{v} \cdot \boldsymbol{n}\,dS = \int_C \boldsymbol{v} \cdot d\boldsymbol{r}$$

이 성립함을 알 수 있다. ◀

문제 11.5.2 곡면 Σ와 그 경계곡선 C에 대해

$$\iint_{\Sigma} \boldsymbol{u} \cdot d\boldsymbol{S} = \int_C \boldsymbol{v} \cdot d\boldsymbol{r}$$

이 성립하면, $\boldsymbol{u} = \operatorname{curl}\boldsymbol{v}$임을 보여라.

연속과 카오스 현상

연속이란 어떤 직관적 아이디어를 명료하게 수학적으로 공식화한 것이라고 할 수 있다. 많은 현상에서 입력(input)된 정보(x)의 작은 변화가 출력(output)될 정보($y=f(x)$)에 크게 영향을 미치지 않는 경우가 허다하다. 이러한 현상이 바로 연속(continuity)의 개념을 탄생시키게 된 동기라고 본다. 좀 더 구체적으로 설명하기 위하여 나비효과(The Butterfly Effect)를 살펴보자.

한 마리 나비가 모스크바에서 날개 짓을 할 때, 발생하는 기류가 뉴욕의 날씨에 어떤 영향을 끼칠 수 있을까?

여러 해 동안 과학자들은 이에 대해 부정적으로 생각하였으나, 최근 연구 결과는 완전히 다르다. 실제로 물리적인 현상들은 여러 개의 변수에 의존하고 있어 혼돈된 행동을 초래할 수 있다는 것이다. 나비의 날개 짓은 한 변수에서는 작은 변화를 일으키지만, 다른 변수의 역할에 의존하여서는 수학적으로 이 작은 변화가 아주 멀리까지 중대한 영향을 끼칠 수 있음을 시사한다. 이러한 상황을 설명하기 위하여 다음 2변수함수의 예를 살펴보자.

$$f(x,y)=(1+x)^y \qquad (x,y\geq 0)$$

라 하자. $x>0$를 고정하고 $y\to\infty$이면, $f(x,y)$는 발산한다. 반면에 $y>0$를 고정하고 $x\to 0$이면, $f(x,y)\to 1$임을 알 수 있다. 또한, $L\geq 1$인 실수 L을 임의로 택하고 $a_n=\dfrac{\ln L}{n}$로 두면, $\lim\limits_{n\to\infty} a_n=0$이고 다음이 성립함을 곧바로 알 수 있다.

$$\lim_{n\to\infty} f(a_n,n)=\lim_{n\to\infty}\left(1+\frac{\ln L}{n}\right)^n=e^{\ln L}=L.$$

이와 같이, 수열 $\{a_n\}$이 0에 수렴하는 비율에 의존하여 주어진 함수 f는 어떠한 값에도 접근할 수 있음을 보게 된다.

생태계의 어떤 집단의 동력계(dynamics system)를 설명해 주는 가장 단순한 함수들 중의 하나가 바로 이차함수 $F(x) = cx(1-x)$이다. 동력계에서는 이것을 논리방정식(logistic equation)이라 한다.

예로, n세대에서 종족의 극한집단(어떤 한 때에 살아있는 종족들의 최댓값)이 살아남을 확률을 P_n $(0 \le P_n \le 1)$이라 하자. $(n+1)$세대에 살아남아 있을 집단의 크기를 예측하기 위하여, 생태학자들은 n세대의 집단의 정보를 파악하여야 한다. 즉, P_n에 대한 이차함수 F의 값을 사용한다.

$$P_{n+1} = F(P_n) = cP_n(1-P_n)$$

여기서, c는 음식의 양과 환경조건 등에 의존하는 생태학적인 상수이다. 대체로 c의 값은 0과 4사이에서 선택한다. 만약 P_0(현재의 종의 크기)가 주어졌다면, 우리는 이차함수 F을 반복적으로 적용하여 다음과 같은 수학적 모델로부터 이 집단의 성장을 다음과 같이 계산할 수 있다.

$$\begin{aligned} P_1 &= F(P_0) \\ P_2 &= F(P_1) = F^2(P_0) \\ &\vdots \\ P_n &= F(P_{n-1}) = F^n(P_0) \end{aligned}$$

그럼, 왜 이차함수 $F(x) = cx(1-x)$를 수학적 도구로 택하였을까? 이 물음에 대한 논리적인 근거를 살펴보자.

(1) 현재 살아있는 종족이 전혀 없든지($P_0 = 0$), 개체수가 완전히 폭발할 정도로 가득 차 있으면($P_0 = 1$), 다음 세대에는 더 이상 어떤 종족도 살아남을 수가 없다.

(2) 현 집단의 개체수가 작다면($P_0 \le 1/2$) 다음 세대에서는 점차로 증가하고, 반면에 크다면($P_0 \ge 1/2$) 다음 세대에서는 점차로 감소하게 된다.

위의 두 조건을 만족하는 수학적 모델이 바로 이차함수

$$F(x) = cx(1-x)$$

이다. 이를 그래프로 그려보면 다음과 같다.

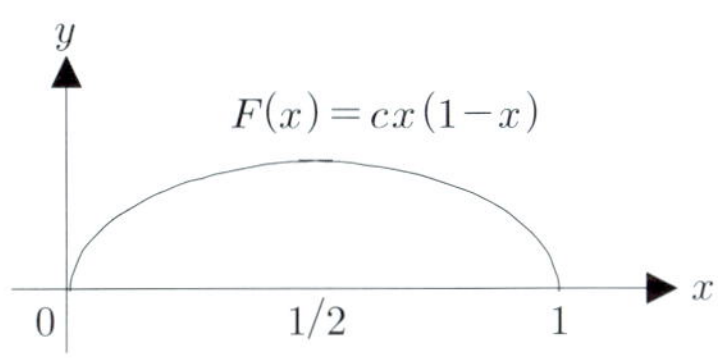

위의 조건 (1)은 $F(0) = F(1) = 0$을 만족함을 뜻하고, 조건 (2)는 구간 $[0, 1/2]$에서는 증가하고 $[1/2, 1]$에서는 감소함을 나타낸다.

앞에서 살펴보았듯이 실수의 부분으로 0과 1을 활용하는 다양한 수학적 알고리즘을 찾는다는 것은 매우 중요하다. 왜냐하면, 음식의 양과 환경조건 등에 의존하는 적당한 생태학적인 상수를 갖는 어떤 논리방정식을 찾아 그것을 반복적으로 작용시키는 것만으로도 우리는 먼 미래에 그러한 집단이 생존할 것인가 또는 사라질 것인가를 예측할 수 있기 때문이다. 그런데 삶과 죽음과 같은 복잡계(complex system)에서도 이러한 단순한 방정식으로 모델화할 수 있을까? 보다 구체적인 질문은 다음과 같다.

정말 수학적 단순한 알고리즘으로 인류의 난제를 풀 수 있을까?

실제적이고 정확한 예측을 추론하기 위해서는 위 문제는 보다 더 정교한 수학적 도구를 요구할지도 모른다. 과학자들의 꾸준한 노력은 멀지 않는 장래에 이 문제에 대한 부분적인 해답을 먼저 내 놓을 수 있으리라 믿는다. 이처럼 동역학이론은 여러 가지 복잡계의 신비로운 현상들을 수학적으로 모델링하려는 수학의 한 응용분야로 우리들 미래의 희망이다.

11장 종합문제

1. $\boldsymbol{a}=\boldsymbol{i}+2\boldsymbol{j}+3\boldsymbol{k}$, $\boldsymbol{b}=-2\boldsymbol{i}+\boldsymbol{j}+\boldsymbol{k}$, $\boldsymbol{c}=2\boldsymbol{i}+\boldsymbol{j}+\boldsymbol{k}$일 때, 다음을 구하여라.
   (1) $\boldsymbol{a}\cdot\boldsymbol{b}$, $\boldsymbol{a}\cdot\boldsymbol{c}$, $\boldsymbol{a}\cdot(\boldsymbol{b}+\boldsymbol{c})$
   (2) $\boldsymbol{a}$와 $\boldsymbol{b}$가 이루는 각의 코사인
   (3) $\boldsymbol{a}+s\boldsymbol{b}$와 $\boldsymbol{a}$가 수직되게 하는 s

2. $\boldsymbol{a}=\boldsymbol{i}+2\boldsymbol{j}+3\boldsymbol{k}$, $\boldsymbol{b}=-2\boldsymbol{i}+\boldsymbol{j}+3\boldsymbol{k}$, $\boldsymbol{c}=3\boldsymbol{i}+2\boldsymbol{j}-\boldsymbol{k}$일 때, 다음을 구하여라.
   (1) $\boldsymbol{a}\times\boldsymbol{b}$, $\boldsymbol{a}\times\boldsymbol{c}$, $\boldsymbol{a}\times(\boldsymbol{b}+\boldsymbol{c})$
   (2) $\boldsymbol{b}$와 $\boldsymbol{c}$에 수직인 벡터
   (3) 위치벡터 $\boldsymbol{a}$, $\boldsymbol{b}$, $\boldsymbol{c}$가 나타내는 점이 결정하는 평면에 수직인 벡터
   (4) $\boldsymbol{a}$, $\boldsymbol{b}$, $\boldsymbol{c}$가 나타내는 세 점이 이루는 삼각형의 넓이

3. 벡터함수 $\boldsymbol{r}(t)$에 대해서, 다음 등식이 성립하는 것을 보여라.
   (1) $\displaystyle\int 2\frac{d\boldsymbol{r}}{dt}\cdot\frac{d^2\boldsymbol{r}}{dt^2}\,dt=\left|\frac{d\boldsymbol{r}}{dt}\right|^2+\alpha$ (2) $\displaystyle\int\left(\frac{1}{r}\frac{d\boldsymbol{r}}{dt}-\frac{dr}{dt}\frac{\boldsymbol{r}}{r^2}\right)dt=\frac{\boldsymbol{r}}{r}+\boldsymbol{a}$
   단, α는 상수, $\boldsymbol{a}$는 상수벡터이고 $r=|\boldsymbol{r}(t)|$이다.

4. 2변수 벡터함수 $\boldsymbol{x}(u,v)=e^{-\lambda u}(\boldsymbol{a}\sin\lambda v+\boldsymbol{b}\cos\lambda v)$는 방정식
$$\frac{\partial^2\boldsymbol{x}}{\partial u^2}+\frac{\partial^2\boldsymbol{x}}{\partial v^2}=0$$
   를 만족함을 증명하여라. 단, $\boldsymbol{a}$, $\boldsymbol{b}$는 상수벡터이고 λ는 상수이다.

5. $\boldsymbol{r}=x\boldsymbol{i}+y\boldsymbol{j}+z\boldsymbol{k}$, $r=|\boldsymbol{r}|$일 때, 다음을 보여라.
   (1) $\nabla\times\boldsymbol{r}=\boldsymbol{0}$ (2) $\nabla\times(r^n\boldsymbol{r})=\boldsymbol{0}$

6. $\boldsymbol{r}=x\boldsymbol{i}+y\boldsymbol{j}+z\boldsymbol{k}$이고 $\boldsymbol{a}$는 상수벡터일 때, 다음을 보여라.
   (1) $\nabla(\boldsymbol{a}\cdot\boldsymbol{r})=\boldsymbol{a}$ (2) $\nabla\times(\boldsymbol{a}\times\boldsymbol{r})=2\boldsymbol{a}$ (3) $\nabla\cdot(\boldsymbol{r}\times\boldsymbol{a})=0$

7. 다음 식을 증명하여라.
$$\nabla\times\boldsymbol{u}=\boldsymbol{i}\times\frac{\partial\boldsymbol{u}}{\partial x}+\boldsymbol{j}\times\frac{\partial\boldsymbol{u}}{\partial y}+\boldsymbol{k}\times\frac{\partial\boldsymbol{u}}{\partial z}$$

8. $C: x=0,\ y=-t\ (-1 \le t \le 1)$일 때, $\int_C (1+x^2+y^2)\,ds$를 구하여라.

9. $C: x=\cos t,\ y=\sin t\ \left(-\frac{\pi}{2} \le t \le \frac{\pi}{2}\right)$일 때, $\int_C (1+x^2+y^2)\,ds$를 구하여라.

10. 곡선 $C: \boldsymbol{r}(t)=\cos t\,\boldsymbol{i}+\sin t\,\boldsymbol{j}+3t\,\boldsymbol{k}\ \left(0 \le t \le \frac{\pi}{2}\right)$일 때, $\int_C (x^2+y^2+z^2)\,ds$를 구하여라.

11. 곡선 C가 $(0, 0, 0)$와 $(1, 2, -1)$을 잇는 선분일 때, $\int_C (x^2+y^2+z^2)\,ds$를 구하여라.

12. 다음 곡선 C에 따르는 $\boldsymbol{v}(x, y)=\sin x\cos y\,\boldsymbol{i}+x\,e^{xy}\,\boldsymbol{j}$의 선적분을 구하여라.

(1) $C: y=\frac{\pi}{3}\ (0 \le x \le \pi)$　　　(2) $C: x=2\ (0 \le y \le 1)$

(3) $C: y=x\ \left(0 \le x \le \frac{\pi}{2}\right)$

13. 다음 곡선 C에 따르는 $\boldsymbol{v}(x,y)=-y\boldsymbol{i}+x\boldsymbol{j}$의 선적분을 구하여라.

14. 선적분 $\int_C xy\,dx+x^2y\,dy$를 구하여라. 여기서, C는 점 $(0, 0)$에서 점 $(1, -1)$을 거쳐 점$(1, 1)$으로 가는 선분들이다.

15. $\int_C -y\,dx+x\,dy$를 구하여라. 단, $C: x^2+y^2=4$ (반시계방향)

16. $C:\boldsymbol{r}(t)=t\boldsymbol{i}+t\boldsymbol{j}+t\boldsymbol{k}\ (0 \le t \le 1)$에 따르는 $\boldsymbol{v}(x,y,z)=(x+y)\boldsymbol{i}+\frac{z}{x}\boldsymbol{j}+xy\boldsymbol{k}$의 선적분을 구하여라.

17. $C: \boldsymbol{r}(t)=\cos t\,\boldsymbol{i}+\sin t\,\boldsymbol{j}+2t\,\boldsymbol{k}\ \left(0 \le x \le \frac{\pi}{2}\right)$와

$\boldsymbol{v}(x, y, z)=(x+y)\boldsymbol{i}+\frac{z}{x}\boldsymbol{j}+xy\boldsymbol{k}$에 대하여 $\int_C \boldsymbol{v}\cdot d\boldsymbol{r}$을 구하여라.

18. Green의 정리를 이용하여, 다음 선적분을 중적분으로 구하여라.

$$\int_C (x-y)\,dx+x\,dy,\quad C: x^2+y^2=1\ (\text{반시계방향})$$

19. Green의 정리를 이용하여, 다음의 선적분을 중적분으로 구하여라.

$$\int_C x^2y\,dx + (x+y)\,dy,\quad C: \frac{x^2}{4}+y^2=1 \text{ (반시계방향)}$$

20. Green의 정리를 이용하여, $\int_C y\,dy + 2xy\,dy$를 중적분으로 구하여라. 여기서, C는 $(0,0)$, $(1,0)$, $(1,1)$을 꼭지점으로 하는 삼각형(반시계방향)이다.

21. 구면 Σ가 $x^2+y^2+z^2=a^2$이고 밖으로 향할 때, 벡터장 $\boldsymbol{v}=x\boldsymbol{i}+y\boldsymbol{j}+z\boldsymbol{k}$의 유동을 구하여라.

22. 원주면 $x^2+y^2=4$에서 $x\ge 0$, $y\ge 0$인 부분을 $z=0$, $z=1$으로 자른 부분 Σ를 통하여 밖으로 향하는 벡터장 $\boldsymbol{v}=x^2\boldsymbol{i}+xy\boldsymbol{j}$의 유동을 구하여라.

23. 벡터장 $\boldsymbol{v}=xy\,\boldsymbol{i}+yz\,\boldsymbol{j}+xz\,\boldsymbol{k}$가 정육면체

$$V: 0\le x\le 1,\quad 0\le y\le 1,\quad 0\le z\le 1$$

의 표면 Σ에 작용할 때, 밖으로 나가는 $\boldsymbol{v}$의 유동을 구하여라.

24. Σ가 원주면 $x^2+y^2=4$ $(0\le z\le 3)$와 원판 $z=0$, $z=3$, $x^2+y^2\le 4$으로 이루어진 닫힌곡면일 때, Σ에서 벡터장 $\boldsymbol{v}=x^3\,\boldsymbol{i}+x^2y\,\boldsymbol{j}+x^2z\,\boldsymbol{k}$의 면적분을 구하여라.

25. $\Sigma: x^2+y^2\le 4$, $z=-3$의 경계곡선 C에 대하여, Stokes의 정리를 이용하여, 다음을 구하여라.

$$\int_C y\,dx + xz^3\,dy - zy^3\,dz$$

26. $\Sigma: z=\sqrt{x^2+y^2}$, $x^2+y^2\le 4$의 경계곡선 C에 대하여, Stokes의 정리를 이용하여 $\int_C (x-y)dx+2z\,dy+x^2\,dz$를 구하여라.

27. $\Sigma: x^2+y^2+z^2=1$, $z\ge 0$의 경계곡선 C에 대하여, $\int_C 3y\,dx+2y\,dy+z^2\,dz$를 Stokes의 정리를 이용하여 구하여라.

28. C가 $(1,0,0)$, $(0,1,0)$, $(0,0,1)$을 꼭지점으로 하는 삼각형일 때, 다음을 구하여라.

$$\int_C 2xyz\,dx + x^2z\,dy + x^2y\,dz$$

부록

A. 수표(로그함수와 삼각함수)
B. 수학 공식
C. 주요 정리

[그리스 문자]

A α	Alpha	P ρ	Rho
B β	Beta	Σ σ	Sigma
Γ γ	Gamma	T τ	Tau
Δ δ	Delta	Y υ	Upsilon
N ν	Nu	I ι	Iota
Ξ ξ	Xi	K κ	Kappa
O o	Omicron	Λ λ	Lambda
Π π	Pi	M μ	Mu
E ϵ	Epsilon	Φ ϕ	Phi
Z ζ	Zeta	X χ	Chi
H η	Eta	Ψ ψ	Psi
Θ θ	Theta	Ω ω	Omega

A. 수표

A.1 상용로그표

N	0	1	2	3	4	5	6	7	8	9
10	0000	0043	0086	0128	0170	0212	0253	0294	0334	0374
11	0414	0453	0492	0531	0569	0607	0645	0682	0719	0755
12	0792	0828	0864	0899	0934	0969	1004	1038	1072	1106
13	1139	1173	1206	1239	1271	1303	1335	1367	1399	1430
14	1461	1492	1523	1553	1584	1614	1644	1673	1703	1732
15	1761	1790	1818	1847	1875	1903	1931	1959	1987	2014
16	2041	2068	2095	2122	2148	2175	2201	2227	2253	2279
17	2304	2330	2355	2380	2405	2430	2455	2480	2504	2529
18	2553	2577	2601	2625	2648	2672	2695	2718	2742	2765
19	2788	2810	2833	2856	2878	2900	2923	2945	2967	2989
20	3010	3032	3054	3075	3096	3118	3139	3160	3181	3201
21	3222	3243	3263	3284	3304	3324	3345	3365	3385	3404
22	3424	3444	3464	3483	3502	3522	3541	3560	3579	3598
23	3617	3636	3655	3674	3692	3711	3729	3747	3766	3784
24	3802	3820	3838	3856	3874	3892	3909	3927	3945	3962
25	3979	3997	4014	4031	4048	4065	4082	4099	4116	4133
26	4150	4166	4183	4200	4216	4232	4249	4265	4281	4298
27	4314	4330	4346	4362	4378	4393	4409	4425	4440	4456
28	4472	4487	4502	4518	4533	4548	4564	4579	4594	4609
29	4624	4639	4654	4669	4683	4698	4713	4728	4742	4757
30	4771	4786	4800	4814	4829	4843	4857	4871	4886	4900
31	4914	4928	4942	4955	4969	4983	4997	5011	5024	5038
32	5051	5065	5079	5092	5105	5119	5132	5145	5159	5172
33	5185	5198	5211	5224	5237	5250	5263	5276	5289	5302
34	5315	5328	5340	5353	5366	5378	5391	5403	5416	5428
35	5441	5453	5465	5478	5490	5502	5514	5527	5539	5551
36	5563	5575	5587	5599	5611	5623	5635	5647	5658	5670
37	5682	5694	5705	5717	5729	5740	5752	5763	5775	5786
38	5798	5809	5821	5832	5843	5855	5866	5877	5888	5899
39	5911	5922	5933	5944	5955	5966	5977	5988	5999	6010
40	6021	6031	6042	6053	6064	6075	6085	6096	6107	6117
41	6128	6138	6149	6160	6170	6180	6191	6201	6212	6222
42	6232	6243	6253	6263	6274	6284	6294	6304	6314	6325
43	6335	6345	6355	6365	6375	6385	6395	6405	6415	6425
44	6435	6444	6454	6464	6474	6484	6493	6503	6513	6522
45	6532	6542	6551	6561	6571	6580	6590	6599	6609	6618
46	6628	6637	6646	6656	6665	6675	6684	6693	6702	6712
47	6721	6730	6739	6749	6758	6767	6776	6785	6794	6803
48	6812	6821	6830	6839	6848	6857	6866	6875	6884	6893
49	6902	6911	6920	6928	6937	6946	6955	6964	6972	6981
50	6990	6998	7007	7016	7024	7033	7042	7050	7059	7067
51	7076	7084	7093	7101	7110	7118	7126	7135	7143	7152
52	7160	7168	7177	7185	7193	7202	7210	7218	7226	7235
53	7243	7251	7259	7267	7275	7284	7292	7300	7308	7316
54	7324	7332	7340	7348	7356	7364	7372	7380	7388	7396

상용로그표(계속)

N	0	1	2	3	4	5	6	7	8	9
55	7404	7412	7419	7427	7435	7443	7451	7459	7466	7474
56	7482	7490	7497	7505	7513	7520	7528	7536	7543	7551
57	7559	7566	7574	7582	7589	7597	7604	7612	7619	7627
58	7634	7642	7649	7657	7664	7672	7679	7686	7694	7701
59	7709	7716	7723	7731	7738	7745	7752	7760	7767	7774
60	7782	7789	7796	7803	7810	7818	7825	7832	7839	7846
61	7853	7860	7868	7875	7882	7889	7896	7903	7910	7917
62	7924	7931	7938	7945	7952	7959	7966	7973	7980	7987
63	7993	8000	8007	8014	8021	8028	8035	8041	8048	8055
64	8062	8069	8075	8082	8089	8096	8102	8109	8116	8122
65	8129	8136	8142	8149	8156	8162	8169	8176	8182	8189
66	8195	8202	8209	8215	8222	8228	8235	8241	8248	8254
67	8261	8267	8274	8280	8287	8203	8299	8306	8312	8319
68	8325	8331	8338	8344	8351	8357	8363	8370	8376	8382
69	8388	8395	8401	8407	8414	8420	8426	8432	8439	8445
70	8451	8457	8463	8470	8476	8482	8488	8494	8500	8506
71	8513	8519	8525	8531	8537	8543	8549	8555	8561	8567
72	8573	8579	8585	8591	8597	8603	8609	8615	8621	8627
73	8633	8639	8645	8651	8675	8663	8669	8675	8681	8686
74	8692	8698	8704	8710	8716	8772	8727	8733	8739	8745
75	8751	8756	8762	8768	8774	8779	8785	8791	8797	8802
76	8808	8814	8820	8825	8831	8837	8842	8848	8854	8859
77	8865	8871	8876	8882	8887	8893	8899	8904	8910	8915
78	8921	8927	8932	8938	8943	8949	8954	8960	8965	8971
79	8976	8982	8987	8993	8998	9004	9009	9015	9020	9025
80	9031	9036	9042	9047	9053	9058	9063	9069	9074	9079
81	9085	9090	9096	9101	9106	9112	9117	9122	9128	9133
82	9138	9143	9149	9154	9159	9165	9170	9175	9180	9186
83	9191	9196	9201	9206	9212	9217	9222	9227	9232	9238
84	9243	9248	9253	9258	9263	9269	9274	9279	9284	9289
85	9294	9299	9304	9309	9315	9320	9325	9330	9335	9340
86	9345	9350	9355	9360	9365	9370	9375	9380	9385	9390
87	9395	9400	9405	9410	9415	9420	9425	9430	9435	9440
88	9445	9450	9455	9460	9465	9469	9474	9479	9484	9489
89	9494	9499	9504	9509	9513	9518	9523	9528	9533	9538
90	9542	9547	9552	9557	9562	9566	9571	9576	9581	9586
91	9590	9595	9600	9605	9609	9614	9619	9624	9628	9633
92	9638	9643	9647	9652	9657	9661	9666	9671	9675	9680
93	9685	9689	9694	9699	9703	9708	9713	9717	9722	9727
94	9731	9736	9741	9745	9750	9754	9759	9763	9768	9773
95	9777	9782	9786	9791	9795	9800	9805	9809	9814	9818
96	9823	9827	9832	9836	9841	9845	9850	9854	9859	9863
97	9868	9872	9877	9881	9886	9890	9894	9899	9903	9908
98	9912	9917	9921	9926	9930	9934	9939	9943	9948	9952
99	9956	9961	9965	9969	9974	9978	9983	9987	9991	9996

A.2 자연로그표

N	0	1	2	3	4	5	6	7	8	9
1.0	0.0000	0100	0193	0296	0392	0488	0583	0677	0770	0862
1.1	0953	1044	1133	1222	1310	1398	1484	1570	1655	1740
1.2	1823	1906	1989	2070	2151	2231	2311	2390	2469	2546
1.3	2624	2700	2776	2852	2927	3001	3075	3148	3221	3293
1.4	3365	3436	3507	3577	3646	3716	3784	3853	3920	3988
1.5	0.4055	4121	4187	4253	4318	4383	4447	4511	4574	4637
1.6	4700	4762	4824	4886	4947	5008	5008	5128	5188	5247
1.7	5306	5365	5423	5481	5539	5596	5653	5710	5766	5822
1.8	5878	5933	5988	6043	6098	6152	6206	6259	6313	6366
1.9	6419	6471	6523	6575	6627	6678	6729	6780	6831	6881
2.0	0.6931	6981	7031	7080	7129	7178	7227	7275	7324	7372
2.1	7419	7467	7514	7561	7608	7655	7701	7747	7793	7839
2.2	7885	7930	7975	8020	8065	8109	8154	8189	8242	8286
2.3	8329	8372	8416	8459	8502	9544	8587	8629	8671	8713
2.4	8755	8796	8838	8879	8920	8961	9002	9042	9083	9120
2.5	0.9163	9203	9243	9282	9322	9361	9400	9439	9478	9517
2.6	9555	9594	9632	9670	9708	9746	9783	9821	9858	9895
2.7	9933	9969	*0006	*0043	*0080	*0116	*0152	*0188	*0225	*0260
2.8	1.0296	0332	0367	0403	0438	0473	0508	0543	0578	0613
2.9	0647	0682	0716	0750	0784	0818	0852	0886	0919	0953
3.0	1.0986	1019	1053	1086	1119	1151	1184	1217	1249	1282
3.1	1314	1346	1378	1410	1442	1474	1506	1537	1569	1600
3.2	1632	1663	1694	1725	1756	1787	1817	1848	1878	1909
3.3	1939	1969	2000	2030	2060	2090	2119	2149	2179	2208
3.4	2238	2267	2296	2326	2355	2384	2413	2442	2470	2499
3.5	1.2528	2556	2585	2613	2641	2669	2698	2726	2754	2782
3.6	2806	2837	2865	2892	2920	2947	2975	3002	3029	3056
3.7	3083	3110	3137	3164	3191	3218	3244	3271	3297	3324
3.8	3350	3376	3403	3429	3455	3481	3507	3533	3558	3584
3.9	3610	3635	3661	3686	3712	3737	3762	3788	3813	3838
4.0	1.3863	3888	3913	3938	3962	3987	4012	4036	4061	4085
4.1	4110	4134	4159	4183	4207	4231	4255	4279	4303	4327
4.2	4351	4375	4398	4422	4446	4469	4493	4516	4540	4563
4.3	4586	4609	4633	4656	4679	4702	4725	4748	4770	4793
4.4	4816	4839	4861	4884	4907	4929	4951	4974	4996	5019
4.5	1.5041	5063	5085	5107	5129	5151	5173	5195	5217	5239
4.6	5261	5282	5304	5326	5347	5369	5390	5412	5433	5454
4.7	5476	5497	5518	5539	5560	5581	5602	5623	5644	5665
4.8	5686	5707	5728	5748	5769	5790	5810	5831	5851	5872
4.9	5892	5913	5933	5953	5974	5994	6014	6034	6054	6074
5.0	1.6094	6114	6134	6154	6147	6194	6214	6233	6253	6273
5.1	6292	6312	6332	6351	6371	6390	6409	6429	6448	6467
5.2	6487	6506	6525	6544	6563	6582	6601	6620	6639	6658
5.3	6677	6696	6715	6734	6752	6771	6790	6808	6827	6845
5.4	6864	6882	6901	6919	6938	6956	6974	6993	7011	7029

자연로그표(계속)

N	0	1	2	3	4	5	6	7	8	9
5.5	1.7047	7066	7084	7102	7120	7138	7156	7174	7192	7210
5.6	7228	7246	7263	7281	7299	7317	7334	7352	7370	7387
5.7	7405	7422	7440	7457	7457	7492	7509	7527	7544	7561
5.8	7579	7596	7613	7630	7647	7664	7681	7699	7771	7733
5.9	7750	7766	7783	7800	7817	7834	7851	7867	7884	7901
6.0	1.7918	7934	7951	7967	7984	8001	8017	8034	8050	8066
6.1	8083	8099	8116	8132	8148	8165	8181	8197	8213	8229
6.2	8245	8262	8278	8294	8310	8326	8342	8358	8374	8390
6.3	8405	8421	8437	8453	8469	8485	8500	8516	8532	8547
6.4	8563	8579	8594	8610	8625	8641	8656	8672	8687	8703
6.5	1.8718	8733	8749	8764	8779	8795	8810	8825	8840	8856
6.6	8871	8886	8901	8916	8931	8946	8961	8976	8991	9006
6.7	9021	9036	9051	9066	9081	9095	9110	9125	9140	9155
6.8	9169	9184	9199	9213	9228	9242	9257	9272	9286	9301
6.9	9315	9330	9344	9359	9373	9387	9402	9416	9430	9445
7.0	1.9459	9473	9488	9502	9516	9530	9544	9559	9573	9587
7.1	9601	9615	9629	9643	9657	9671	9685	9699	9713	9727
7.2	9741	9755	9769	9782	9796	9810	9824	9838	9851	9865
7.3	9879	9892	9906	9920	9933	9947	9961	9974	9988	*0001
7.4	2.0015	0028	0042	0055	0069	0082	0096	0109	0122	0136
7.5	2.0149	0162	0176	0189	0202	0215	0229	0242	0255	0268
7.6	0281	0295	0308	0321	0334	0347	0360	0373	0386	0399
7.7	0412	0425	0438	0451	0464	0477	0490	0503	0516	0528
7.8	0541	0554	0567	0580	0592	0605	0618	0631	0643	0656
7.9	0669	0681	0694	0707	0719	0732	0744	0757	0769	0782
8.0	2.0794	0807	0819	0832	0844	0857	0869	0882	0894	0909
8.1	0919	0931	0943	0956	0968	0980	0992	1005	1017	1026
8.2	1041	1054	1066	1078	1090	1102	1114	1126	1138	1150
8.3	1163	1175	1187	1199	1211	1223	1235	1247	1258	1270
8.4	1282	1294	1306	1318	1330	1342	1353	1365	1377	1389
8.5	2.1401	1412	1424	1436	1448	1495	1471	1483	1494	1506
8.6	1518	1529	1541	1552	1564	1576	1587	1599	1610	1622
8.7	1633	1645	1656	1668	1679	1691	1702	1713	1725	1736
8.8	1748	1759	1770	1782	1796	1804	1815	1827	1838	1849
8.9	1861	1872	1883	1894	1905	1917	1928	1939	1950	1961
9.0	2.1972	1983	1994	2006	2017	2028	2039	2050	2061	2072
9.1	2083	2094	2105	2116	2127	2138	2148	2159	2170	2181
9.2	2192	2203	2214	2225	2235	2246	2257	2268	2279	2289
9.3	2300	2311	2322	2332	2343	2354	2364	2375	2386	2396
9.4	2407	2418	2428	2439	2450	2460	2471	2481	2492	2502
9.5	2.2513	2523	2534	2544	2555	2565	2576	2586	2597	2607
9.6	2618	2628	2638	2649	2659	2670	2680	2690	2701	2711
9.7	2721	2732	2742	2752	2762	2773	2783	2793	2803	2814
9.8	2824	2834	2844	2854	2865	2875	2885	2895	2905	2915
9.9	2925	2935	2946	2956	2966	2976	2986	2996	3006	3016

A.3 삼각함수표

각도.	라디안	sin	cos	tan	cot		
0	0.0000	0.0000	1.0000	0.0000		1.5708	90
1	0.0175	0.0175	0.9998	0.0175	57.290	1.5503	89
2	0.0349	0.0349	0.9994	0.0349	28.636	1.5359	88
3	0.0524	0.0523	0.9986	0.0524	19.081	1.5184	87
4	0.0698	0.0698	0.9976	0.0699	14.301	1.5010	86
5	0.0873	0.0872	0.9962	0.0875	11.430	1.4935	85
6	0.1047	0.1045	0.9945	0.1051	9.5144	1.4661	84
7	0.1222	0.1219	0.9925	0.1228	8.1443	1.4486	83
8	0.1396	0.1392	0.9903	0.1405	7.1154	1.4312	82
9	0.1571	0.1564	0.9877	0.1584	6.3138	1.4137	81
10	0.1745	0.1736	0.9848	0.1763	5.6713	1.3663	80
11	0.1920	0.1908	0.9816	0.1944	5.1446	1.3788	79
12	0.2094	0.2079	0.9781	0.2126	4.7046	1.3614	78
13	0.2269	0.2250	0.9744	0.2309	4.3315	1.3439	77
14	0.2443	0.2419	0.9703	0.2493	4.0108	1.3265	76
15	0.2618	0.2588	0.9659	0.2679	3.7321	1.3090	75
16	0.2793	0.2756	0.9613	0.2867	3.4874	1.2915	74
17	0.2967	0.2924	0.9563	0.3057	3.2709	1.2741	73
18	0.3142	0.3090	0.9511	0.3249	3.0777	1.2566	72
19	0.3316	0.3256	0.9455	0.3443	2.9042	1.2392	71
20	0.3491	0.3420	0.9397	0.3640	2.7475	1.2217	70
21	0.3665	0.3584	0.9336	0.3839	2.6051	1.2043	69
22	0.3840	0.3746	0.9272	0.4040	2.4751	1.1868	68
23	0.4014	0.3907	0.9205	0.4245	2.3559	1.1694	67
24	0.4189	0.4067	0.9135	0.4452	2.2460	1.1519	66
25	0.4363	0.4226	0.9063	0.4663	2.1445	1.1345	65
26	0.4538	0.4384	0.8988	0.4877	2.0503	1.1170	64
27	0.4712	0.4540	0.8910	0.5095	1.9626	1.0996	63
28	0.4887	0.4695	0.8829	0.5317	1.8807	1.0821	62
29	0.5061	0.4848	0.8746	0.5543	1.8040	0.0547	61
30	0.5236	0.5000	0.8660	0.5774	1.7321	1.0472	60
31	0.5411	0.5150	0.8572	0.6009	1.6643	1.0297	59
32	0.5585	0.5299	0.8480	0.6249	1.6003	1.0123	58
33	0.5760	0.5446	0.8387	0.6494	1.5399	0.9948	57
34	0.5934	0.5592	0.8290	0.6745	1.4826	0.9774	56
35	0.6109	0.5736	0.8192	0.7002	1.4281	0.9599	55
36	0.6283	0.5878	0.8090	0.7265	1.3764	0.9425	54
37	0.6458	0.6018	0.7986	0.7536	1.3270	0.9250	53
38	0.6632	0.6157	0.7880	0.7813	1.2799	0.9706	52
39	0.6807	0.6293	0.7771	0.8098	1.2349	0.8901	51
40	0.6981	0.6428	0.7660	0.8391	1.1918	0.8727	50
41	0.7156	0.6561	0.7547	0.8693	1.1504	0.8552	49
42	0.7330	0.6691	0.7431	0.9004	1.1105	0.8378	48
43	0.7505	0.6820	0.7314	0.9325	1.0724	0.8203	47
44	0.7679	0.6947	0.7193	0.9657	1.0355	0.8029	46
45	0.7854	0.7071	0.7071	1.0000	1.0000	0.7854	45
		cos	sin	cot	tan	라디안	각도

B. 수학 공식

B.1 지수·로그함수

[지수함수]

$a>0$, $b>0$이고 x, y가 실수이면

(1) $a^x a^y = a^{x+y}$ (2) $\dfrac{a^x}{a^y} = a^{x-y}$

(3) $(a^x)^y = a^{xy}$ (4) $(ab)^x = a^x b^x$

[로그함수]

$a>0$, $a \neq 1$, $x>0$이고 $y>0$이면

(1) $\log_a 1 = 0$, $\log_a a = 1$ (2) $\log_a b = \dfrac{\log_c b}{\log_c a}$ (b, c는 1이 아닌 양수)

(3) $\log_a xy = \log_a x + \log_a y$ (4) $\log_a \dfrac{x}{y} = \log_a x - \log_a y$

(5) $\log_a x^n = n\log_a x$ (n이 실수) (6) $a^{\log_b x} = x^{\log_b a}$, $a^{\log_a x} = x$

B.2 삼각함수

[특수각의 삼각비]

라디안(각도)	$0(0°)$	$\pi/6(30°)$	$\pi/4(45°)$	$\pi/3(60°)$	$\pi/2(90°)$	$\pi(180°)$	$3\pi/2(270°)$
sin	0	$1/2$	$1/\sqrt{2}$	$\sqrt{3}/2$	1	0	-1
cos	1	$\sqrt{3}/2$	$1/\sqrt{2}$	$1/2$	0	-1	0
tan	0	$1/\sqrt{3}$	1	$\sqrt{3}$	∞	0	∞

[기본공식]

(1) $\sin^2 x + \cos^2 x = 1$ $1+\tan^2 x = \sec^2 x$ $1+\cot^2 x = \csc^2 x$

(2) $\sin(2n\pi + x) = \sin x$ $\cos(2n\pi + x) = \cos x$ $\tan(n\pi + x) = \tan x$

(3) $\sin(-x) = -\sin x$ $\cos(-x) = \cos x$ $\tan(-x) = -\tan x$

(4) $\sin(\pi \pm x) = \mp \sin x$ $\cos(\pi \pm x) = -\cos x$ $\tan(\pi \pm x) = \pm \tan x$

(5) $\sin\left(\dfrac{\pi}{2} \pm x\right) = \cos x$ $\cos\left(\dfrac{\pi}{2} \pm x\right) = \mp \sin x$ $\tan\left(\dfrac{\pi}{2} \pm x\right) = \mp \cot x$

[덧셈정리]

(1) $\sin(x \pm y) = \sin x \cos y \pm \cos x \sin y$

(2) $\cos(x \pm y) = \cos x \cos y \mp \sin x \sin y$

(3) $\tan(x \pm y) = \dfrac{\tan x \pm \tan y}{1 \mp \tan x \cdot \tan y}$

[배각공식]

(1) $\sin 2x = 2\sin x \cos x$

(2) $\cos 2x = \cos^2 x - \sin^2 x = 1 - 2\sin^2 x = 2\cos^2 x - 1$

(3) $\tan 2x = \dfrac{2\tan x}{1 - \tan^2 x}$

[반각공식]

(1) $\sin^2 \dfrac{x}{2} = \dfrac{1-\cos x}{2}$ (2) $\cos^2 \dfrac{x}{2} = \dfrac{1+\cos x}{2}$ (3) $\tan^2 \dfrac{x}{2} = \dfrac{1-\cos x}{1+\cos x}$

[곱을 합 또는 차로 고치는 공식]

(1) $\sin x \cos y = \dfrac{1}{2}\{\sin(x+y) + \sin(x-y)\}$

(2) $\cos x \sin y = \dfrac{1}{2}\{\sin(x+y) - \sin(x-y)\}$

(3) $\cos x \cos y = \dfrac{1}{2}\{\cos(x+y) + \cos(x-y)\}$

(4) $\sin x \sin y = -\dfrac{1}{2}\{\cos(x+y) - \cos(x-y)\}$

[합 또는 차를 곱으로 고치는 공식]

(1) $\sin x + \sin y = 2\sin \dfrac{x+y}{2} \cos \dfrac{x-y}{2}$

(2) $\sin x - \sin y = 2\cos \dfrac{x+y}{2} \sin \dfrac{x-y}{2}$

(3) $\cos x + \cos y = 2\cos \dfrac{x+y}{2} \cos \dfrac{x-y}{2}$

(4) $\cos x - \cos y = -2\sin \dfrac{x+y}{2} \sin \dfrac{x-y}{2}$

B.3 (역)쌍곡선함수

[쌍곡선함수]

(1) $\sinh x = \dfrac{e^x - e^{-x}}{2}$

(2) $\cosh x = \dfrac{e^x + e^{-x}}{2}$

(3) $\tanh x = \dfrac{e^x - e^{-x}}{e^x + e^{-x}}$

(4) $\operatorname{csch} x = \dfrac{1}{\sinh x}$

(5) $\operatorname{sech} x = \dfrac{1}{\cosh x}$

(6) $\coth x = \dfrac{\cosh x}{\sinh x}$

[쌍곡선함수의 성질]

(1) $\cosh^2 x - \sinh^2 x = 1$　　$1 - \tanh^2 x = \operatorname{sech}^2 x$　　$\coth^2 x - 1 = \operatorname{csch}^2 x$

(2) $\sinh(x+y) = \sinh x \cosh y + \cosh x \sinh y$

(3) $\sinh(x-y) = \sinh x \cosh y - \cosh x \sinh y$

(4) $\cosh(x+y) = \cosh x \cosh y + \sinh x \sinh y$

(5) $\cosh(x-y) = \cosh x \cosh y - \sinh x \sinh y$

[역쌍곡선함수]

(1) $\sinh^{-1} x = \ln\left(x + \sqrt{x^2+1}\right) \quad (-\infty < x < \infty)$

(2) $\cosh^{-1} x = \ln\left(x + \sqrt{x^2-1}\right) \quad (x \geq 1)$

(3) $\tanh^{-1} x = \dfrac{1}{2}\left(\ln \dfrac{1+x}{1-x}\right) \quad (|x| < 1)$

(4) $\operatorname{csch}^{-1} x = \ln\left(\dfrac{1}{x} + \dfrac{\sqrt{1+x^2}}{|x|}\right) \quad (x \neq 0)$

(5) $\operatorname{sech}^{-1} x = \ln\left(\dfrac{1+\sqrt{1-x^2}}{x}\right) \quad (0 < x \leq 1)$

(6) $\coth^{-1} x = \dfrac{1}{2} \ln \dfrac{x+1}{x-1} \quad (|x| > 1)$

B.4 극한과 멱급수전개

[수열과 함수의 극한]

(1) $\lim_{n\to\infty}\left(1+\frac{1}{n}\right)^n = e ≒ 2.7182818284590\cdots$

(2) $\lim_{x\to\pm\infty}\left(1+\frac{1}{x}\right)^x = e$, $\lim_{x\to 0}(1+x)^{\frac{1}{x}} = e$

(3) $\lim_{x\to 0}\frac{\sin x}{x} = 1$ (x의 단위는 라디안)

(4) $\lim_{x\to 0}\frac{e^x - 1}{x} = 1$

[Maclaurin 멱급수전개]

(1) $e^x = 1 + \frac{x}{1!} + \frac{x^2}{2!} + \cdots + \frac{x^n}{n!} + \cdots \quad (-\infty < x < \infty)$

(2) $\sin x = x - \frac{x^3}{3!} + \frac{x^5}{5!} - \frac{x^7}{7!} + \cdots \quad (-\infty < x < \infty)$

(3) $\cos x = 1 - \frac{x^2}{2!} + \frac{x^4}{4!} - \frac{x^6}{6!} + \cdots \quad (-\infty < x < \infty)$

(4) $\tan x = x + \frac{x^3}{3} + \frac{2x^5}{15} + \frac{17x^7}{315} + \cdots \quad \left(|x| < \frac{\pi}{2}\right)$

(5) $\ln(1+x) = x - \frac{x^2}{2} + \frac{x^3}{3} - \frac{x^4}{4} + \cdots \quad (-1 < x \le 1)$

B.5 (편)미분법

[기본공식]

(1) $c' = 0$ (c는 상수)

(2) $\{kf(x)\}' = kf'(x)$ (k는 상수)

(3) $\{f(x) \pm g(x)\}' = f'(x) \pm g'(x)$

(4) $\{f(x)\,g(x)\}' = f'(x)g(x) + f(x)g'(x)$

(5) $\left\{\frac{f(x)}{g(x)}\right\}' = \frac{f'(x)g(x) - f(x)g'(x)}{g(x)^2} \quad (g(x) \neq 0)$

(6) $(x^\alpha)' = \alpha x^{\alpha-1}$ (α는 실수)

(7) (합성함수 미분법)

$y=f(u)$, $u=g(x)$가 미분가능이면, $y=f(g(x))$도 미분가능이고

$$\frac{dy}{dx}=\frac{dy}{du}\,\frac{du}{dx}=f'(g(x))\,g'(x)$$

(8) (역함수 미분법) $\dfrac{dx}{dy}=\dfrac{1}{(dy/dx)}$ $\quad\left(\dfrac{dy}{dx}\neq 0\right)$

(9) (매개변수표시 함수의 미분법)

$x=f(t)$와 $y=g(t)$가 t에 관해서 미분가능이고 $f'(t)\neq 0$이면, $\dfrac{dy}{dx}=\dfrac{g'(t)}{f'(t)}$

[지수 · 로그함수 도함수]

(1) $(\log_a x)'=\dfrac{1}{x}\log_a e$

(2) $(\ln x)'=\dfrac{1}{x}$, $\quad(\ln f(x))'=\dfrac{f'(x)}{f(x)}$

(3) $(e^x)'=e^x$

(4) $(a^x)'=a^x\ln a$

[삼각함수 도함수]

(1) $(\sin x)'=\cos x$

(2) $(\cos x)'=-\sin x$

(3) $(\tan x)'=\sec^2 x$

(4) $(\cot x)'=-\csc^2 x$

(5) $(\sec x)'=\sec x\tan x$

(6) $(\csc x)'=-\csc x\cot x$

[역삼각함수 도함수]

(1) $(\sin^{-1}x)'=\dfrac{1}{\sqrt{1-x^2}}$ $\quad(|x|<1)$

(2) $(\cos^{-1}x)'=-\dfrac{1}{\sqrt{1-x^2}}$ $\quad(|x|<1)$

(3) $(\tan^{-1}x)'=\dfrac{1}{1+x^2}$ $\quad(-\infty<x<\infty)$

(4) $(\cot^{-1}x)'=-\dfrac{1}{1+x^2}$ $\quad(-\infty<x<\infty)$

(5) $(\sec^{-1}x)'=\dfrac{1}{|x|\sqrt{x^2-1}}$ $\quad(|x|>1)$

(6) $(\csc^{-1}x)'=-\dfrac{1}{|x|\sqrt{x^2-1}}$ $\quad(|x|>1)$

[쌍곡선함수 도함수]

(1) $(\sinh x)' = \cosh x$ (2) $(\cosh x)' = \sinh x$

(3) $(\tanh x)' = \operatorname{sech}^2 x$ (4) $(\coth x)' = -\operatorname{csch}^2 x$

(5) $(\operatorname{sech} x)' = -\operatorname{sech} x \tanh x$ (6) $(\operatorname{csch} x)' = -\operatorname{csch} x \coth x$

[역쌍곡선함수 도함수]

(1) $(\sinh^{-1} x)' = \dfrac{1}{\sqrt{x^2+1}}$ $(-\infty < x < \infty)$

(2) $(\cosh^{-1} x)' = \dfrac{1}{\sqrt{x^2-1}}$ $(x > 1)$

(3) $(\tanh^{-1} x)' = \dfrac{1}{1-x^2}$ $(|x| < 1)$

(4) $(\coth^{-1} x)' = \dfrac{1}{1-x^2}$ $(|x| > 1)$

(5) $(\operatorname{sech}^{-1} x)' = -\dfrac{1}{x\sqrt{1-x^2}}$ $(0 < x < 1)$

(6) $(\operatorname{csch}^{-1} x)' = -\dfrac{1}{|x|\sqrt{1+x^2}}$ $(|x| \neq 0)$

[합성함수 편미분법]

(1) 2변수함수 $z = f(x, y)$가 연속인 편도함수를 갖고 x, y가 모두 t에 관해서 미분가능일 때, z는 t에 관해서 미분가능이고

$$\frac{dz}{dt} = \frac{\partial f}{\partial x}\frac{dx}{dt} + \frac{\partial f}{\partial y}\frac{dy}{dt}$$

(2) 2변수함수 $z = f(x, y)$가 연속인 편도함수를 갖고, $x = \phi(s,t)$, $y = \psi(s,t)$가 각각 s와 t에 관하여 연속인 편도함수를 가질 때

$$\frac{\partial z}{\partial s} = \frac{\partial f}{\partial x}\frac{\partial x}{\partial s} + \frac{\partial f}{\partial y}\frac{\partial y}{\partial s}, \quad \frac{\partial z}{\partial t} = \frac{\partial f}{\partial x}\frac{\partial x}{\partial t} + \frac{\partial f}{\partial y}\frac{\partial y}{\partial t}$$

(3) 3변수함수 $\omega = f(x,y,z)$가 연속인 편도함수를 갖고, x, y 및 z가 각각 s, t의 함수로서 연속인 편도함수를 가질 때

$$\frac{\partial \omega}{\partial s} = \frac{\partial f}{\partial x}\frac{\partial x}{\partial s} + \frac{\partial f}{\partial y}\frac{\partial y}{\partial s} + \frac{\partial f}{\partial z}\frac{\partial z}{\partial s}, \quad \frac{\partial \omega}{\partial t} = \frac{\partial f}{\partial x}\frac{\partial x}{\partial t} + \frac{\partial f}{\partial y}\frac{\partial y}{\partial t} + \frac{\partial f}{\partial z}\frac{\partial z}{\partial t}$$

[음함수표시 함수의 미분법]

(1) $f(x,y)=0$이면, $\dfrac{dy}{dx}=-\dfrac{\partial f/\partial x}{\partial f/\partial y}=-\dfrac{f_x}{f_y}\ (f_y\neq 0)$

(2) $f(x,y,z)=0$이면, $\dfrac{\partial z}{\partial x}=-\dfrac{\partial f/\partial x}{\partial f/\partial z}=-\dfrac{f_x}{f_z},\ \dfrac{\partial z}{\partial y}=-\dfrac{\partial f/\partial y}{\partial f/\partial z}=-\dfrac{f_y}{f_z}\ (f_y\neq 0)$

B.6 적분법

[기본공식]

(1) $\displaystyle\int x^{\alpha}dx=\frac{x^{\alpha+1}}{\alpha+1}+C\ (\alpha\neq -1)$

(2) $\displaystyle\int \frac{1}{x}dx=\ln|x|+C$

(3) $\displaystyle\int \frac{f'(x)}{f(x)}dx=\ln|f(x)|+C$

(4) $\displaystyle\int \sin x\,dx=-\cos x+C$

(5) $\displaystyle\int \sin^2 x\,dx=\frac{1}{2}x-\frac{1}{4}\sin 2x+C$

(6) $\displaystyle\int \sin^3 x\,dx=-\cos x+\frac{1}{3}\cos^3 x+C$

(7) $\displaystyle\int \cos x\,dx=\sin x+C$

(8) $\displaystyle\int \cos^2 x\,dx=\frac{1}{2}x+\frac{1}{4}\sin 2x+C$

(9) $\displaystyle\int \cos^3 x\,dx=\sin x-\frac{1}{3}\sin^3 x+C$

(10) $\displaystyle\int \tan x\,dx=-\ln|\cos x|+C$

(11) $\displaystyle\int \cot x\,dx=\ln|\sin x|+C$

(12) $\displaystyle\int \sec x\,dx=\ln|\sec x+\tan x|+C$

(13) $\displaystyle\int \sec^2 x\,dx=\tan x+C$

(14) $\displaystyle\int \csc x\,dx=\ln|\csc x-\cot x|+C$

(15) $\displaystyle\int \csc^2 x\,dx=-\cot x+C$

(16) $\displaystyle\int \sec x\tan x\,dx=\sec x+C$

(17) $\displaystyle\int \csc x\cot x\,dx=-\csc x+C$

(18) $\displaystyle\int e^x dx=e^x+C$

(19) $\displaystyle\int a^x dx=\frac{a^x}{\ln a}+C$

(20) $\displaystyle\int xe^x dx=xe^x-e^x+C$

(21) $\displaystyle\int x\sin x\,dx=\sin x-x\cos x+C$

(22) $\displaystyle\int x^2\sin x\,dx=2x\sin x-(x^2-2)\cos x+C$

(23) $\displaystyle\int x\cos x\,dx=\cos x+x\sin x+C$

(24) $\displaystyle\int x^2\cos x\,dx=(x^2-2)\sin x+2x\cos x+C$

(25) $\displaystyle\int \frac{1}{\sqrt{1-x^2}}dx=\sin^{-1}x+C$

(26) $\int \frac{1}{1+x^2}\,dx = \tan^{-1}x + C$

(27) $\int \frac{1}{ax+b}\,dx = \frac{1}{a}\ln|ax+b| + C$

(28) $\int (ax+b)^{\alpha}\,dx = \frac{(ax+b)^{\alpha+1}}{a(\alpha+1)} + C\,(\alpha \neq -1)$

[부분적분법]

함수 $f(x)$, $g(x)$가 미분가능일 때

$$\int f(x)\,g'(x)\,dx = f(x)\,g(x) - \int f'(x)\,g(x)\,dx$$

[치환적분법]

함수 $f(x)$가 연속이고 $x=\varphi(t)$가 미분가능일 때

$$\int f(x)\,dx = \int f(\varphi(t))\,\varphi'(t)\,dt$$

[삼각치환법]

(1) $\sqrt{a^2-x^2}$ 를 포함하는 부정적분은 $x=a\sin\theta$ $\left(-\frac{\pi}{2} \le \theta \le \frac{\pi}{2}\right)$

(2) $\sqrt{x^2+a^2}$ 를 포함하는 부정적분은 $x=a\tan\theta$ $\left(-\frac{\pi}{2} \le \theta \le \frac{\pi}{2}\right)$

(3) $\sqrt{x^2-a^2}$ 를 포함하는 부정적분은 $x=a\sec\theta$ $\left(0 \le \theta \le \pi,\ \theta \neq \frac{\pi}{2}\right)$로 치환하면 $a>0$

일 때, 다음과 같이 변환된다.

(1) $\sqrt{a^2-x^2} = a\cos\theta$, $dx = a\cos\theta\,d\theta$

(2) $\sqrt{x^2+a^2} = a\sec\theta$, $dx = a\sec^2\theta\,d\theta$

(3) $\sqrt{x^2-a^2} = a\tan\theta$, $dx = a\sec\theta\tan\theta\,d\theta$

[유리함수 적분법]

유리함수 $\frac{g(x)}{f(x)}$ 는

$$\frac{g(x)}{f(x)} = p(x) + \frac{g_1(x)}{f(x)} \quad (\deg g_1(x) < \deg f(x))$$

의 형태로 변형한 후, 다음과 같이 부분분수로 분해하여 적분

(1) $f(x)=(ax+b)^n f_1(x)$이고 $f_1(x)$는 $ax+b$의 인수를 가지지 않는 다항함수일 때

$$\frac{g_1(x)}{f(x)}=\frac{A_1}{ax+b}+\frac{A_2}{(ax+b)^2}+\cdots+\frac{A_n}{(ax+b)^n}+\frac{g_2(x)}{f_1(x)}$$

(2) $f(x)=(ax^2+bx+c)^n f_1(x)$이고 $b^2-4ac<0$, $f_1(x)$는 ax^2+bx+c의 인수를 가지지 않는 다항함수일 때

$$\frac{g_1(x)}{f(x)}=\frac{A_1x+B_1}{ax^2+bx+c}+\frac{A_2x+B_2}{(ax^2+bx+c)^2}+\cdots+\frac{A_nx+B_n}{(ax^2+bx+c)^n}+\frac{g_2(x)}{f_1(x)}$$

[무리함수 적분법]

(1) $\int f(x, \sqrt[n]{ax+b})\,dx$인 경우, $\sqrt[n]{ax+b}=t$로 치환

(2) $\int f\left(x, \sqrt[n]{\frac{ax+b}{cx+d}}\right)dx$인 경우, $\sqrt[n]{\frac{ax+b}{cx+d}}=t$로 치환

(3) $\int f(x, \sqrt{ax^2+bx+c})\,dx$

① $a>0$이면, $\sqrt{ax^2+bx+c}=t-\sqrt{a}\,x$로 치환

② $a<0$일 때, $ax^2+bx+c=-a(x-\alpha)(\beta-x)$, $\alpha<\beta$이면 $\sqrt{\frac{x-\alpha}{\beta-x}}=t$로 치환

C. 주요 정리

C.1 급수의 수렴판정법

[비교판정법(comparison test)]

두 양항급수 $\sum_{n=1}^{\infty} a_n$과 $\sum_{n=1}^{\infty} b_n$에 대하여, $a_n \le b_n$일 때

$\sum_{n=1}^{\infty} b_n$이 수렴하면 $\sum_{n=1}^{\infty} a_n$도 수렴하고, $\sum_{n=1}^{\infty} a_n$이 발산하면 $\sum_{n=1}^{\infty} b_n$도 발산

[극한비교판정법(limit comparison test)]

두 양항급수 $\sum_{n=1}^{\infty} a_n$과 $\sum_{n=1}^{\infty} b_n$에 대하여

① $\lim_{n\to\infty} \frac{a_n}{b_n} = L > 0$이면, 급수 $\sum_{n=1}^{\infty} a_n$과 $\sum_{n=1}^{\infty} b_n$은 동시에 수렴하거나 발산

② $\lim_{n\to\infty} \frac{a_n}{b_n} = 0$이고 $\sum_{n=1}^{\infty} b_n$이 수렴하면, $\sum_{n=1}^{\infty} a_n$도 수렴

③ $\lim_{n\to\infty} \frac{a_n}{b_n} = \infty$이고 $\sum_{n=1}^{\infty} b_n$이 발산하면, $\sum_{n=1}^{\infty} a_n$도 발산

[비판정법(ratio test)]

양항급수 $\sum_{n=1}^{\infty} a_n$에서 $r = \lim_{n\to\infty} \frac{a_{n+1}}{a_n}$라 할 때, $\sum_{n=1}^{\infty} a_n$은 $r<1$이면 수렴하고, $r>1$이면 발산

[근판정법(root test)]

양항급수 $\sum_{n=1}^{\infty} a_n$에서 $r = \lim_{n\to\infty} \sqrt[n]{a_n}$이라 할 때, $\sum_{n=1}^{\infty} a_n$은 $r<1$이면 수렴하고, $r>1$이면 발산

[교대급수판정법(alternating series test)]

$a_1 \ge a_2 \ge \cdots \ge a_n \ge \cdots \ge 0$이고 $\lim_{n\to\infty} a_n = 0$일 때 $\sum_{n=1}^{\infty} (-1)^{n+1} a_n$과 $\sum_{n=1}^{\infty} (-1)^n a_n$은 수렴

[적분판정법(integral test)]

함수 $f(x)$가 $1 \le x < \infty$에서 연속인 양의 감소함수이고, $f(n) = a_n \ (n = 1, 2, \ldots)$이면

$$\sum_{n=1}^{\infty} a_n \text{이 수렴} \Leftrightarrow \int_1^{\infty} f(x)\,dx = L < \infty$$

[급수의 수렴반경]

멱급수 $\sum_{n=0}^{\infty} a_n x^n$에서 $R = \lim_{n\to\infty} \left| \frac{a_n}{a_{n+1}} \right|$라 할 때, R은 수렴반경으로 $\sum_{n=0}^{\infty} a_n x^n$은

$|x| < R$이면 절대수렴하고, $|x| > R$이면 발산

C.2 연속과 미분에 관한 정리

[중간값의 정리(intermediate value theorem)]

함수 $f(x)$가 구간 $[a, b]$에서 연속일 때, $f(a)$와 $f(b)$사이의 임의의 값 d에 대해 $f(c)=d$를 만족하는 c가 구간 $[a, b]$에 존재

[최대 · 최솟값의 정리(min-max theorem)]

함수 $f(x)$가 구간 $[a, b]$에서 연속이면, $f(x)$는 $[a, b]$에서 최솟값과 최댓값을 갖는다.

[평균값의 정리(mean value theorem)]

함수 $f(x)$가 구간 $[a, b]$에서 연속이고 구간 (a, b)에서 미분가능이면

$$f'(c)=\frac{f(b)-f(a)}{b-a}$$

를 만족하는 c가 (a, b)에 존재

[Cauchy의 정리]

함수 $f(x)$와 $g(x)$가 구간 $[a, b]$에서 연속이고 (a, b)에서 미분가능이면

$$\frac{f'(c)}{g'(c)}=\frac{f(b)-f(a)}{g(b)-g(a)} \quad (g'(x)\neq 0)$$

를 만족하는 c가 (a, b)에 존재

[L'Hospital의 정리]

함수 $f(x)$, $g(x)$가 $x=a$의 근방에서 미분가능이고 $g'(x)\neq 0$이며 $f(a)=g(a)=0$이면, 우변의 극한이 존재하는 경우

$$\lim_{x\to a}\frac{f(x)}{g(x)}=\lim_{x\to a}\frac{f'(x)}{g'(x)}$$

[Taylor의 정리]

$x=a$를 포함하는 구간 I에서 함수 $f(x)$가 n번 계속 미분가능이면, 임의의 $x\in I$에 대하여

$$f(x)=f(a)+\frac{f'(a)}{1!}(x-a)+\frac{f''(a)}{2!}(x-a)^2+\cdots+\frac{f^{(n-1)}(a)}{(n-1)!}(x-a)^{n-1}+R_n$$

$$R_n = \frac{f^{(n)}(a+\theta(x-a))}{n!}(x-a)^n \quad (0<\theta<1)$$

이때, $a=0$이면 다음의 Maclaurin의 정리가 성립

$$f(x) = f(0) + \frac{f'(0)}{1!}x + \frac{f''(0)}{2!}x^2 + \cdots + \frac{f^{(n-1)}(0)}{(n-1)!}x^{n-1} + \frac{f^{(n)}(\theta x)}{n!}x^n \quad (0<\theta<1)$$

[Taylor 급수전개]

함수 $f(x)$가 $x=a$를 포함하는 구간 I에서 무한히 계속 미분가능이고 $\lim_{n\to\infty} R_n = 0$이면, 임의의 $x \in I$에 대하여

$$f(x) = f(a) + \frac{f'(a)}{1!}(x-a) + \frac{f''(a)}{2!}(x-a)^2 + \cdots + \frac{f^{(n)}(a)}{n!}(x-a)^n + \cdots$$

특히, $a=0$이면 다음의 $f(x)$에 대한 Maclaurin 급수전개식이 성립

$$f(x) = f(0) + \frac{f'(0)}{1!}x + \frac{f''(0)}{2!}x^2 + \cdots + \frac{f^{(n)}(0)}{n!}x^n + \cdots$$

[2변수함수의 Taylor 정리]

2변수함수 $f(x,y)$의 제n계 편도함수가 모두 점 (a,b)의 근방에서 연속일 때

$$\begin{aligned} f(a+h,b+k) = f(a,b) &+ \frac{1}{1!}\left(h\frac{\partial}{\partial x}+k\frac{\partial}{\partial y}\right)f(a,b) + \frac{1}{2!}\left(h\frac{\partial}{\partial x}+k\frac{\partial}{\partial y}\right)^2 f(a,b) + \cdots \\ &+ \frac{1}{(n-1)!}\left(h\frac{\partial}{\partial x}+k\frac{\partial}{\partial y}\right)^{n-1} f(a,b) + R_n \end{aligned}$$

$$R_n = \frac{1}{n!}\left(h\frac{\partial}{\partial x}+k\frac{\partial}{\partial y}\right)^n f(a+\theta h, b+\theta k) \quad (0<\theta<1)$$

이때, $(0,0)$에서는 적당한 $0<\theta<1$에 대해 다음의 Maclaurin의 정리가 성립

$$\begin{aligned} f(x,y) = f(0,0) &+ \frac{1}{1!}\left(x\frac{\partial}{\partial x}+y\frac{\partial}{\partial y}\right)f(0,0) + \frac{1}{2!}\left(x\frac{\partial}{\partial x}+y\frac{\partial}{\partial y}\right)^2 f(0,0) + \cdots \\ &+ \frac{1}{(n-1)!}\left(x\frac{\partial}{\partial x}+y\frac{\partial}{\partial y}\right)^{n-1} f(0,0) + \frac{1}{n!}\left(x\frac{\partial}{\partial x}+y\frac{\partial}{\partial y}\right)^n f(\theta x, \theta y) \end{aligned}$$

C.3 중적분에 관한 정리

[일반영역에서의 이중적분]

함수 $z=f(x,y)$가 영역 D에서 연속일 때

① D가 $a \le x \le b$, $\varphi_1(x) \le y \le \varphi_2(x)$에 의하여 정해진 영역으로, $a \le x \le b$에서 $\varphi_1(x)$와 $\varphi_2(x)$가 연속이면

$$\iint_D f(x,y)\,dx\,dy = \int_a^b \int_{\varphi_1(x)}^{\varphi_2(x)} f(x,y)\,dy\,dx$$

② D가 $\psi_1(y) \le x \le \psi_2(y)$, $c \le y \le d$에 의하여 정해진 영역으로, $c \le y \le d$에서 $\psi_1(y)$와 $\psi_2(y)$가 연속이면

$$\iint_D f(x,y)\,dx\,dy = \int_c^d \int_{\psi_1(y)}^{\psi_2(y)} f(x,y)\,dx\,dy$$

[극좌표에서의 이중적분]

D가 유계인 닫힌영역이고 $f(x,y)$가 D에서 연속이면

$$\iint_D f(x,y)\,dx\,dy = \iint_{D_{r,\theta}} f(r\cos\theta,\, r\sin\theta)\,r\,dr\,d\theta$$

[일반영역에서의 삼중적분]

D는 xy평면 위의 유계인 닫힌영역이고, V는 다음과 같은 입체영역이라 하자.

$$V=\left\{(x,y,z)\in\mathbb{R}^3 \mid (x,y)\in D,\ \ g_1(x,y)\le z\le g_2(x,y)\right\}$$

$g_1(x,y)$, $g_2(x,y)$가 D에서 연속이고, $f(x,y,z)$는 V에서 연속이면

$$\iiint_V f(x,y,z)\,dx\,dy\,dz = \iint_D \left(\int_{g_1(x,y)}^{g_2(x,y)} f(x,y,z)\,dz \right) dx\,dy$$

[원기둥좌표에서의 삼중적분]

$x=r\cos\theta$, $y=r\sin\theta$일 때, $f(x,y,z)$가 입체영역 V에서 연속이면

$$\iiint_V f(x,y,z)\,dx\,dy\,dz = \iiint_{V_{r,\theta,z}} f(r\cos\theta,\, r\sin\theta,\, z)\,r\,dr\,d\theta\,dz$$

[구면좌표에서의 삼중적분]

$x = \rho\sin\phi\cos\theta,\ y = \rho\sin\phi\sin\theta,\ z = \rho\cos\phi$일 때, $f(x, y, z)$가 입체영역 V에서 연속이면

$$\iiint_V f(x, y, z)\,dx\,dy\,dz = \iiint_{V_{\rho,\theta,\phi}} f(\rho\sin\phi\cos\theta,\ \rho\sin\phi\sin\theta,\ \rho\cos\phi)\,\rho^2\sin\phi\,d\rho\,d\theta\,d\phi$$

[Green의 정리]

유계인 평면영역 D가 조각마다 매끄러운 단순 닫힌곡선 $C_i\ (i=1, ..., k)$로 둘러싸여 있고, $C_i\ (2 \le i \le k)$가 D에서 서로 분리되어 있을 때, D와 $C = C_1 \cup \cdots \cup C_k$를 포함하는 열린 집합에서 벡터장 $P(x, y),\ Q(x, y)$ 및 $\dfrac{\partial P}{\partial y},\ \dfrac{\partial Q}{\partial x}$가 연속이면

$$\int_C P(x,y)\,dx + Q(x,y)\,dy = \iint_D \left(\frac{\partial Q}{\partial x} - \frac{\partial P}{\partial y}\right) dx\,dy$$

(단, 경계곡선 C는 영역 D가 왼쪽에 위치하는 방향으로 진행)

[발산정리(divergence theorem)]

닫힌곡면 Σ로 둘러싸인 입체영역 V와 벡터장 $\boldsymbol{v}$에 대하여, $\boldsymbol{n}$이 Σ에서 V의 바깥으로 향하는 단위법선벡터이면

$$\iint_\Sigma \boldsymbol{v}\cdot\boldsymbol{n}\,dS = \iiint_V \operatorname{div}\boldsymbol{v}\,dx\,dy\,dz$$

[Stokes의 정리]

닫힌곡선 C를 경계로 갖는 곡면 Σ에서 정의된 벡터장 $\boldsymbol{v}$가 Σ를 포함하는 열린영역에서 연속인 편도함수를 가지고, $\operatorname{curl}\boldsymbol{v}$가 연속이면

$$\int_C \boldsymbol{v}\cdot d\boldsymbol{r} = \iint_\Sigma \operatorname{curl}\boldsymbol{v}\cdot\boldsymbol{n}\,dS$$

참고문헌

[1] 고정미 외 7인, 미적분과 벡터해석, 경문사, 2005.

[2] 김태화, 자연과 생활 속에서 발견하는 수학논리, 그 무한한 힘, 경문사, 2007.

[3] 부경대학교 수학교재편찬위원회, 선형대수의 기초와 응용, 보성각, 2008.

[4] 부경대학교 수학교재편찬위원회, 신편 미분적분학, 보성각, 2002.

[5] 부경대학교 수학교재편찬위원회, 이공계를 위한 미분적분학, 경문사, 2008.

[6] 부경대학교 수학교재편찬위원회, 처음부터 시작하는 기초미적분학, 경문사, 2008.

[7] 수학교재편찬위원회, 미분적분학, 교우사, 2009.

[8] 윤갑진 외 7, 미분적분학, 청문각, 2007.

[9] 이종걸외 3, 대학수학, 교우사, 1998.

[10] 표용수 외 1인, 수학독립선언, 경문사, 2006.

[11] J. Callahan et al., *Calculus in Context*, W. H. Freeman and Company, 1995.

[12] D. E. Crabtree et al., *Precalculus*, Scott, Foresman and Company, 1987.

[13] B. Frank, *Applied Calculus for Scientist and Engineers*, Jones and Bartlett Publishers, Inc., 2005.

[14] B. Larson et al., *Calculus I & II*(8th ed.), Houghton Mifflin Company, 2006.

[15] R. Smith et al., *Calculus - Early Transcendental functions*, McGraw-Hill, 2007.

[16] J. Stewart, *Calculus : Concepts & Contexts*(3rd ed.), Thomson Brooks/Cole, 2006.

[17] G. B. Thomas, Jr., *Calculus - Early Transcendentals* (11th ed.), Pearson Addison Wesley, 2006.

[18] D. Varberg et al., *Calculus*(8th ed.), Prentice Hall, Inc., 2000.

찾아보기

부경대학교 수학교재편찬위원회 위원(가나다순)

김도상 · 김태화 · 박진한 · 백영길

송현종 · 신준용 · 심효섭 · 이규명

정진문 · 조낙은 · 조성진 · 표용수

이공계열 학생을 위한

미분적분학

2010년 2월 20일 초판 인쇄
2010년 2월 25일 초판 발행

지은이 / 부경대학교 수학교재편찬위원회
펴낸이 / 오판근
펴낸곳 / 교우사

주 소 / 서울 동대문구 제기2동 148-19
전 화 / 925-2861(代), 편집부 / 925-2825
팩 스 / 925-2860

E-mail / kyowoo@kyowoo.co.kr
http://www.kyowoo.co.kr

출판등록 / 1994. 3. 24 제6-0256호

ISBN 978-89-8172-839-7 (93410)

값 28,000 원

이 책은 2005년 정부(교육과학기술부)의 재원으로 한국연구재단의
지원을 받아 수행된 연구임(과제번호 : KRF-2005-082-C00005).